W0191473

Top-Rankings bei Google und Co.

mqz4-b7en-f5ug-xyta

Kim Weinand

Top-Rankings bei Google und Co.

Galileo Press

Liebe Leserin, lieber Leser,

egal was Sie im Internet anbieten, eine Dienstleistung, ein Produkt, eine Website mit Informationen, an Google kommen Sie nicht vorbei. Hier gilt es, ganz vorne mit dabei zu sein, damit Ihre Kunden Sie finden. Unser Autor Kim Weinand verfügt über lange Jahre der Erfahrung in der Optimierung von Websites. Mit seinem Buch, das Ihnen in der vollständig aktualisierten 2. Auflage vorliegt, werden Sie schnell in der Lage sein, eigenständig das Google-Ranking Ihrer Seite zu verbessern und zu analysieren.

Er hat dabei vor allem die Faktoren im Blick, die Ihnen langfristige Erfolge versprechen. So erfahren Sie, wie Sie Ihre Website am besten aufbauen und strukturieren sollten – mit zahlreichen Tipps zur Usability – auf welche Inhalte Sie achten müssen und wie Sie beispielsweise Keywords optimieren können. Alles beginnt mit einer guten Vorbereitung: Analysieren Sie zunächst Ihren eigenen Auftritt und diejenigen Ihrer Konkurrenz, werten Sie Statistiken aus und bauen Sie auf dieser Grundlage Ihre SEO-Maßnahmen auf.

Dieses Buch wurde mit großer Sorgfalt lektoriert und produziert. Sollten Sie dennoch Fehler finden oder inhaltliche Anregungen haben, scheuen Sie sich nicht, mit mir Kontakt aufzunehmen. Fragen und Änderungswünsche sind jederzeit willkommen und wurden auch schon in dieser Auflage berücksichtigt. Ich freue mich auf den Dialog mit Ihnen.

Ihr Stephan Mattescheck
Lektorat Galileo Computing

stephan.mattescheck@galileo-press.de
www.galileocomputing.de
Galileo Press · Rheinwerkallee 4 · 53227 Bonn

Auf einen Blick

Wir hoffen sehr, dass Ihnen dieses Buch gefallen hat. Bitte teilen Sie uns doch Ihre Meinung mit. Eine E-Mail mit Ihrem Lob oder Tadel senden Sie direkt an den Lektor des Buches: *stephan.mattescheck@galileo-press.de*. Im Falle einer Reklamation steht Ihnen gerne unser Leserservice zur Verfügung: *service@galileo-press.de*. Informationen über Rezensions- und Schulungsexemplare erhalten Sie von: *britta.behrens@galileo-press.de*.

Informationen zum Verlag und weitere Kontaktmöglichkeiten finden Sie auf unserer Verlagswebsite *www.galileo-press.de*. Dort können Sie sich auch umfassend und aus erster Hand über unser aktuelles Verlagsprogramm informieren und alle unsere Bücher versandkostenfrei bestellen.

An diesem Buch haben viele mitgewirkt, insbesondere:

Lektorat Stephan Mattescheck, Erik Lipperts
Fachgutachter Christian Vollmert, Köln
Korrektorat Annette Lennartz
Herstellung Denis Schaal
Typografie und Layout Vera Brauner
Einbandgestaltung Mai Loan Nguyen Duy
Satz III-satz, Husby
Druck C. H. Beck, Nördlingen

Dieses Buch wurde gesetzt aus der TheAntiquaB (9,35/13,7 pt) in FrameMaker. Gedruckt wurde es auf chlorfrei gebleichtem Offsetpapier (90 g/m²).

Der Name Galileo Press geht auf den italienischen Mathematiker und Philosophen Galileo Galilei (1564–1642) zurück. Er gilt als Gründungsfigur der neuzeitlichen Wissenschaft und wurde berühmt als Verfechter des modernen, heliozentrischen Weltbilds. Legendär ist sein Ausspruch *Eppur si muove* (Und sie bewegt sich doch). Das Emblem von Galileo Press ist der Jupiter, umkreist von den vier Galileischen Monden. Galilei entdeckte die nach ihm benannten Monde 1610.

Bibliografische Information der Deutschen Nationalbibliothek:
Die Deutsche Nationalbibliothek verzeichnet diese Publikation in der Deutschen National-bibliografie; detaillierte bibliografische Daten sind im Internet über *http://dnb.db-nb.de* abrufbar.

ISBN 978-3-8362-2896-1
2., aktualisierte Auflage 2014
© Galileo Press, Bonn 2014

Das vorliegende Werk ist in all seinen Teilen urheberrechtlich geschützt. Alle Rechte vorbehalten, insbesondere das Recht der Übersetzung, des Vortrags, der Reproduktion, der Vervielfältigung auf fotomechanischem oder anderen Wegen und der Speicherung in elektronischen Medien.

Ungeachtet der Sorgfalt, die auf die Erstellung von Text, Abbildungen und Programmen verwendet wurde, können weder Verlag noch Autor, Herausgeber oder Übersetzer für mögliche Fehler und deren Folgen eine juristische Verantwortung oder irgendeine Haftung übernehmen.

Die in diesem Werk wiedergegebenen Gebrauchsnamen, Handelsnamen, Warenbezeichnungen usw. können auch ohne besondere Kennzeichnung Marken sein und als solche den gesetzlichen Bestimmungen unterliegen.

Inhalt

1 Sind Sie bereit für SEO? – Praxis

2 Google – geliebt, gehasst und vergöttert

3 Mehrwert für Besucher – eine Website dient nicht dem Selbstzweck

6 Phase 2: SEO – Onsite 139

7 Phase 3: SEO – Offsite 211

8 Phase 4: Der Kreis schließt sich – Controlling und Anpassung

9 Man kann es auch übertreiben – Black-Hat-SEO und Googles Schlussfolgerungen 305

10 SEO-Konzepte – Fahrplan für Ihre Suchmaschinenoptimierung 329

11   Google AdWords – kein Gegensatz, sondern ideale Ergänzung

12   Was bringt die Zukunft?

Geleitwort des Fachgutachters

Als ich mich 1997 erstmals mit Suchmaschinen und Suchmaschinenoptimierung beschäftigt habe, konnte ich mir noch nicht vorstellen, dass dieses Thema einmal eine der wichtigsten Online-Disziplinen werden sollte. Google selbst gibt es erst seit 1998, heute dominiert es die weltweite Suche. Für Unternehmen ist es also entscheidend, ob und wie gut man in Google platziert ist. Ich werde oft gefragt, wie das mit Google und den Top-1-Rankings funktioniert. Es ist überraschend, wie viele Personen selbst im Online-Umfeld noch keine genaue Vorstellung haben, was hierfür wichtig ist und was nicht. Von daher kann ich jedem Website-Verantwortlichen dieses Buch ans Herz legen. Hiermit bekommen Sie schnell einen guten Gesamtüberblick über das Thema SEO.

Das Buch hat mich aufgrund seiner Praxisnähe und der vielen kleinen Kniffe überzeugt. Beherzigen Sie den Ratschlag des Autors und arbeiten Sie zuerst das Buch vom Anfang bis zum Ende durch, um anschließend die Handlungsempfehlungen in der Praxis auszuprobieren. Dem Autor Kim Weinand ist es gelungen, die wichtigen SEO-Themen aufzuzeigen. Er geht auch auf die letzten Google-Updates wie Panda, Pinguin und Hummingbird ein. Gerade die ständigen Veränderungen seitens der Suchmaschine erfordern eine laufende Optimierung der eigenen Website. Hier liefert Ihnen das Buch eine gute Grundlage.

Ich wünsche Ihnen viel Spaß beim Lesen und viel Erfolg bei der Umsetzung. Aus eigener Erfahrung kann ich Ihnen nur empfehlen, alle Maßnahmen sauber und korrekt umzusetzen. Achten Sie dabei stets auf die Qualität – je mehr Sie sich mit Ihrer Website und dem Mehrnutzen für Ihre Kunden auseinandersetzen, desto positiver wird das von Google honoriert.

Christian Vollmert

Gründer und Geschäftsführer der luna-park GmbH
Vorsitzender der Fokusgruppe Search,
Bundesverband Digitaler Wirtschaft (BVDW)
c.vollmert@luna-park.de, GooglePlus: *+ChristianVollmert*

Danksagung

Im Alltag empfindet man viele Dinge als selbstverständlich, und doch sind es genau diese Kleinigkeiten, die uns den eigenen Weg so unbeschwert gehen lassen. Häufig vergisst man, denjenigen zu danken, die einen unterstützen, motivieren und einem helfen, oder denjenigen, die geduldig warten, wenn es mal wieder etwas länger dauert!

Motiviert haben mich im letzten Jahr vor allem die zahlreichen positiven Rückmeldungen zur 1. Auflage von *Top-Rankings bei Google und Co.* Von der persönlichen Nachricht über zahlreiche Rezensionen bis hin zur positiven Berichterstattung in der Fachpresse waren es viele schöne Botschaften, die mir zeigten, dass sich die Arbeit gelohnt hat.

Herzlichen Dank allen, die sich für mein Buch interessiert haben und mir Feedback gegeben haben. Herzlichen Dank auch an das Team von Galileo Press, das wirklich jederzeit hilfsbereit war und mich unterstützt hat. Wenn man ein Buch schreibt, braucht man diese Motivation in ganz besonderem Maße!

So wie man diese Motivation braucht, so braucht man auch die Unterstützung während des Schreibens: Menschen, die einen unterstützen, wenn man nicht weiß, wie ein bestimmter Sachverhalt transparent dargestellt werden kann, die einem geduldig zuhören, auch wenn Ihnen das Thema absolut nicht liegt. Menschen, die einen motivieren, wenn man selbst nicht mehr das Licht am Ende des Tunnels sieht. Und vor allem sehr, sehr geduldige Menschen, die verständnisvoll warten, Arbeit abnehmen und Ihre eigenen Interessen hintanstellen, damit man seine Ziele verwirklichen kann.

Die größten Geschenke, die man einem Autor machen kann, sind Zeit und Verständnis, denn davon benötigt er wirklich reichlich. Ich habe das Glück, dass mich eine Person ganz besonders unterstützt hat, und aus diesem Grund möchte ich mich von Herzen bei dieser Person bedanken. Danke, dass du an mich glaubst und mir diese Zeit schenkst, danke, mein Schatz!

Kim Weinand

Kapitel 1
Sind Sie bereit für SEO? – Praxis

Lieber Leser, ich freue mich, dass Sie sich für die 2. Auflage meines Buches entschieden haben. Auf den folgenden Seiten gebe ich Ihnen zahlreiche Tipps und vermittle Ihnen langjährige Erfahrungswerte, mit denen auch Sie das Ranking Ihrer Seite verbessern werden. Und jetzt geht es los!

Nachdem Sie dieses Buch gelesen haben, können Sie Ihre Website entsprechend den wichtigsten Kriterien für die Suchmaschinenoptimierung aufbauen und eigenständig das Ranking Ihrer Site analysieren und verbessern. Sie erhalten Tipps, wie Sie an erfolgreiche Links gelangen, und Sie lernen, wie Ihnen Ihre Mitbewerber bei der Verbesserung Ihres Rankings behilflich sein werden!

In diesem Buch lesen Sie die Erkenntnisse, die ich in 14 Jahren der Erstellung von Websites und 9 Jahren Suchmaschinenoptimierung erworben habe. Ich habe zahlreiche Websites programmiert, unzählige Content-Management-Systeme (CMS) getestet und etliche Projekte erfolgreich optimiert und begleitet. Lesen Sie, durch welche Maßnahmen ein mittelständisches Unternehmen aufgrund von Suchmaschinenoptimierung über 1 Million Euro mehr Umsatz im Vergleich zum Vorjahr erzielt hat. Sie erhalten anhand zahlreicher Beispiele Tipps und Erfahrungswerte. Welche Maßnahmen bringen Erfolg, und was muss man tun, um das Ranking seiner Website nachhaltig zu verbessern? Wie sollte man eine Website technisch aufbauen, welche Inhalte sind wirklich wichtig? Welche verschiedenen Arten von Links gibt es? Welche bringen den besten Erfolg, und welche findet Google sexy?

Auf den nachfolgenden Seiten werde ich überwiegend auf die Faktoren der Suchmaschinenoptimierung eingehen, die Ihnen langfristige Erfolge versprechen. Google und Co. ändern die »Ranking-Kriterien« für die Darstellung in den Suchergebnissen häufig, und man schätzt, dass über 200 unterschiedliche Parameter analysiert werden, um das Suchergebnis darzustellen. Es gibt Kriterien, die aufgrund aktueller Entwicklungen in die Algorithmen mit aufgenommen werden und sich von Zeit zu Zeit ändern, aber es gibt auch einen festen Bestandteil an Bewertungskriterien, und ich werde Ihnen in diesem Buch einige Maßnahmen nennen, die Ihre Website »Google-freundlicher« gestalten. Das Zauberwort heißt *Usability*. Wahrscheinlich ist die Usability einer Website ein elementares, wenn nicht sogar das elementare Kriterium für die Darstellung in den Suchergebnissen. 2014 hat Google den Suchalgorithmus zur Darstellung der Ergebnisse grundlegend überarbeitet und unter der Bezeichnung *Hummingbird-Update* eine umfassende Veränderung durchgeführt.

SEO kann mit vielen verschiedenen Maßnahmen erfolgen, und alles beginnt mit einer ausführlichen Analyse. Was sind Keywords, und warum sind sie überhaupt wichtig? Wie werte ich eine Website-Statistik richtig aus, und wie beobachte ich Suchmaschinen? Welche Portale stehen auf den ersten Plätzen, und warum stehen sie da? Das Ziel ist für die meisten klar, aber nur wenige kennen ihre Startposition.

Wenn Sie dieses Buch gelesen haben, können Sie sich anhand der Informationen einen eigenen SEO-Plan aufbauen. Gleichgültig, ob Sie ein neues Projekt planen oder Ihre Website aufpeppen möchten, ob Sie eine kleine Website optimieren oder ein Projekt über 12 Monate erstellen möchten – dieses SEO-Praxisbuch gibt Ihnen zahlreiche Tipps und wird Ihr Begleiter für erfolgreiche Projekte. Doch bevor wir starten, prüfen wir erst einmal, ob Sie auch wirklich bereit sind für dieses Buch und ob Ihre ganz persönliche Zielsetzung mit dem Inhalt dieses Buches im Einklang steht. Das Kernthema ist die Suchmaschinenoptimierung. Ich werde in diesem Zusammenhang die Themen Suchmaschinenmarketing mit Google AdWords und Social Media Marketing ansprechen, aber nicht tiefgreifend bearbeiten.

In diesem Buch werde ich auf über 400 Seiten vorrangig ein Thema behandeln: Suchmaschinenoptimierung. Doch was ist eigentlich Suchmaschinenoptimierung, und was ist der Unterschied zwischen Suchmaschinenoptimierung und Suchmaschinenwerbung? Fangen wir vorne an, und schauen wir uns die Definition zum Oberbegriff Suchmaschinenmarketing an.

Was ist Suchmaschinenmarketing?

Bei Wikipedia finden Sie aktuell die folgende Definition:

»Suchmaschinenmarketing (Search Engine Marketing, SEM) ist ein Teilgebiet des Online-Marketing und umfasst alle Werbe-Maßnahmen zur Gewinnung von Besuchern für eine Webpräsenz über Websuchmaschinen. Suchmaschinenmarketing wird unterteilt in Suchmaschinenwerbung (Search Engine Advertising, SEA) und Suchmaschinenoptimierung (Search Engine Optimization, SEO). (...) Ziel des Suchmaschinenmarketings ist die Verbesserung der Sichtbarkeit innerhalb der Ergebnislisten der Suchmaschinen. Man unterscheidet zwischen organischen Suchresultaten, die durch eine Suchmaschinenoptimierung beeinflusst werden können, und den gekauften Werbeeinblendungen, die den eigentlichen Anteil des Suchmaschinenmarketing darstellen.«

Dieser Wikipedia-Definition zum Begriff Suchmaschinenmarketing kann ich voll und ganz zustimmen.

Die Suchergebnisseiten (SERPS – Search Engine Result Pages, siehe Abbildung 1.1) von Google bieten Ihnen zwei Möglichkeiten, mit denen Sie für Ihre Internetpräsenz bei Google werben können: Zum einen können Sie mit Suchmaschinenwerbung und zum anderen mit der Darstellung in den organischen Suchergebnissen auf Ihr Unternehmen hinweisen.

Die Ergebnisseiten von Suchmaschinen sind meistens ähnlich aufgebaut. Während bezahlte Werbeanzeigen im oberen und im seitlichen Bereich der Ergebnisse erscheinen, werden die natürlichen, unbezahlten Ergebnisse mittig und untereinander dargestellt. Websites, die ganz oben in den Ergebnissen erscheinen, liegen dabei klar im Vorteil. Diese Einträge springen dem Suchenden sofort ins Auge und werden deutlich häufiger angeklickt. In der Folge erhalten diese Websites mehr Zulauf durch interessierte Kunden und können höhere Umsätze erzielen!

Wie können Sie also die eigene Website in den oberen Bereich der Suchmaschinenergebnisse bringen? Wenn Sie kurzfristig bei Google gefunden werden möchten, empfehle ich Ihnen, mit Suchmaschinenwerbung (SEA) zu starten. Tatsächlich können durch eine gut ausgerichtete Werbekampagne rasch Werbeerfolge erzielt werden, und auch eine Kombination aus SEA und SEO ist durchaus sinnvoll.

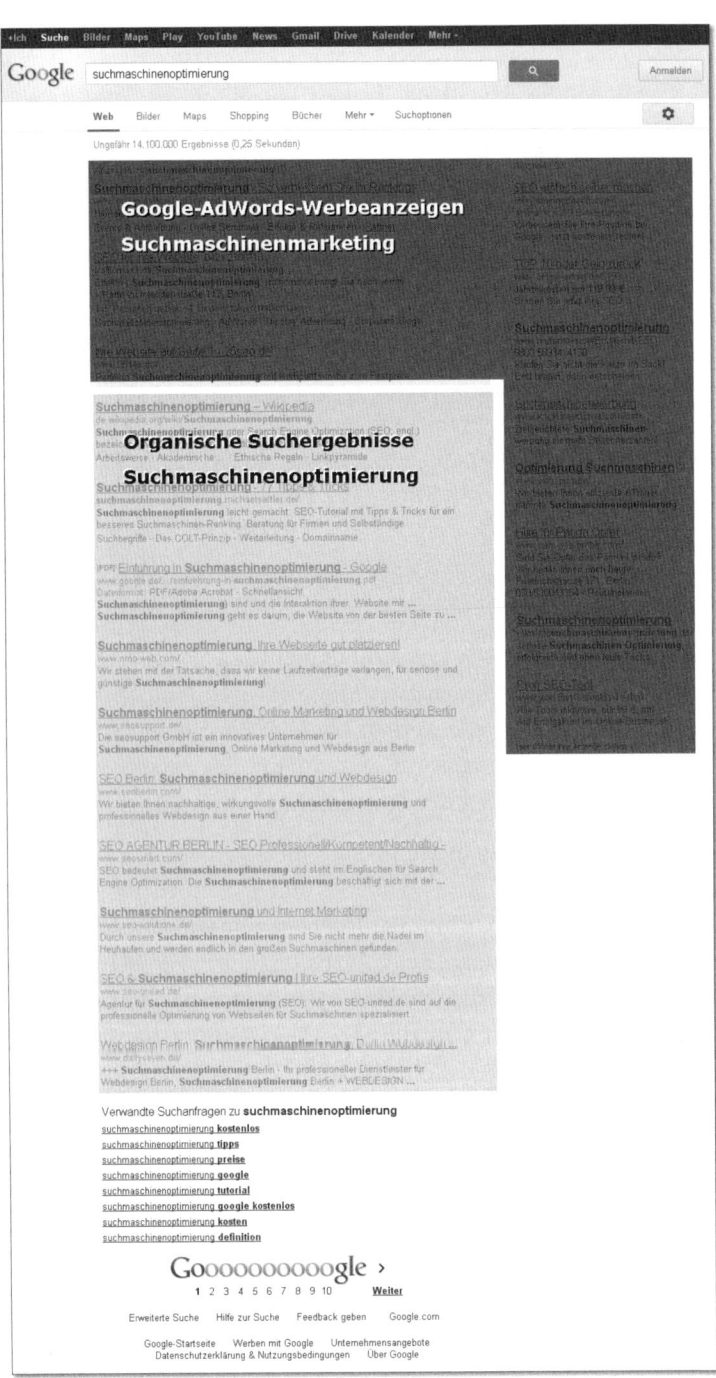

Abbildung 1.1 Teilbereiche einer Suchergebnisseite

Die Einrichtung einer SEA-Kampagne bei Google erfolgt mit dem Werbeprogramm Google AdWords. Die Werbekampagne mit AdWords steht bereits nach wenigen Schritten, und Ihre Anzeige kann am selben Tag geschaltet werden. Die Anzeigendarstellung mit Google AdWords sind bezahlte Werbeeinblendungen, bei denen kontinuierlich pro Klick auf Ihre Anzeige Kosten entstehen werden. Die Schaltung der Suchmaschinenwerbung hat keine Auswirkung auf die Listung Ihrer Internetpräsenz in den organischen Suchergebnissen und kann Ihnen daher nicht bei der Verbesserung Ihrer organischen Rankings helfen. Sobald Sie keine Anzeigen mehr schalten, erhalten Sie auch keine Besucher mehr für Ihre AdWords-Werbeanzeigen.

Es gibt durchaus Projekte und Kampagnen, bei denen man auf den Einsatz von Google AdWords nicht verzichten sollte, und auch bei der Bewerbung neuer Onlineshops ist es ein beliebtes Mittel, um einen Kundenstamm aufzubauen. Google AdWords bietet Ihnen allerdings keine Nachhaltigkeit, und die Besucherströme kommen nur so lange, wie Sie monatlich ein festes Budget für Suchmaschinenwerbung einplanen. Grundsätzlich nutzen viele Onlineshops Google AdWords kontinuierlich, da die Generierung von Besucherströmen über die Werbeanzeigen einen positiven Ertrag bringt. Einen vollen Ersatz für SEO stellen bezahlte Werbesysteme wie Google AdWords allerdings nicht dar. Die Preise pro Klick sind sehr unterschiedlich und vom Wettbewerb abhängig. Je mehr Wettbewerber Google AdWords schalten, desto höher werden mit der Zeit auch Ihre Kosten sein, um Besucher via Google AdWords auf Ihre Internetpräsenz zu bringen. Mehr zu Google AdWords und die Einsatzgebiete in Verbindung mit Suchmaschinenoptimierung erfahren Sie in Kapitel 11, »Google AdWords – kein Gegensatz, sondern ideale Ergänzung«.

Wenn Sie hingegen durch Suchmaschinenoptimierung Ihre Internetpräsenz in den organischen Suchergebnissen auf einen der vorderen Plätze bringen, zahlen Sie für Ihre Besucher keinen Cent mehr, und das kontinuierlich, solange Sie dort zu finden sind. Bis Sie allerdings dort stehen, werden Sie einiges an Zeit bzw. Geld investieren müssen. Vielleicht haben Sie schon erste Erfahrungen mit Google AdWords gesammelt und ärgern sich über die hohen monatlichen Kosten, oder Sie kennen das Potenzial, das Ihnen die vorderen Plätze bei Google einbringen können. Gleichgültig, aus welchem Grund Sie dieses Buch aufgeschlagen haben und jetzt an dieser Stelle angekommen sind, wenn Sie Ihre Website oder die Ihrer Kunden bei Google auf die vorderen Plätze bringen möchten, sind Sie hier richtig, und ich freue mich, Ihnen über meine Erfahrungen berichten zu können.

In diesem Buch finden Sie viele Tipps, und oftmals werden Sie neue Informationen sofort online prüfen wollen. Es ist wichtig, dass Sie die neuen Erkenntnisse direkt in Ihre Projekte einfließen lassen, aber bevor Sie das Buch nicht zu Ende gelesen haben, sollten Sie keine inhaltlichen Änderungen an Ihren Projekten vornehmen. Lesen Sie zuerst das Buch bis zum Ende, und führen Sie die Maßnahmen lediglich zu Analysezwecken aus. Nach der Lektüre dieses Buch werden Sie verstehen, warum es wichtig ist, zuerst eine ausführliche Analyse durchzuführen, bevor man mit der eigentlichen Suchmaschinenoptimierung beginnt. Wenn die Analyse fehlerhaft ist, muss man viele Arbeitsschritte wiederholen. Das ist Zeit, die man sich sparen kann.

Und jetzt viel Spaß beim Lesen.

Legen Sie sich einen Textmarker, einen Block und einen Stift bereit!
Im besten Fall wird dieses Buch einen starken Wertverlust erleiden und Ihnen dennoch Geld bringen! Sie sollen dieses Buch nicht nur lesen, sondern die Tipps und Erfahrungen aufnehmen und anwenden. Bei einigen Kapiteln kann es sinnvoll sein, die Informationen gleich online zu prüfen.

Kapitel 2
Google – geliebt, gehasst und vergöttert

Google: Suchmaschine, Datenkrake, Weltkonzern – kein anderes Unternehmen hat das Internet und die Informationsgewinnung so beeinflusst wie diese simple, fast weiße Seite mit dem Eingabefeld! 100 % Usability.

Das Unternehmen Google zählt heute über 45.000 Mitarbeiter und gehört zu den fünf wertvollsten Marken und damit auch zu den mächtigsten Unternehmen der Welt (siehe Abbildung 2.1). 2013 hat das Unternehmen einen Umsatz von fast 60 Milliarden US-Dollar erzielt.

Abbildung 2.1 Das allseits bekannte Firmenlogo von Google

Das Hauptangebot von Google, die gleichnamige Suchmaschine, begleitet uns in unserem Alltag und bietet uns die schnellstmögliche Informationsgewinnung zu fast allen Fragen und Schlagwörtern, die uns interessieren. Die Art, Informationen zu recherchieren, hat sich mit Google stark verändert, und vielleicht ist die Suchmaschine auch ein wichtiges Kriterium für den heutigen Erfolg des Internets. Das Google-Imperium hat aber auch eine Machtposition erreicht, die man sich nicht wirklich vorstellen kann. 80 % aller Suchanfragen im Internet werden von Google verarbeitet.

Nicht nur dass Google selbst etliche tausend Mitarbeiter beschäftigt, es sind auch zahlreiche weitere Jobs vom Google-Imperium abhängig. Wenn Google heute alle Dienste einstellen würde, wären die beiden größten Suchmaschinen der Welt nicht mehr vorhanden: Google und YouTube. Es ist kaum vorstellbar, welches Datenvolumen und welcher Informationsfluss dadurch sofort zum Erliegen kämen.

2.1   Brauche ich Google?

Klare Antwort: natürlich nicht. Wenn Sie sich sicher sind, dass Sie aus über 150.000.000 täglichen Suchanfragen in Deutschland keinen einzigen Kunden für Ihr Unternehmen generieren können, sollten Sie mit diesem Buch behutsam umgehen. Wenn es noch keine Gebrauchsspuren hat, erzielen Sie bei Amazon oder eBay vielleicht noch einen guten Verkaufspreis. Wenn Sie jedoch denken, dass Sie Ihre Internetpräsenz zu einem aktiven Vertriebskanal ausbauen sollten, brauchen Sie Google. Google hat die Art und Weise revolutioniert, wie wir uns über Produkte und Dienstleistungen informieren. Wir suchen nicht mehr, sondern wir »googeln«. Sogar im Duden ist dieses Wort seit 2004 enthalten.

Seit September 1998 ist die Suchmaschine unter dem Namen Google online. Google nutzt einen eigenen patentierten Algorithmus, um die Suchanfragen bestmöglich auszuwerten und die Ergebnisse nach Themenrelevanz und vielen weiteren Kriterien zu filtern und dem Nutzer anzuzeigen. Vorrangiges Ziel von Google ist es, dem Nutzer Ergebnisse mit der bestmöglichen Relevanz für seine Suchanfrage darzustellen. Der Algorithmus ist Betriebsgeheimnis und wird ständig erweitert, angepasst und wieder neu definiert. Man geht heute davon aus, dass es weit mehr als 200 Kriterien gibt, nach denen Google die Qualität der Ergebnisse bewertet und in ein Ranking zur jeweiligen Suchanfrage stellt. Durch die Geheimhaltung und die ständige Weiterentwicklung möchte Google verhindern, dass qualitativ minderwertige Inhalte durch Manipulationen in Form von Suchmaschinenoptimierung hoch in den Ergebnissen präsentiert werden.

Es gibt viele Kriterien, die SEOlern bekannt sind, aber genauso gibt es auch viele Kriterien, die man nicht kennt. Einige Kriterien werden nur kurzzeitig aufgenommen, andere sind so elementar, dass sie fortlaufend gelten. Zu diesen Kriterien zählt, zumindest bis heute noch, qualitativ hochwertiger und themenrelevanter Inhalt. Gerade in letzter Zeit hat Google diesbezüglich einige Veränderungen im Algorithmus vorgenommen.

Googles Hauptaugenmerk liegt bei jeder Anpassung des Algorithmus auf dem Nutzwert und der Darstellung relevanter Suchergebnisse. Aus diesem Grund kann man dieses Kriterium auch als elementaren Bestandteil für eine nachhaltige Suchmaschinenoptimierung bezeichnen. Google bemüht sich, die unlautere Beeinflussung der Suchergebnisse abzuwehren. Deshalb sind die Bestandteile des Suchalgorithmus unbekannt. Nach Matt Cutts, Chef des Webspam-Teams von Google, ist vor allem der Inhalt einer Webseite für ein gutes Ranking relevant.

> **Google bewertet den Inhalt einer Seite**
>
> Originäre und gut aufbereitete Inhalte sind ein wichtiges Bewertungskriterium des Google-Algorithmus. Google achtet darauf, themenrelevante Suchergebnisse mit Nutzwert zu liefern.

Aus Sicht des Nutzers bietet Google also Ergebnisse, die sich an seinen Bedürfnissen orientieren. Dies ist auch der Grund für den Erfolg der Suchmaschine. Die Ergebnisseiten bieten Links zu Internetseiten, die auf die Anfrage bezogen nutzbare Inhalte darstellen. Das bringt Ihnen einen weiteren Vorteil, den Sie mit einer Listung in den Suchergebnissen erreichen. Es ist gleich, welche Suchmaschine eine Ergebnisseite darstellt, in der Ihre Internetpräsenz aufgelistet ist, alle Suchmaschinen haben eines gemeinsam: Irgendjemand hat konkret nach Ihren Produkten oder Dienstleitungen gesucht und findet den Link zu Ihrer Website. Können Sie sich eine bessere Zielgruppenansprache vorstellen, als Ihre Produkte und Dienstleistungen genau dann anzubieten, wenn jemand danach sucht?

Die positive Beeinflussung des Rankings in den Suchergebnissen wirkt sich direkt auf Ihre Ziele aus, die Sie mit der Website erreichen möchten. Erfolgreiche Suchmaschinenoptimierung bringt Ihnen neue Besucher, was wiederum bedeutet, dass mehr potenzielle Kunden auf Ihre Website gelangen, die an Ihrem Thema bzw. an Ihren Produkten interessiert sind. Man spricht in diesem Zusammenhang auch von *qualitativem Traffic* (Besucherströme aus potenziellen Interessenten), der für Ihre Seite generiert wird.

Onlineshops und Webseiten, die online Produkte verkaufen, zielen darauf ab, die Umsätze zu steigern, die über die Website generiert werden. SEO kann dabei durchaus helfen. Durch ein gutes Ranking in den Google-Suchmaschinenergebnisseiten (SERPS) mit passenden Keywords können die Absätze für Produkte deutlich gesteigert werden. Gelingt es beispielsweise einem Online-Elektronikhändler, sich in dem stark umkämpften Gebiet der Smartphone-Verkäufer bei dem Suchwort »iPhone kaufen« im oberen Bereich der Google-Suchergebnisse zu positionieren, kann davon ausgegangen werden, dass auch die Stückzahlen der verkauften iPhones im Shop merkbar ansteigen werden. Es werden mehr Suchmaschinennutzer auf den Shop aufmerksam und gelangen auf die Webseite des Anbieters.

Nicht jede Webseite gehört zu einem Onlineshop und verkauft Produkte. Oftmals geht es darum, auf der eigenen Unternehmens-Website bestimmte Themen zu promoten und die eigenen Dienstleistungen vorzustellen. Mit den Methoden, die zur Suchmaschinenoptimierung bei Onlineshops angewendet werden, gelingt es auch hier, die richtigen Leute auf die Unternehmens-Website oder das Blog aufmerksam zu machen und über Google potenzielle Interessenten auf die Website zu holen.

2.1.1   Kann Google Ihrem Unternehmen einen Mehrwert bieten?

Sie werden in diesem Buch viele Anleitungen zur Nutzung der Google-Dienste oder zu Studien erhalten, allerdings werde ich Ihnen selten die Arbeitsschritte im Detail darstellen. Ich möchte viel mehr, dass Ihnen dieses Buch weiterhilft, auch zukünftig online die richtigen Arbeitsmittel und Anleitungen zu finden. Die einzelnen Arbeitsschritte für die unterschiedlichen Tätigkeiten können sich im Bereich der Suchmaschinenoptimierung schnell ändern, und dann wären die Anweisungen in diesem Buch für Sie nicht mehr von Nutzen.

Aus diesem Grund finden Sie zu den Beschreibungen einen QR-Code und zusätzlich den ausgeschriebenen Link zu der jeweiligen Zielseite. Auf der Zielseite finden Sie dann YouTube-Videos, Inhalte der Google-Hilfeseiten oder andere Anleitungen und Informationsmaterial. Der nachfolgende Link (siehe Abbildung 2.2) bringt Sie zum YouTube-Video »Faktor Google: wie deutsche Unternehmen Google einsetzen«.

Google bietet Ihnen ein hohes Potenzial, um einen Erstkontakt zu neuen Interessenten zu generieren. Das Video bietet Ihnen neben den Informationen zur klassischen Suchmaschinenseite interessante Informationen über den Faktor Google. Google stellt Unternehmen viele weitere Dienste und Applikationen zur Verfügung, die die Produktivität und die Effizienz in Unternehmen steigern.

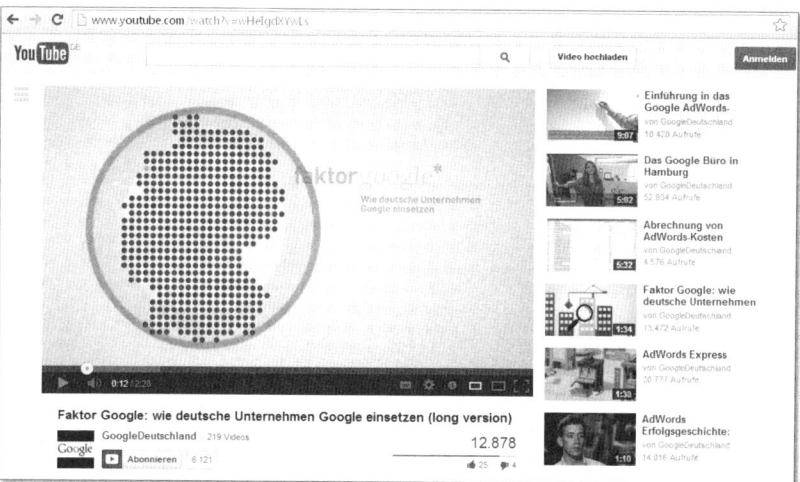

Abbildung 2.2 Direktlink zum YouTube-Video »Faktor Google: wie deutsche Unternehmen Google einsetzen« (Quelle: http://youtu.be/wHeIgdXYwLs)

2.1.2 Wird Google wirklich von so vielen Nutzern für Recherchen verwendet?

Sie sollen diese Frage beim nächsten Mal mit konkreten Zahlen belegen können. Aus diesem Grund widmen wir uns Studien zur Nutzung des Internets im Allgemeinen und zur Nutzung der Suchmaschinen im Besonderen.

Lassen Sie uns mit der Internet-Facts-Studie der AGOF (Arbeitsgemeinschaft Online Forschung e. V.) beginnen. Die AGOF ist ein Zusammenschluss der führenden Online-Vermarkter in Deutschland. Auf der Internetpräsenz *www.agof.de* steht gleich auf der Startseite der Hinweis, dass 55,77 Millionen Deutschsprachige über 10 Jahre in Deutschland online sind, 96,5 % informieren sich online über Produkte (siehe Abbildung 2.3).

Wir haben in Deutschland eine Bevölkerung ab 10 Jahren von über 73 Millionen Einwohnern, drei von vier Bürgern nutzen das Internet, und von diesen 75 % der Gesamtbevölkerung nutzen aktuell 96,5 % das Internet, um sich über Produkte zu informieren. Dies ist, wie ich finde, eine beeindruckende Zahl, und sie zeigt, wie stark das Internet bereits in unseren Alltag integriert ist.

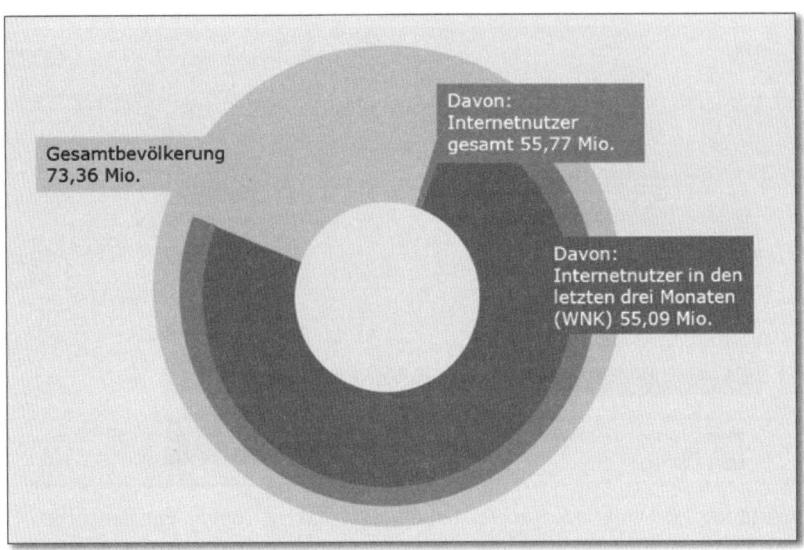

Gesamtbevölkerung
73,36 Mio.

Davon:
Internetnutzer
gesamt 55,77 Mio.

Davon:
Internetnutzer in den
letzten drei Monaten
(WNK) 55,09 Mio.

Abbildung 2.3 Basis: 117.592 Fälle deutschsprachige Wohnbevölkerung in Deutschland ab 10 Jahren (Quelle: AGOF e.V./internet facts 2013-11)

Das World Wide Web wird durch alle Altersstrukturen hindurch genutzt. Das Versenden von E-Mails ist dabei der häufigste Grund, online zu gehen. An zweiter Stelle steht die Recherche in Suchmaschinen und Webkatalogen. Etwas zu »googeln« ist fester Bestandteil unseres Wortschatzes geworden, und es bezeichnet das, was über 70 % der Deutschen tun, bevor sie Waren und Dienstleistungen online oder offline einkaufen. Abbildung 2.4 verdeutlicht, welchen Stellenwert die Informationsgewinnung zu aktuellen Nachrichten und neuen Produkten im Internet hat.

Mit einer Listung in den Google-Suchergebnissen können Sie Produkte und Dienstleistungen zielgruppengerecht potenziellen Kunden anbieten. Google hilft nicht nur Unternehmen dabei, ihre Webseite zu bewerben, sondern Google hilft auch jedem, der nach den Produkten und Dienstleistungen sucht, die passende Webseite zu finden.

Google ist nicht nur im deutschsprachigen Raum die beliebteste Suchmaschine. Weltweit wurden im Dezember 2012 114,7 Milliarden Google-Suchen im Monat ausgeführt (siehe Abbildung 2.5).

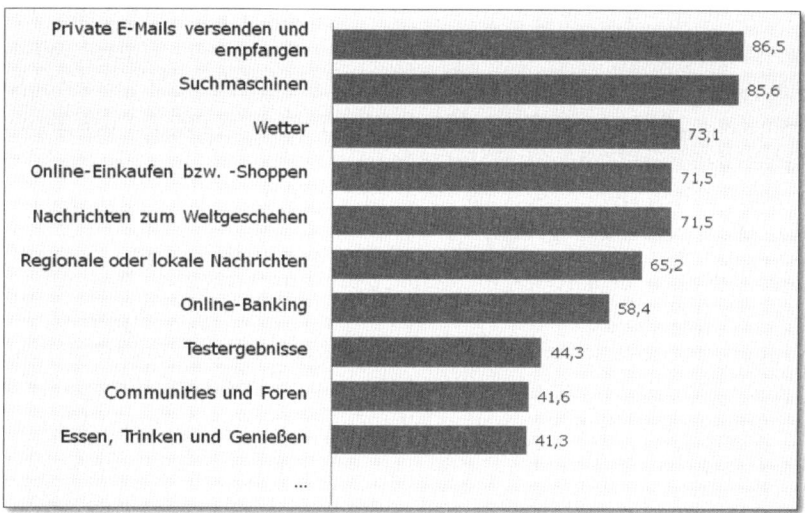

Abbildung 2.4 Umfrage: »Nutzen Sie diese Themen und Angebote häufig, gelegentlich, selten oder nie?« – Angaben in Prozent (Quelle: AGOF e.V./internet facts 2013-11)

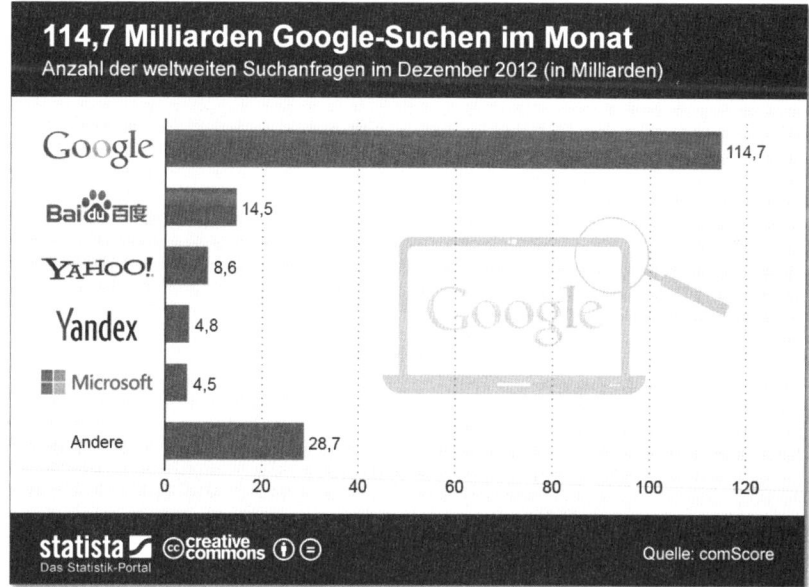

Abbildung 2.5 Anzahl weltweiter Suchanfragen im Dezember 2012 (Quelle: http://goo.gl/3gQ8I)

Kommen wir zur eigentlichen Frage zurück: Brauche ich Google? Nun, lassen Sie mich das so beantworten: 75 % der Deutschen recherchieren online auch nach den Produkten und Dienstleistungen, die Ihr Unternehmen anbietet. Auch wenn die Website Ihres Unternehmens nicht in den Ergebnissen dargestellt wird – die Ihres Mitbewerbers wird auf jeden Fall auf den Ergebnisseiten stehen. Können Sie es sich leisten, diese Suchanfragen an Ihre Mitbewerber abzugeben?

Und bedenken Sie darüber hinaus, der Nutzer hat aus einem bestimmten Grund bei Google recherchiert. Er nimmt nicht passiv eine Werbung war, sondern er hat aktiv nach den Produkten und Dienstleistungen gesucht, die auch Ihr Unternehmen anbietet. Können Sie sich vorstellen, dass ein derartiger Interessent ein potenzieller Kunde werden könnte? Wenn ja, dann brauchen Sie Google!

Internetnutzung in Deutschland

Über alle Altersgruppen gemessen, nutzen drei von vier Deutschen regelmäßig das Internet. In den Altersgruppen von 10 bis 49 Jahren liegt diese Abdeckung sogar bei fast 90 %. Über 80 % nutzen Suchmaschinen und Webkataloge, um sich über aktuelle Themen zu informieren und im Internet zu recherchieren. 96,5 % nutzen das Internet, um sich über Produkte und Dienstleistungen zu informieren.

Google wickelt in Deutschland weit über 95 % dieser Suchanfragen ab.

Wird Google wirklich von so vielen Nutzern verwendet? Ja!

Kann Google Ihrem Unternehmen einen Mehrwert bieten? Ja!

2.2   Wie googeln (potenzielle) Kunden – worauf kommt es an?

Wer eine Website betreibt, kommt an Suchmaschinen wie Google und Co. kaum vorbei. Selbst wenn Sie lediglich ein lokales Geschäft betreiben und nur regional verkaufen, werden Sie schnell feststellen, wie viele Neukunden Sie über Suchmaschinen gewinnen können, die sonst womöglich nicht auf Sie aufmerksam geworden wären.

Kunden, die Waren offline, das heißt außerhalb des Internets, kaufen möchten, informieren sich häufig zunächst mittels Suchmaschinen über die Produkte oder die lokalen Anbieter. Man nennt diesen Effekt auch

ROPO-Effekt (Research Online Purchase Offline). ROPO ist ein häufig stark unterschätzter Faktor bei der Suchmaschinenoptimierung bzw. beim Suchmaschinenmarketing. Vor allem für regionale Handwerks- und Dienstleistungsbetriebe ist die regionale Suchmaschinenoptimierung wichtig. Nehmen wir als Beispiel eine regionale Kfz-Werkstatt in Stuttgart. Die Dienstleistungen, die das Unternehmen anbietet, sind nicht für den Verkauf über das Internet geeignet.

Monatlich suchen allerdings mehrere hundert Internetnutzer mit der Suchanfrage »kfz-werkstatt stuttgart« (siehe Abbildung 2.6) nach den lokalen Angeboten. Google bietet über 750.000 Suchergebnisse, allerdings werden nur die vordersten Einträge auch wirklich wahrgenommen und angeklickt. Eine Werkstatt, die hier nicht in den Suchergebnissen erscheint und auch keine Anzeige schaltet, verpasst die Chance, ihr Angebot mehreren hundert potenziellen Kunden genau dann anzubieten, wenn diese gerade nach der Dienstleistung suchen.

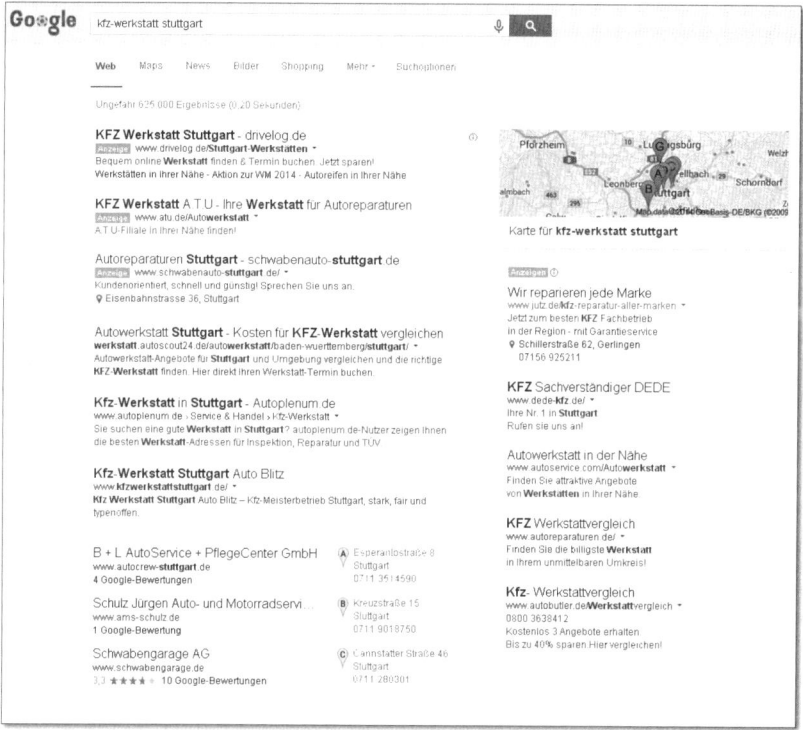

Abbildung 2.6 Suchergebnis für »kfz-werkstatt stuttgart« – mehrere hundert Internetnutzer suchen monatlich.

Der ROPO-Effekt trifft vor allem auch auf Unternehmen mit Ladengeschäften zu, die ihre Produkte über eine Website bewerben. Ein großer Anteil der Besucher Ihrer Website verschwindet nach kurzer Zeit meist wieder, ohne etwas in Ihrem Onlineshop gekauft zu haben. Dennoch bedeutet dies nicht, dass Sie nie wieder von diesem potenziellen Kunden hören.

Mitunter hat sich der Besucher nur online über die gesuchten Produkte oder auch über die Preise informiert, kauft die Ware dann aber schlussendlich offline im Ladenlokal. Ein nicht unbeachtlicher Teil der Kunden wählt diese Methode, um sich ausreichend über Produkte zu erkundigen, aber diese im Anschluss direkt im Geschäft zu erstehen.

Je besser man also suchmaschinentechnisch aufgestellt ist, desto mehr Kunden können auch von dem Ladenlokal erfahren. Selbst wenn es keinen Onlineshop gibt, sollte das Geschäft mit einer kleinen Website im Internet beworben werden.

Der ROPO-Effekt wurde in vielen Studien nachgewiesen. In einer Meta-Analyse von fünf unterschiedlichen Studien wies Google im Februar 2011 darauf hin, dass sich 38 % aller Offline-Käufer zuerst online informieren, bevor sie das Produkt stationär kaufen. Aus der Meta-Analyse lässt sich zudem ableiten, dass eine Recherche im Internet einen starken Einfluss auf regionale Kaufentscheidungen hat. Wenn Sie es schaffen, Ihre Website auf adäquaten Positionen der ersten Ergebnisseiten zu platzieren, müssen Sie nicht mehr nach Kunden suchen, denn die Kunden suchen nach Ihren Produkten und Dienstleistungen und finden Sie.

Haben Sie Ihren Textmarker zur Hand, und sitzen Sie gerade vor einem PC? Hier der zweite Hinweis auf eine Internetseite, auf der Sie sich von Zeit zu Zeit über aktuelle Google-Studien informieren sollten: *www.full-value-of-search.de* (siehe Abbildung 2.7). Auf dieser Internetseite finden Sie Studien zum Thema Online-Marketing, die Google meistens mit Partnerunternehmen erstellt und kostenlos zur Verfügung stellt. Hier finden Sie auch die erwähnte *Meta-Analyse ROPO* sowie viele branchenbezogene Studien zur Nutzung von Google für die Recherche von Waren und Dienstleistungen. Vielleicht finden Sie hier auch interessante Informationen für Ihre nächste Kampagne?

Abbildung 2.7 Link zur Meta-Analyse ROPO – Februar 2011
(Quelle: http://full-value-of-search.de/key_questions/3/answers/105/)

2.2.1   Wer sucht wie nach Ihren Produkten und Dienstleistungen?

Lassen Sie uns nun darüber sprechen, wie Ihre zukünftigen Neukunden »googeln«, und worauf Sie achten müssen, damit es wirklich Ihre Neukunden werden. Es ist relativ klar, dass Sie Ihre Webseiten bei Google auf den vordersten Plätzen positionieren sollten, aber bei welchen Begriffen ist das wichtig, und warum gerade bei diesen?

Zunächst einmal müssen Sie die Interessenten klassifizieren und sich überlegen, wer nach Ihren Produkten und Dienstleistungen sucht und welche
Begriffe die Interessenten bei Suchmaschinen eingeben. Wir unterscheiden zwischen Interessenten, die sich allgemein über eine Produktgattung
informieren, Nutzern, die sich über konkrete Produkttypen informieren,
bis hin zu Nutzern, die bereits nach Preisen und Dienstleistern für ihren
Einkauf bzw. ihr Projekt suchen. Genau wie im Online-Marketing und der
Anzeigenschaltung sprechen wir auch im Bereich der Suchmaschinenoptimierung von der *Customer Journey*, die ein Interessent vom Bedürfnis bis
zum Kauf durchläuft.

> **Customer Journey – Definition in der freien Enzyklopädie Wikipedia**
>
> »Customer Journey (ugs. zu dt.: Die Reise des Kunden) ist ein Begriff aus
> dem Marketing und bezeichnet die einzelnen Zyklen, die ein Kunde durch-
> läuft, bevor er sich für den Kauf eines Produktes entscheidet. Aus Sicht des
> Marketing bezeichnet die Customer Journey alle Berührungspunkte (...)
> eines Konsumenten mit einer Marke, einem Produkt oder einer Dienstleis-
> tung. (...)
>
> Die Customer Journey wird in 5 Phasen untergliedert:
>
> ▸ Phase 1: Awareness/Das Bewusstsein für das Produkt wird geweckt.
> ▸ Phase 2: Favorability/Das Interesse für das Produkt wird verstärkt.
> ▸ Phase 3: Consideration/Der Kunde erwägt den Kauf des Produktes.
> ▸ Phase 4: Intent to Purchase/Die Kaufabsicht wird konkret.
> ▸ Phase 5: Conversion/Das Produkt wird gekauft.«

In jeder Phase der Customer Journey nutzt der Interessent unterschiedliche Suchanfragen (siehe Abbildung 2.8). Wenn wir uns beispielsweise für
einen neuen Fernseher interessieren, suchen wir in Phase 1 erst einmal
nach allgemeinen Kriterien, um uns einen Überblick über das Gesamtange-
bot zu verschaffen.

In Phase 1 hat der Interessent noch keine genaue Vorstellung vom Angebot
und lässt sich daher im Allgemeinen eher durch grafische Anzeigen und
äußere Einflüsse inspirieren. Suchanfragen werden in dieser Phase im
Verhältnis zur restlichen Customer Journey relativ gering genutzt. Interessenten suchen in dieser Phase nach Vergleichsseiten und allgemeinen
Informationsseiten. Das Ziel ist noch nicht der Kauf eines konkreten
Produkts, sondern die Informationsgewinnung. Mögliche Suchanfragen

wären beispielsweise: »Vergleich LED Plasma« oder »LED Fernseher Test« oder »3D Fernseher test«.

Wenn man nach einer ersten Recherche nun weiß, dass man einen 3-D-Fernseher möchte, dann wird man in Phase 2 schon etwas spezifischere Suchanfragen stellen, beispielsweise »3D Fernseher Hersteller« oder »3d technik Polarisation Shutter«.

In der dritten Phase kennt man bereits die Technik und die diversen Hersteller. Jetzt gehen die Suchanfragen über die Informationsgewinnung hinaus, und man informiert sich anhand der Erkenntnisse über konkrete Produkte. Man prüft, ob die eigenen Preisvorstellungen realistisch sind.

In der vierten Phase hat man sich für ein konkretes Produkt entschieden und möchte jetzt die günstigsten Lieferkonditionen finden. Diese Phase ist für die Suchmaschinenoptimierung sehr interessant, da es dem Nutzer nun um den Preis geht und er kurz vor seiner Entscheidung steht.

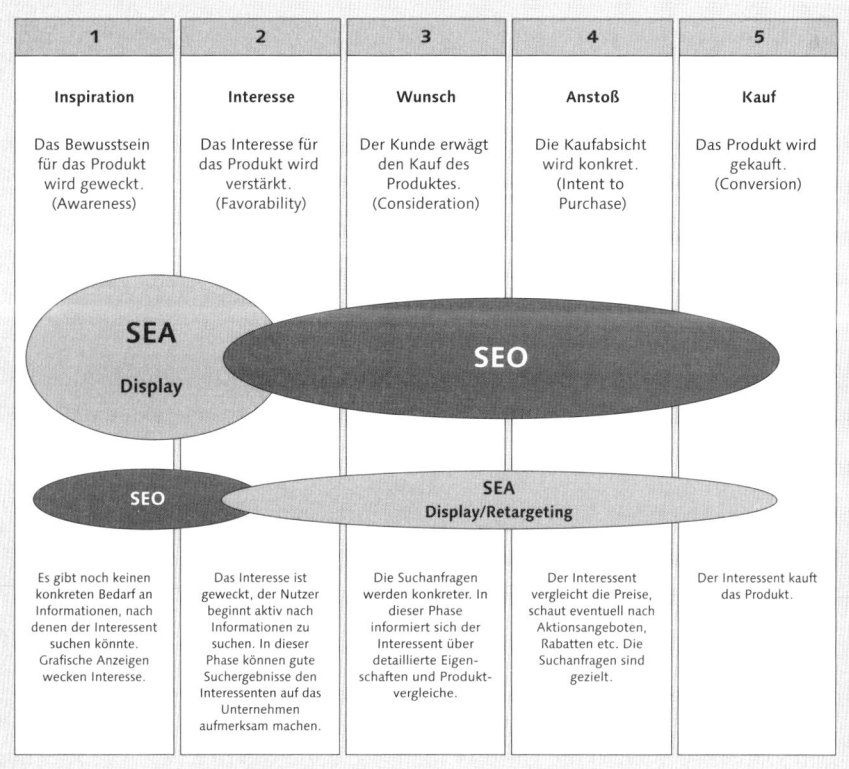

Abbildung 2.8 Einsatz von SEO und SEA im Verlauf der Customer Journey

Obwohl man nun denken könnte, dass lediglich die letzte Phase für SEO interessant ist, irrt man sich. Alle Phasen der Customer Journey sind sehr wichtig und für SEO interessant, da Sie die potenziellen Kunden bereits frühestmöglich in ihrer Entscheidungsfindung unterstützen können und die Interessenten Vertrauen zu Ihrem Unternehmen fassen. Je mehr Kontakte (Touchpoints) der Interessent während seiner Customer Journey mit Ihrem Unternehmen hat, desto höher stehen Sie bei ihm im Kurs. Nicht jeder Kunde bzw. jedes Produkt ist preissensitiv, und oftmals entscheiden andere Kriterien. Je früher Sie den Kunden an sich binden können, desto eher berücksichtigt er Sie bei seiner Kaufentscheidung.

Was heißt das konkret für Ihre SEO-Maßnahmen? Damit Sie die Interessenten in den Phasen der Customer Journey ansprechen können, sollten Sie möglichst alle Informationen bereitstellen, die Sie zu Ihren Dienstleistungen, Ihren Produkten und Ihrem Unternehmen bieten können. Entscheidend ist dabei, dass Sie die potenziellen Suchanfragen der Nutzer berücksichtigen und den Interessenten die Informationen geben, die sie benötigen. Stellen Sie nicht nur die Eckdaten Ihrer Produkte knapp dar. Mögliche Informationen sind beispielsweise detaillierte Datenblätter, Informationen zum Hersteller und weiterführende Informationen zu den technischen Details oder den Produkteigenschaften Ihrer Angebote. Bieten Sie den Nutzern einen Mehrwert mit einem FAQ-Bereich oder einem Glossar. Bauen Sie ein Unternehmens-Blog auf, in dem Sie Montageanleitungen, technische Tücken oder Erfahrungswerte für Ihre Kunden bereitstellen.

Jeder Inhalt Ihrer Website hilft Ihnen für Ihre SEO. In einem Unternehmens-Blog können Sie aktuelle Informationen zu Ihrer Branche und konkrete Details zu Ihrer Arbeit und den Dienstleistungen darstellen. Sie bieten Informationen, die ein Nutzer während seiner Customer Journey sucht und die er dann bei Ihnen auch findet. Dies zeigt dem Interessenten Ihre Fachkompetenz. Mit Datenblättern und möglichst vielen Detailinformationen bieten Sie einen weiteren Mehrwert, mit dem Sie Interessenten gewinnen können. Sie schaffen nicht nur einen erweiterten Inhalt für Ihre Suchmaschinenoptimierung, sondern Sie stellen Ihren Interessenten Ihre Fachkompetenz und Ihre Erfahrung dar.

SEO bedeutet nicht, einen möglichst großen Besucherstrom zu generieren, sondern vor allem die gewünschte Zielgruppe zu erreichen. Mit SEO werden Sie durch verschiedene Aktionen möglichst qualifizierte Besucher über Suchmaschinen auf eine Zielseite ziehen. Durch zielgerichtete SEO-Maßnahmen lässt sich somit nicht nur quantitativer, sondern vor allem der viel wichtigere qualitative Traffic fördern. Wenn Sie Ihre Website inhaltlich ausbauen und dem Besucher eine Fülle von Informationen darstellen, haben Sie bereits eine gute Basis für Ihre Suchmaschinenoptimierung. Wie Sie diese Inhalte gliedern müssen und was Sie des Weiteren alles beachten müssen, zeige ich Ihnen in den weiteren Kapiteln.

Mehrwert für die Besucher ist mehr wert für Google

Bieten Sie detaillierte Informationen zu Ihren Dienstleistungen und Ihren Produkten. Informieren Sie Ihre Besucher so ausführlich wie möglich. Je mehr Informationen Sie bereitstellen, desto mehr Inhalte kann Google indizieren. Bedenken Sie die Themen, die Nutzer im Lauf der Customer Journey recherchieren, und planen Sie entsprechende Inhalte auf Ihrer Internetpräsenz ein.

Als SEO-Berater habe ich bereits für viele Firmen SEO-Maßnahmen geplant und durchgeführt. Für einige Unternehmen haben wir im Verlauf der Maßnahmen allgemeine Themenportale errichtet, die vorrangig zur Kundengewinnung erstellt wurden und Interessenten in der ersten und zweiten Phase der Customer Journey ansprechen sollten.

So haben wir 2011 ein Beratungsportal für die Hochzeitsplanung erstellt. Viele Paare informieren sich via Google über regionale Brautläden, Hochzeitsagenturen, Hochzeitslocations etc. Das Portal wurde auf diese Themen ausgerichtet und konnte relativ schnell gut platziert werden. Die Besucher können sich über allgemeine Fragen in Bezug auf die Planung ihrer Hochzeit informieren, ohne dass ein direkter Zusammenhang zu einem konkreten Unternehmen im Vordergrund steht. Die Besucher des Portals sehen daher ihre Interessen im Vordergrund.

Die Inhalte werden von einer Hochzeitsagentur bereitgestellt, und unterhalb der Texte wird auf die Agentur und ihre Erfahrungen hingewiesen. Es wird ein realer Mehrwert geboten, indem den angehenden Brautleuten ein Zeitplan angeboten wird, mit dem sie 6 Monate vor der Hochzeit bereits den Ablauf planen können. Auf den entsprechenden Unterseiten der Homepage findet sich zusätzlich zu den Informationen auch der Link der Hochzeitsagentur. Die Website wird zudem mit Werbeflächen ergänzt, auf denen auf die Hochzeitsagentur und kooperierende Partnerunternehmen für die Hochzeitsfeier oder das Catering hingewiesen wird.

Das Portal hat in den ersten 6 Monaten insgesamt 2.000 Zugriffe gezählt. Die Interessenten können selbst entscheiden, ob sie das Portal nur zur Informationsgewinnung nutzen oder ob sie sich auch die Internetseite der Hochzeitsagentur anschauen und sich vielleicht mal ein Angebot erstellen lassen. Im besagten Zeitraum hat das Hochzeitshaus auf seiner Internetpräsenz 100 Zugriffe über das Beratungsportal gezählt. Ob aus diesen Zugriffen auch Aufträge entstanden sind, kann ich an dieser Stelle nicht sagen. Sie können jedoch davon ausgehen, wenn auch nur ein einziger Auftrag zur Ausrichtung einer Hochzeit aufgrund des Beratungsportals eingegangen ist, sind alle Kosten für die Erstellung der Homepage gedeckt!

2.2.2   Welche Arten von Suchanfragen gibt es?

Das Beratungsportal für die Hochzeitsplanung ist ein gutes Beispiel, um Ihnen die unterschiedlichen Arten der Suchanfragen zu beschreiben. Paare, die auf diesem Portal surfen, möchten sich im Allgemeinen informieren. Es geht noch nicht darum, ein konkretes Produkt zu kaufen, sondern im Vordergrund steht die Informationsgewinnung. Das Verhalten dieser Nutzer ist anders als das von Interessenten, die Preise zu konkreten Produkten recherchieren. Das Beratungsportal zielt auf eine *informationsorientierte Suche*, während ein Onlineshop eher auf die *transaktionsorientierte Suche* abzielt.

Wenn Sie sich die Customer Journey noch einmal anschauen, werden Sie sehen, dass die informationsorientierte Suche für Produkte eher in den anfänglichen Phasen zu finden ist. Die transaktionsorientierte Suche nach Produktergebnissen wird eher von den Personen ausgeführt, die bereits einen konkreten Kaufentschluss gefasst haben oder sich kurz vor dieser Entscheidung befinden. Die informationsorientierte Suche kann allerdings auch in der letzten Phase der Customer Journey erfolgen. Wenn der Interessent sich für den Kauf einer Ware oder einer Dienstleistung entschieden hat, kann er mit einer informationsorientierten Suche nach dem nächsten Geschäft bzw. Unternehmen in seiner Region suchen. Weitere informationsorientierte Recherchen entstehen auch nach dem Kauf, wenn Nutzer sich zu den Produkten in Foren austauschen möchten oder Bedienungsanleitungen, Support oder zusätzliche Informationen wünschen.

Nachdem Sie sich jetzt über die Art der Suchanfragen informiert haben, möchte ich Ihnen noch einige Worte zur Betrachtung der Suchergebnisseiten mitgeben. Im Internet haben die Nutzer lediglich eine kurze Aufmerksamkeitsspanne, und bei Google schauen sich die Interessenten nur die ersten Einträge der Suchergebnisseiten an (siehe Abbildung 2.9). Umso schwieriger wird es, wenn im oberen Bereich der Ergebnisansicht auch noch Werbeeinblendungen dargestellt werden.

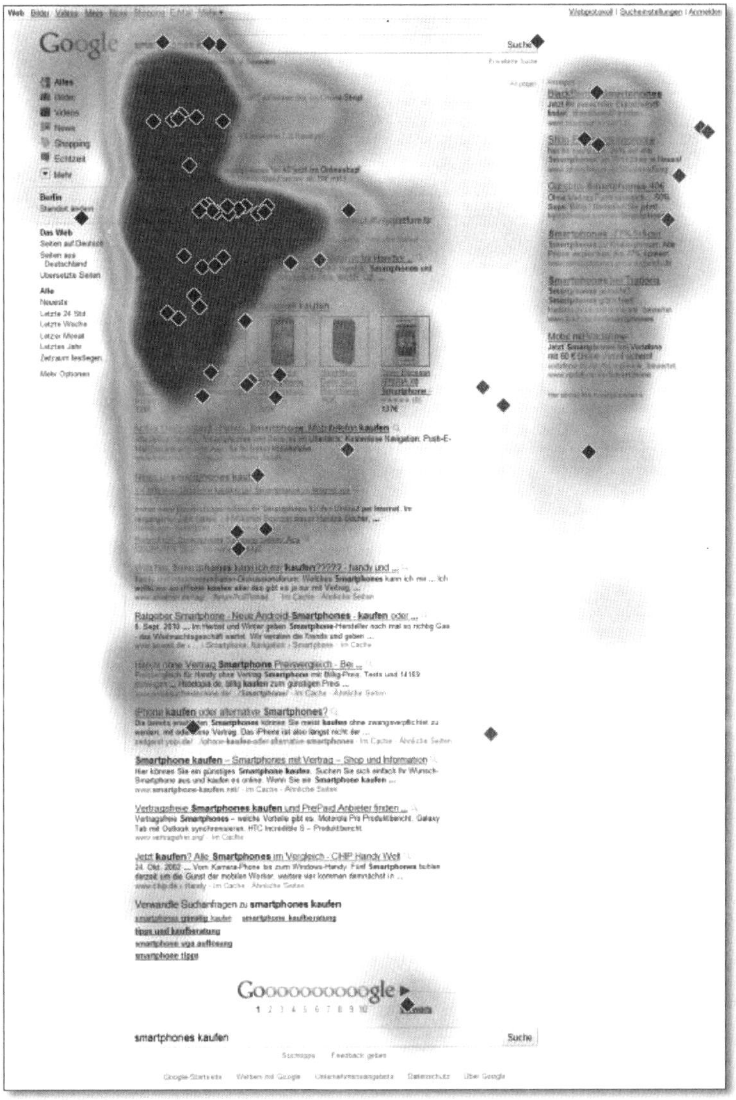

Abbildung 2.9 Im Betrachtungsfokus liegen die Einträge in der Top-Position, Anzeigen oben rechts und relativ wenige organische Suchergebnisse. (Quelle: Eye Square Eye Tracking Studie, 2011, www.full-value-of-search.de)

Aber keine Sorge, hier gibt es bereits Erfahrungswerte zum Suchverhalten bzw. Klickverhalten je nach Phase der Informationsgewinnung. Solange sich die Interessenten informieren möchten, werden die organischen Ergebnisse begünstigt. Wenn die Nutzer allerdings eine konkrete Kaufabsicht haben und die Suche transaktionsorientiert ist, werden auch vermehrt die Werbeanzeigen angeklickt.

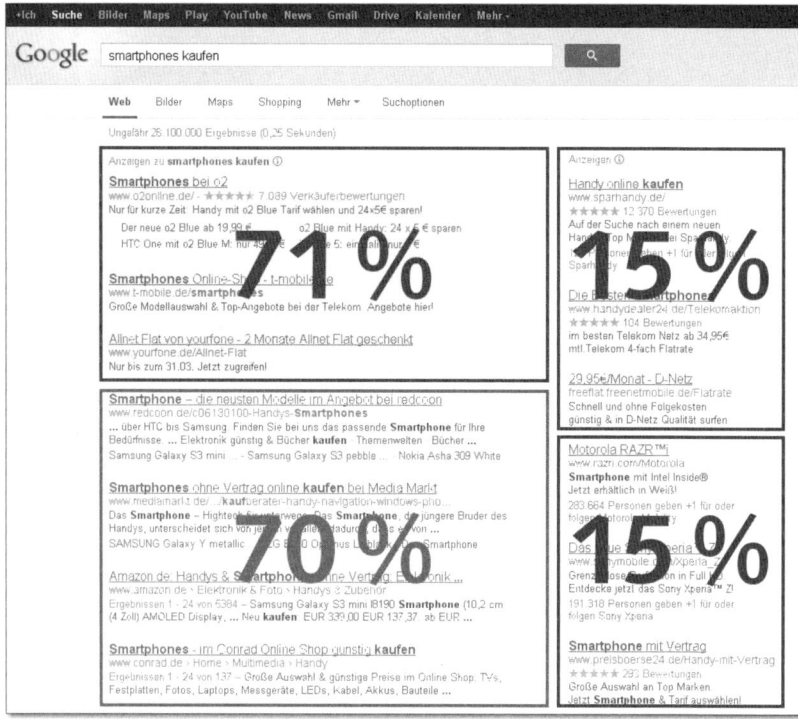

Abbildung 2.10 Im Betrachtungsfokus liegen die Einträge in der Top-Position und den organischen Suchergebnissen. (Quelle: Fye Square Eye Tracking Studie, 2011)

Heute wird *Eye-Tracking* in vielen Bereichen eingesetzt. Die Blickerfassung als wissenschaftliche Methode wird bei Suchergebnisseiten und Internetpräsenzen sowie auch bei Onlineshops angewendet, um aus diesen Studien allgemeine Erkenntnisse für die *Usability* von Websites zu erlangen. Google hat zur Eye-Tracking-Analyse bereits 2007 eine Studie veröffentlicht. Die Ergebnisse aus dieser sowie weiterer Studien können wie folgt zusammengefasst werden:

▶ Die Nutzer lesen die Google-Suchergebnisseite grundsätzlich von oben nach unten.

▶ Nach etwa 10 Sekunden werden die Anzeigen auf der rechten Seite stärker betrachtet.

▶ Nutzer »scannen« eine Suchergebnisseite wie ein F bzw. wie ein Dreieck (siehe Abbildung 2.11). Startpunkt der Betrachtung ist die linke, obere Ecke. Zuerst wird horizontal nach rechts gescannt, dann zurück nach links und dann nach unten. Danach erneut nach rechts und wieder zurück und dann nach unten.

▶ Die Nutzer blicken nur auf den beschreibenden Text, wenn die Hauptschlagzeile ihr Interesse weckt.

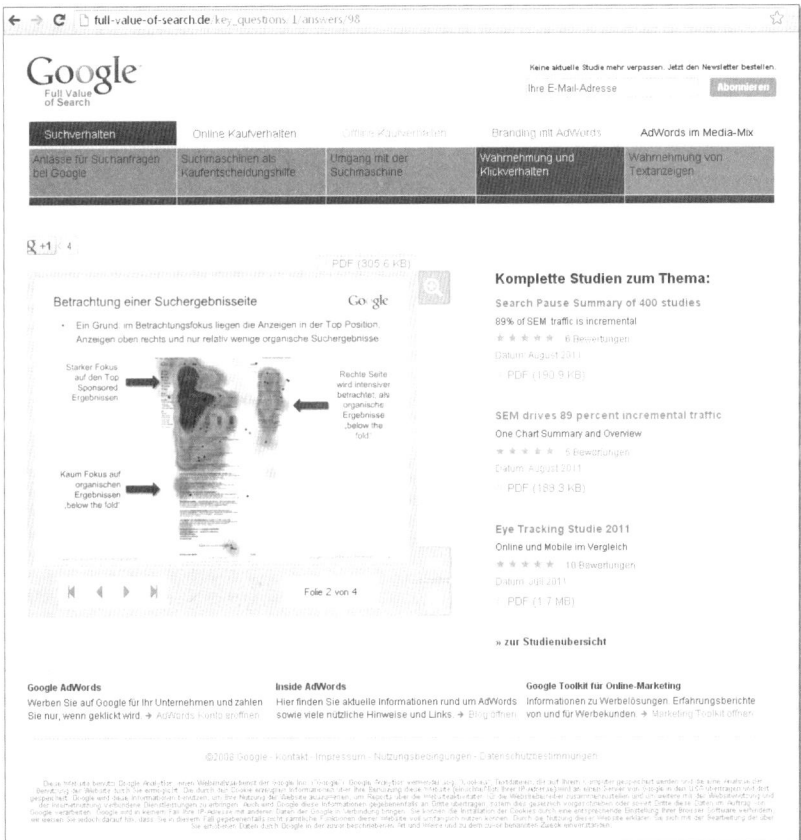

Abbildung 2.11 Link zur Studie des Betrachtungsverlaufs einer SERP – eine Eye-Tracking-Studie zur Google-Suchergebnisseite (Quelle: http://full-value-of-search.de/key_questions/1/answers/98)

Nachdem Sie nun einen ersten Einblick in den Suchvorgang erhalten haben, können Sie sich bereits Ihre ersten Gedanken zur Zielausrichtung Ihrer Website und möglichen Anpassungen machen. Überlegen Sie sich, wie die Customer Journey Ihrer Zielgruppe ausschaut. Was überlegt der potenzielle Interessent, bevor er oder sie nach Ihren Produkten sucht? Welche Informationen können Sie Nutzern bereitstellen, um sie bereits in dieser Phase auf Ihre Produkte aufmerksam zu machen?

Ein Beispiel hierfür kann ich Ihnen anhand eines Projekts schildern. Anfang 2012 erhielten wir den Auftrag einer Psychologin, die Indizierung ihrer Internetpräsenz und damit verbunden eine bessere Zielgruppenansprache zu erreichen. Die Internetpräsenz hatte einen sehr hohen Informationsgehalt, und viele Themen wurden ausführlich beschrieben. Leider waren die Webseiten nicht zu den entsprechenden Suchanfragen indiziert, die ihre Zielgruppe eingab.

Unsere Kundin hatte sich auf den Bereich der Hypnose und der Hypnotherapie spezialisiert und wollte folglich qualitativen Website-Traffic von Interessenten für ihre Tätigkeiten. Die Praxis liegt in einer deutschen Großstadt, und die Website wurde bereits zu Suchanfragen in Bezug auf Hypnose in Verbindung mit dem Stadtnamen unter den ersten drei Ergebnissen bei Google angezeigt. Unsere Kundin erhielt bereits recht gute Zugriffszahlen, und täglich kamen Termine über diesen Weg zustande. Die Nutzer, die ihre Praxis im Internet fanden, hatten aber bereits nach Hypnose gesucht, und jetzt ging es darum, Menschen, die nach Lösungen für ihre Probleme suchten, ebenfalls den Bereich der Hypnose vorzustellen und ihnen die Hypnotherapie als eine Möglichkeit darzustellen.

Die Frage war also, wie kann man Menschen, die nach einer Lösung für ihr Gewichtsproblem suchen oder die mit dem Rauchen aufhören möchten, die Möglichkeiten der Hypnose vorstellen? Unsere Aufgabe war es, hierfür eine passende Lösung zu finden. Ihre Aufgabe ist es, genau diese Frage in Bezug auf Ihre Produkte und Dienstleistungen zu erarbeiten und zu formulieren.

In unserem Fall war der erste Schritt die Recherche der richtigen Keywords. Eine Zielgruppe waren beispielsweise die Raucher. Menschen, die mit dem Rauchen aufhören möchten, suchen allerdings nach »Nichtraucher werden«, »rauchfrei werden« oder »aufhören zu rauchen«. Diese Suchanfragen zielen nicht auf die Lösung, sondern auf das Problem ab. Im Vergleich dazu sucht lediglich ein Bruchteil der Nutzer nach »hypnose rauchen«. Um die Zielgruppe über das Angebot zu informieren, muss man daher eine andere Interessentenansprache wählen. Der Fokus auf einer entsprechenden Zielseite liegt nicht vorrangig auf der Hypnose, sondern auf »Nichtraucher werden« bzw. »rauchen aufhören«.

Erarbeiten Sie sich die Customer Journey Ihrer Zielgruppe!

Überlegen Sie sich, wie die Customer Journey Ihrer Zielgruppe ausschaut. Was überlegt der potenzielle Interessent, bevor er oder sie nach Ihren Produkten sucht?

2.3   Der Minimalweg – die Aufnahme in Suchmaschinen

Um Ihre Website bei Google anzumelden, gibt es mehrere Möglichkeiten. Die einfachste Art ist die folgende: Rufen Sie die URL *www.google.de/addurl* auf, und tragen Sie die Website ein. Der Dienst unter steht Ihnen allerdings erst zur Verfügung, wenn Sie über ein eigenes Google-Konto verfügen und sich mit diesem Konto angemeldet haben. Mit dem Google-Konto können Sie die Google-Produkte an Ihren individuellen Nutzen anpassen.

In Abbildung 2.12 finden Sie den Link zur Google-Hilfeseite, auf der Ihnen beschrieben wird, wie Sie derzeit das Google-Konto erstellen sollten.

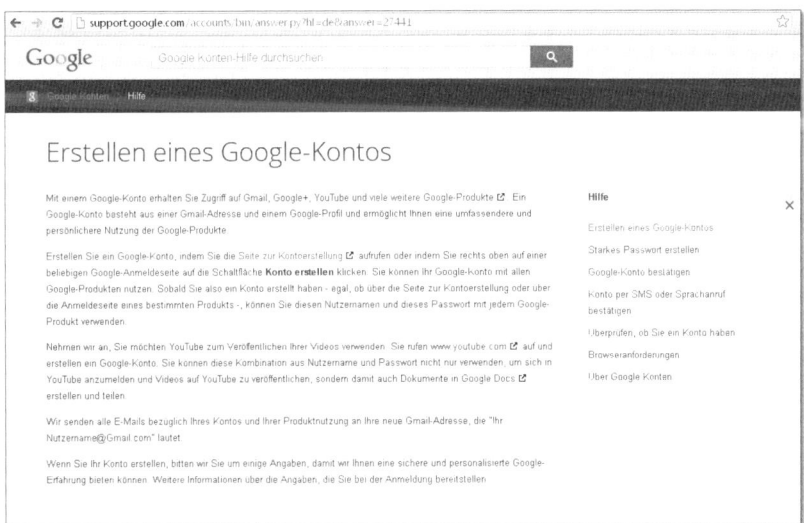

Abbildung 2.12 Google-Hilfe – Erstellen eines Google-Kontos
(http://goo.gl/1oNWS)

Die Hilfeseite bietet Ihnen erste Informationen zu einem Google-Konto und zählt die diversen Möglichkeiten auf. Den Google-Account benötigen Sie auch für ein Google+-Profil. Neben der Hilfeseite können Sie auch direkt die Seite *https://accounts.google.com/signup* aufrufen und dort Ihren Account einrichten (siehe Abbildung 2.13).

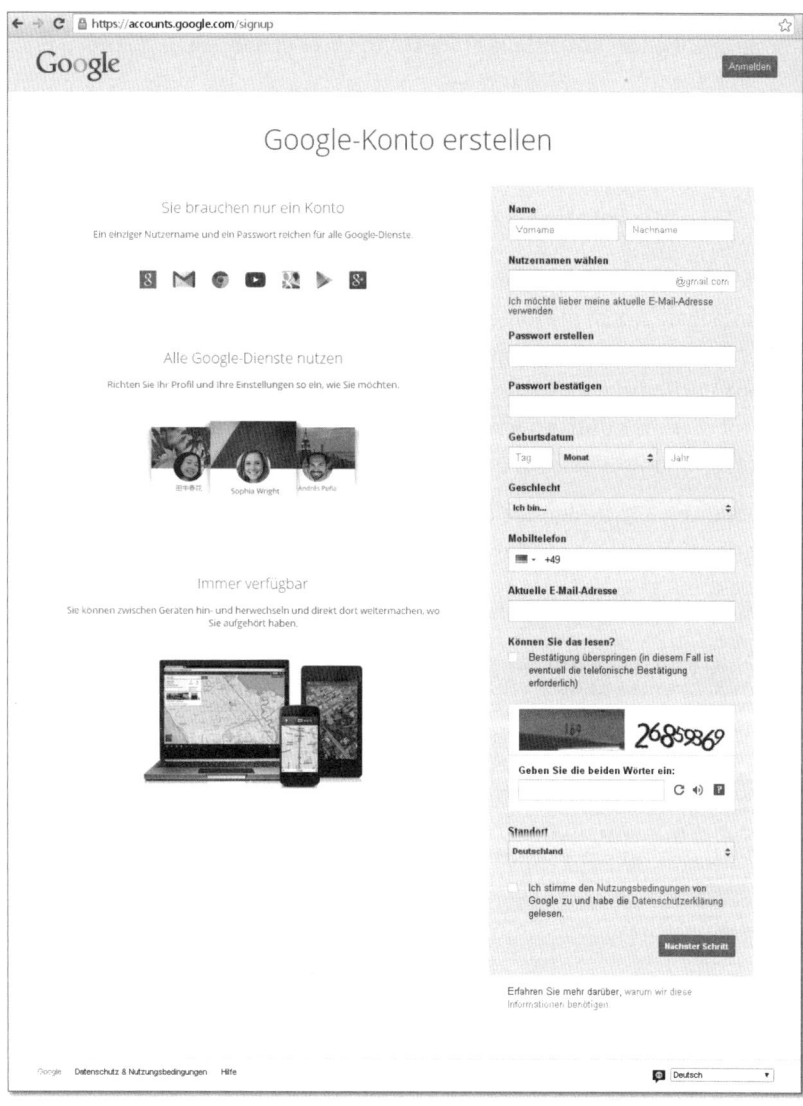

Abbildung 2.13 Google-Konto erstellen (https://accounts.google.com/signup)

Wenn Sie Ihr Google-Konto erstellt haben, können Sie Ihre Website mit dieser einfachen Methode einmalig bei Google anmelden. Google erfasst Ihre Internetpräsenz, sobald ein Crawler Ihre Seite indiziert hat. Leider ist das noch keine Garantie dafür, dass Ihre Seite zukünftig auch von Google für die Suchergebnisse berücksichtigt wird. Zudem können Sie mit dieser Methode nicht auswerten, wie Google Ihre Seite einschätzt.

Für die erfolgreiche Suchmaschinenoptimierung empfehle ich Ihnen allerdings, sich mit einem weiteren Dienst zu beschäftigen, mit dem Sie Ihre Website nicht nur einmalig bei Google anmelden, sondern auch langfristig analysieren können. Widmen wir uns also der Anmeldung Ihrer Website mit den *Google Webmaster-Tools* (siehe Abbildung 2.14).

Abbildung 2.14 Website anmelden unter www.google.de/addurl

2.3.1   Google Webmaster-Tools

Damit Sie Ihre Website mit den Google Webmaster-Tools anmelden können, benötigen Sie ein eigenes Google-Konto. Mit einem Benutzerkonto bei Google erhalten Sie nicht nur Zugriff auf die Google Webmaster-Tools, sondern auch auf viele weitere Produkte des Suchmaschinenanbieters. Zu diesen Produkten zählen beispielsweise Gmail, Google+ und YouTube. Das Google-Konto besteht derzeit aus einer Gmail-E-Mail-Adresse und einem Google-Profil. Standardmäßig wird auch ein Google+-Profil für Sie erstellt.

Die Webmaster-Tools von Google sind ein kostenloses Produkt des Suchmaschinenbetreibers und bieten Ihnen über die einfache Anmeldung hinaus detaillierte Informationen zum Status Ihrer Internetpräsenz. Die

Google Webmaster-Tools eignen sich sehr gut, um SEO-Maßnahmen zu analysieren. Zudem hilft die Auswertung des Tools dabei, die Website weiter zu optimieren. Sie sollten sie daher unbedingt für die Suchmaschinenoptimierung einsetzen.

Website zu den Google Webmaster-Tools hinzufügen und bestätigen

▶ Melden Sie sich mit Ihrem Google-Konto in den Google Webmaster-Tools an.

▶ Klicken Sie auf die Schaltfläche WEBSITE HINZUFÜGEN (siehe Abbildung 2.15), und geben Sie die URL der Website ein, die Sie hinzufügen möchten. Geben Sie die vollständige URL ein, etwa *http://www.example.com*.

▶ Klicken Sie auf WEITER. Die Seite WEBSITE-ÜBERPRÜFUNG wird geöffnet (siehe Abbildung 2.16).

▶ (Optional) Geben Sie in das Feld NAME einen Namen für Ihre Website ein, etwa »Mein Blog«.

▶ Wählen Sie die gewünschte Bestätigungsmethode aus, und befolgen Sie die Anweisungen.

Nachdem Sie Ihre Website angemeldet haben, erhalten Sie ausführliche Berichte über die Präsenz Ihrer Seiten auf Google. Die Webmaster-Tools bieten Ihnen viele Informationen darüber, wie Google Ihre Internetpräsenz bewertet, und zeigen Ihnen mögliche Probleme auf.

Sie erfahren, wie viele Ihrer Unterseiten indiziert sind, und können die organischen Suchanfragen und allgemeinen Zugriffszahlen abfragen. Auch die wichtige *robots.txt*-Datei kann hier erstellt bzw. überprüft werden. Sie können in den Google Webmaster-Tools zahlreiche Statistiken abrufen und Auswertungen starten. Somit lässt sich beispielsweise abfragen, wie oft und wie der Google-Bot auf bestimmte Seiten zugreift. Auch, ob Google irgendwelche Fehler auf der Seite ausgemacht hat, kann mit dem Tool abgefragt werden. Das Tool ist darüber hinaus eine hilfreiche Unterstützung, um die eingehenden und ausgehenden Links von und auf die Webseite zu messen.

Eine weitere Funktion stellt die Keyword-Abfrage dar. Hier kann erfragt werden, mithilfe welcher Keywords die Webseitenbesucher zu Ihrer Website gelangt sind und welche Seiten sie besucht haben. In dieser Ansicht sehen Sie sogar, wie oft Ihre Website auf einer Suchergebnisseite darge-

stellt wurde (*Impressionen*). Im Verhältnis zu den Impressionen wird Ihnen die Anzahl der Klicks auch in einer Klickrate dargestellt. Alles in allem sind die Google Webmaster-Tools mit Sicherheit ein Tool, auf das Sie nicht verzichten sollten.

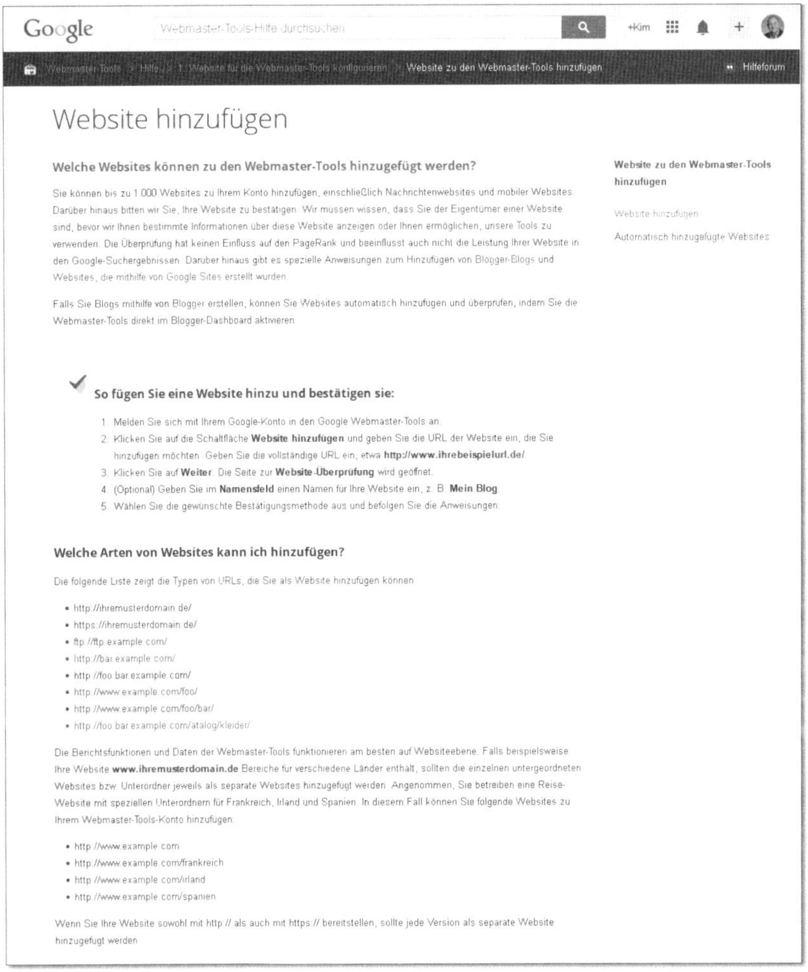

Abbildung 2.15 Website zu den Webmaster-Tools hinzufügen
(http://goo.gl/PWwQi)

Eine wichtige Option, über die wir uns noch im weiteren Verlauf des Buches unterhalten werden, ist die Einbindung einer XML-Sitemap. In den Webmaster-Tools können Sie nicht nur Ihre Website anmelden, sondern auch Ihre Sitemap eintragen, und geben Google somit eine vollständige, hierarchisch strukturierte Seitenübersicht Ihrer Internetpräsenz.

Abbildung 2.16 Verifying ownership of your site in Webmaster-Tools (http://www.goo.gl/Lkn4X)

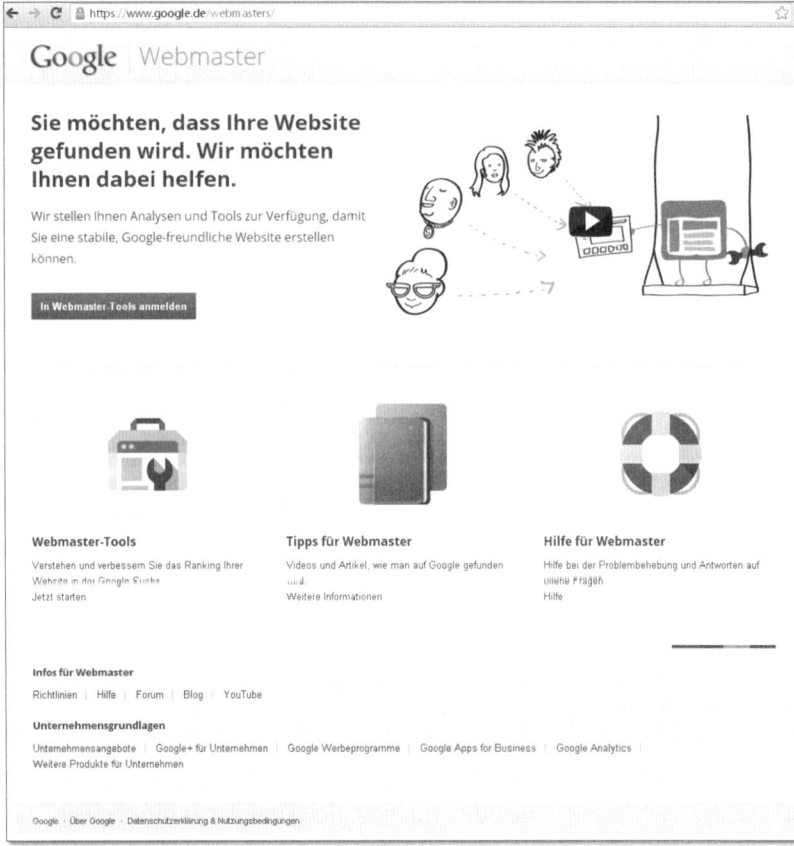

Abbildung 2.17 Link zur Google-Informationsseite für Webmaster (Quelle: https://www.google.de/webmasters/)

Weitere Informationen zur Anmeldung in den Webmaster-Tools finden Sie unter *www.google.de/webmasters* (siehe Abbildung 2.17). Sollten Sie Ihre Website noch nicht in den Webmaster-Tools eingetragen haben, empfehle ich Ihnen, dies in den nächsten Tagen nachzuholen. Im Verlauf dieses Buches werden Sie anhand der Webmaster-Tools bereits einige neue Informationen erhalten, die Ihnen beim Verständnis helfen werden.

2.3.2   Google My Business

Neben der Anmeldung in den Webmaster-Tools können Sie Ihre Internetseite bzw. Ihr Unternehmen auch für *Google My Business* (siehe Abbildung 2.18) anmelden. Die Startseite von Google My Business finden Sie unter *www.google.de/mybusiness*.

Abbildung 2.18 Startseite von Google My Business (Quelle: www.google.de/mybusiness/)

Google My Business ist ein weiterer kostenloser Dienst von Google. Bei My Business können Sie einen Brancheneintrag für Ihr Unternehmen erstellen und Unternehmensinformationen, Angebote und aktuelle Informationen veröffentlichen. Der Eintrag erscheint in den Suchergebnissen und in anderen Angeboten. Die Einträge, die Sie in Google My Business erstellen, werden den Nutzern ebenfalls bei *Google Maps* und *Google+* angezeigt.

Fünf Tipps für Ihren Google-My-Business-Eintrag

1. Beachten Sie die Qualitätsrichtlinien von Google.

Ihr Eintrag wird wahrscheinlich nicht veröffentlicht, wenn Sie zu sehr auf die Suchmaschinenoptimierung achten. Es ist zwar positiv, wenn Sie in Ihrem Anzeigentitel bzw. in der Firmenbezeichnung bereits die richtigen Keywords haben, aber wenn diese nicht zum offiziellen Firmennamen gehören, sollten Sie dies lassen.

2. Eintrag mit Fotos und Videos ausstatten

Bilder sagen mehr als 1.000 Worte, und in diesem Fall bieten Sie den Nutzern zusätzliche Informationen zu Ihrem Unternehmen. Mit aussagekräftigen und professionellen Bildern können Sie sich von Ihren Mitbewerbern abheben und die Interessenten für sich gewinnen.

3. Wählen Sie relevante Kategorien aus.

Damit Ihr Eintrag mit relevanten Suchanfragen verknüpft wird, müssen Sie die korrekten Kategorien auswählen. Wählen Sie anstelle von allgemeinen Kategorien eher spezifische Kategorien, die Ihr Kerngeschäft gut beschreiben.

4. Google-Bewertungen

In den Einträgen können Nutzerbewertungen dargestellt werden. Positive Bewertungen steigern die Relevanz Ihres Eintrags. Fordern Sie Kunden daher aktiv dazu auf, Sie zu bewerten.

5. Brancheneintrag verifizieren

Damit Ihr Brancheneintrag in Google und Google Maps erscheinen kann, müssen Sie ihn verifizieren. Die Verifizierung erfolgt mittels einer PIN, die Ihnen entweder per Post zugestellt oder per Telefon mitgeteilt wird. Erst wenn Sie den Eintrag bestätigt haben, erhalten Sie die volle Kontrolle über die angezeigten Inhalte.

2.4   Warum reden wir nicht über Bing, Yahoo! und andere Suchmaschinen?

Am 12. März 2012 hat Focus Online in seinem Netzökonomie-Blog einen Artikel mit dem Titel *Googles Marktanteil steigt auf 96 % in Deutschland* veröffentlicht. Genau das ist der Grund, warum wir uns nicht über andere Suchmaschinen unterhalten. Google ist der Platzhirsch, und alle Maßnahmen, die wir ausführen, um unser Ranking bei Google zu steigern, werden auch positive Auswirkungen auf andere Suchmaschinenergebnisse haben. Aus meiner langjährigen Erfahrung weiß ich, dass der Anteil an Klicks, die Sie über Yahoo!, Bing oder andere Suchmaschinen erhalten, verschwindend gering ist.

Ich betreue eine Vielzahl von Onlineshops und Websites. Aus 30 stark frequentierten Websites unterschiedlicher Branchen und Charaktere habe ich für dieses Buch recherchiert und die prozentuale Verteilung aus 1.000.000 Besucherzugriffen analysiert, die über Suchmaschinen auf die Websites gelangten. Zu diesen Websites zählen Onlineshops für Kunst, Kleidung, Baubedarf, regionale Handwerksbetriebe und Dienstleister, Großhandel, Fachhandel, Gemeindeseiten sowie Websites für öffentliche Einrichtungen. 970.000 Besuche wurden über die Suchmaschine Google vermittelt. Das entspricht 97 % aller Besucher. Die Zugriffe über Bing und Yahoo! lagen zusammen bei gerade einmal 20.000 Besuchern und damit bei 2 %. Bing stellt dabei den größeren Anteil mit 1,25 %. Aufgrund dieser Zahlen habe ich bereits vor einigen Jahren begonnen, mich auf Google zu konzentrieren und die SEO-Maßnahmen unserer Projekte ganz gezielt auf Google auszurichten. Seien Sie sich sicher, wenn Sie Ihre Maßnahmen auf Google ausrichten, werden Sie auch für andere Suchmaschinen interessanter, und Ihre Ergebnisse werden sich dort ebenfalls verbessern.

Kapitel 3
Mehrwert für Besucher – eine Website dient nicht dem Selbstzweck

Die Internetpräsenz selbst stellt das letzte Tor zur Erreichung der Webkampagnenziele dar. Der Nutzer muss sich auf Ihrer Website wohlfühlen und soll das finden, wonach er sucht. Daher sollte Ihre Website ansprechend gestaltet sein und sich übersichtlich darbieten, um es dem Interessenten möglichst einfach zu machen, zum Kunden zu werden.

Zu Beginn des Internets im legendären Web 1.0 diente die Website der Unternehmenspräsentation und wurde oft als »Webvisitenkarte« bezeichnet. Die Darstellung des Unternehmens wurde online wie offline einheitlich als reine Präsentation realisiert, ohne auf die Interessen der Nutzer einzugehen. Die Informationen waren einseitig und als Monolog der Unternehmen ausgelegt. Das Unternehmen präsentierte sich, und der Besucher konnte die Informationen abrufen. Es ging dabei nicht um die Interessen des Nutzers, sondern lediglich um die Präsentation des Unternehmens.

Heute, im Zeitalter des Webs 2.0 (oder auch 3.0 oder 4.0 ..., wie auch immer man es nennen mag?!), ist das Kommunikationsmedium Internet zu einem interaktiven Dialog herangewachsen. Unternehmen und Interessenten begegnen sich auf Augenhöhe und kommunizieren über diverse Online-Kanäle miteinander. Die Präsentation im Internet dient nicht mehr der reinen Darstellung des Unternehmens. Websites und deren Inhalte werden an den Interessen der Zielgruppe ausgerichtet, und die bereitgestellten Informationen bieten einen Nutzwert für die Besucher. Die Aufmerksamkeitsspanne der Besucher ist gesunken, und so wird es wichtig, »König Kunde« mit relevanten Informationen entsprechend seinen Anforderungen zu versorgen, damit er die Website als interessant erachtet und Sie als Unternehmer und Betreiber der Internetpräsenz den Kunden an sich binden können.

3.1   Ziele der Website und Zielgruppen definieren

Mit dem Begriff *Kundenbindungsmanagement* sprechen wir unser nächstes wichtiges Thema an. Über Website-Ziele und Zielgruppen sollte man sich nicht nur im Vorfeld einer Suchmaschinenoptimierung Gedanken machen, sondern generell bei der Webseitenerstellung:

▶ Was ist die Zielsetzung unserer Internetpräsenz?

▶ Wen möchten wir ansprechen?

▶ Wer ist unsere Zielgruppe?

▶ Was sind unsere Interessen, und was möchten wir erreichen?

Die Ziele der Website sind Unternehmensziele, daher sollte die Internetpräsenz auch einen hohen Stellenwert in Ihrem Unternehmen einnehmen. Mit der Website können wir die unterschiedlichsten Ziele verfolgen. Die Website kann als Instrument für das *Kundenbindungsmanagement*, als *Marketingunterstützung* oder sogar als aktiver *Vertriebskanal* eingesetzt werden. Aber die angestrebten Ziele können nur so gut verwirklicht werden, wie das Konzept der Internetpräsenz ausgearbeitet ist.

Ziele und Zielgruppen der Website – Allgemein

Internetseite: _____

Ziel/Zielgruppe	Ziel 1	Ziel 2	Ziel 3	Ziel 4	Ziel 5	Priorität (Zielgruppe)
Zielgruppe 1						
Zielgruppe 2						
Zielgruppe 3						
Zielgruppe 4						
Zielgruppe 5						
Zielgruppe 6						
Priorität (Ziel)						

Abbildung 3.1 Matrix – Ziele und Zielgruppen definieren

Erstellen Sie sich eine Matrix (siehe Abbildung 3.1), in der Sie die Ziele und Zielgruppen Ihrer Interseite eintragen, und ordnen Sie eine Priorität zu. Anhand der Matrix und der von Ihnen zugeordneten Priorität können sie sich verdeutlichen, welchen Stellenwert der Content auf Ihrer Internetseite einnimmt.

Auch für die Suchmaschinenoptimierung ist es wichtig, welche Ziele man mit der Website verfolgt. Wie bereits angesprochen, können wir die Interessenten in den unterschiedlichen Phasen der Customer Journey (siehe Abschnitt 2.2, »Wie googeln (potenzielle) Kunden – worauf kommt es an?«) ansprechen, und die potenziellen Kunden möchten in jeder Phase ihren Bedürfnissen entsprechend angesprochen werden. Welche Inhalte wir auf unserer Internetpräsenz darstellen und wie wir den Erfolg unserer Website messen, richtet sich zum großen Teil auch nach unseren *Key-Performance-Indikatoren* (KPI).

Bei einem Onlineshop zählen beispielsweise der Umsatz und der durchschnittliche Warenkorbwert zu den KPIs, bei einem Unternehmen mit beratungsintensiven Produkten sind hingegen eher die Anzahl der Downloads von Datenblättern oder die Anzahl der »Call-back«-Anfragen als KPI anzusehen. Bei einem Dienstleistungsunternehmen kann die Einsparung von Telefongesprächen und Support-Anfragen ein Unternehmensziel sein, das man mit der Website erreichen möchte. Hier wäre dann die reine Verweildauer im Support-Forum der Website ein messbarer Wert. Langfristig kann das Unternehmen auch anhand des Anrufaufkommens feststellen, ob das Ziel der Website erreicht wird.

Die Ziele der Website sind nicht unbedingt Bestandteil einer Online-Marketing-Strategie. Das denken Sie vielleicht! Als externer Dienstleister kann ich Ihnen aus Erfahrung sagen, Online-Marketing und gerade der Bereich der Suchmaschinenoptimierung ist zeitintensiv und kostet den Auftraggeber Geld. Irgendwann wird immer der Punkt kommen, an dem Ihr Kunde einen Gegenwert zu den Investitionen sehen möchte. Nur wenn die Ziele der Website klar definiert sind, kann man Messwerte aufzeigen, anhand derer eine Entwicklung dargestellt werden kann.

Es ist schön, wenn man einem Unternehmen dabei helfen kann, die vorderen Plätze bei Google zu erreichen, aber wenn es in der Kasse nicht klingelt und keine Einnahmen aufgrund der Investitionen generiert werden, nützt die beste Suchmaschinenoptimierung nichts. Das Unternehmen wird Sie nicht anhand der erreichten Platzierung bemessen, sondern anhand des Gegenwertes, den Sie geschaffen haben. Bedenken Sie daher frühzeitig, dass Sie in den meisten Fällen nicht nur die Suchmaschinenoptimierung berücksichtigen sollten, sondern dass auch gegenüber dem Unternehmen, das Sie beraten, eine klare Zieldefinition ausgesprochen wird. Gleichgültig, ob Sie die Website Ihres eigenen Unternehmens oder die Internetseiten Ihrer Kunden optimieren, wer Geld investiert, erwartet in den meisten Fällen auch, dass Geld oder ein anderer Gegenwert wieder in das Unternehmen einfließt.

Mit einer Analysesoftware können Sie den Erfolg der Website messen und während einer SEO-Kampagne auch aufgrund der Auswertungen die Maßnahmen anpassen. Viele Programme bieten sogar die Conversion-Analyse an. Hier können Sie bei einem Onlineshop auch kontrollieren, aufgrund welcher Klicks Einkäufe abgeschlossen wurden. In Abbildung 3.2 sehen Sie die E-Commerce-Übersicht in Google Analytics. Die Erhöhung des Warenkorbwertes oder der Conversion-Rate kann ein Ziel der Website darstellen. Diese Ziele sind allerdings nur bedingt Bestandteil einer Suchmaschinenoptimierung.

Eine Optimierung der Conversion-Rate und/oder des durchschnittlichen Warenkorbwertes bezieht sich lediglich auf Maßnahmen zur Verbesserung der Interaktion mit den bereits vorhandenen Besuchern. Es wird dabei nicht versucht, neue Interessenten zu gewinnen, sondern man möchte die vorhandenen Besucher bzw. die vorhandenen Einkäufe optimieren. Hier gilt es in erster Linie, eine reine Conversion-Optimierung durchzuführen und die Usabilty der Website zu optimieren.

Bei einer SEO-Kampagne wird die Webseite, wie es die Bezeichnung bereits sagt, für die bessere Darstellung und Indizierung bei Suchmaschinen angepasst. Dies erfolgt in den meisten Fällen mit der Zielsetzung, neue Interessenten auf die Webseite zu ziehen. Eine Conversion-Optimierung orientiert sich eher am Nutzerverhalten und der Usability der Internetpräsenz. Eine Conversion-Optimierung geschieht daher fast ausschließlich onsite. Oft wird die Conversion-Optimierung auch als Teil einer SEO-Kampagne durchgeführt, damit der Erfolg der SEO-Kampagne durch die Conversion-Optimierung verstärkt wird.

Wenn Sie eine Suchmaschinenoptimierung für einen Onlineshop durchführen, wird man Ihre Leistung anhand nackter Zahlen messen, sprich anhand der Umsatzsteigerung. Im Dienstleistungsbereich ist es Ihre Aufgabe, mit dem Unternehmen eine andere Zieldefinition zu erarbeiten. Mögliche Ansätze sind die Steigerung der Besucherzahl und damit verbunden die Steigerung an Support-Anfragen. Vergessen Sie daher nicht, ein Conversion-Ziel zu definieren und dieses auch zu prüfen. Als SEOler sind Sie natürlich in erster Linie dafür zuständig, die Besucherströme zu erhöhen, aber nur dann, wenn aus den Besuchern auch Kunden werden, kann Ihre Kampagne als Erfolg gewertet werden.

3

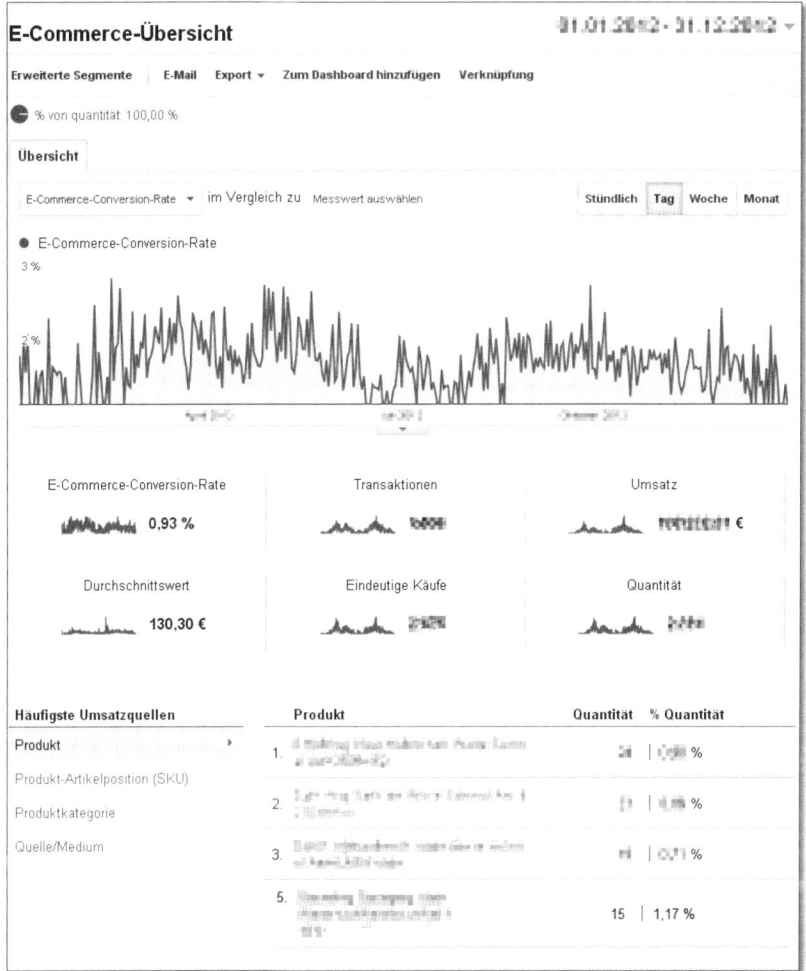

Abbildung 3.2 E-Commerce-Übersicht in Google Analytics

Die reine Besucherzahl ist in den meisten Fällen uninteressant. Wer nur Besucher möchte, kann auch bei eBay Traffic ersteigern, das ist günstiger und bringt dasselbe Ergebnis: Kosten, aber keine Einnahmen! Ja, Sie lesen richtig. Bei eBay finden Sie nicht nur Facebook-Freunde und Twitter-Follower, Sie können auch Hunderttausende von Besuchern pro Monat für Ihre Website einkaufen. Und ja, selbstverständlich habe ich das auch zur internen Analyse mit kleineren (eigenen) Projekten getestet. Sie erhalten nahezu 100 % Absprungrate, und wenn Sie Traffic ohne Absprungrate erhalten, dann meistens, weil die Besucher der Seite an einem Werbeprogramm teilnehmen, bei dem der Aufenthalt auf der Website mit einer Mindestaufenthaltsdauer versehen ist. Gleichgültig, wie es ist, auf jeden Fall ist es alles andere als qualifizierter und zielführender Traffic. Generell rate ich Ihnen nie von irgendwelchen Maßnahmen ab. Machen Sie Ihre eigenen Erfahrungen. Erstellen Sie ein kleines Testprojekt, installieren Sie eine Analysesoftware, wie zum Beispiel Google Analytics, und testen Sie. Es ist noch kein Meister vom Himmel gefallen, und nur das, was man selbst getestet hat, bringt persönliche Erfahrung.

Suchmaschinenoptimierung am Erfolg messen

Suchmaschinenoptimierung ist zeitintensiv und kostet Geld. Ihr Kunde erwartet einen Gegenwert für seine Investitionen. Nur wenn die Ziele der Website klar definiert sind, kann man Messwerte darstellen, anhand derer eine erfolgreiche Entwicklung nachgewiesen werden kann.

3.2 Die Website aus Sicht eines Besuchers

Mit dem Relaunch der Website eines Fachhandels für Waagen, Kassen und Maschinen konnten wir Ende 2010 die Auswertung der Besucherströme enorm verbessern und zugleich den Nutzwert für den Besucher erhöhen. Auf der alten Website waren die Produkte in Kategorien unterteilt. So gab es die Brotschneidemaschine für den Bäcker gleich neben dem Fleischwolf für den Metzger. Jedem Besucher der Seite wurden sehr viele Maschinen angezeigt, die für seine Branche irrelevant waren. Gleichzeitig musste der Nutzer aber die Produkte, die für ihn interessant waren, in der Vielzahl der dargestellten Maschinen erst einmal finden. In diesem Schema hatte der Betreiber der Website zwei Probleme. Zum einen war der Nutzwert für die Interessenten gering, da der Besucher der Website nicht zielgruppengerecht angesprochen wurde, und zum anderen konnte der Betreiber der Website die Besucher seiner Internetpräsenz nicht klassifizieren. Wie viele Bäcker besuchen die Seite, und welche Produkte werden von den Metzgern bevorzugt aufgerufen? Die Auswertung bezog sich lediglich darauf, wie viele Besucher die Internetpräsenz aufrufen, aber es konnten keine Rückschlüsse auf das Interesse der Besucher gezogen werden.

Viele Unternehmen präsentieren sich auf der Website genau wie in einem Fachgeschäft und sehen ihre Website nur aus ihrer eigenen Sicht, ohne die

Interessen der Nutzer zu berücksichtigen. Diese Unternehmen stellen sich bei der Gestaltung der Homepage die Frage: Was möchte ich den Besuchern präsentieren? Die Frage müsste aber lauten: Was interessiert die Besucher, und was möchten sie sehen?

Ein Bäcker, der die Website des Fachhändlers besucht, möchte logischerweise Produkte zu seiner Branche sehen, und ein Metzger interessiert sich nicht für Brotschneidemaschinen. Das leuchtet jedem sofort ein, und dennoch ist es ein wichtiger Aspekt, der oft vergessen wird. Im besagten Beispiel haben wir die Produkte nicht nach Kategorien gegliedert, sondern nach Branchen. Das Ergebnis war eine verringerte Absprungrate der Besucher und eine längere Aufenthaltszeit auf der Internetpräsenz.

Ein weiterer Vorteil für den Betreiber war die Auswertung. Anhand der neuen Gliederung konnte man jetzt auswerten, zu welchen Branchen die Besucher der Website zählten und auf welchen Bereich man verstärkt eingehen musste. So ergab die bessere Struktur der Website nicht nur einen Vorteil für die Nutzerführung, sondern auch für die Analyse des Betreibers der Website.

Die richtige Zielgruppenansprache

Fragen Sie sich nicht, was Sie auf Ihrer Website präsentieren möchten, sondern stellen Sie sich die Frage: Was interessiert die Besucher? Bereiten Sie Ihre Website so auf, dass die Zielgruppen sich angesprochen fühlen und die gewünschten Informationen schnell finden.

Fragen für die richtige Zielgruppenansprache:

▶ Wen möchten Sie mit Ihrer Internetseite ansprechen, wer gehört zu Ihrer Zielgruppe, und wie lässt sich die Zielgruppe abgrenzen?

▶ Was macht Ihre Zielgruppe aus, was muss bei der Erstellung einer Website berücksichtigt werden?

▶ Wonach suchen potenzielle Interessenten bzw. Besucher der Website auf Ihrer Internetpräsenz, und welche Anforderungen stellen die Besucher?

▶ Wie wird Ihr Portal für Ihre Zielgruppe »sexy«? Welche technischen, inhaltlichen und strukturellen Anforderungen hat Ihre Zielgruppe?

▶ Wie kommuniziert Ihre Zielgruppe im Internet, und welche Kommunikationsmöglichkeiten sollten Sie Ihrer Zielgruppe anbieten?

3.3   SEO allein bringt Traffic, aber keine Conversion

Es heißt nicht umsonst »Sex sells«, und so nützt es Ihnen nichts, wenn Sie Ihr Ranking in den Suchergebnissen steigern, aber Ihre Website für die Besucher unsexy ist! *Usability* ist das Schlagwort, und der Weg ist auch hier wieder der Weg des Kunden, oder anders: die *Customer Journey*. Die Inhalte Ihrer Seite müssen entlang der Nutzerinteressen Ihrer Zielgruppe in der Customer Journey ausgerichtet sein. Was hat Usability nun mit SEO zu tun? Aus meiner Sicht gehören diese Themen untrennbar zusammen und sind ergänzende Maßnahmen, die Ihnen in Kombination einen wirklich effektiven Mehrwert bringen.

Die Gestaltung der Internetseite spielt für Suchmaschinen eine große Rolle. Suchmaschinen durchwühlen die Website bei jeder Abfrage regelrecht nach relevanten Informationen für den Suchmaschinennutzer. Diese finden sich überwiegend in Texten auf der Seite, aber auch in den Zusatzinformationen von Grafiken bzw. verknüpften Informationen und im HTML-Code der Seite. Die Website sollte technisch wie auch grafisch gut aufbereitet werden. Flash-Animationen eignen sich bis heute eher nicht so gut zur Unterstützung der SEO-Ziele. Suchmaschinen können hieraus keine Informationen lesen. Alternativ bietet es sich an, ein YouTube-Video einzubinden und dieses mit Tags zu versehen. Dieses wird in der Regel auch von den Nutzern besser aufgenommen und bietet darüber hinaus die Chance, von Nutzern sogar geteilt bzw. rasch weitergeleitet zu werden.

Damit Sie den Traffic, den Sie über die Suchmaschinenoptimierung erreichen, auch positiv umsetzen können, kommt Ihre Website auf den Prüfstand: Wir führen eine erste Onsite-Analyse durch. Bei der Onsite-Analyse geht es bereits ums Eingemachte. Sie werden Ihre Website überprüfen und analysieren. Schließlich stellt Ihre Website den wichtigsten Dreh- und Angelpunkt der gesamten Suchmaschinenoptimierung dar. Auch hier steht wiederum die Sicht des Kunden als Basis für Ihre Analyse im Mittelpunkt. In Abschnitt 2.2, »Wie googeln (potenzielle) Kunden – worauf kommt es an?«, habe ich Sie aufgefordert, sich die Customer Journey Ihrer Kunden zu erarbeiten. Auf der Grundlage dieser Arbeit können Sie nun Ihre Website inhaltlich und strukturell überprüfen.

Schauen Sie sich jede Seite an, und stellen Sie sich dabei folgende Fragen:

▸ Wie ist die Seite aufgebaut?

▸ Welche Inhalte finden sich auf der Webseite?

▶ Inwieweit stimmen die Inhalte mit den Suchanfragen potenzieller Interessenten überein?

▶ Welche Phasen der Customer Journey werden mit den Seiten der Website beantwortet?

▶ Sind meine Subseiten auch untereinander verlinkt?

▶ Ist die Menüsteuerung für den Nutzer simpel und übersichtlich gestaltet?

Stellen Sie sich diese Fragen, und überlegen Sie, wo möglicherweise Änderungen sinnvoll sein können. Überlegen Sie vor allem, welche Ihrer Seiten als Zielseiten dienen sollen, auf denen der Besucher zuerst landet, wenn er Ihre Seite betritt bzw. über eine Suchmaschine auf Ihre Website gelangt. Gerade diese erste Zugangsseite ist wesentlich für den Erfolg der Website, sowohl in Bezug auf die Anforderungen des Nutzers als auch in Bezug auf die technischen Anforderungen, die Google daran stellt.

Es ist durchaus sinnvoll, mehrere Seiten als Einstiegsseiten oder als sogenannte Landingpages zu betrachten. Eine Landingpage zeichnet sich dadurch aus, dass ein konkretes Thema bzw. ein bestimmter Inhalt auf dieser Seite vermittelt wird. Auch interne Verlinkungen werden in das Suchmaschinen-Ranking mit einbezogen. Überlegen Sie also, wo diese sinnvoll sind, und verbinden Sie diese Bereiche Ihrer Website miteinander. Dadurch wird es auch dem Kunden erleichtert, durch Ihre Website zu navigieren und sich über unterschiedliche Produktbereiche zu informieren.

Tun Sie alles, um den Nutzwert und den Informationsgehalt für den Besucher so hoch wie möglich zu gestalten, und auch Google wird Ihre Seite attraktiv finden. Google bevorzugt Seiten, die einen hohen Nutzwert für den Besucher bereithalten, weshalb diese Seiten weiter oben in den Suchergebnissen gerankt werden. An dieser Stelle zeigt sich dann auch die Verbindung zwischen SEO und Usability. Es sollte Ihr Ziel sein, die Usability Ihrer Webpräsenz zu verbessern.

Wenn Sie die Ziele und Zielgruppen entsprechend der auf in Abbildung 3.1 dargestellten Matrix definiert haben, dann können Sie mit der nachfolgenden Matrix (siehe Abbildung 3.3) pro Ziel/Zielgruppe die Customer Journey Ihrer Zielgruppe zu dem von Ihnen definierten Unternehmensziel fixieren und entsprechend diesen Vorstellungen Teilziele für jede einzelne Phase der Customer Journey definieren. Nutzen Sie die Tabelle bei jedem Projekt, um im Vorfeld die eigenen Interessen mit den Kundeninteressen abzustimmen und daraus potenzielle Maßnahmen und Kontrollmechanismen zu definieren. Wenn Sie bereits eine Website-Statistik einsetzen, dann können Sie auch überprüfen, ob die Zugriffsraten und der Website-Content, den sich die Besucher Ihrer Internetseite anschauen, derzeit schon mit der von Ihnen gewünschten Matrix übereinstimmen.

Ziele und Zielgruppen der Website – Customer Journey

Internetseite: _____   Ziel: _____   Zielgruppe: _____

Ziel/Zielgruppe	Phase 1: Inspiration	Phase 2: Interesse	Phase 3: Wunsch	Phase 4: Anstoß	Phase 5: Kauf/Conversion
	Wie können wir das Bewusstsein für unsere Produkte/Dienstleistungen wecken?	*Wie können wir das Interesse für unsere Produkte/ Dienstleistungen verstärken?*	*Der Interessent erwägt, Kunde zu werden.*	*Die »Kaufabsicht« wird konkret*	*Vertragsabschluss*
Interesse/Informationsbedarf der Zielgruppe					
Verhalten der Zielgruppe					
Eventuelle Suchbegriffe/ Suchphrasen der Zielgruppe					
Zielführende Landingpages/ Unterseiten unserer Website					
Ziele des Unternehmens					
Maßnahmen des Unternehmens					
Priorität (Ziel)					

Abbildung 3.3 Ziele und Zielgruppen entsprechend der Customer Journey definieren

Ein weiterer Faktor für den Nutzwert, der Ihnen zwar weniger bei der Suchmaschinenoptimierung behilflich ist, aber dafür eine wichtige Entscheidungshilfe für Ihre Besucher darstellt, ist die Vertrauenswürdigkeit einer Website. Ein Nutzer entscheidend binnen weniger Sekunden, ob er einen Shop ansprechend findet oder nicht. Zeigen Sie dem Interessenten daher direkt die Vorteile Ihres Shops. Was können Sie Ihrem Besucher bieten, was er bei anderen Shops nicht findet? Wenn Sie einem Nutzer innerhalb von Sekundenbruchteilen diese Information vermitteln können, schafft das

Vertrauen und erhöht das Trust-Level Ihrer Internetpräsenz. Viele Maßnahmen helfen Ihnen beim Aufbau von Vertrauen. Trust-Level erhöhen Sie
durch die Darstellung von Icons und Erklärungen (zum Beispiel kostenloser Rückversand, sicher bezahlen, 100 Tage Rückgaberecht, kostenlose Hotline, TÜV-Logo, Trusted-Shop-Logo etc.). Wie so oft geben Ihnen die großen
Portalbetreiber zahlreiche Tipps, wie man Nutzer innerhalb von Sekunden
über wichtige Hinweise informieren kann (siehe Abbildung 3.4).

Abbildung 3.4 Die Kopfleiste von Quelle bietet viele vertrauensbildende Informationen auf einen Blick.

Auf *quelle.de* hat man gleich im Kopfbereich die wichtigsten Informationen für die Nutzer zusammengefasst: »Marktplatz für Neuware«, »Kostenloser Rückversand«, »Sicher bei Quelle zahlen«, »Geprüfte Verkäufer«.
Diese Informationen bieten dem Besucher das Gefühl von Sicherheit:
»Hier kann ich beruhigt einkaufen.« Zalando setzt ebenfalls auf vertrauenerweckende Inhalte in der Kopfzeile (siehe Abbildung 3.5).

Abbildung 3.5 Kopfleiste auf zalando.de

Zusätzlich zu den Informationen »Kostenloser Versand & Rückversand«,
»100 Tage Rückgaberecht« und »Kostenlose Hotline« stellt Zalando auch
Prüfsiegel im Kopfbereich der Internetpräsenz dar. Dies ist eine weitere
Maßnahme zur Erhöhung des Trust-Levels. Vielen Nutzern sind die Siegel
von Trusted Shops und TÜV Süd bekannt, sie bieten Sicherheit beim Einkauf und erhöhen das Vertrauen in das Portal.

Abbildung 3.6 Direktlink zum YouTube-Video »Google Conversion Professionals« – Optimierung der Conversion-Rate (Quelle: http://goo.gl/5w1eA)

Die Gestaltung der Internetseite spielt eine große Rolle

Ihre Website stellt den wichtigsten Dreh- und Angelpunkt der gesamten Suchmaschinenoptimierung dar. Suchmaschinen durchwühlen die Website nach relevanten Informationen für den Suchmaschinennutzer. Die Verbesserung der Usability bringt Ihnen in Kombination mit SEO einen effektiven Mehrwert. Ein hohes Trust-Level schafft Vertrauen und hilft den Nutzern bei der Entscheidung für das Internetportal.

3.4   Strukturierung einer Website

Die Strukturierung Ihrer Website ist fast wichtiger als das Design. Natürlich sprechen Sie mit dem Layout »das Auge« an, und damit sind wir auch wieder beim »Sex sells«, aber das ist nicht alles, denn wir möchten nicht in Schönheit sterben!

Der Besucher muss intuitiv verstehen, wie er sich auf Ihrer Website zurechtfindet, um bequem und schnell die gewünschten Informationen zu finden. Der Nutzwert hat Vorrang, beim Inhalt wie bei der grafischen

Gestaltung. Funktionalität geht nun mal bekanntlich vor Design. Mit einer optisch ansprechenden Gestaltung können wir die Besucher einfangen. Innerhalb der ersten Sekunden entscheidet sich, ob ihnen eine Website zusagt oder nicht. Entweder wir fühlen uns von einer Internetpräsenz angesprochen, oder wir klicken weiter. Dies geschieht meistens, bevor wir uns den Inhalt eigentlich angeschaut haben. Aus diesem Grund benötigen wir ein ansprechendes Erscheinungsbild, um den Besucher erst einmal an unsere Website zu binden. Aber das Design ersetzt keine inhaltliche Aussage, und nur der Inhalt kann den Besucher dazu bewegen, längere Zeit auf der Internetseite zu verweilen.

Gestalten Sie schlicht und einfach. User scannen den Bildschirm nach ihren Bedürfnissen ab, sie lesen nicht seitenlang. Texte sind zwar wichtige Bausteine für Ihre Suchmaschinenoptimierung, aber um die Interessenten anzusprechen, sollten Sie den Nutzer nicht gleich beim ersten Anblick Ihrer Seite mit langen Textblöcken abschrecken.

Ich werde Ihnen die aus meiner Sicht wichtigsten Faktoren für die Strukturierung Ihrer Internetseite darstellen. Zu den Kriterien zur Verbesserung der Usability, die auch gleichzeitig für eine Steigerung der SEO-Faktoren verantwortlich sind, gehören:

▸ Aufbau der Website: Achten Sie auf eine klare Struktur.

▸ Themenrelevanz: Behandeln Sie wichtige Themen auf eigenen Unterseiten.

Die technischen Daten einer Internetpräsenz bringen nicht unbedingt einen Nutzwert für die Besucher mit sich, dennoch sind es wichtige Faktoren der Website-Analyse und der späteren Optimierung. Die genannten Kriterien können als die wichtigsten Kriterien für die Strukturierung Ihrer Website bezeichnet werden. Wenn Sie diese Bereiche analysiert haben, ist dies bereits ein wesentlicher Schritt zur erfolgreichen Anpassung Ihrer Internetpräsenz. Dabei ist jeweils darauf zu achten, dass für den Nutzer bzw. den potenziellen Kunden relevante Informationen leicht auffindbar und verständlich sind.

Tipps für die Gestaltung der Website

▸ Gestalten Sie schlicht und einfach, Funktionalität geht vor Design.

▸ Der Besucher muss intuitiv verstehen, wie er sich auf Ihrer Website zurechtfindet.

▶ Design ersetzt keine inhaltliche Aussage. Verfassen Sie einfache und prägnante Texte, nutzen Sie Grafiken zur Verstärkung der inhaltlichen Aussage.

▶ Der Nutzwert hat Vorrang, beim Inhalt wie bei der grafischen Gestaltung.

Im Folgenden finden Sie noch einmal die einzelnen Punkte im Detail.

3.4.1   Aufbau der Website

Der Website-Aufbau ist ein wesentlicher Punkt bei der Suchmaschinenoptimierung, der auch für den Nutzwert einer Seite nicht unerheblich ist. Achten Sie darauf, die Website so einfach und klar wie möglich aufzubauen. Besonders wichtig ist es, keine falschen Verlinkungen einzubauen.

Ein einfacher Trick dabei, den Aufbau der Website möglichst für den Suchmaschinen-Crawler zu optimieren, besteht darin, die Navigation für den Besucher der Website logisch aufzubauen. Wenn sich der Besucher auf der Seite gut zurechtfindet, dann gilt dies auch für den Google-Crawler. Je intuitiver die Menüführung und je einfacher sich die Besucher auf der Website zurechtfinden, desto höher ist die Usability. Bieten Sie den Besuchern Nutzwerte und eine flache, nicht zu tief verschachtelte Struktur. Grundsätzlich sollte der Besucher innerhalb von drei Klicks an eine gewünschte Information gelangen können. Eine tiefere Verschachtelung verursacht meist eine hohe Absprungrate, da der Besucher dann das Interesse verliert.

Wenn Sie eine tiefere Struktur nicht umgehen können, bieten Sie Querverweise und *Deeplinks*, die es dem Nutzer ermöglichen, die Struktur durch wenige Klicks bis auf die tieferen Ebenen zu erreichen. Ein Deeplink bezeichnet einen Hyperlink, der unmittelbar auf eine ganz bestimmte, »tiefer liegende« Unterseite einer Internetpräsenz verweist. Sie können Deeplinks von jeder Seite aus auf weiterführende Informationen verlinken.

3.4.2   Themenrelevanz – was ist eine Landingpage?

Gerade bei der Verknüpfung von Keywords mit den jeweiligen Zielseiten, auf denen der Nutzer landet, ist es wesentlich, das Thema nicht zu verfehlen. Google versucht immer, die Zielseite mit der höchsten Relevanz für den Nutzer der Suchmaschine zu finden. Passen die Keywords, die der Nutzer in das Suchfeld eingegeben hat, jedoch nicht zur Zielseite, wird Google möglicherweise die Seite eines Mitbewerbers bevorzugen, bei der eine größere Übereinstimmung gegeben ist. Um das Thema nicht zu verfehlen und Google das zu liefern, wonach es sucht, lohnt es sich, die Zielseiten zu überprüfen und die Begriffe themenspezifisch zu bündeln. Man spricht in diesem Zusammenhang von *Landingpages*.

Landingpages sind speziell eingerichtete Zielseiten, auf denen der potenzielle Kunde zuerst landet, wenn er auf eine bestimmte Anzeige oder einen speziellen Link klickt. Diese Landingpage ist thematisch extra aufbereitet und genau auf das Thema zugeschnitten. Führen Sie beispielsweise einen Verlag und möchten Interessenten ansprechen, die nach dem Keyword »Buch veröffentlichen« suchen, sollte sich die Landingpage ausschließlich um die Buchveröffentlichung drehen, Lust auf mehr Informationen machen und dann zum Beispiel über einen Link zur Hauptseite oder zu einem Kontaktformular führen.

Normale Internetseiten liefern vielfältige Informationen und können mehrere Ziele verfolgen. Eine Landingpage verfolgt nur ein Ziel: den Besucher dazu zu bringen, eine vordefinierte Aktion auszuführen (*Conversion*). Eine Landingpage soll ein konkretes Informationsbedürfnis befriedigen und den Besucher zielgerichtet zu dieser Aktion anleiten. Bei speziellen Landingpages wird sogar die Usability der Internetseite eingeschränkt. Das kann zum Beispiel erfolgen, indem man die Navigationsleiste entfernt und dem Besucher wirklich nur noch konkrete Handlungen auf der Webseite ermöglicht.

Abbildung 3.7 zeigt Ihnen, wie eine Landingpage aufgebaut sein kann. Das Unternehmen Kaspersky hat auf seiner Internetpräsenz zahlreiche themenorientierte Zielseiten, auf die der Nutzer durch das Anklicken von Werbebannern oder organischen Suchergebnissen geleitet wird. Die Abbildung zeigt, dass dem Besucher der Seite keine Menüleiste angezeigt wird. Das Ziel der Seite ist die Conversion, und die Nutzerführung wurde hier auf vordefinierte Aktionen reduziert, sodass man den Besucher der Seite zu bestimmten Handlungen anleiten kann. Lediglich in der Fußzeile findet man Links zur Datenschutzerklärung, zum Impressum sowie zu sozialen Netzwerken. Es wird aber bewusst darauf verzichtet, auf andere Themenseiten von Kaspersky zu verweisen.

Genauso verhält es sich aber auch umgekehrt. Wenn man auf der Website von Kaspersky ist, wird man keinen Link zu dieser Themenseite finden. So kann man als Unternehmen die Werbewirksamkeit einer Kampagne sehr gezielt auswerten, da die Besucherströme ausschließlich über die einzelne Maßnahme oder eine Vielzahl an Maßnahmen generiert werden. Durch eine derartige Struktur der Themenseiten kann man einerseits den Erfolg sehr genau messen, und wenn man mehrere Themen parallel bewirbt, kann man andererseits kontrollieren, welches Thema die Zielgruppe eher interessiert.

Abbildung 3.7 Beispiel einer Landingpage anhand der Werbekampagne von Kaspersky für Kaspersky Internet Security. Die Menüleiste wird nicht dargestellt. (Quelle: http://goo.gl/6BzzZH)

Fünf Tipps zu Landingpages für SEO-Kampagnen

1. Klare Zielsetzung und Definition der Elemente:

Das Ziel einer Landingpage ist die Ausführung einer vordefinierten Aktion durch den Besucher. Damit diese Aktion von Ihren Besuchern auch tatsächlich ausgeführt wird, benötigen Sie eine klare Seitenstruktur. Verzichten Sie auf Elemente, die nicht zielgerichtet zu der gewünschten Aktion führen.

2. Nutzerführung:

Das Design und die Aussage der Landingpage sollten auf die primären Interessen der Landingpage-Besucher im jeweiligen Prozess der Customer Journey ausgerichtet sein.

3. Handlungsaufforderung (Call to Action):

Die Handlungsaufforderung sollte sehr klar und unmissverständlich formuliert werden. Sie muss den Besucher direkt auf die Vorteile und den zu erwartenden Nutzen hinführen. Entsprechend der Zielsetzung sollte es pro Landingpage nur eine Handlungsaufforderung geben. Eine Einschränkung oder Verknappung des Angebots (Beispiele: »Nur heute 20 %«, »Solange der Vorrat reicht«, »Nur noch wenige Exemplare verfügbar«) kann die Handlungsaufforderung verstärken.

4. Suchmaschinenoptimierung:

Ihre Landingpage muss neben den Nutzeranforderungen auch für die Auffindbarkeit in den Suchmaschinen optimiert werden. Entsprechend den in den folgenden Kapiteln beschriebenen Maßnahmen müssen die Faktoren der Onsite- und der Offsite-Optimierung auf die Landingpage angewendet werden.

5. Analyse und Anpassung:

Sie sollten kontinuierlich das Ranking Ihrer Landingpage in den Suchergebnissen der passenden Suchanfragen kontrollieren und mit einer Webseitenstatistik die Besucher und das Nutzerverhalten auf der Landingpage analysieren. Die Informationen dienen der Kontrolle, und anhand der Auswertung des Nutzerverhaltens können Sie die Landingpage weiter an die Bedürfnisse Ihrer Besucher anpassen.

3.5   Texten für das Internet

Texte, die Sie für eine Internetpräsenz schreiben, unterscheiden sich von Texten, die Sie sonst schreiben. Während Texte für Printmedien nur für das »menschliche« Gehirn gedacht sind, möchten wir, dass die Informationen, die wir auf unserer Internetseite bereitstellen, auch von Suchmaschinen gelesen und verstanden werden. Der Fokus liegt dabei auf dem »von Suchmaschinen *verstanden* werden«.

Ein guter Text lässt sich fließend lesen und sofort ohne weiteres Nachdenken verstehen. Stellen Sie sich vor, Sie schreiben einen Text für eine Kanzlei aus München: »Unsere Kanzlei besteht aus 25 erfahrenen Juristen unterschiedlicher Fachgebiete. Wir sind regional für Sie tätig und beraten Sie zu allen Themenbereichen. Wir vertreten Ihre Interessen gewissenhaft und loyal.« Sie verstehen diesen Text sofort und sehen, dass es sich um eine Anwaltskanzlei handelt. Sie verstehen auch, dass die Rechtsanwälte ein sehr breites Spektrum abdecken, denn im Text steht, dass die Anwälte zu allen Themenbereichen beraten. Da Sie zudem wissen, dass die Anwaltskanzlei in München ist, können Sie auch die »regionale Tätigkeit« eingrenzen.

Aber wie verstehen Suchmaschinen diesen Text? Und welche Rückschlüsse zieht Google aufgrund des Inhalts? Schauen Sie sich den Text erneut an, und beantworten Sie folgende Frage: Welche themenrelevanten Schlüsselwörter enthält der Text? Der Text enthält lediglich die Wörter »Kanzlei« und »Juristen«. Im Übrigen sind keine thematischen Schlüsselwörter enthalten, und das Wort »Kanzlei« könnte ebenso einen Notar, einen Steuerberater oder eine Versicherungskanzlei beschreiben.

Wie sollte der Text also auf einer Internetpräsenz ausschauen? Hier ein Beispiel: »Die Kanzlei XYZ ist eine Anwaltskanzlei in München und besteht aus 25 erfahrenen Rechtsanwälten aus den Fachgebieten Arbeitsrecht, Erbrecht, Familienrecht, Gesellschaftsrecht, Handelsrecht, IT-Recht und weiteren Rechtsgebieten. Unsere Anwälte sind regional in München und den Gebieten Starnberg, Dachau, Fürstenfeldbruck, Freising und Rosenheim für Sie tätig. Wir bieten Rechtsberatung und außergerichtliche sowie gerichtliche Rechtsvertretung. Die Rechtsanwälte der Anwaltskanzlei XYZ vertreten Ihre rechtlichen Interessen gewissenhaft und loyal, dafür stehen wir mit unserem Namen.«

Zugegeben, dieser Text lässt sich vielleicht nicht so leicht lesen wie der erste, aber der Lesefluss ist immer noch gut. Schauen wir uns diesen Text auch noch einmal in Bezug auf die themenrelevanten Schlüsselbegriffe an. Welche Keywords und Keyword-Kombinationen finden Sie hier? Folgende Begriffe finden Suchmaschinen in diesem Text und können den Inhalt daher thematisch zuordnen: Kanzlei XYZ, Anwaltskanzlei, Anwaltskanzlei in München, Rechtsanwälte, Arbeitsrecht, Erbrecht, Familienrecht, Gesellschaftsrecht, Handelsrecht, IT-Recht, Rechtsgebiete, Anwälte, München, Starnberg, Dachau, Fürstenfeldbruck, Freising, Rosenheim, Rechtsberatung, gerichtliche Rechtsvertretung, Anwälte, Rechtsanwaltskanzlei XYZ, rechtliche Interessen.

Auch wenn sich der Lesefluss ein wenig verschlechtert hat, so hat sich bei unserem kleinen Beispiel der Inhalt wesentlich deutlicher dargestellt, und Suchmaschinen würden die relevanten Informationen besser erkennen. Gehen Sie bei Ihren Überlegungen immer von der Sicht des Nutzers aus. Was wird ein potenzieller Interessent bei Google eingeben, wenn er eine Suche startet? In unserem Beispiel wird er vielleicht nach »Anwaltskanzlei München« oder »Arbeitsrecht München« suchen. Mit dem ersten Text hätten wir keine Chance, dass Google unsere Seite dieser Suchanfrage zuordnet. Der zweite, angepasste Text zeigt Google, dass wir zu dieser Suchanfrage sehr wohl themenrelevanten Inhalt bereitstellen.

Ich biete Ihnen ein weiteres Beispiel. Den folgenden Text habe ich leicht abgeändert, wobei bereits im Original nur wenige thematische Schlüsselwörter verwendet wurden. Sie lesen diesen Text wie eine Suchmaschine. Sie erhalten keine grafischen Hinweise. Sie sehen lediglich den textuellen Inhalt. Versuchen Sie, den folgenden Inhalt thematisch zuzuordnen:

Beratung und Information
Sie treffen eine gute Wahl, wenn Sie sich bei der Verwirklichung Ihres Projekts für uns als Partner entscheiden.

Mit geschulter Fachkompetenz werden wir Sie ganzheitlich zu allen Gebieten Ihrer geplanten Maßnahme beraten und informieren.

Realisierung
Die Ausführung aller beabsichtigten Arbeiten wird zentral abgestimmt und gemäß Zeitplan planmäßig verwirklicht. Hierbei kommen fortschrittlichste Geräte zum Einsatz, die ein hohes Maß an Sicherheit und Zeitersparnis garantieren.

Während der Ausführung erhalten Sie mit einem Ansprechpartner aus der Geschäftsleitung einen fachkundigen Begleiter, der Ihnen über die gesamte Projektlaufzeit zugeteilt ist und Sie allzeit fachlich betreuen wird.

Service, Betreuung

Durch die kontinuierliche Inspektion sämtlicher Prozesse vor Ort kann jederzeit auf Vorhaben und Änderungen flexibel Einfluss genommen werden, was zudem eine gute Ausführung aller Arbeiten belegt.

Zu unserem Kundendienst gehört auch die Vermittlung von zuverlässigen Fachfirmen für weitere Maßnahmen. Eine auch nach Erfüllung der Maßnahme vereinbarte fortschreitende Betreuung sichert Ihnen auch in den Folgejahren eine fachkundige Hilfestellung bei allen Fragen um Ihr Haus zu.

Na, an welcher Stelle wussten Sie, um was für ein Unternehmen es sich handelt? Oder sind Sie sich vielleicht nicht sicher?

Auch dieser Text zeigt, dass man mit vielen Worten wenig aussagen kann. Ein Bild von einem Baukran, einem Bauarbeiter oder einem Dachgebälk neben diesem Text hätte Ihnen wahrscheinlich mehr Informationen geliefert. Weitere Beispiele, welche Texte Sie auf einer Website gegen die entsprechenden Fachinformationen austauschen sollten, sind:

▶ **Produkte**

Sprechen Sie nicht über »unsere Produkte« oder »unser Sortiment«, sondern schreiben Sie die Bezeichnung Ihrer Produkte aus. Wenn Sie Waagen verkaufen, dann nutzen Sie die Begriffe Waage, oder besser noch *Industriewaage*, Laborwaage und Präzisionswaage. Ein potenzieller Interessent tippt bei Google niemals das Wort »Produkte« ein und erwartet dann ein Suchergebnis zu Waagen. Wenn Ihr potenzieller Interessent das nicht tut, dann sollten Sie das auch nicht tun!

▶ **Dienstleistungen**

Was für Produkte gilt, muss auch für Ihre Dienstleistungen gelten. Beschreiben Sie nicht allgemein, sondern nennen Sie die konkreten Tätigkeiten. Als Bauunternehmen können Sie von »Leistungen« bzw. »Dienstleistungen« sprechen, oder Sie bezeichnen die Maßnahmen mit Umbauarbeiten, Rohbauarbeiten, Natursteinarbeiten, Pflasterarbeiten, Dachausbau, Aufstockungen, Kernbohrungen und Altbausanierung. Was denken Sie, welche Begriffe gibt ein Bauherr ein, wenn er nach diesen »Dienstleistungen« sucht?

► **Berufsfelder und Branchenbegriffe**

Wie Sie bereits bei dem Text der Anwaltskanzlei gesehen haben, ist es ein Unterschied, ob Sie von einer Kanzlei bzw. einer Bürogemeinschaft sprechen oder die Bezeichnung Rechtsanwaltskanzlei wählen. Verwenden Sie stets Branchenbegriffe, und schreiben Sie alle Wörter aus.

► **Allgemein**

Ein Ergänzungsstrich darf nur bei Wortpaaren genutzt werden, die keine themenrelevanten Informationen darstellen. Nutzen Sie keine Abkürzungen, und schreiben Sie alle Wörter aus.

Ein Kunde bietet auf seiner Website Bürostühle und Drehstühle an. Während er zu dem Keyword »Drehstühle« bereits recht gut gefunden wurde, konnte zum Keyword »Bürostühle« keine Position in den Suchmaschinen aufgebaut werden. Wir schauten den Content der Website durch und nutzten die lokale Suche der Website, um uns alle Seiten zum Thema Bürostühle anzuschauen. Das Ergebnis verblüffte uns, denn obwohl die Website das Thema behandelte und eine Vielzahl an Bürostühlen dargestellt wurde, erhielten wir keinen Treffer.

Das Problem war schnell gefunden. Auf der ganzen Website wurde überall nur »Büro- und Drehstühle« geschrieben, und das Wort Bürostühle war nirgends ausgeschrieben. Aus diesem Grund konnte Google das Wort auch nicht auf der Website finden, und es fehlte die Relevanz zum Begriff. Manchmal sind es genau diese Kleinigkeiten, die enorm weiterhelfen.

Mit den genannten Schritten können Sie sicherstellen, dass Google und andere Suchmaschinen das Thema Ihrer Website erkennen, aber wie erkennen die Suchmaschinen die Keywords, die Sie hervorheben möchten?

Damit das ebenfalls funktioniert, müssen Sie das Schlüsselwort einer Zielseite hervorheben. Man spricht hier auch von der Keyword-Prominenz. Sie sollten Ihre Texte so anpassen, dass die Schlüsselwörter relativ weit vorn in den Absätzen erscheinen und je nach Länge des Textes auch wiederholt werden. Man geht heute davon aus, dass Google in Bezug auf den Content zahlreiche Faktoren analysiert, um die Suchanfragen entsprechend der Textqualität der Zielseiten gut zuordnen zu können. In diesem Zusammenhang wird auch davon ausgegangen, dass Google und andere Suchmaschinen die Position der Schlüsselwörter innerhalb eines Textes berücksichtigen. Keywords, die in einem Absatz relativ weit vorn stehen, erhalten eine höhere Relevanz als Schlüsselwörter, die zum Ende eines Absatzes eingesetzt werden. Zudem sollte das Keyword in den Überschriften enthalten sein.

Nehmen wir noch einmal das Beispiel der Rechtsanwaltskanzlei und überprüfen den Absatz auf Keyword-Häufigkeit und Relevanz hin. In Abbildung 3.8 sehen Sie das Ergebnis für den Text, wie er ursprünglich geschrieben war.

Abbildung 3.8 Ranks.nl – Überprüfung eines Textes auf Keyword-Prominenz

Wie verändert sich aber die Keyword-Prominenz, wenn wir nur einige Details daran ändern?

Abbildung 3.9 zeigt Ihnen, dass bereits eine kleine Unachtsamkeit in der Textgestaltung die Themenrelevanz verändert.

Im zweiten Halbjahr 2013 hat Google den Suchalgorithmus grundlegend verändert und unter dem Codenamen *Hummingbird* einen neuen Algorithmus eingeführt (siehe dazu auch Abschnitt 9.5.1, »Hummingbird-Update«). Das neue Verfahren beeinflusst die Suchergebnisse in soweit, dass Hummingbird die Verbindung zwischen den einzelnen Wörtern einer Suchanfrage analysiert und sich den gesamten Satz sowie die Absicht der Suchanfrage anschaut. Das Verfahren zielt darauf ab, dass zukünftig mehr und mehr Suchanfragen per Spracheingabe durchgeführt werden und es daher wichtig ist, nicht nur einzelne Schlüsselwörter zu analysieren, sondern komplexe Fragestellungen zu verstehen und zu bewerten.

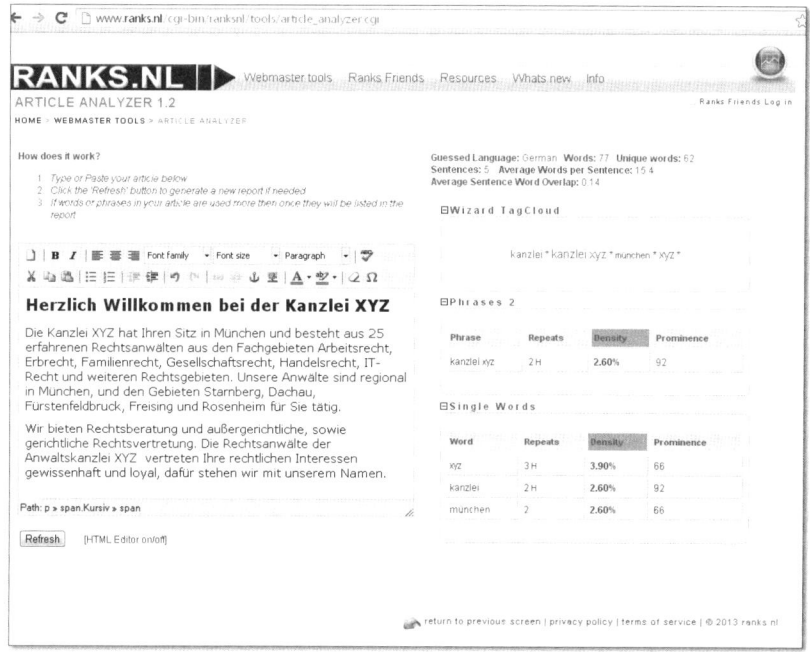

Abbildung 3.9 Ranks.nl – Überprüfung eines Textes auf Keyword-Prominenz, Veränderung der Keyword-Prominenz bei kleinen Anpassungen des Textes

Für die Gestaltung Ihres Inhalts heißt das, dass Sie den Content Ihrer Website auf potenzielle Fragestellungen Ihrer Zielgruppen ausrichten sollten.

Content is gold!

Ihre wichtigste Waffe ist der Informationsgehalt Ihrer Internetseiten. Themenrelevanter und einzigartiger Content (*Unique Content*) mit hohem Mehrwert für die Interessenten ist mitunter eines der beständigsten SEO-Kriterien, die Google für Ihren Bewertungsalgorithmus definiert hat. Sorgen Sie dafür, dass der Inhalt Ihrer Internetseite die potenziellen Suchanfragen Ihrer Interessenten beantwortet.

Kapitel 4
SEO – die Arbeit beginnt,
Planung ist alles

Bevor Sie mit der eigentlichen Optimierung beginnen, sollten Sie Ihre Kampagne detailliert planen. SEO benötigt Zeit. Fehler, die Sie erst während der Kampagne feststellen, kosten Zeit, Besucherzugriffe und Geld.

Die Vorbereitung einer SEO-Kampagne ist ein wichtiger Schritt, den Sie nicht unterschätzen sollten. Die Zielgruppenanalyse, die Bewertung der Mitbewerbersituation und die Kontrolle der eigenen Internetpräsenz sind mitunter die wichtigsten Phasen der Kampagne. Auf Basis der Analyse erfolgen alle weiteren Schritte. Die Planung der gesamten Kampagne baut darauf auf. Wenn Sie in Ihrer Planung die falschen Faktoren ermitteln, wird sich das im schlechtesten Fall durch alle Phasen Ihrer Suchmaschinenoptimierung ziehen, bevor Sie es merken.

Stellen Sie sich vor, Sie ermitteln ein falsches Schlagwort, das Ihre potenzielle Zielgruppe bei der Suche nach Ihren Produkten und Dienstleistungen angeblich nutzt. Es wird eine Landingpage erstellt, der Content wird auf das Schlagwort ausgerichtet, und es werden Links aufgebaut, um das Schlüsselwort mit Ihrer Zielseite in Verbindung zu bringen. Bis ein Ranking bei Google erzielt wird, können leicht einige Monate vergehen. Wenn Sie dann aufgrund der ausbleibenden Besucherströme feststellen, dass Sie auf die falschen Schlagwörter gesetzt haben, verlieren Sie schnell ein ganzes Jahr und können Ihren Mitbewerbern hinterherlaufen. Wie bei den meisten Projekten gilt auch hier: Investieren Sie in eine ausgiebige Analyse und Planung. Die Zeit, die Sie hier einsetzen, kann Ihnen nachher kostbare Zeit sparen.

4.1   SEO-Zieldefinitionen

Wenn Sie erfolgreich SEO betreiben möchten, sollten Sie möglichst genau wissen, welche Ziele Sie durch eine SEO-Kampagne erreichen möchten. Wenn man eine SEO-Kampagne durchführt, muss man sich im Klaren darüber sein, was das angestrebte Ziel darstellt und wie die Ausgangssituation ist. Wenn man diese beiden Punkte nicht definiert und misst, wird man den Verlauf der Kampagne ebenfalls nicht bewerten können. Ohne dieses globale Ziel verliert man sich gern in untergeordneten Faktoren und vergisst, was die eigentliche Aufgabe der Kampagne ist.

Die Ziele der Suchmaschinenoptimierung können je nach Unternehmen sehr unterschiedlich sein. Daher ist es gerade für Agenturen sehr wichtig, die Zielsetzung der Kunden genau zu definieren, damit man sich dieses Ziel immer wieder vor Augen führen kann und nicht nach eigenem Empfinden und Ermessen die Maßnahmen zur Optimierung durchführt, ohne dies mit dem Auftraggeber abzusprechen. Das Gleiche gilt, wenn Sie für Ihr eigenes Unternehmen eine Kampagne durchführen. Legen Sie als Erstes das Ziel der Kampagne fest. Durch SEO lassen sich unterschiedliche Ziele verfolgen.

4.1.1   Verbesserung der Zugriffsrate

Gerade im Anfangsstadium der Suchmaschinenoptimierung ist es das Ziel vieler Website-Besitzer, die Zugriffsrate auf die Website zu erhöhen. Denn niemandem nützt eine Website, die nicht besucht wird. Durch SEO kann Traffic erzeugt werden, da die Website bei Google und Co. besser und an prominenter Stelle platziert wird. Darüber hinaus schließt die Suchmaschinenoptimierung auch andere Maßnahmen (zum Beispiel Linkbuilding) mit ein, wodurch ebenfalls Besucher von anderen Seiten auf die eigene Seite gelangen.

Mittelfristig reicht Traffic allein in der Regel jedoch nicht aus. Es gilt auch, die richtige Zielgruppe anzusprechen und daher qualitativen Traffic zu erzeugen. Denn es wird Ihnen nichts nützen, wenn Sie 10.000 Besucher pro Tag auf Ihrer Website haben, aber diese überhaupt nicht Ihrer Zielgruppe entsprechen und an Ihren Produkten nicht interessiert sind. Im Gegenteil, Traffic allein kostet Ressourcen. Die Verbesserung der Zugriffsrate sollte daher nie als einzelnes Ziel angesehen werden. Hoher Website-Traffic ist nur dann interessant, wenn die Besucher auch am Inhalt der Seite interessiert sind.

4.1.2   Zielgruppenansprache

Die Zielgruppenansprache kann als Einzelziel oder in Verbindung mit weiteren Zielen einer SEO-Kampagne stehen. Zielgruppenansprache und Verbesserung der Zugriffsrate sind beispielsweise zwei Ziele, die sich sehr gut ergänzen. Durch die Konzentration der SEO-Maßnahmen auf bestimmte, gezielt ausgewählte Keywords gelingt es auch, die richtige Zielgruppe anzusprechen. Millionen Klicks allein helfen nicht, wenn es sich bei den Besuchern der Website nicht um die relevante Zielgruppe handelt, die erreicht werden soll. Durch zielgruppenrelevante SEO-Kampagnen wird zugleich das Werbebudget geschont.

Je genauer die Keywords mit den tatsächlichen Suchwörtern der Zielgruppe übereinstimmen, desto weniger wird die Werbung gestreut und desto genauer werden tatsächlich die Personengruppen durch die Werbung erreicht, die an den Angeboten der Webseite auch tatsächlich interessiert sind. Die Zielgruppenansprache kann dabei in unterschiedlichen Phasen der Customer Journey stattfinden. Im Gegensatz dazu wird bei einer Zielsetzung auf Produktabsatz der Fokus lediglich auf die letzte Phase der Journey gerichtet.

4.1.3   Produktabsatz

Für die meisten Betreiber von Websites zählt letztendlich nur eines: Wie viel Umsatz habe ich mit meiner Website erwirtschaftet? Schließlich dienen Websites nicht dem Selbstzweck, sondern sollen in vielen Fällen einen zusätzlichen oder ausschließlichen Vertriebskanal für Produkte oder Dienstleistungen darstellen.

SEO hilft Ihnen dabei, den Produktabsatz zu erhöhen. Dies wiederum gelingt, indem qualitativer Traffic erzeugt wird, das heißt, Besucher auf die Website gebracht werden, die sich tatsächlich gerade für die angebotenen Produkte oder Dienstleistungen interessieren und eine Kaufabsicht hegen. Das Ziel »Produktabsatz« können Sie auch sehr gut mit einer Google-AdWords-Kampagne kombinieren. Prüfen Sie auch, bei welchen Keywords Suchmaschinenmarketing eine Alternative zur Suchmaschinenoptimierung darstellen könnte.

4.1.4   Höhere Conversion

Durch entsprechende SEO-Maßnahmen gelingt es Ihnen, die Conversion-Rate zu erhöhen und Ihre Website dadurch erfolgreicher zu machen. Einerseits wird die Website in den Suchmaschinenergebnissen besser gerankt und für den User auffälliger gestaltet, andererseits kann durch erfolgreiche SEO-Maßnahmen auch die Zahl der Nutzer gesteigert werden, die länger auf der Website verweilen bzw. auch Käufe abschließen. Ein Ziel dabei ist somit eine gute Conversion-Rate für das organische Suchergebnis. Dies gelingt unter anderem durch die Wahl eines aussagekräftigen Title-Tags sowie einer passenden Meta-Description.

Der Nutzer kann durch den Zusammenhang zwischen seiner Eingabe und dem dargestellten Suchergebnis rasch eine Verbindung erkennen. Um die Conversion-Rate bei den Besuchern zu verbessern, die bereits den Weg auf die Homepage gefunden haben, gilt es, die Usability der Website zu erhöhen. Positive Effekte auf die Conversion-Rate in Suchmaschinen sowie bei den Besuchern auf der Website können erzielt werden, wenn mit Landingpages gearbeitet wird. Mehr dazu finden Sie auch in Abschnitt 3.4.2, »Themenrelevanz – was ist eine Landingpage?«.

4.1.5   Keyword-Position steigern

Eine wesentliche Rolle bei der Suchmaschinenoptimierung spielen die Keywords und deren Positionen in den Suchergebnissen. Als Keywords werden die Suchwörter bezeichnet, mit denen potenzielle Kunden bzw. Interessenten nach den Angeboten und Leistungen suchen, die auf der Webseite präsentiert werden. Ist bereits eine detaillierte Keyword-Recherche erfolgt, gilt es im nächsten Schritt, die Webseite in den Suchergebnissen bei der Suche nach relevanten Keywords möglichst weit oben zu platzieren.

Generell gilt es, bei der Zielsetzung zu beachten, ob man die allgemeine Bekanntheit einer Website, eines Unternehmens oder eines Produkts steigern oder eine bestimmte Zielgruppe erreichen möchte. Noch konkreter wird es, wenn Sie gezielt den Produktabsatz steigern oder ganz speziell für eine Keyword-Phrase Ihre Position in den organischen Ergebnissen verbessern möchten. Je nach Zielsetzung ändert sich die Intensität der entsprechenden Maßnahmen. Während Sie für die Verbesserung der Zugriffsrate und eine optimierte Zielgruppenansprache eher den Bereich der Onsite-

Maßnahmen ausschöpfen werden, benötigen Sie für die Steigerung des Produktabsatzes und die Verbesserung der Keyword-Position Offsite-Maß-nahmen wie den Linkaufbau.

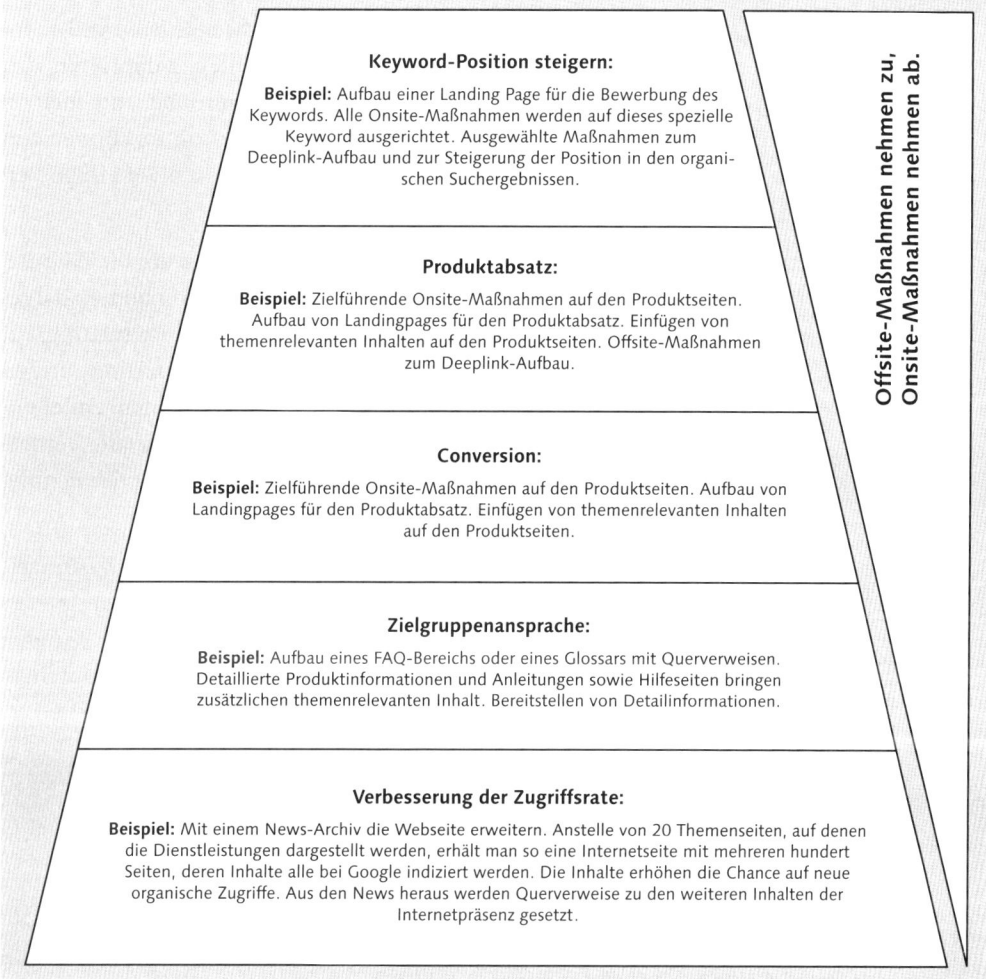

Keyword-Position steigern:

Beispiel: Aufbau einer Landing Page für die Bewerbung des Keywords. Alle Onsite-Maßnahmen werden auf dieses spezielle Keyword ausgerichtet. Ausgewählte Maßnahmen zum Deeplink-Aufbau und zur Steigerung der Position in den organi-schen Suchergebnissen.

Produktabsatz:

Beispiel: Zielführende Onsite-Maßnahmen auf den Produktseiten. Aufbau von Landingpages für den Produktabsatz. Einfügen von themenrelevanten Inhalten auf den Produktseiten. Offsite-Maßnahmen zum Deeplink-Aufbau.

Conversion:

Beispiel: Zielführende Onsite-Maßnahmen auf den Produktseiten. Aufbau von Landingpages für den Produktabsatz. Einfügen von themenrelevanten Inhalten auf den Produktseiten.

Zielgruppenansprache:

Beispiel: Aufbau eines FAQ-Bereichs oder eines Glossars mit Querverweisen. Detaillierte Produktinformationen und Anleitungen sowie Hilfeseiten bringen zusätzlichen themenrelevanten Inhalt. Bereitstellen von Detailinformationen.

Verbesserung der Zugriffsrate:

Beispiel: Mit einem News-Archiv die Webseite erweitern. Anstelle von 20 Themenseiten, auf denen die Dienstleistungen dargestellt werden, erhält man so eine Internetseite mit mehreren hundert Seiten, deren Inhalte alle bei Google indiziert werden. Die Inhalte erhöhen die Chance auf neue organische Zugriffe. Aus den News heraus werden Querverweise zu den weiteren Inhalten der Internetpräsenz gesetzt.

Offsite-Maßnahmen nehmen zu, Onsite-Maßnahmen nehmen ab.

Abbildung 4.1 SEO-Zielsetzung und Maßnahmen

Die Zieldefinition ist ein wichtiger Faktor, wenn Sie als externer SEOler die Website Ihres Kunden optimieren möchten. Das Gleiche gilt natürlich, wenn Sie als Unternehmer eine SEO-Agentur beauftragen möchten. Für beide Seiten ist es wichtig, die Ziele einer SEO-Kampagne vor Beginn der Arbeit festzulegen und sie auch zu kommunizieren. Eine Zieldefinition kann natürlich keine Zugriffszahlen enthalten, und niemand kann eine Platzierung in den Google-Ergebnissen versprechen, dennoch sollte man die Zielsetzung fixieren, um später die Qualität der Arbeit anhand der vereinbarten Punkte prüfen und bewerten zu können.

Wenn Kunden mich bzw. unser Unternehmen beauftragen, eine SEO-Kampagne durchzuführen, kann ich keine Zugriffszahlen garantieren, ich werde auch keine Absatzzahlen vorhersagen. Ich kann aber mit meinen Kunden darüber sprechen, welche Maßnahmen wir ausführen können, um die jeweiligen Ziele zu erreichen. In Abbildung 4.1 sehen Sie einige Beispiele, welche Maßnahmen man ausführen kann.

In einer Zielvereinbarung steht nicht das Ziel »Wir verbessern die Zugriffsrate der Website xyz um 20 %«, sondern es werden die Maßnahmen dargestellt, die durchgeführt werden. Der Kunde definiert seine Zielsetzung, auf deren Grundlage wir die spätere Auswertung und das Reporting für den Kunden festlegen. Die Zielvereinbarung beginnt dann mit einem einleitenden Satz: »Die Zielsetzung der vereinbarten SEO-Kampagne ist die Verbesserung der Zugriffsrate. Folgende Maßnahmen werden zur Erreichung dieses Ziels in Absprache durchgeführt: ...«

Im persönlichen Beratungsgespräch erklären wir dem Kunden, warum wir uns für diese Maßnahmen entschieden haben und warum sie für das von ihm gewünschte Ergebnis zielführend sind. Das bietet unseren Kunden eine hohe Transparenz, und bei Folgegesprächen können wir die durchgeführten Maßnahmen mit den gemessenen Ergebnissen darstellen.

> **Zielvereinbarungen ohne magische Glaskugel**
>
> Kein SEOler kann in die Zukunft schauen, und er ist auch kein Prophet. Dennoch sollten Zielvorgaben definiert werden. SEO kostet Geld, und niemand kauft gern die Katze im Sack. Schaffen Sie Transparenz, und definieren Sie eine Basis, die für beide Parteien ein faires Angebot darstellt.

4.2   SEO-Kriterien – Konzepte definieren

Je nach Zielsetzung werden Sie eine SEO-Kampagne nach unterschiedlichen Konzepten aufbauen. Wichtig ist dabei, dass Sie die einzelnen Kriterien kennen, die Ihnen dabei helfen, die entsprechenden Ziele zu erreichen. Wenn ich in diesem Zusammenhang von »den Kriterien« spreche, meine ich damit die Maßnahmen, die Google auswertet, um die Position in den Suchergebnissen zu bestimmen. Google wertet eine nicht bekannte Anzahl von Faktoren für die Berechnung aus, und die Gewichtung der jeweiligen Faktoren ist ebenfalls ein Betriebsgeheimnis.

Dennoch gibt Google an vielen Stellen Hilfestellung dazu, wie eine »Google-konforme« Website aussehen soll und welche Faktoren für das Ranking wichtig sind. Zudem bieten Ihnen zahlreiche Foren und News-Magazine immer wieder neue Berichte zum Thema SEO. Viele basieren auf gut recherchierten Erfahrungswerten bekannter SEO-Agenturen. Übernehmen Sie jedoch niemals blind die Maßnahmen für Ihre eigene Präsenz, sondern prüfen Sie zuerst die Quelle und die jeweiligen Angaben auf Herz und Nieren.

Eine Online-Zeitschrift, die viele interessante Artikel und gute Informationen bietet, ist *http://www.suchradar.de* (siehe Abbildung 4.2). Das Online-Magazin ist kostenlos. Es erscheint alle 2 Monate und bringt interessante sowie aktuelle Inhalte zu den Themen Suchmaschinenoptimierung und Suchmaschinenmarketing.

Die Informationen, die Sie hier von mir erhalten, sind eine sehr gute Basis für den derzeitigen Stand der Suchmaschinenoptimierung. Dennoch kann ich Ihnen nicht garantieren, dass Sie mit diesen Informationen auch morgen noch eine Website positiv in den Suchergebnisseiten der Suchmaschinen platzieren können. *Nichts ist so beständig wie der Wandel.* Aus diesem Grund nenne ich Ihnen die unterschiedlichen Portale, die Sie nutzen können, um sich über aktuelle Veränderungen zu informieren. Grundsätzlich gilt für die meisten Onsite-Maßnahmen, was einen themenrelevanten Nutzwert für Ihre Besucher hat, wird auch von Google positiv bewertet. Wie können Sie diese Information aber für eine SEO-Kampagne nutzen?

Wenn Sie die Ziele einer Kampagne definiert haben, benötigen Sie ein Konzept, nach dem Sie Ihre Maßnahmen Schritt für Schritt planen, überwachen und auswerten können. Die Ausarbeitung eines SEO-Konzepts ist sehr individuell und hängt stets von den Kampagnenzielen und der Ausgangssituation ab. Es stellt Ihren späteren Leitfaden dar und begleitet Sie während der gesamten Kampagne. Erarbeiten Sie Meilensteine, und nehmen Sie diese in das Konzept auf. So entsteht eine Projektierung, die auf festen Stufen aufbaut. Zudem ist es ein Kommunikationsmittel, das Sie Ihrem Auftraggeber vorlegen können, um die einzelnen Schritte transparent darzustellen und zu besprechen.

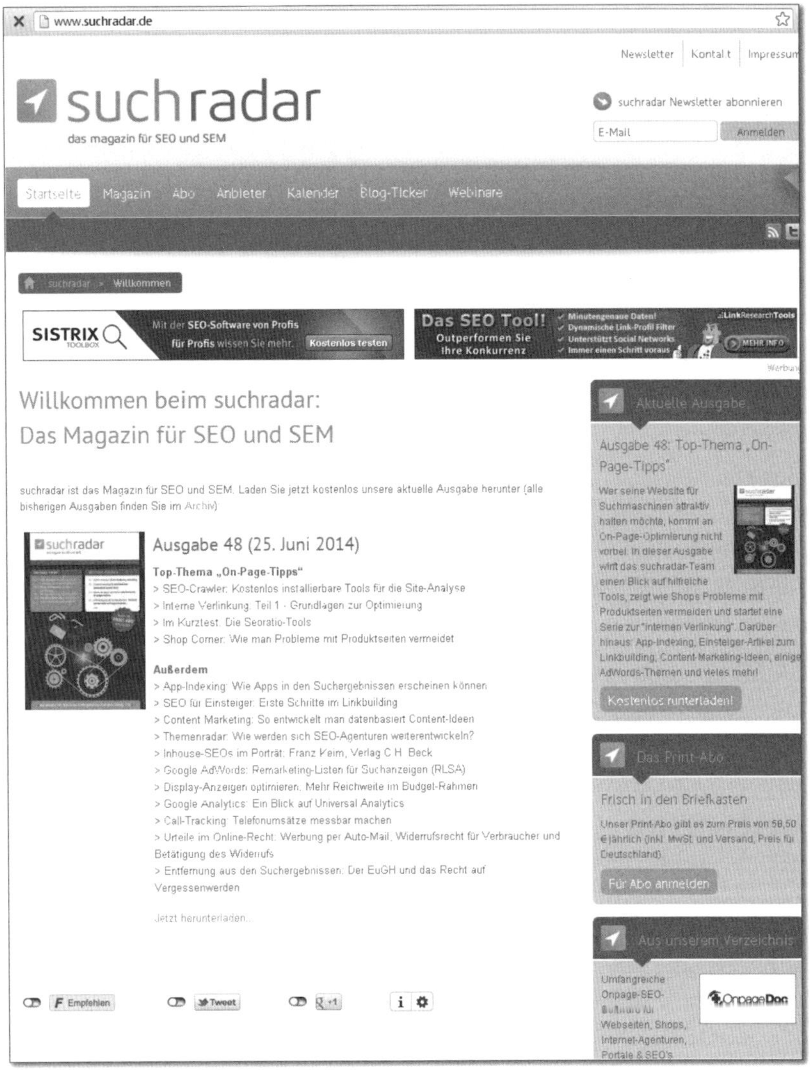

Abbildung 4.2 »suchradar«, das kostenlose Online-Magazin für SEO und SEM
(Quelle: http://www.suchradar.de)

Wenn Sie eine SEO-Kampagne als externer Dienstleister für ein Unternehmen durchführen, können Sie im SEO-Konzept auch die Positionen definieren, die vom Unternehmen oder Dritten zu erfüllen sind. So können Sie beispielsweise festlegen, dass die Onsite-Maßnahmen, die durch einen Programmierer ausgeführt werden, bis zu einem bestimmten Zeitpunkt abgeschlossen sein sollen. Es ist zwar nicht schön, aber Sie werden bestimmt auch einmal Rückschläge mit einer SEO-Kampagne erleiden. Wenn Sie nur die Auswertung vorlegen, ohne dass Sie über die Maßnahmen sprechen, wird man Sie auch nur an den Zahlen messen können. Wenn Sie Ihre Arbeit transparent offenlegen, können Sie auch bei negativen Kampagnenwerten den Arbeitseinsatz darstellen und an anderer Stelle punkten.

Ein Beispiel für einen derartigen Fall haben wir 2010 erlebt. Ein Neukunde kam zu uns und bemängelte seine schlecht besuchte Website. Er beauftragte uns, die Website bekannter zu machen, um so mehr Besucher zu gewinnen. Wir stellten schnell fest, dass die Seite lediglich wenige organische Zugriffe über Google erhielt. Neben einer kleinen AdWords-Kampagne, mit der wir kurzfristig bereits neue Besucher auf die Internetpräsenz ziehen wollten, planten wir den Ausbau der Website mit einem News- und einem FAQ-Bereich. Unser Ziel war es, eine größere Internetpräsenz aufzubauen und neue Inhalte auf der Homepage bereitzustellen. Nach 1 Monat hatten wir den FAQ-Bereich integriert, einen News-Bereich auf der Startseite platziert und die Internetpräsenz in den Webmaster-Tools angemeldet. Wir veröffentlichten pro Woche redaktionelle News auf der Website. Nach 4 Monaten war die Zugriffsrate über organische Anfragen durch Suchmaschinen jedoch lediglich schwach gestiegen. Das Ergebnis im Sinn der eigentlichen Zielsetzung war nicht nur für unseren Kunden, sondern auch für uns unbefriedigend. Dennoch zeigten die Maßnahmen bereits eine positive Wirkung. Wir hatten zwar das Ziel, neue Besucher anzuziehen, noch nicht erreicht, aber durch die Maßnahmen wurde die Verweildauer der Besucher erhöht, und das Interesse an dem FAQ-Bereich sowie an den News zeigte Wirkung.

Durch die Maßnahmen entstand ein informativer Mehrwert für die Besucher, der die Interessenten dazu anregte, länger auf der Homepage zu verweilen. Das Unternehmen erhielt Rückmeldungen. Die Besucher informierten sich in den News und dem FAQ-Bereich und kommentierten Beiträge oder schrieben eine E-Mail. Es entstand eine Interaktion über die Website, wie das Unternehmen es vorher nicht kannte. Da wir diesen Erfolg auf die Maßnahmen zurückführen konnten, wurde die Kampagne fortgesetzt, und 3 Monate später zeigte auch die Indizierung der neuen Inhalte ihre Wirkung.

Nachdem die Website von anfänglich ca. 40 Seiten durch den FAQ-Bereich und die News auf über 120 Seiten angewachsen war, erfolgten auch immer mehr Zugriffe über organische Suchanfragen. Hätten wir unserem Kunden lediglich die Zugriffszahlen als Ergebnis vorgelegt, wäre die Kampagne wahrscheinlich nach 5 bis 6 Monaten beendet worden. Die reinen Zugriffszahlen zeigten keine positive Entwicklung. Lediglich die detaillierte Auswertung der Zugriffe und die Veränderung der Besuchszeit zeigten den bereits vorhandenen Erfolg der Kampagne. Unser Kunde war während der gesamten Laufzeit mit den Maßnahmen und den erreichten Ergebnissen zufrieden, obwohl sie nicht seiner anfänglichen Zielsetzung entsprachen.

Offene Kommunikation bringt positive Haltung

Lassen Sie Ihre Kunden oder Ihren Vorgesetzten nicht im Ungewissen über die Maßnahmen, die Sie durchführen möchten. Je mehr Sie mit dem Kunden darüber sprechen, desto besser versteht er die Prozesse und das Konzept. Je mehr Informationen er hat, desto weniger ist er an die reinen Zahlen gebunden.

4.3 Wer sollte die Website optimieren?

Ich gestalte meine Projekte stets sehr transparent und informiere den Kunden über die einzelnen Tätigkeiten. Genau wie hier im Buch spreche ich auch mit meinen Kunden ganz offen über Strategie, Maßnahmen und Kontrollmechanismen. Eine Frage, die ich dann immer wieder höre, lautet: »... eigentlich können wir das ja jetzt selber machen, also wofür brauchen wir Sie noch, und warum sollen wir so viel Geld ausgeben?« Die Antwort ist ganz einfach: wegen der Qualität. Suchmaschinenoptimierung ist ein Handwerk, das Erfahrung und Fachkompetenz erfordert. Natürlich kann ich die IT in meinem Unternehmen durch den Sohn meines Nachbarn betreuen lassen, oder ich wähle eine professionelle Wartung von einem Fachmann! Ich kann mir eine Homepage mit einem Baukastensystem eines Internet-Providers aufbauen, vorgefertigte Texte, vorgefertigte Bilder, ein wenig klicken und alles ist online; oder ich erarbeite mit einer Agentur eine Internetseite, die mein Unternehmen reflektiert und Kunden bindet.

Wenn ein Kunde oder der Chef anfängt, mit Ihnen zu »feilschen«, sollten Sie sich auf keine Diskussion einlassen. Qualität war noch nie billig, und »Geiz ist geil« gilt woanders. Je nach Größe eines Unternehmens, nach Wettbewerbssituation und Umfang einer Internetpräsenz kann allein die SEO-Analyse bereits mehrere tausend Euro kosten. Ist das zu viel? Ich denke nicht, und die zahlreichen Kunden, mit denen ich erfolgreiche SEO-Kampa-gnen durchgeführt habe, geben mir Recht. Aus diesem Grund gilt: Eine Optimierung der Website sollte von denjenigen durchgeführt werden, die fachkompetent sind und Erfahrung im Bereich SEO haben. Vor allem die Erfahrung ist ein wichtiger Punkt. Wenn ich Unternehmen berate, stelle ich häufig fest, dass die Frage nach Referenzen und Empfehlungen nicht gestellt wird, obwohl man gerade daran die Qualität einer Agentur erken-nen kann.

In einer Umfrage unter SEO-Verantwortlichen und Online-Marketing-Managern führender Unternehmen der Online-Welt gaben 65 % der befrag-ten Unternehmen an, dass Empfehlungen für sie als Auswahlkriterium ent-scheidend sind (siehe Abbildung 4.3).

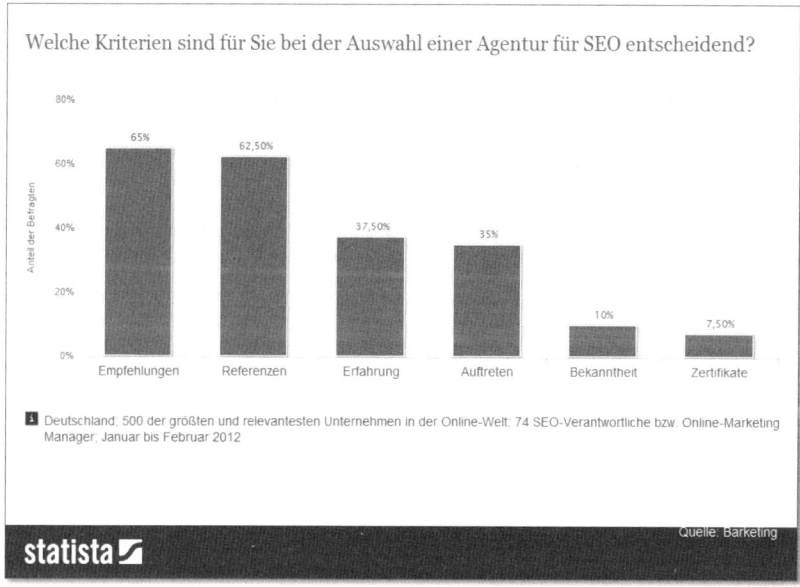

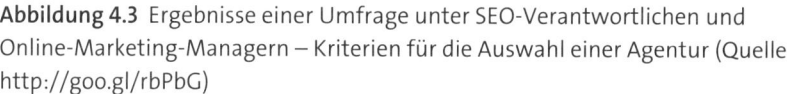

Abbildung 4.3 Ergebnisse einer Umfrage unter SEO-Verantwortlichen und Online-Marketing-Managern – Kriterien für die Auswahl einer Agentur (Quelle: http://goo.gl/rbPbG)

Auch Google ist an der Qualität der Berater interessiert und versucht, Betrei-ber von Websites für ein Gespräch mit einer SEO-Agentur auszustatten.

Unter dem Link *http://support.google.com/webmasters/* bietet das Unter-nehmen Tipps, welche Fragen man einer Agentur bzw. einem externen

Berater stellen kann. Google ist stets an der Qualität der Suchergebnisse und damit auch an der Qualität der verlinkten Websites interessiert. Aus diesem Grund finden Sie in der Webmaster-Tools-Hilfe (siehe Abbildung 4.4) sehr viele Hinweise, wie Sie die Qualität Ihrer Website steigern können.

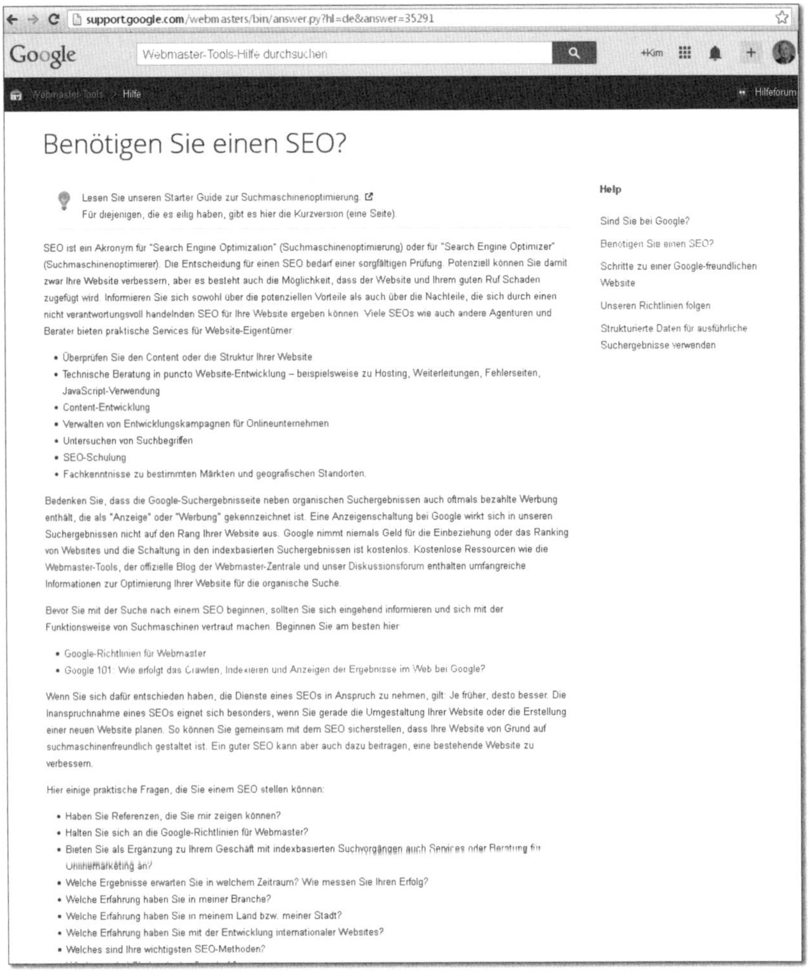

← → C 🔒 support.google.com/webmasters/bin/answer.py?hl=de&answer=35291   ☆

Google   Webmaster-Tools-Hilfe durchsuchen   🔍   +Kim ▦ 🔔 + 👤

🏠 Webmaster-Tools > Hilfe   ↔ Hilfeforum

Benötigen Sie einen SEO?

💡 Lesen Sie unseren Starter Guide zur Suchmaschinenoptimierung. ↗
   Für diejenigen, die es eilig haben, gibt es hier die Kurzversion (eine Seite).

SEO ist ein Akronym für "Search Engine Optimization" (Suchmaschinenoptimierung) oder für "Search Engine Optimizer" (Suchmaschinenoptimierer). Die Entscheidung für einen SEO bedarf einer sorgfältigen Prüfung. Potenziell können Sie damit zwar Ihre Website verbessern, aber es besteht auch die Möglichkeit, dass der Website und Ihrem guten Ruf Schaden zugefügt wird. Informieren Sie sich sowohl über die potenziellen Vorteile als auch über die Nachteile, die sich durch einen nicht verantwortungsvoll handelnden SEO für Ihre Website ergeben können. Viele SEOs wie auch andere Agenturen und Berater bieten praktische Services für Website-Eigentümer:

- Überprüfen Sie den Content oder die Struktur Ihrer Website.
- Technische Beratung in puncto Website-Entwicklung – beispielsweise zu Hosting, Weiterleitungen, Fehlerseiten, JavaScript-Verwendung
- Content-Entwicklung
- Verwalten von Entwicklungskampagnen für Onlineunternehmen
- Untersuchen von Suchbegriffen
- SEO-Schulung
- Fachkenntnisse zu bestimmten Märkten und geografischen Standorten.

Bedenken Sie, dass die Google-Suchergebnisseite neben organischen Suchergebnissen auch oftmals bezahlte Werbung enthält, die als "Anzeige" oder "Werbung" gekennzeichnet ist. Eine Anzeigenschaltung bei Google wirkt sich in unseren Suchergebnissen nicht auf den Rang Ihrer Website aus. Google nimmt niemals Geld für die Einbeziehung oder das Ranking von Websites und die Schaltung in den indexbasierten Suchergebnissen ist kostenlos. Kostenlose Ressourcen wie die Webmaster-Tools, der offizielle Blog der Webmaster-Zentrale und unser Diskussionsforum enthalten umfangreiche Informationen zur Optimierung Ihrer Website für die organische Suche.

Bevor Sie mit der Suche nach einem SEO beginnen, sollten Sie sich eingehend informieren und sich mit der Funktionsweise von Suchmaschinen vertraut machen. Beginnen Sie am besten hier.

- Google-Richtlinien für Webmaster
- Google 101: Wie erfolgt das Crawlen, Indexieren und Anzeigen der Ergebnisse im Web bei Google?

Wenn Sie sich dafür entschieden haben, die Dienste eines SEOs in Anspruch zu nehmen, gilt: Je früher, desto besser. Die Inanspruchnahme eines SEOs eignet sich besonders, wenn Sie gerade die Umgestaltung Ihrer Website oder die Erstellung einer neuen Website planen. So können Sie gemeinsam mit dem SEO sicherstellen, dass Ihre Website von Grund auf suchmaschinenfreundlich gestaltet ist. Ein guter SEO kann aber auch dazu beitragen, eine bestehende Website zu verbessern.

Hier einige praktische Fragen, die Sie einem SEO stellen können:

- Haben Sie Referenzen, die Sie mir zeigen können?
- Halten Sie sich an die Google-Richtlinien für Webmaster?
- Bieten Sie als Ergänzung zu Ihrem Geschäft mit indexbasierten Suchvorgängen auch Services oder Beratung für Onlinemarketing an?
- Welche Ergebnisse erwarten Sie in welchem Zeitraum? Wie messen Sie Ihren Erfolg?
- Welche Erfahrung haben Sie in meiner Branche?
- Welche Erfahrung haben Sie in meinem Land bzw. meiner Stadt?
- Welche Erfahrung haben Sie mit der Entwicklung internationaler Websites?
- Welches sind Ihre wichtigsten SEO-Methoden?

Help

Sind Sie bei Google?

Benötigen Sie einen SEO?

Schritte zu einer Google-freundlichen Website

Unseren Richtlinien folgen

Strukturierte Daten für ausführliche Suchergebnisse verwenden

Abbildung 4.4 Direktlink zur Webmaster-Tools-Hilfeseite, mit den Fragen, die Sie einem SEOler stellen können: http://goo.gl/GFvOG

Über die Richtlinien für Webmaster hat Google ebenfalls eine Seite in den Webmaster-Tools eingerichtet (siehe Abbildung 4.5). Sie finden dort Richt-

linien zur Gestaltung und zum Content, Hinweise zu technischen Richtlinien und Qualitätsrichtlinien. Zudem stellt Google Ihnen die Maßnahmen
dar, die Sie vermeiden sollten, damit Ihre Website nicht abgestraft wird.

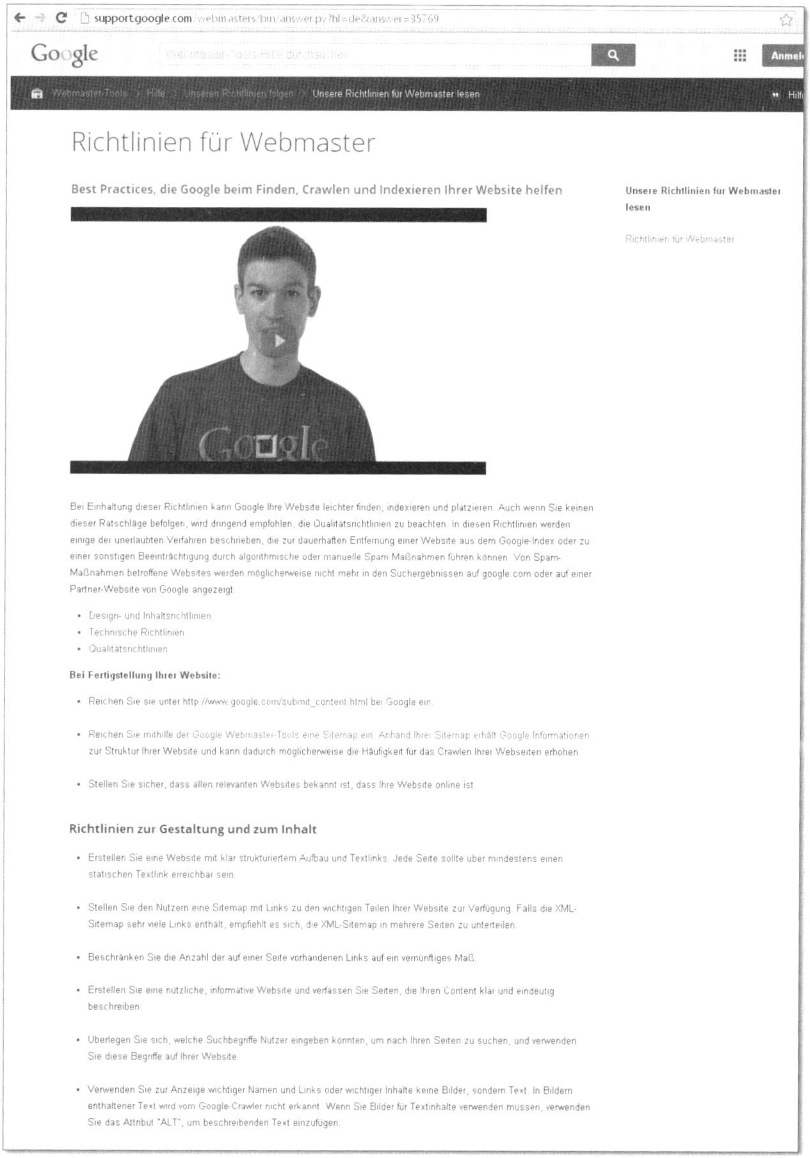

Abbildung 4.5 Richtlinien für Webmaster (http://goo.gl/Bp0gA)

Folgende Fragen empfiehlt Google für das Gespräch mit einer SEO-Agentur:

► Haben Sie Referenzen, die Sie mir zeigen können?

► Halten Sie sich an die Google-Richtlinien für Webmaster?

► Bieten Sie als Ergänzung zu Ihrem Geschäft mit indexbasierten Suchvorgängen auch Services oder Beratung für Online-Marketing an?

► Welche Ergebnisse erwarten Sie in welchem Zeitraum?

► Wie messen Sie Ihren Erfolg?

► Welche Erfahrung haben Sie in meiner Branche?

► Welche Erfahrung haben Sie in meinem Land bzw. meiner Stadt?

► Welche Erfahrung haben Sie mit der Entwicklung internationaler Websites?

► Welches sind Ihre wichtigsten SEO-Methoden?

► Wie lange sind Sie bereits im Geschäft?

► Wie kann ich mit Ihnen kommunizieren?

► Werden Sie mich über alle an meiner Website vorgenommenen Änderungen informieren und mir Ihre Empfehlungen umfassend begründen?

4.4   Onsite-Arbeitsplanung – ein gesunder Mix mit Eigenleistung

Die SEO-Maßnahmen, die auf Ihrer Website durchgeführt werden, wie beispielsweise die Änderungen im Quellcode, die Einbindung neuer Textblöcke und die Verlinkung der Seiten untereinander, bezeichnet man auch als Onsite-Maßnahmen.

Den Hauptbestandteil der SEO-Onsite-Maßnahmen sollte man Leuten mit Fachkompetenz überlassen. Eine SEO-Agentur kann Schritt für Schritt alle Onsite-Maßnahmen für Sie planen und auch durchführen, aber bei einem Punkt sollten Sie sich auf Ihre eigene Kompetenz bzw. auf die Fachkompetenz des Website-Betreibers verlassen. Niemand kennt die angebotenen Produkte und Dienstleistungen besser als Sie, und aus diesem Grund sollten Sie auch bei einer Onsite-Optimierung die neuen Inhalte prüfen, bearbeiten und kontrollieren.

Bei vielen Projekten werden die Inhalte einer Homepage an die entsprechenden Keywords angepasst. Oft nutzen SEO-Agenturen dafür Online-Redakteure, die zwar den Inhalt gemäß den SEO-Kriterien aufbauen, aber die fachliche Qualität, mit der die Besucher angesprochen werden, entspricht nicht der gleichen Qualität, die erreicht wird, wenn der Seitenbetreiber selbst den Text verfasst. Aus Sicht des Website-Betreibers ist ein gesunder Mix mit Eigenleistung eine ideale Basis für positive Ergebnisse. So wird die Website nicht nur für Suchmaschinen optimiert, sondern der Betreiber kann sich auch inhaltlich mit den Texten identifizieren.

Zu Beginn des Jahres 2012 gaben in einer Umfrage unter SEO-Verantwortlichen und Online-Marketing-Managern 23 % der befragten Unternehmen an, dass die von ihnen geplanten SEO-Maßnahmen von eigenen Mitarbeitern durchgeführt werden (siehe Abbildung 4.6). 60 % der Unternehmen arbeiten mit einer Hybridlösung.

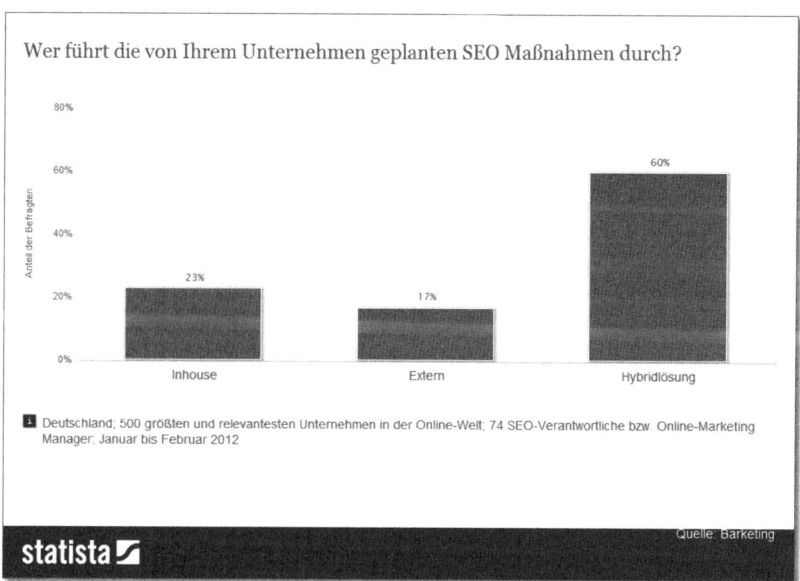

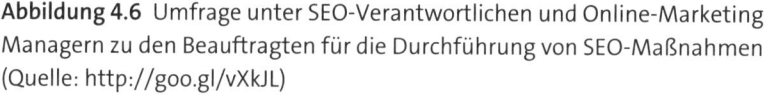

Abbildung 4.6 Umfrage unter SEO-Verantwortlichen und Online-Marketing-Managern zu den Beauftragten für die Durchführung von SEO-Maßnahmen (Quelle: http://goo.gl/vXkJL)

Wenn Sie Ihre eigene Website aktualisieren und anpassen möchten, können Sie sich im Internet Hilfe für die Texte holen. Ein Online-Portal, in dem Sie Autoren für Fachartikel, Rezensionen und weitere Projektanforderungen finden, ist *http://www.textbroker.de* (siehe Abbildung 4.7). Textbroker ist ein Marktplatz, auf dem Autoren ihre Dienstleistungen anbieten und Auftraggeber sich individuelle Texte erstellen lassen können.

Abbildung 4.7 Link zur Startseite von Textbroker (http://www.textbroker.de)

Die Vergütung erfolgt pro Wort und ist von der Qualität der Texte bzw. von der Kompetenz des jeweiligen Autors abhängig. Sie können bei einem Auftrag angeben, in welcher Qualität der Text geschrieben werden soll. So kann der Preis pro Wort zwischen 0,012 bis 0,06 Euro variieren. Ein Text mit 250 Wörtern kostet dann zwischen 3,– und 15,– Euro, je nach Qualitätsstufe. Zudem können Sie bestimmte Schlüsselbegriffe und deren Häufigkeit vorgeben. Sie erhalten somit individuelle und einzigartige Texte, die den SEO-Kriterien entsprechen, die Sie vorher festlegen.

Die Texte, die Sie so erhalten, bieten Ihnen eine gute Basis, die Sie mit Ihrer persönlichen Note versehen können. Passen Sie die Texte auf Ihren ganz persönlichen Bedarf und Ihre Zielgruppe an. Sie sollten auf jeden Fall darauf achten, dass die Texte einen optimalen Lesefluss haben und einen Mehrwert für den Leser bieten.

In einigen Projekten habe ich auf freie Autoren des Portals zurückgegriffen und weitgehend positive Erfahrungen gemacht. Ein Vorteil, den Sie durch einen unabhängigen Texter erhalten, ist, dass die Person Ihnen einen Text aus Sicht der Nutzer schreiben wird. Meistens sind wir selbst so in unser »Fachchinesisch« vertieft, dass wir vergessen, für wen wir die Texte eigentlich schreiben. Es geht nicht darum, dass man darstellt, wie kompetent man ist und wie toll man sich ausdrücken kann, sondern es geht darum, dass der Nutzer in kurzen und aussagekräftigen Sätzen über die Produkte und Dienstleistungen informiert wird. Der Blick oder in unserem Fall der Text eines Außenstehenden kann dabei sehr hilfreich sein. Als Website-Betreiber sollten Sie in diesem Fall den erstellten Text nur auf fachliche Korrektheit und auf den Lesefluss hin prüfen und ihn sonst unverändert lassen.

> **Die eigene Webseite – kein Fachchinesisch!**
> Ein objektiver Blick eines Laien kann nie schaden, um die Inhalte der Internetpräsenz für jeden verständlich zu gestalten. Denken Sie bei der Erstellung Ihres Contents stets daran, dass die Informationen für Ihre Kunden und Interessenten sind. Eine Erwartungshaltung an fachliches Wissen kann die Besucher schnell überfordern. Lassen Sie Ihre Texte von Laien gegenlesen, und fragen Sie nach dem Verständnis.

4.5   Offsite-Arbeitsplanung – Linkaufbau nur mit Fachkompetenz

Während man bei der Onsite-Optimierung durchaus einige Tätigkeiten selbst ausführen kann, sollte man dies beim Linkaufbau jedoch den erfahrenen SEOlern überlassen. Es gibt zahlreiche Portale im Internet, bei denen Sie Linkaufbau einkaufen können, aber ohne die benötigte Erfahrung sollten Sie auf solche Angebote lieber verzichten. Sie können nicht bewerten, welcher Anbieter seriös ist und welcher nicht.

Ein aggressiver Linkaufbau und die Erstellung von Brückenseiten, die lediglich der Generierung zusätzlicher Suchergebniseinträge dienen, aber beim Aufruf auf eine Internetpräsenz weiterleiten, verstoßen gegen die Google-Webmaster-Richtlinien. Der Suchmaschinenbetreiber behält sich das Recht vor, derartige Maßnahmen zu ahnden und schlimmstenfalls die komplette Internetpräsenz aus den Suchergebnissen zu entfernen. Wenn Sie denken, so etwas wäre nicht machbar und Google hätte es noch nie getan, dann muss ich Sie leider enttäuschen. Der bekannteste Vorfall hat sogar einen Eintrag bei Wikipedia! Sie finden den Hinweis unter *http://de.wikipedia.org/wiki/Suchmaschinenoptimierung* im Absatz »Ethische Regeln«.

BMW musste Anfang 2006 kurzfristig hinnehmen, dass das Internetangebot des Automobilkonzerns komplett aus Google entfernt wurde, weil eine Reihe von automatisch weiterleitenden Brückenseiten erstellt worden war. Erst nachdem BMW die beanstandeten Seiten entfernt hatte, wurde BMW.de wieder in den Google-Index aufgenommen. Weitere Informationen zu diesem und zu anderen Beispielen finden Sie in Kapitel 9, »Man kann es auch übertreiben – Black-Hat-SEO und Googles Schlussfolgerungen«.

Sollten Sie aufgrund fehlender Erfahrung einen unnatürlichen Linkaufbau betreiben und Google stellt dies fest, kann Ihnen eine ähnliche Sanktion widerfahren. Hier gilt: Unwissenheit schützt vor Strafe nicht. Aus diesem Grund rate ich Ihnen, lassen Sie die Offsite-Maßnahmen von einer erfahrenen Agentur durchführen oder zumindest überwachen. Gerade Unternehmen, die ihre Internetpräsenz bereits als Einnahmequelle nutzen und feste Umsätze online verbuchen, sollten den Linkaufbau vorsichtig und mit Bedacht planen.

Es ist besser, langsam zu wachsen, als schnell zu fallen. Wenn Sie sich bereits eine gewisse Größe und ein Online-Umsatzvolumen aufgebaut haben, sind auch entsprechende Ressourcen und fixe Kosten an Ihren Online-Umsatz gekoppelt. Wenn der Umsatz aufgrund einer Google-Sperre und der damit verbundenen Zugriffe aus den organischen Suchergebnissen ausbleibt, könnten die weiterhin anfallenden Kosten schnell zum Problem werden. Als Agentur sollten Sie dies stets im Sinn Ihres Kunden bedenken und ihm gegenüber auch kommunizieren. Als Mitarbeiter und SEOler für das eigene Unternehmen sind Sie dafür verantwortlich, diese Punkte ebenfalls im Sinn des Unternehmens umzusetzen. Sehen Sie Linkaufbau als einen kontinuierlichen Prozess, den Sie langsam ausbauen sollten.

Wie schnell ist nichts passiert?

Und das ist noch der beste von den schlechten Fällen. Ein falscher Linkauf-bau hat bestenfalls keine Auswirkungen auf Ihr Google-Ranking. Schlimmer wird es, wenn durch falsche Aktivitäten Ihre Website aus dem Google-Index gelöscht und nicht mehr in den Suchergebnissen dargestellt wird. Vertrauen Sie bei der Offsite-Optimierung auf erfahrene SEOler, oder trainieren Sie erst einmal Ihr Wissen und Ihre eigenen Erfahrungswerte, bevor Sie wirklich wichtige Projekte optimieren.

Bedenken Sie auch: **Vertrauen ist gut, aber Kontrolle ist besser.** Google Webmaster-Tools bietet Ihnen Hinweise dazu, ob manuelle Spam-Maß-nahmen in Zusammenhang mit Ihrer Website erkannt wurden. Prüfen Sie stets, ob Google Ihre Maßnahmen oder die Maßnahmen einer beauftrag-ten Agentur negativ bewertet.

4.6   Onsite oder Offsite, was kommt zuerst?

Die Reihenfolge, in der Sie die Maßnahmen durchführen, ist nicht zufäl-lig. Grundsätzlich sollten Sie zuerst die Maßnahmen durchführen, die mit Ihrer Website in Verbindung stehen. Die Onsite-Optimierung ist die erste Phase der aktiven SEO-Veränderungen. Erst wenn diese Maßnahmen weitgehend abgeschlossen sind, sollten Sie mit den Offsite-Maßnahmen beginnen.

Die Maßnahmen der Offsite-Optimierung werden die Popularität Ihrer Website steigern. Folglich wird Google die Inhalte Ihrer Internetpräsenz häufiger crawlen und die gefundenen Inhalte bewerten. Wenn Sie zuerst die Popularität steigern und danach mit der Onsite-Optimierung begin-nen, könnten die bereits indizierten Inhalte von Google negativ bewertet sein. Ihre Website wird noch nicht strukturiert sein, und eventuell werden falsche Seiten als potenzielle Zielseiten für bestimmte Themen erkannt und von Google indiziert. Ihr Ranking, das Sie aufbauen möchten, rutscht dann nach unten, und Sie werden einen langen Weg vor sich haben, um die Positionen wiedergutzumachen.

Beginnen Sie mit den Onsite-Maßnahmen. Verbessern Sie die technischen und inhaltlichen SEO-Kriterien. Wenn Sie danach die Popularität Ihrer Website steigern, werden die Suchmaschinen eine bereits für die jeweiligen

Themen optimierte Website vorfinden, und die Indizierung fällt wesentlich einfacher. Sie werden sofort bemerken, dass sich Ihre Ergebnisse verbessern, ohne dass die Seite zuerst falsch indiziert wird.

Abbildung 4.8 zeigt Ihnen in vereinfachter Form (ohne Anspruch auf Vollständigkeit) eine allgemeine Darstellung des Prozessablaufs, an dem Sie Ihre Kampagne ausrichten können. Die einzelnen Phasen zur Planung einer Kampagne werden dargestellt. Die inhaltliche Ausgestaltung der Phasen ist individuell an die Ziele der jeweiligen Kampagne anzupassen, daher werden hier nur vereinzelte Punkte genannt.

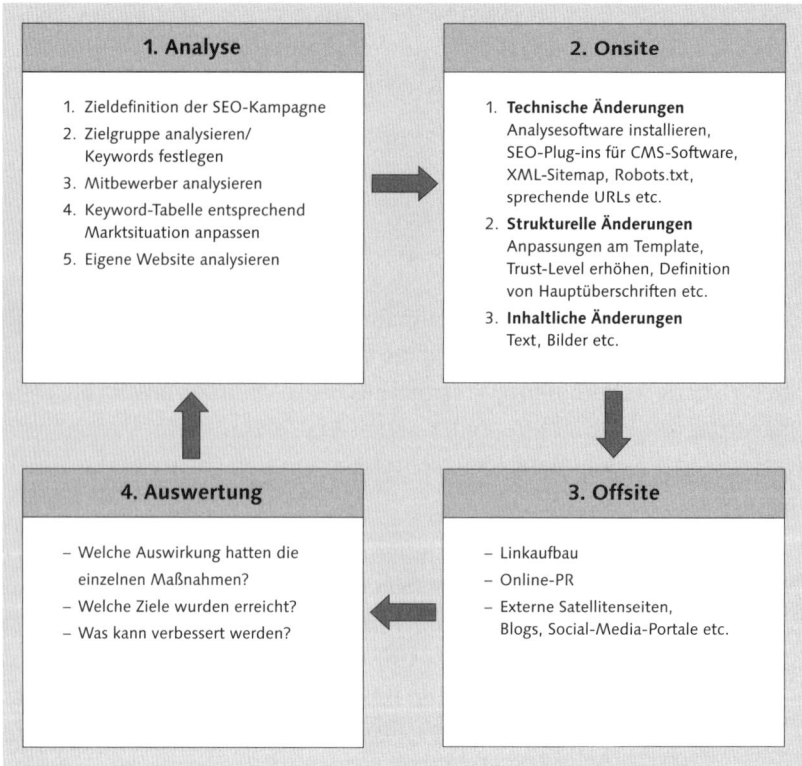

Abbildung 4.8 Vereinfachte Ausarbeitung eines Ablaufplans für SEO-Kampagnen

Generell können alle Phasen als einzelne Maßnahmen gesehen werden, und eine Kampagne muss nicht zwingend aus allen Phasen bestehen. Es ist

Abbildung 4.9 Webmaster-Tools – Google-freundliche Websites (http://goo.gl/Zo96iH)

4.7   Die Nachbearbeitung – Auswertung der Kampagne

Was hat die SEO-Kampagne effektiv gebracht? Diese Frage steht nach getaner Arbeit im Raum. Aufgrund der Bewertungskriterien, die Sie zu Beginn festgelegt haben, und der Messprotokolle während der Onsite- und Offsite-Maßnahmen können Sie in einem abschließenden Report die Ergebnisse präsentieren und eine Empfehlung für weitere Maßnahmen aussprechen. Die Auswertung bietet dem Website-Betreiber bzw. dem Auftraggeber einen Überblick über die Maßnahmen und Auswirkungen auf die vordefinierte Zielsetzung. So können Sie einen fließenden Übergang für die Wiederholung der Phase 1 und damit einer aufbauenden SEO-Kampagne erreichen.

Ergebnisse präsentieren

Wenn Sie die in Abbildung 3.3 dargestellte Matrix »Ziele und Zielgruppen entsprechend der Customer Journey definieren« für Ihr Projekt einsetzten, dann hilft Ihnen das bei der Präsentation der Auswertung, und Ihr Kunde bzw. Ihr Chef sieht anhand der gemeinsam definierten Ziele die Ergebnisse.

Im Idealfall ist SEO ein fortwährender Prozess, und nach einer ersten Kampagne entstehen durch die erfolgreiche Umsetzung und die positive Auswertung gleich Folgeprojekte. Wenn Sie den Zyklus der vier Phasen Analyse, Onsite, Offsite, Auswertung einmal durchlaufen haben, sind Sie routiniert und können den Zeitraum des Zyklus anpassen und die Kampagne kontinuierlich weiterführen. Die Planung Ihrer Kampagne ist mit der Ausarbeitung des Konzepts nicht abgeschlossen. Definieren Sie langfristige Ziele, Zwischenziele und Messgrößen zur Überwachung Ihrer Suchmaschinenoptimierung. Je detaillierter Sie sich selbst Ziele erarbeiten, desto besser können Sie Ihre Kampagne steuern und kontrollieren.

Kapitel 5

Phase 1: Die SEO-Analyse – Vorsicht, Suchtgefahr

Willkommen zur entscheidenden Phase Ihrer Vorbereitung. Die Analyse ist immer wieder ein interessanter und vor allem von Überraschungen geprägter Bereich der Suchmaschinenoptimierung. Hier lernen Sie, wie Sie die Schlüsselwörter finden, die für den Erfolg Ihrer Kampagne ausschlaggebend sein können.

Die SEO-Analyse ist ein Überbegriff für viele unterschiedliche Analysen. Es gibt nicht die eine SEO-Analyse, sondern das Zusammenspiel unterschiedlicher Datenerhebungen. Die Auswertung und Verknüpfung der diversen Informationen ergeben ein Gesamtbild, das für alle nachfolgenden Phasen Ihrer Kampagne die Arbeitsprozesse definiert und Sie während Ihres Projekts kontinuierlich begleitet.

Für die SEO-Analyse benötigen Sie keinerlei Programmierkenntnisse und kein technisches Verständnis, wie ein Content-Management-System funktioniert. Sie lernen hier, wie das Ergebnis einer Optimierung aussehen muss. Eine ausgiebige Analyse und das Verständnis für die einzelnen Resultate helfen Ihnen dabei, Ihre Ausgangssituation zu definieren und das Volumen der SEO-Tätigkeiten einzuschätzen. In Abschnitt 4.3, »Wer sollte die Website optimieren?«, haben Sie erfahren, wer eine Website optimieren sollte und in welchem Umfang Sie selbst diese Tätigkeiten ausführen können.

5.1 Das Wichtigste zuerst: Keywords

Der erste Schritt zur erfolgreichen Suchmaschinenoptimierung besteht in der Durchführung unterschiedlicher Analysen.

> *Der elementare Dreh- und Angelpunkt jeder Suchmaschinenoptimierung sind die Keywords.*

Mit diesem Wortlaut hat dieses Kapitel in der ersten Auflage des Buches *Top-Rankings bei Google und Co.* 2013 begonnen. Zwischenzeitlich hat Google den Suchalgorithmus dahin gehend verändert, dass nicht nur die reinen Schlüsselwörter wichtig sind, sondern dass die Fragestellung hinter der Suchanfrage beantwortet wird. Hat der Nutzer ein reines Informationsinteresse, und recherchiert er, um seine Kenntnisse zu einem Themengebiet zu vertiefen, oder ist die Suchanfrage transaktionsorientiert? In dem einen Fall sucht der Interessent nach dem besten Preis für ein konkretes Produkt, im anderen Fall will er die umfassendste Informationsseite.

Wie dem auch sei, weiterhin gilt an dieser Stelle:

> *Der elementare Dreh- und Angelpunkt jeder Suchmaschinenoptimierung sind die Suchanfragen.*

Welche Suchanfragen werden mit welcher Häufigkeit bei Google recherchiert, und wie zielführend sind genau diese Interessenten für Ihre Internetpräsenz?

Auch wenn Google den Algorithmus geändert hat, Ihre Tätigkeiten orientieren sich stets am Nutzerverhalten. Aus den Keywords, über die Sie und ich gestern noch gesprochen haben, werden heute Suchphrasen. Die Suchphrasen bezeichnen allerdings lediglich die Komplexität und den semantischen Zusammenhang der Keywords. In erster Linie gilt es für Sie, die richtigen Schlüsselwörter herauszufinden, welche von Ihrer Zielgruppe genutzt werden.

In Zukunft werden mehr und mehr Suchanfragen per Sprachsteuerung übermittelt und die Suchanfragen von morgen werden diesbezüglich bestimmt ganz anders aussehen als die von heute. Bis es allerdings so weit ist, können Sie sich nur an dem orientieren, was derzeit passiert. Die meisten Suchanfragen, die für die Optimierung Ihrer Website zielführend sind, bestehen aus bis zu drei Wörtern.

Oftmals stimmen die Begriffe, von denen Sie vermuten, dass Ihre Zielgruppe sie nutzt, nicht mit den Begriffen überein, die Interessenten für ihre Internetrecherchen am häufigsten verwenden. Ich habe viele Websites gesehen, die ein Top-Ranking der Begriffe hatten, die vom Unternehmer oder vom Betreiber der Website als wichtige Keywords angesehen wurden; nur leider wusste das die Zielgruppe nicht und hat sich daher andere Schlagwörter ausgesucht.

Eine wesentliche Vorbereitung für die Suchmaschinenoptimierung besteht darin, sich klarzumachen, mit welchen Begriffen und Suchphrasen potenzielle Kunden nach Ihren Produkten oder Dienstleistungen suchen. Nur wenn Sie diese Begriffe kennen, können Sie auch erfolgreiche Suchmaschinenoptimierung betreiben. Nehmen Sie sich daher bei jedem Projekt für diese Phase viel Zeit, und prüfen Sie ausführlich, welche Suchphrasen Ihre Zielgruppe mit welcher Häufigkeit frequentiert.

Denken Sie, dass Sie Ihre Kunden kennen, und wissen Sie, wie diese »ticken«? Testen Sie sich selbst. Nehmen Sie ein Blatt Papier und einen Stift, und schreiben Sie die aus Ihrer Sicht wichtigsten Keywords und die häufigsten Suchanfragen auf, von denen Sie denken, dass Ihre Zielgruppe sie verwendet. Denken Sie dabei daran, welche Suchbegriffe Sie nutzen würden, wenn Sie Kunde wären und nach den Produkten oder den Dienstleistungen auf Ihrer Website suchen würden. Gehen Sie nicht nur von den Produkt- und Dienstleistungsbezeichnungen aus, sondern auch von verwandten Begriffen. Bedenken Sie außerdem, dass nicht alle Kunden eine konkrete Vorstellung von Ihren Produkten haben und es vielleicht einen mehrstufigen Suchzyklus entsprechend der Customer Journey geben könnte (siehe Abbildung 5.1).

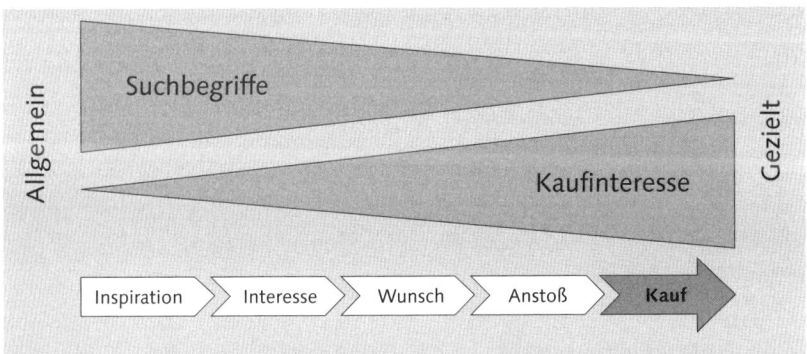

Abbildung 5.1 Je konkreter das Kaufinteresse, desto gezielter die Suchbegriffe

Wenn Sie die Begriffe notiert haben, schauen Sie sich die Webseiten Ihrer Mitbewerber an, und überprüfen Sie, welche Begriffe auf deren Websites verwendet werden. Nun haben Sie beispielsweise 25 Keywords gefunden, die Ihrer Recherche nach zu Ihren Produkten passen und die Ihre Zielgruppe verwendet, um nach Ihren Produkten oder Leistungen zu suchen. Jetzt prüfen wir doch mal, wie gut Sie Ihre Zielgruppe wirklich kennen. Der nächste Schritt besteht darin, Ihre Keywords auf die Häufigkeit der Suchanfragen bei Google hin zu prüfen.

Zu diesem Zweck stelle ich Ihnen das Google-Tool vor, das Sie zukünftig wahrscheinlich für jedes Projekt und jede Analyse verwenden werden: den Keyword-Planer von Google AdWords: *http://adwords.google.de/ko/KeywordPlanner/* (siehe Abbildung 5.2).

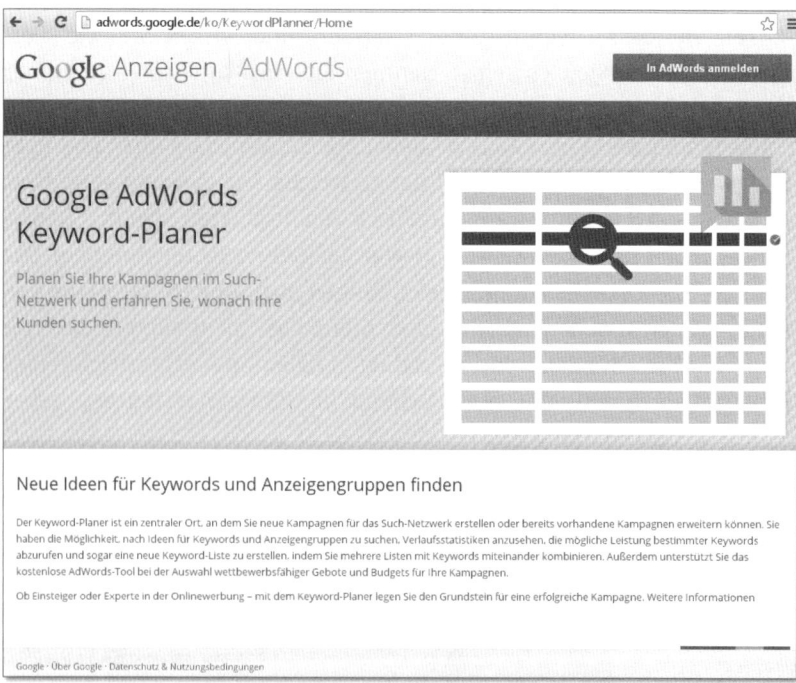

Abbildung 5.2 Link zum Keyword-Planer von Google AdWords (http://adwords.google.de/ko/KeywordPlanner/)

Der Keyword-Planer ersetzt das External Keyword Tool von Google. Das External Keyword Tool diente dazu, das Suchvolumen zu Suchanfragen herauszufinden. Der Keyword-Planer ist wesentlich umfangreicher und bietet Ihnen genauere Analysemöglichkeiten. Er ist mit Sicherheit eines der wichtigsten Werkzeuge, die Sie für die Suchmaschinenoptimierung und auch für die Auswertung Ihrer Keywords benötigen. Dieses Tool sollten Sie vor allem zu Beginn bei der Zusammenstellung der Liste Ihrer Keywords intensiv nutzen. Mit dem Keyword-Planer lässt sich schnell und auch besonders einfach auswerten, welche Suchanfragen bei Google wie oft gesucht werden. Darüber hinaus unterbreitet dieses Werkzeug auch Vorschläge zu verwandten Suchanfragen, die für Ihre SEO-Kampagnen passend sein könnten.

Damit Sie den Keyword-Planer nutzen können, müssen Sie sich bei Google AdWords anmelden. Hierzu benötigen Sie einen Google-Account. Wenn Sie noch keinen Account eingerichtet haben, dann finden Sie in Abschnitt 2.3, »Der Minimalweg – die Aufnahme in Suchmaschinen«, eine Anleitung dazu.

Der Keyword-Planer ist, wie bereits gesagt, sehr umfangreich, und Sie werden mit wachsenden Erfahrungen unterschiedliche Herangehensweisen für Ihre Keyword-Analyse finden. Auf den folgenden Seiten möchte Ich Ihnen einige Möglichkeiten des Keyword-Planers vorstellen, jedoch sollten Sie das Tool auf jeden Fall selbst »erkunden« und die weiteren Analysemöglichkeiten für Ihren Arbeitsalltag prüfen und analysieren.

Sobald Sie sich mit Ihrem Account angemeldet haben, erscheint der in Abbildung 5.3 dargestellte Bildschirm. Wählen Sie hier die Option IDEEN FÜR NEUE KEYWORDS UND ANZEIGENGRUPPEN SUCHEN.

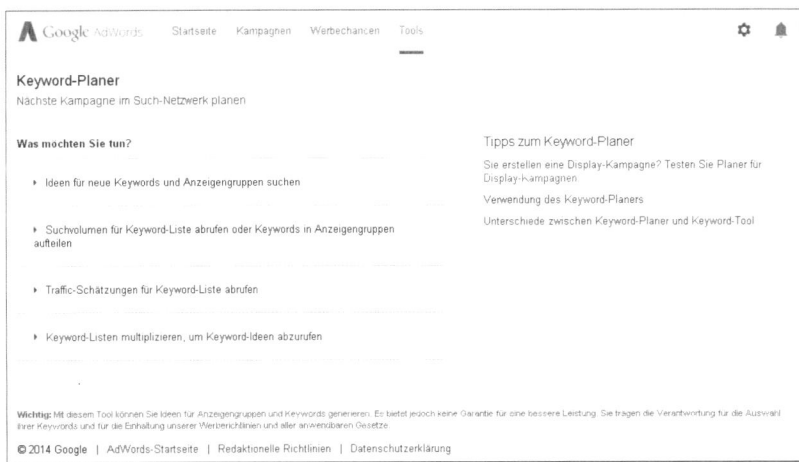

Abbildung 5.3 Keyword-Planer – Startbildschirm: Was möchten Sie tun?

Wenn Sie die Option angewählt haben, öffnet sich das Formular zur Eingabe Ihrer Informationen. Sie können nun auswählen, ob Sie eine Liste von

Keywords bzw. potenziellen Suchanfragen eingeben möchten, ob Sie Ihre Zielseite angeben oder ganz gezielt nach Produktkategorien suchen möchten, die Google Ihnen vorschlägt.

Im ersten Schritt sollten Sie mit ein paar Suchbegriffen starten. Die Begriffe geben Sie durch ein Komma getrennt ein. Geben Sie in die Eingabemaske beispielsweise die Keywords »Bürostühle, Drehstühle, Konferenzstühle, Freischwinger, Besucherstühle« ein (siehe Abbildung 5.4).

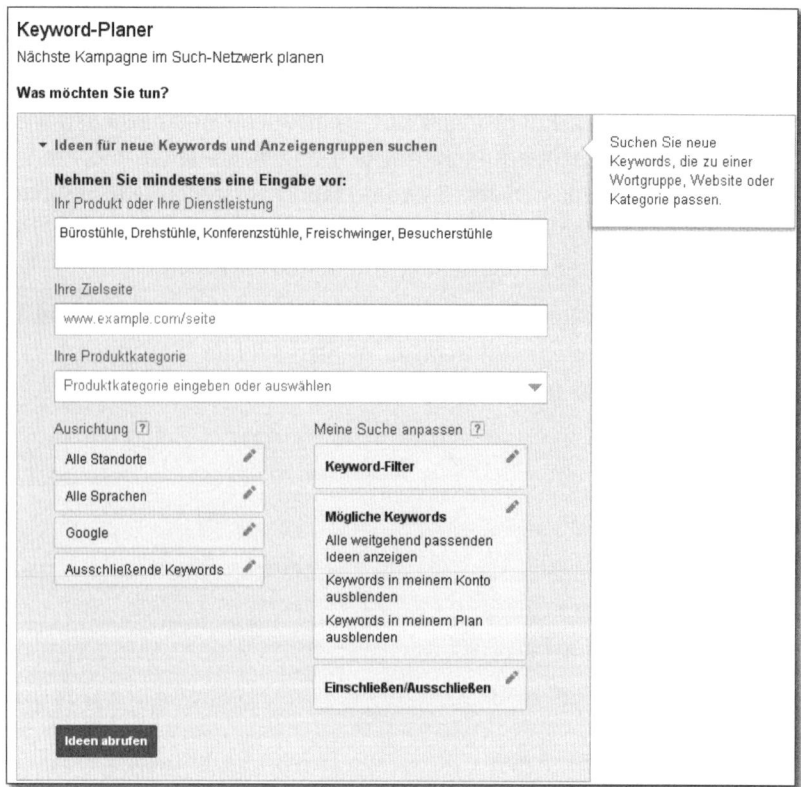

Abbildung 5.4 Keyword-Planer: Geben Sie die Produkte und Dienstleistungen ein.

Nachdem Sie mit IDEEN ABRUFEN Ihre Eingabe bestätigt haben, erhalten Sie in einer neuen Ansicht Anzeigengruppen-Ideen, die Google Ihnen vorschlägt. Wechseln Sie auf den Reiter KEYWORD-IDEEN, um die von Ihnen eingegebenen Begriffe in einer Liste dargestellt zu bekommen.

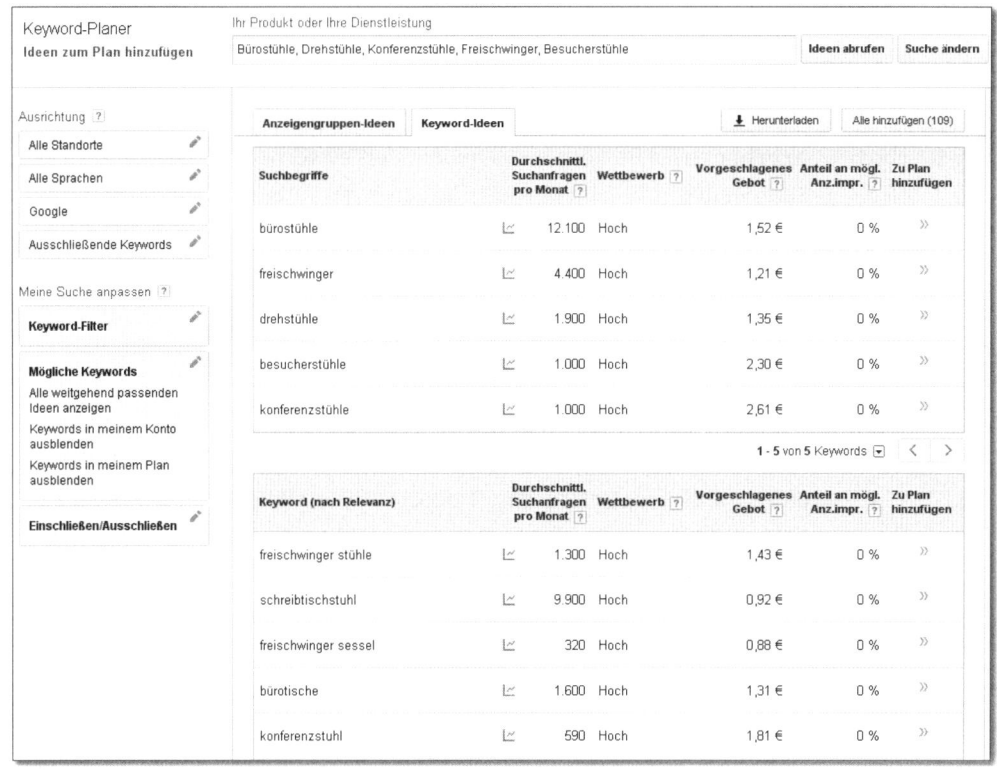

Abbildung 5.5 Keyword-Planer – Keyword-Ideen anzeigen lassen

In Abbildung 5.5 sehen Sie, wie die Struktur der Seite aufgebaut ist. Es ist wichtig, dass Sie die Keyword-Auswertung richtig lesen. In der Tabelle erhalten Sie Informationen zu den DURCHSCHNITTLICHEN SUCHANFRAGEN PRO MONAT. Die Anzahl der Suchanfragen bezieht sich auf den 12-Monats-Durchschnitt der Suchanfragen für dieses Keyword anhand der von Ihnen ausgewählten Ausrichtungseinstellungen für den Standort und das Suchnetzwerk. Die Spracheinstellung wird dabei nicht berücksichtigt.

Die Angaben zu WETTBEWERB, VORGESCHLAGENES GEBOT und ANTEIL AN MÖGLICHEN ANZEIGEN-IMPRESSIONEN sind Werte, die sich auf das Google-AdWords-Werbenetzwerk beziehen. Für die Keyword-Analyse einer SEO-Kampagne sind diese Werte weitestgehend irrelevant. Lediglich der Wert WETTBEWERB kann unter Umständen darauf hinweisen, dass nicht nur im Bereich Google-AdWords viele Werbetreibende Google-Anzeigen schalten, sondern eventuell auch bereits viele Mitbewerber in diesem Bereich SEO betreiben. Das sollten Sie berücksichtigen.

Unterhalb der Tabelle mit Ihren Suchbegriffen erhalten Sie eine weitere Tabelle mit ähnlichen Suchanfragen, welche Ihnen von Google vorgeschlagen werden. So erscheinen beispielsweise Suchwörter wie »Schreibtischstuhl«, »Bürotische« oder auch »Konferenzstuhl«. Je nachdem, wie Ihr Angebot aussieht, können Sie passende Keyword-Vorschläge in Ihre SEO-Kampagnen mit aufnehmen. Anhand der monatlichen Suchanfragen sehen Sie auch, ob die von Ihnen eingegebenen Keywords die höchste Suchfrequenz haben oder vielleicht doch andere Begriffe von den Nutzern häufiger verwendet werden. Manchmal kann es auch schon die simple Umstellung von Einzahl auf Mehrzahl sein, die Ihnen eine höhere Anzahl an Suchanfragen beschert.

Kommen wir nun zu den weiteren Funktionen, die Ihnen der Keyword-Planer bietet. Ein wichtiger Schritt für die effiziente Nutzung des Tools besteht darin, die Filteroption zu verwenden. Denn damit lässt sich etwa einstellen, für welche Regionen oder Sprachen die Auswertung der Keywords durchgeführt werden soll. Im linken Bereich sehen Sie, mit welchen Kriterien Sie die Recherche konkretisieren können. Es stehen Ihnen Filterfunktionen für die Ausrichtung der Suchbegriffe und die Darstellung der Messergebnisse zur Verfügung. In den meisten Fällen werden Sie bereits mit der Auswahl des Standortes und der Sprache Ihr Suchergebnis verfeinern können. Sie erhalten dann einen ersten Hinweis darauf, wie hoch das potenzielle Suchinteresse für die von Ihnen gewünschten Suchanfragen ist.

Wenn sie beispielsweise herausfinden möchten, wie viele Personen in Berlin nach Bürostühlen recherchieren, weil sie dort als regionaler Händler für Büromöbel tätig sind, dann können Sie über die Option ALLE STANDORTE Berlin eintragen. Die Angaben in der Tabelle passen sich entsprechend dem Suchvolumen und der Wettbewerbssituation an diesen Standort an (siehe Abbildung 5.6).

Eine weitere Möglichkeit, potenzielle Suchanfragen zu definieren, ohne eigene Keywords einzugeben, besteht darin, die Website anzugeben. Sie können Ihre Suchparameter jederzeit durch einen Klick auf den Button SUCHE ÄNDERN anpassen. Sobald Sie den Button anklicken, erscheint ein Formular (siehe Abbildung 5.7). Geben sie die URL Ihrer Website oder einer Unterseite ein, und klicken Sie auf IDEEN ABRUFEN. Sie werden anhand des Ergebnisses auch sehen, mit welchen Suchanfragen Google Ihre Seite in Beziehung setzt.

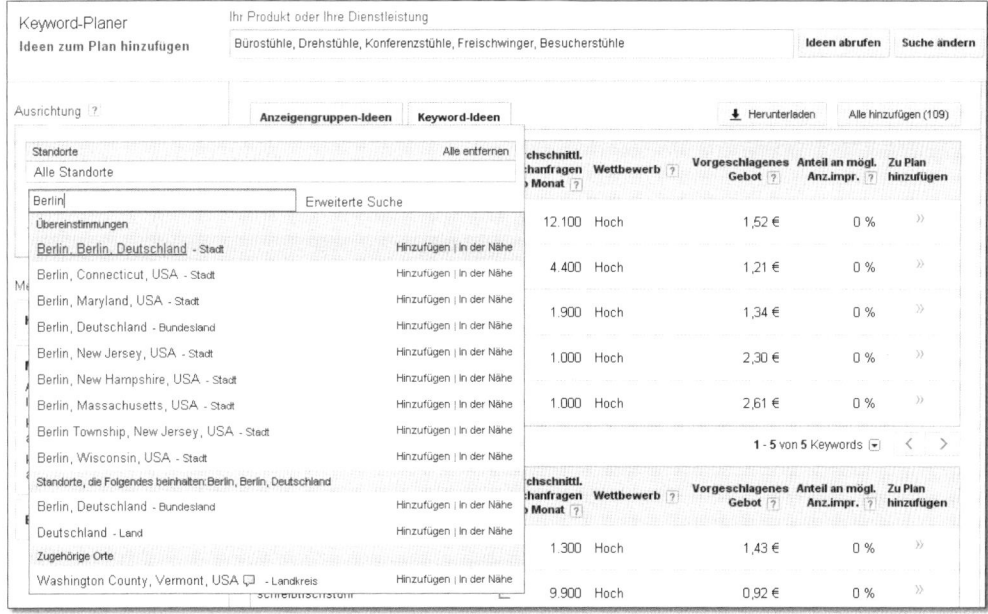

Abbildung 5.6 Keyword-Planer – Standort auswählen

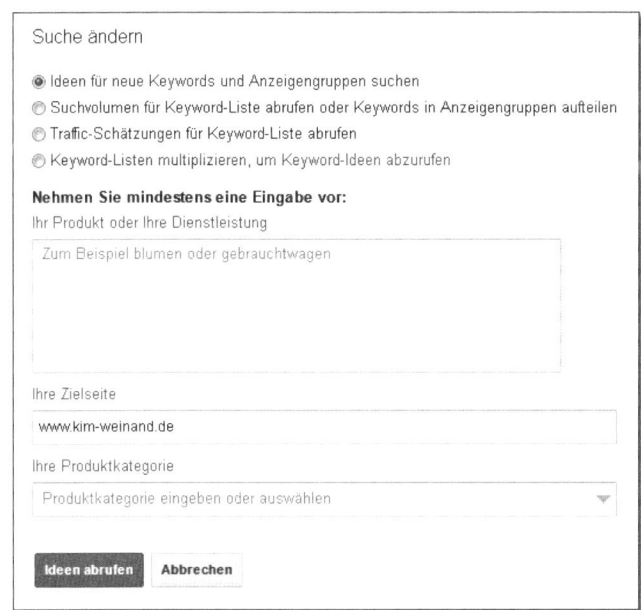

Abbildung 5.7 Keyword-Planer – Zielseite eingeben

Kommen wir nun wieder zu unserem kleinen Test zurück. Wir wollten gerade prüfen, wie gut Sie Ihre Kunden wirklich kennen. Geben Sie durch Kommas getrennt die von Ihnen definierten Keywords bzw. Suchphrasen nacheinander in das Eingabefeld ein, und Sie erfahren rasch, wie oft die Keywords pro Monat bei Google angefragt werden. Suchen Sie sich aus den Vorschlägen und den von Ihnen eingegebenen Begriffen pro Keyword die fünf bis zehn potenziell stärksten Search-Phrases heraus, und notieren Sie diese zu dem jeweiligen Begriff. Die Liste, die Sie sich so erarbeiten, zeigt Ihnen, mit welchem monatlichen Suchvolumen potenzielle Interessenten und Kunden jeden Monat bei Google nach Ihren Produkten und Dienstleistungen suchen. Vergessen Sie nicht, den Standort entsprechend Ihrem Wirkungskreis festzulegen, denn nur dann erhalten Sie ein Suchvolumen, welches dem Ihrer potenziellen Interessenten entspricht.

Wenn Sie Ihre Begriffe im Keyword-Planer prüfen, werden Sie sehen, dass es viele feine, aber dennoch sehr wichtige Unterschiede bei den Begriffen gibt. Wie bereits erwähnt, kann es einen Unterschied von mehreren tausend Suchanfragen pro Monat bedeuten, ob man einen Begriff in Einzahl oder in Mehrzahl sucht. Aber auch andere kleine Änderungen, die uns im täglichen Sprachgebrauch kaum auffallen, können zu wichtigen SEO-Faktoren werden.

Auch hier habe ich ein passendes Beispiel für Sie, was kleine Unterschiede ausmachen. Wir hatten vor einigen Jahren den Auftrag, die Internetpräsenz eines Friseursalons für regionale Anfragen zu optimieren. In der Analysephase habe ich auch die potenziellen Suchanfragen im Keyword-Planer gegengeprüft. Das Ergebnis war für mich wirklich überraschend. Ein Frisör ist kein Friseur. So sieht man zum Beispiel für die Abfragen »Frisör Berlin« und »Friseur Berlin« (in der Zielregion »Berlin«), dass im Durchschnitt lediglich 170 Suchanfragen mit »ö« gestellt werden und ca. 3.600 Suchanfragen mit »eu«. Für ein SEO-Konzept ist das ein beträchtlicher Unterschied, und deshalb ist es wichtig, alle Alternativen zu bedenken und zu testen.

Des Weiteren kann es regionale Einflüsse geben, die dazu führen, dass man einen Begriff auf seiner Homepage ersetzen sollte. Ein Metzger ist für Suchmaschinen kein Fleischer, und eine Metzgerei ist etwas anderes als eine Fleischerei. Im Norden Deutschlands sollte man die Webseite eher auf das Wort »Fleischerei« hin optimieren, im Süden Deutschlands suchen die Nutzer hingegen eher nach einer »Metzgerei«. Zumindest ergibt sich dieses Suchergebnis anhand der folgenden Grafik (siehe Abbildung 5.8).

Keywords eingeben					
ˌ, fleischer berlin, metzger berlin, fleischer hamburg, metzger hamburg, fleischer stuttgart, metzger stuttgart				Suchvolumen abrufen	Suche ändern

Anzeigengruppen-Ideen	Keyword-Ideen			↓ Herunterladen	Alle hinzufügen (16)

Keyword (nach Relevanz)		Durchschnittl. Suchanfragen pro Monat ?	Wettbewerb ?	Vorgeschlagenes Gebot ?	Anteil an mögl. Anz.impr. ?	Zu Plan hinzufügen
fleischerei berlin	⬈	1.900	Niedrig	1,14 €	0 %	»
metzgerei münchen	⬈	260	Mittel	0,83 €	0 %	»
fleischerei hamburg	⬈	170	Niedrig	1,11 €	0 %	»
metzgerei stuttgart	⬈	110	Niedrig	0,06 €	0 %	»
metzgerei hamburg	⬈	70	Mittel	0,56 €	0 %	»
metzgerei berlin	⬈	110	Niedrig	1,05 €	0 %	»
metzger münchen	⬈	170	Niedrig	-	0 %	»
fleischer berlin	⬈	110	Niedrig	-	0 %	»
metzger berlin	⬈	90	Niedrig	-	0 %	»
metzger stuttgart	⬈	90	Niedrig	0,35 €	0 %	»
fleischer hamburg	⬈	90	Niedrig	0,67 €	0 %	»
metzger hamburg	⬈	70	Niedrig	0,90 €	0 %	»
fleischerei stuttgart	⬈	10	Mittel	-	0 %	»
fleischerei münchen	⬈	30	Mittel	-	0 %	»
fleischer münchen	⬈	20	Niedrig	-	0 %	»

Abbildung 5.8 Keyword-Planer – Vergleich Metzger/Fleischer

Leider ist es dann doch nicht ganz so einfach zu pauschalisieren, und wir können mit dem Tool zwar bereits eine sehr gute allgemeine Suchdichte für bestimmte Begriffe definieren, aber für die regionale Suchmaschinenoptimierung verlassen wir uns doch besser auf Fakten.

Damit wir uns also wirklich sicher sein können, dass wir im Keyword-Planer die richtigen Begriffe anhand der Suchhäufigkeit herausgesucht haben, prüfen wir unsere Keywords in einem weiteren Tool: in *Google Trends* (siehe Abbildung 5.9).

Abbildung 5.9 Link zu Google Trends (http://www.google.com/trends/)

Mit Google Trends können Sie das Suchvolumen zu Ihren Keywords über bestimmte Regionen, Kategorien und Zeiträume auswerten. Es gibt eine Vielzahl von Anwendungsgebieten, für die Sie Google Trends optimal einsetzen können. Greifen wir noch einmal das Beispiel mit unserer Annahme auf, dass man im Norden Deutschlands die Webseite eher auf das Wort »Fleischerei« hin optimieren sollte, im Süden Deutschlands die Nutzer hingegen eher nach einer »Metzgerei« suchen.

Tragen Sie die Wörter »Fleischerei« und »Metzgerei« als Suchbegriffe in die vorgegebenen Felder ein, und wählen Sie bei den Filtereinstellungen im Feld WELTWEIT das Land DEUTSCHLAND aus. Sobald Sie das Land ausgewählt haben, erscheint sogar ein weiteres Filterkriterium ALLE UNTERREGIONEN, mit dem Sie Ihre Auswertung auf ein einzelnes Bundesland begrenzen könnten. Lassen Sie das Feld unbeachtet, und klicken Sie auf SUCHEN. Jetzt erhalten Sie das Ergebnis des Vergleichs (siehe Abbildung 5.10), und Sie werden feststellen, dass wir mit unserer Vermutung richtig lagen.

Als Erstes wird Ihnen in der Ergebnisansicht das INTERESSE IM ZEITLICHEN VERLAUF angezeigt. Über die letzten Jahre hinweg hat sich das Suchaufkommen für beide Begriffe gesteigert. Etwas tiefer wird Ihnen die für uns wichtige regionale Auswertung angezeigt. Auf der linken Seite sehen Sie die Indexwerte, auf der rechten Seite wird Ihnen die Zugriffsdichte anhand der

Karte dargestellt. Sie können sich nun die Indexwerte für die jeweiligen Begriffe einzeln anzeigen lassen. Rechts über der Karte können Sie sogar differenzieren, ob Ihnen die Auswertung pro Bundesland oder vielleicht sogar im Detail pro Stadt dargestellt werden soll. Stellen Sie die Ansicht auf STADT um, und springen Sie dann zwischen unseren Begriffen »Fleischerei« und »Metzgerei« hin und her. Hätten Sie dieses Ergebnis erwartet? Ich nicht.

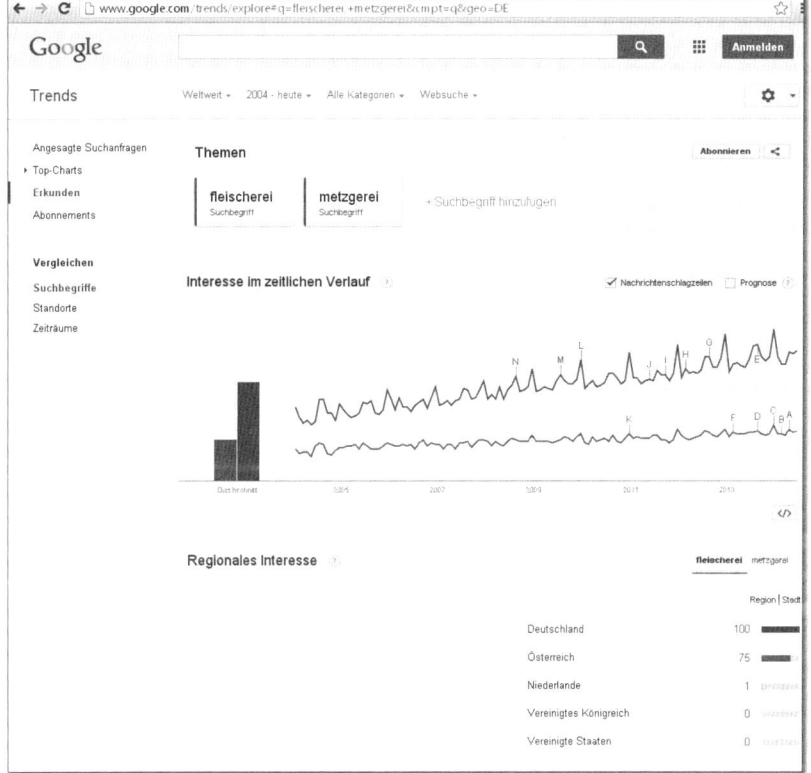

Abbildung 5.10 Google Trends – Vergleich Fleischerei/Metzgerei

Neben den geografischen Anforderungen an unsere Keywords gibt es auch noch saisonale Anforderungen (siehe Abbildung 5.11). So können Sie bei Google Trends auch die Begriffe »Bikini« und »Schal« einmal gegeneinander prüfen. Den Bikini sucht man meistens im Mai bzw. Juni. Der Schal erhält die meisten Suchanfragen im Dezember. Auch hier sollte eine entsprechende Kampagne zeitlich gesteuert werden.

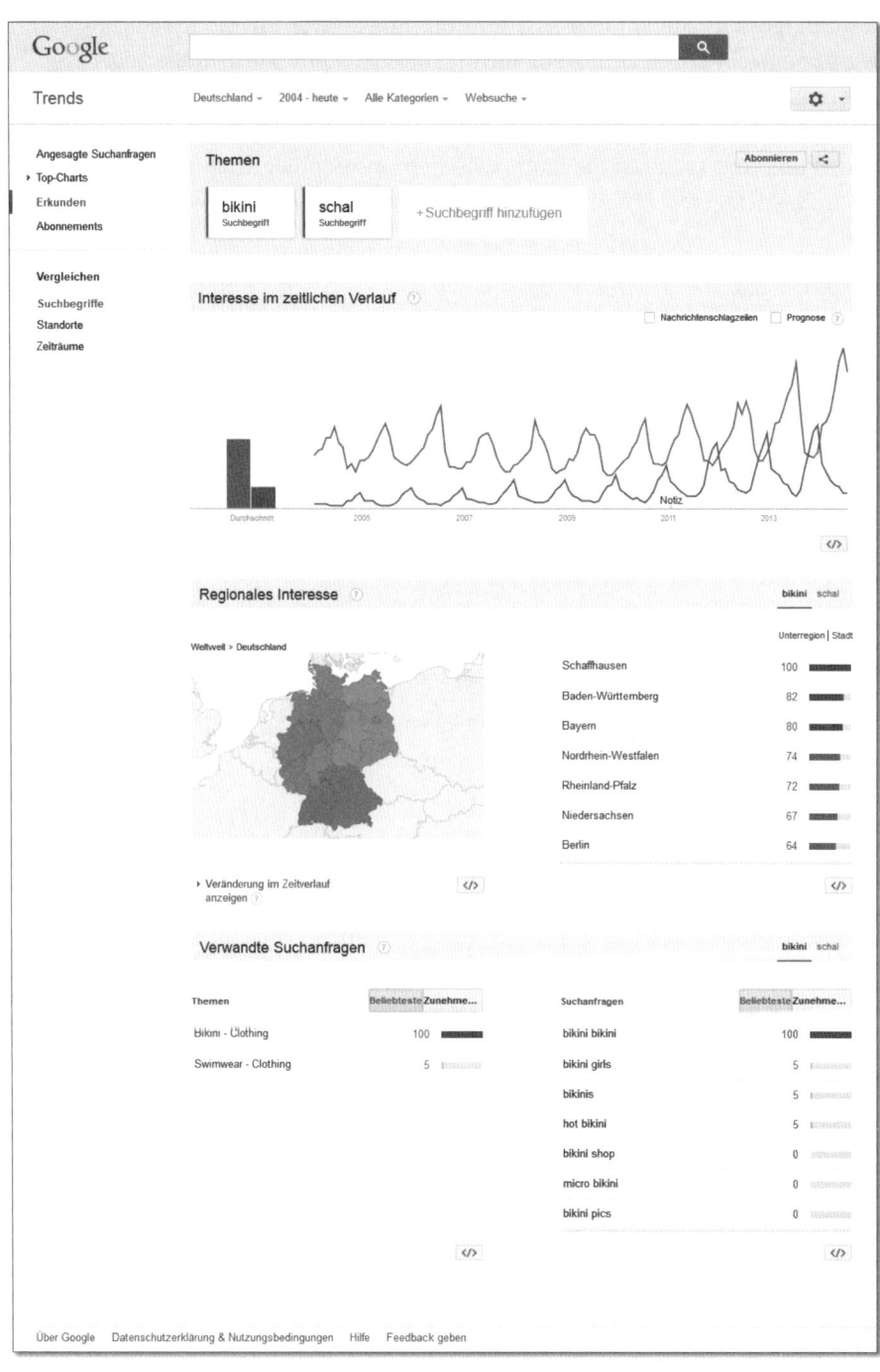

Abbildung 5.11 Google Trends – Vergleich Bikini/Schal

Google bietet Ihnen unter *www.full-value-of-search.de* eine Studie mit Fall-beispielen für Suchanlässe (siehe Abbildung 5.12). Wonach, wann und warum suchen Menschen online?

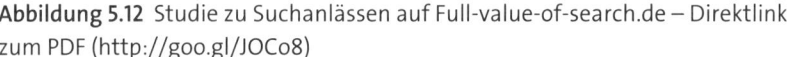

Abbildung 5.12 Studie zu Suchanlässen auf Full-value-of-search.de – Direktlink zum PDF (http://goo.gl/JOCo8)

Sie sehen, es ist für uns von großem Interesse, zu welchen Keywords wir oder unsere Kunden bei Google gefunden werden wollen. Wenn wir bei unserer Analyse die falschen Keywords wählen, zieht sich dieser Fehler durch alle weiteren Phasen der Suchmaschinenoptimierung. Lassen Sie sich daher Zeit, und prüfen Sie ausführlich, welche potenziellen Suchanfra-gen Ihnen die meisten Besucher bringen. Wobei Sie natürlich ein Thema für sich selbst entscheiden müssen. Möchten Sie möglichst viele Anfragen, oder möchten Sie ganz gezielte Anfragen von einer kleineren Zielgruppe? Dann können Sie durchaus die Begriffe mit hohen Zugriffszahlen vernachlässigen und sich auf die Suchanfragen konzentrieren, die Ihrer Meinung nach die Zielgruppe am genauesten treffen.

Es ist durchaus möglich, dass Sie mit einer Optimierung auf Suchanfragen, die aus zwei oder drei Wörtern besteht, Ihre Zielgruppe besser erreichen und auch einen höheren Mehrwert schaffen, als wenn Sie eine zu allgemeine Optimierung anstreben und die Besucher Ihrer Internetpräsenz nicht das vorfinden, was sie erwartet haben. In diesem Fall gilt ganz klar: Klasse statt Masse. Man spricht in diesem Zusammenhang auch von *Longtail-Keywords*.

Ein entscheidender Faktor für die SEO-Kampagne

Jede Kampagne beginnt mit einer Keyword-Analyse. Glauben Sie nicht, die Keywords der Interessenten zu kennen, sondern prüfen Sie dies, bevor Sie mit den weiteren Maßnahmen beginnen. Eine falsche Entscheidung kann etliche Monate Arbeit kosten und viel Geld verschlingen.

5.2   Keyword-Optimierung – Fallbeispiel Onlineshop

Ende 2011 wurden wir mit einer SEO-Kampagne für einen Onlineshop beauftragt. Das Unternehmen bestand bereits seit über 40 Jahren mit einem regionalen Einzelhandelsgeschäft, und man hatte sich gezielt eine Nische aus dem Produktangebot herausgesucht, um diese ebenfalls online in einem Shop zu vermarkten. Der Shop bestand bereits seit einigen Jahren, und die Zugriffszahlen sowie die Umsatzzahlen waren gut. Pro Monat investierten die Shopbetreiber zwischen 1.000,– und 1.500,– Euro in Suchmaschinenwerbung mit Google AdWords. Das Budget richtete sich nach den saisonalen Begebenheiten zu den Produkten. Die Betreiber hatten in ihrem Onlineshop mit einem Hersteller der Nischenprodukte begonnen und wollten nun das Angebot auf weitere Anbieter ausweiten. Unsere Aufgabe bestand darin, das Unternehmen bei der Gestaltung der Landingpages und der Steigerung des Rankings in den Suchergebnisseiten zu unterstützen.

Wir starteten im November 2011 mit einer ausgiebigen Keyword-Analyse. Es stellte sich heraus, dass einige Herstellernamen in Verbindung mit der Produktbezeichnung eine starke Nachfrage bei Google hatten. Im ersten Schritt bauten wir alle Landingpages zu den neuen Herstellern auf. Die SEO-Maßnahmen, die wir für den Aufbau der Themenseiten nutzten, werden Ihnen in Kapitel 6, »Phase 2: SEO – Onsite«, ausführlich erklärt. Zu jedem Hersteller gab es eine Landingpage mit entsprechendem Title, mit URL und Überschriften. Der Content-Bereich wurde wie folgt aufgebaut: Zuerst stand die Hauptüberschrift (H1-Überschrift) mit einem kurzen einführenden Text, dann erschienen zwischen sechs bis zwölf Produktangebote, und unter den Angeboten wurde ein weiterer Text mit zwei bis drei Absätzen integriert. Die Absätze hatten jeweils eine H2-Überschrift. Auf jeder Landingpage hatten wir themenrelevanten Text mit einer Gesamtlänge von über 300 Wörtern.

Wir richteten die Kampagne so ein, dass wir einerseits die Startseite mit der allgemeinen Produktbeschreibung bewarben und die Unterseiten mit den Keywords [Herstellername] [Produktbezeichnung]. Nach der Onsite-Optimierung konzentrierten wir uns auf die gezielte Verbesserung der Suchergebnisposition für die Marke mit den meisten Suchanfragen. Laut External Keyword Tool gab es zur Marke mit den meisten Anfragen insgesamt 48.000 monatliche Suchanfragen in Deutschland. Wir beobachteten das Ranking und bauten die Ergebnisse kontinuierlich aus. Zu unserer Überraschung schwankten wir bereits nach 3 Monaten zwischen Position 5–10, und 4 Wochen später war die Seite kontinuierlich auf Platz 1 (siehe Abbildung 5.13).

Wir hatten unser Ziel erreicht und waren überrascht, wie schnell wir dieses Ergebnis erzielen konnten. Ausschlaggebend war der Umstand, dass andere Mitbewerber ihre Websites nicht derart strukturiert und auf die einzelnen Themen ausgerichtet hatten.

Noch mehr erfreute uns die Zugriffsrate, die sich in kürzester Zeit vervielfacht hatte. Von anfänglich 30 Besuchern pro Woche, die aus den organischen Suchanfragen zu diesem Keyword kamen, entwickelte sich die Besucherzahl bei Top-Platzierung im Google-Ergebnis auf 40 bis 60 Besucher *pro Tag*. Der beste Wert waren 130 Besucher am Tag zu organischen Suchanfragen für dieses eine Keyword. Die Zugriffszahlen im Überblick veränderten sich von 88 Besuchern im Dezember 2011 auf 1.700 Besucher im März 2012. Und diese Angaben beziehen sich immer noch lediglich auf die organischen Suchanfragen bei Google zu einer einzigen Keyword-Suchanfrage!

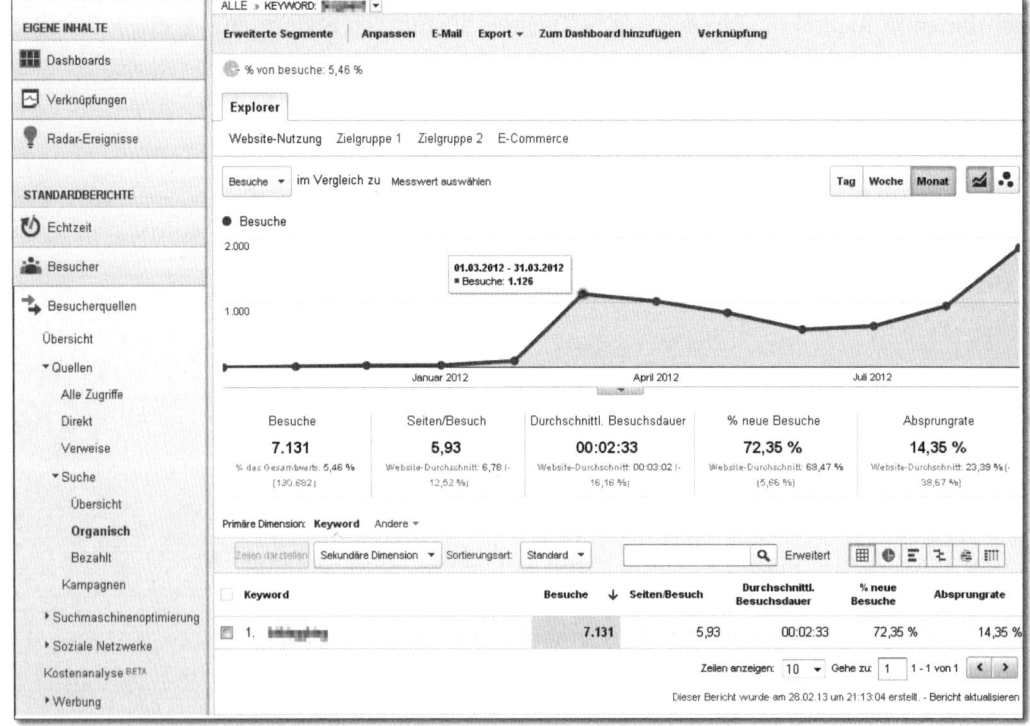

Abbildung 5.13 Entwicklung des Besucherstroms während der SEO-Kampagne – Zugriffe zu den organischen Suchanfragen des Top-Keywords

Die angelegten Themenseiten zu den unterschiedlichen Herstellern verschafften uns einen entscheidenden Vorteil für die Suchmaschinenoptimierung. Wenn man in einem Webshop mehrere Themen auf derselben Seite darstellen möchte, lässt sich das Gesamtbild nicht derart optimieren, dass Google die Themenrelevanz zu jedem Hersteller gleich stark auf der Seite erkennt. Bei eigenen Landingpages pro Hersteller konkurrieren die einzelnen Keywords nicht mehr, und Google erkennt für die einzelnen Seiten eine höhere Themenrelevanz pro potenzieller Suchanfrage bzw. Keyword.

Suchanfragen mit hohem Potenzial

In 2012 wurden laut dem ComScore Report »2013 Future in Focus – Digitales Deutschland« Täglich allein in Deutschland über 150 Millionen Suchanfragen gestellt. Wenn Sie es schaffen, zu den meistgesuchten Begriffen Ihrer Zielgruppe eine gute Platzierung zu erreichen, können sich die Besucherzahlen schnell verändern. Teilweise kann sich die Platzierung bei Google enorm auf den Erfolg Ihres Unternehmens auswirken.

5.3   Website-Statistiken – Auswertung der Zugriffe

In Abbildung 5.13 sehen Sie eine Grafik einer Google-Analytics-Statistik, und in Abschnitt 5.2 habe ich bereits über die lokalen Zugriffszahlen gesprochen. Es wird also Zeit, dass wir uns über die Einbindung einer Webseitenstatistik und die daraus ersichtlichen, wichtigen Kennzahlen unterhalten. Während wir bei der ersten Analyse die allgemeinen Informationen wie die Zugriffszahlen berücksichtigen, werden wir im späteren Verlauf in Abschnitt 8.1, »Website- und Besucheranalyse«, detailliert auf die Kennzahlen eingehen.

Online-Marketing und Usability-Optimierung können Sie nur betreiben, wenn Ihnen die Zugriffszahlen Ihrer Website und die damit verbundene Besucherresonanz bekannt sind. Was nützt Ihnen die schönste Site mit Tausenden von Zugriffen, wenn kein einziges Mal am Tag das Telefon klingelt oder kein Einkauf im Onlineshop verzeichnet werden kann?

Zur Erfolgsmessung von SEO-Kampagnen bedienen sich Webmaster moderner Mittel zur Messung der Besucherzahlen. Zahlreiche Anbieter stellen heute unterschiedliche Programme zur Analyse der Website-Statistik bereit. Damit können Sie die Zugriffe analysieren und die Inhalte kontinuierlich anpassen. Google bietet Ihnen auch hier wieder ein passendes Tool: *Google Analytics*. Das Analyse-Tool von Google ist in Deutschland etabliert und wird auch von vielen Experten verwendet. Zu Beginn des Jahres 2012 gaben in einer Umfrage unter SEO-Verantwortlichen und Online-Marketing-Managern führender Unternehmen der Online-Welt 42 % der befragten Unternehmen an, dass sie das Erfolgsmessungs-Tool Google Analytics nutzen (siehe Abbildung 5.14).

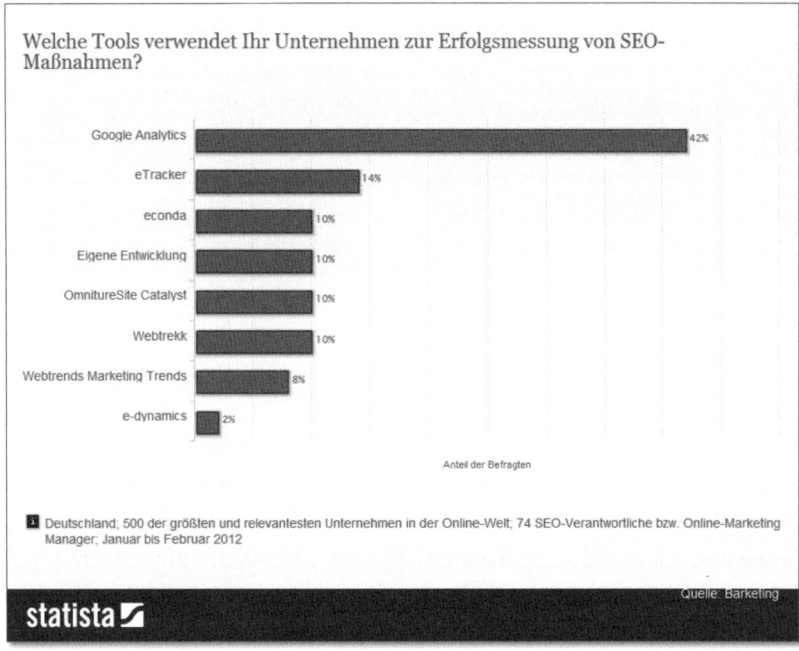

Abbildung 5.14 Ergebnisse einer Umfrage unter SEO-Verantwortlichen und Online-Marketing-Managern zu den genutzten Tools für die Erfolgsmessung (Quelle: http://goo.gl/lokTv)

Google Analytics ist einfach zu bedienen, leicht einzubinden und wie die meisten Google-Tools kostenlos. Das Programm steht direkt unter *www.google.de/analytics* zur Verfügung und wird auch direkt dort online verwaltet (siehe Abbildung 5.15).

Damit Sie die Zugriffsstatistik integrieren können, wird ein Code erzeugt, der im Quellcode Ihrer Website einzubinden ist (siehe Abbildung 5.16). Ist dies erfolgt, zählt Google Analytics fortan alle Besucheraktivitäten auf der Website. Nach dem Einfügen des Codes in den Quellcode gilt es, einige Zeit zu warten und Google Analytics Daten sammeln zu lassen. Anschließend kann der jeweilige Beobachtungszeitraum ausgewählt werden, den Sie auswerten möchten. In einem Diagramm zeigt Ihnen Google Analytics an, an welchem Tag wie viele Besucher auf Ihre Website gelangt sind. Dadurch lassen sich beim Abgleich längerer Zeiträume auch die regelmäßigen, temporären Spitzen feststellen, zu denen die meisten Besucher Ihre Webseite frequentieren.

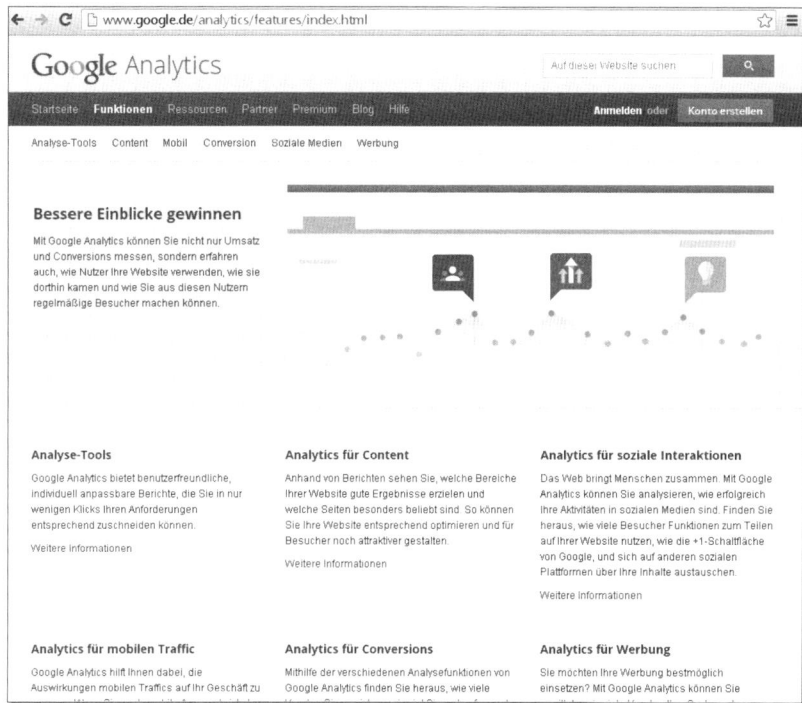

Abbildung 5.15 Link zur Google-Analytics-Funktionsübersicht
(http://www.google.de/analytics/features/index.html)

Google Analytics bietet Ihnen jedoch auch noch weitere Daten an. Dazu gehört beispielsweise die Anzahl der angeschauten Seiten pro Besuch eines Users oder auch die durchschnittliche Besuchszeit. Wichtige Kennzahlen für die Optimierung Ihrer Internetpräsenz sind die Absprungrate, der Prozentsatz der neuen und der wiederkehrenden Besucher sowie die Zugriffsquellen. Letztere geben Ihnen Aufschluss darüber, auf welchem Weg Besucher auf Ihre Website gelangt sind. Mit diesem Wert lassen sich auch Rückschlüsse daraus ziehen, welche Kanäle funktionieren und welche Maßnahmen Sie möglicherweise noch fördern sollten, um weitere Besucher von diesen Quellen zu erhalten. Bei den Zugriffsquellen weist Google Analytics zum einen die jeweiligen Websites aus, über die Sie Besucher erhalten, zum anderen werden aber auch die Keywords angezeigt, die die Nutzer in Suchmaschinen eingegeben haben, um auf Ihre Website zu gelangen.

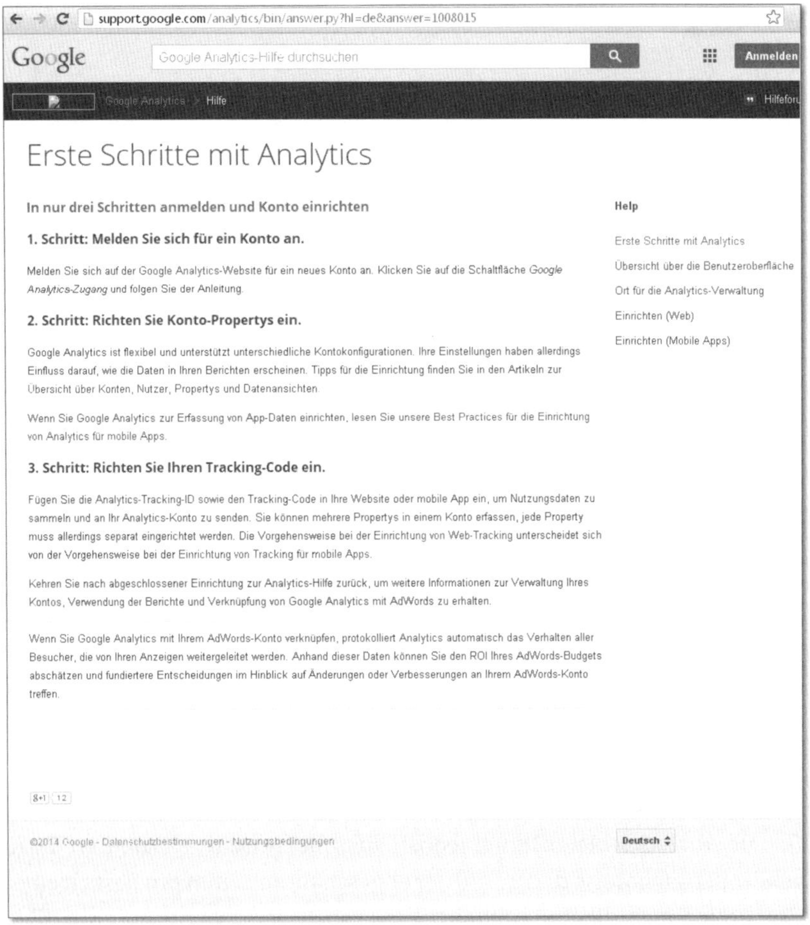

Abbildung 5.16 Erste Schritte mit Google Analytics – in nur drei Schritten anmelden und Konto einrichten (http://goo.gl/qJ8wa)

Durch Google Analytics erhalten Sie einfach Einblick in die Besucherzahl, die Aufrufe einzelner Seiten und auch die Absprungrate. Sie erhalten Auskunft darüber, woher Ihre Besucher kommen, nach welchen Keywords sie suchen und an welcher Stelle der Website die Besucher sie auch wieder verlassen. Wichtige Kennzahlen in diesem Zusammenhang sind die Gesamtbesucherzahl, die Besucherzahl, die über organische Suchanfragen auf Ihre Website gelangen, der daraus resultierende Prozentsatz an Besuchern über Suchanfragen und die Aufenthaltsdauer bzw. die Absprungrate.

Mithilfe des Keyword-Planers und Google Trends finden Sie heraus, welche Suchbegriffe potenzielle Kunden bei Google und Co. eingeben, um Ihre oder vergleichbare Produkte und Dienstleistungen zu finden. Google Analytics zeigt Ihnen nun, ob Sie bereits Zugriffe von Interessenten auf Ihrer Website zählen, die Ihren Link in den Suchergebnissen angeklickt haben.

Sollten Sie zudem eine Google-AdWords-Kampagne betreiben, können Sie Ihr AdWords-Konto ebenfalls mit Google Analytics verbinden. In diesem Fall sehen Sie nicht nur allgemein die Zugriffe von Google, sondern Sie können die Besucherströme in bezahlte und organische Besucher differenzieren. So sehen Sie bereits das Potenzial, das Ihnen eine SEO-Kampagne bringen kann, um Ihre AdWords-Kosten zu senken.

Mit Google Analytics können Sie Ihre Website und Ihre Online-Marketing-Kampagnen auch sehr gut wirtschaftlich auswerten. Dazu müssen Sie *Conversions* auf Ihrer Website definieren. Ein einfaches Beispiel für eine Conversion ist eine Kauftransaktion in einem Onlineshop. Google Analytics bietet Ihnen die Möglichkeit, Ihren Onlineshop über den integrierten Analytics-Code auch in Bezug auf die Verkäufe auszuwerten. So erhalten Sie eine Auswertung darüber, wie hoch der durchschnittliche Warenkorbwert jedes Einkaufs ist. Sie erfahren, wie häufig Besucher im Durchschnitt Ihre Website besuchen, bevor sie einen Einkauf abschließen, und Sie können auswerten, wie viele Besucher während des Kaufzyklus wieder abspringen. Dies sind wichtige Informationen für die Optimierung Ihrer Website.

Conversions lassen sich bei einem Onlineshop recht einfach ausdrücken. Wie können Sie diese aber bei einem Dienstleistungsunternehmen definieren? Hier können Sie die Anfragen über das Kontaktformular als Conversion definieren. Sie können sogar einen Eurobetrag als Wert für jedes erzielte Lead hinterlegen und so die SEO-Maßnahmen mit fiktiv erzielten Einnahmen gegenrechnen. Denn wie ich bereits erwähnt habe, letztendlich werden Sie nicht nur an der Anzahl der Besucher gemessen, sondern an dem erzielten Umsatz oder dem erzielten Marketingergebnis, das die SEO-Maßnahme eingebracht hat.

Wenn Sie sich in Google Analytics einarbeiten möchten, empfehle ich Ihnen das Buch *Google Analytics – Das umfassende Handbuch* von Markus Vollmert und Heike Lück.

Auswertungen bieten Transparenz und schaffen Vertrauen

Damit Sie Ihren Kunden (oder Ihrem Chef) den Erfolg einer Kampagne darstellen können, benötigen Sie statistische Informationen über Website-Besucher, Verweildauer, Absprungrate etc. Sie können Google Analytics dazu nutzen, um sowohl quantitative als auch qualitative Ergebnisse zu präsentieren. Befassen Sie sich intensiv mit der Auswertung des Besucherverhaltens auf einer Webseite.

5.4   Google-SERPS – Seite für Seite Input für Ihre SEO

Neben der Auswertung der Website-Statistik gibt es eine weitere wichtige Quelle für Ihre Kampagnen: die Suchmaschinenergebnisseiten (SERPS). Die SERPS selbst bieten Ihnen wichtige Erkenntnisse für Ihre ausgewählten Keywords, auf die Sie Ihre Website und die Kampagne hin ausrichten möchten.

Stellen Sie sich vor, Sie betreiben einen Onlineshop für Schuhe. Wenn Sie sich über den Google Keyword-Planer informieren, werden Sie schnell Suchbegriffe finden, die Ihnen ein hohes Aufkommen an monatlichen Suchanfragen darstellen. Das Keyword »Schuhe« erhält laut Keyword-Planer 165.000 Suchanfragen pro Monat. Die Analyse über Google Trends bestätigt ebenfalls, dass es ein Top-Begriff ist und Sie wahrscheinlich mit einem hohen Besucherstrom rechnen können, wenn Sie zu diesem Keyword auf eine Top-Platzierung bei Google kommen sollten. Was tun wir also? Legen wir los? Nein, denn es ist sehr schwierig, dieses Keyword aus dem Stehgreif heraus mit den Informationen zu erobern, die Sie hier im Buch erhalten.

Keine Frage, die Informationen, die Sie hier erhalten, bieten Ihnen bereits das Basiswissen, um derartige Kampagnen auszuarbeiten und durchzuführen, aber schauen wir uns doch mal die Google-Ergebnisseiten zum Keyword Schuhe an. Sie finden unter den Top-Platzierungen Unternehmen wie Zalando, Otto, Mirapodo, Amazon, Deichmann, Baur und Wikipedia. Ich möchte Ihre Motivation nicht mindern, aber vielleicht sollten Sie sich als erstes Ziel ein »leichteres« Keyword mit einem nicht so dichten Wettbewerberfeld suchen. Ein Beispiel hierfür könnte »rote Damenschuhe«, oder »Damenschuhe Übergrösse« sein.

Wenn Sie sich Produktnischen oder spezielle Marken suchen und Ihren Shop auf diese Keywords hin optimieren, können Sie mit kleineren Maßnahmen einen besseren Erfolg erzielen, als wenn Sie alle Optimierungsmaßnahmen auf ein Top-Keyword ausrichten. Prüfen Sie daher jedes potenzielle Keyword, welches Sie für eine Kampagne verwenden möchten, und wie sich das Wettbewerberfeld bei Google darstellt.

Haben Sie sich für eine Keyword-Phrase entschieden, auf die Sie Ihre Website hin optimieren möchten, dann schauen Sie sich die Ergebnisseiten bei Google erneut an. Ihre Mitbewerber helfen Ihnen unfreiwillig bei Ihrer Optimierung. Rufen Sie die Webseiten Ihrer Mitbewerber auf, die derzeit auf den vorderen Positionen stehen, und schauen Sie sich an, welche Maßnahmen auf den Seiten bereits ausgeführt wurden: Welche Hauptüberschriften H1, H2 etc. sind definiert? Wie ist der Seitentitel, und wie ist die Meta-Description? Welche Textabsätze gibt es, und wie ist die Seite strukturiert? Prüfen Sie mit SEO-Tools die Keyword-Dichte und die Keyword-Relevanz. Anhand der Auswertung der ersten drei bis vier Mitbewerber erhalten Sie wichtige Tipps für Ihre eigene SEO-Optimierung. Zudem bieten Ihnen die Suchergebnisseiten zu den von Ihnen gewünschten Keywords jede Menge potenzielle Linkangebote in Branchenkatalogen und wichtige Tipps für Ihre Onsite-Optimierung!

Die Suchergebnisse, die eingeblendet werden, haben bereits eine Themenrelevanz zu Ihren Keywords. Wenn Sie auf den Zielseiten einen Link zu Ihrer Internetseite erhalten können, erkennen Suchmaschinen umso schneller die Zugehörigkeit Ihrer Seite zu den entsprechenden Themen. Zudem werden die Branchenportale bereits von Ihrer Zielgruppe aufgerufen. Der Link stellt sich also nicht nur für die Suchmaschinenoptimierung positiv dar, sondern es könnten bereits potenzielle Kunden über die Portale auf Ihre Website gelangen.

Nutzen Sie das Know-how Ihrer Mitbewerber und der »Großen«!

Der Quellcode jeder Website ist öffentlich einsehbar, und auch die externen Faktoren lassen sich mithilfe von Analyse-Tools auswerten.

Warum sollten Sie daher das Rad neu erfinden, wenn Sie sich bereits viele Inspirationen holen können? Vergessen Sie allerdings nicht, man kann niemanden überholen, in dessen Fußstapfen man tritt.

5.5   SEO-Bewertungskriterien

Wenn Sie sich mit dem Thema Suchmaschinenoptimierung befassen, werden Sie unterschiedliche Bewertungssysteme kennenlernen, die Ihnen dabei helfen, Ihre Website im Vergleich mit anderen Seiten zu messen. Viele SEO-Portale bieten Ihnen SEO-Analysen, und die Ergebnisse werden dann in einem Rating zusammengefasst und dargestellt.

Die Rating-Kriterien sind oft verschieden und können sich sowohl auf Onsite-Maßnahmen als auch auf Offsite-Maßnahmen der Suchmaschinenoptimierung beziehen. Die unterschiedlichen Ratings können Sie nicht miteinander vergleichen, aber Sie können für jedes Rating Ihre eigene Internetpräsenz mit den Websites Ihrer Mitbewerber vergleichen und Rückschlüsse für Ihre Maßnahmen ziehen.

5.5.1   PageRank

Der *PageRank*™ ist ein von Google-Gründer Larry Page entwickelter Algorithmus, der Webseiten anhand ihrer Verlinkung und der Gewichtung der verlinkenden Seiten einen Wert von 0 bis 10 zuweist. Es ist eine spezielle Methode, die *Linkpopularität* einer Internetseite festzulegen. Das Grundprinzip lautet: Je mehr Links auf eine Seite verweisen, desto größer ist das Gewicht dieser Seite. Ein Wert von 0 kann dabei an einer schwachen Linkpopularität liegen oder auch daran, dass Google diese Seite erst vor kurzer Zeit in den Index aufgenommen hat.

Der PageRank galt bis vor einigen Jahren als fester Bestandteil des Google-Algorithmus zur Bewertung der Suchergebnisse. Dann wurde viel darüber spekuliert, ob der PageRank immer noch in die Bewertungskriterien einfließt. Viele SEOler gingen davon aus, dass der PageRank keine Relevanz mehr hatte, da sich, wie bereits erwähnt, die Gewichtung der externen Links im Lauf der Zeit verändert hatte. Fakt ist allerdings, dass Google mit dem Hummingbird-Update bekannt gegeben hat, dass der PageRank eines von über 200 Kriterien ist, die in die Bewertung einfließen. Zudem führt Google in sporadischen Abständen ein PageRank-Update durch. Auf der Seite *http://www.seo-ranking-tools.de/* können Sie den PageRank einer Seite messen. Auf der Unterseite *http://www.seo-ranking-tools.de/pagerank-backlink-update-history.html* finden Sie eine Übersicht aller PageRank-Updates seit 2006.

5.5.2 Alexa-Ranking

Ein weiteres Ranking, das im Bereich SEO des Öfteren als Bewertungskriterium herangezogen wird, ist das Alexa-Ranking. Alexa ist ein Dienst von Amazon, der die Zugriffszahlen von Webseiten misst. Berücksichtigt werden dabei die Nutzer, die die Alexa-Toolbar (sowie einige andere Tools) auf ihrem Rechner installiert haben. Die absoluten Zahlen, die dieser Dienst angibt, sind demnach nur Schätzungen. Man kann allerdings anhand des aufgestellten Rankings die Tendenz (besonders im Vergleich zu anderen Seiten) erkennen.

Das Portal *www.alexa.com* bietet Ihnen neben der Auflistung der externen Links eine Auswertung Ihrer Zugriffe. Die dargestellten Messwerte werden auch von anderen SEO-Rankings herangezogen, um die Zugriffsstatistik in die eigenen Kriterien mit aufzunehmen. Mit dem *Alexa Rank* werden die festgestellten Besucherzahlen ausgewertet und auf diese Weise die 1.000.000 meistbesuchten Domains ermittelt. Der Alexa-Wert gibt an, an welcher Position sich Ihre Website befindet. Je kleiner der Wert, desto stärker wird Ihre Website im Vergleich zu anderen frequentiert.

5.5.3 WDF*IDF

Der Fachbegriff, der vielen Lesern erst einmal wenig sagen dürfte, steht für *Within Document Frequency* (WDF) und *Inverse Document Frequency*.

In den Anfangszeiten der SEO war vieles einfacher. Um mit einem bestimmten Suchwort eine Webseite im Ranking nach oben zu bringen, war es vor allem wichtig, dieses Keyword oft genug im Content der jeweiligen Unterseite einzubauen. Inwiefern ein solch gestalteter Text noch Sinn ergab oder wie der Lesefluss des Artikels war, war den Suchmaschinen weniger wichtig. Im Laufe der Zeit hat sich das jedoch mit den verschiedenen Updates von Google und Co. geändert. Die Suchmaschinen sind heute wesentlich intelligenter und nutzen technisch ausgereiftere Algorithmen, um Textfluss und Inhalt einer Seite zu bewerten. Gefragt ist mehr denn je Qualität statt Quantität. Google selbst hat mehrmals bekanntgegeben, dass vor allem jener Content favorisiert werde, der für den Suchmaschinennutzer interessant und relevant ist und Mehrwert bietet. Um diese Informationen auswerten zu können, verwenden Suchmaschinen entsprechende Algorithmen, die darauf abzielen, die Relevanz von Text-Content etwa an der Anzahl, der Dichte und dem Verhältnis von Wörtern im Text zueinander zu bemessen.

Die Formel WDF*IDF soll näherungsweise dabei helfen, herauszufinden, welche Begriffe in einem Text schwerpunktmäßig vorkommen bzw. welche Ausrichtung der Text tatsächlich hat oder ob darin zu viele oder zu wenige Keywords vorkommen, um von den Suchmaschinen für ein bestimmtes Thema als relevant angesehen zu werden. Die Gewichtung berechnet sich mithilfe zweier Formeln.

WDF steht für *Within Document Frequency* und beschreibt die dokumentspezifische Gewichtung eines Terms in einem Text. Die Keyword-Dichte fließt zwar in die Berechnung der WDF mit ein, ist aber damit nicht gleichzusetzen. Bei der Berechnung der WDF werden auch andere sinngebende Begriffe genauer untersucht und in die Gewichtung mit einbezogen.

Gefundene Keywords

Auflistung von bis zu 500 gefundenen Keywords, sortiert nach ihrer durchschnittlichen WDF * IDF. Weiterführend erhalten Sie für jede Untersuchte URL die absolute Anzahl des entsprechenden Keywords, sowie dessen WDF und WDF * IDF. Die durchschnittliche WDF * IDF ist ein Maß dafür, wie relevant ein Keyword innerhalb der Gruppe der untersuchten URLs ist, also bei Verwendung von Suchmaschinenergebnissen wie verwandt er zum eingegebenen Such-Keyword ist.   Export ⌄

	Ø	1			2			3			4			5			6	
		Anz	WDF	WDF *IDF	Anz	WDF	WDF *IDF	Anz	WDF	WDF *IDF	Anz	WDF	WDF* IDF	Anz	WDF	WDF* IDF	Anz	WDF
mallorca	6.94	19	0.41	5.63	57	0.48	6.7	51	0.5	6.96	98	0.53	7.41	29	0.48	6.64	30	
hotel	5.48	30	0.47	6.45	46	0.46	6.35	17	0.37	5.09	45	0.45	6.18	14	0.38	5.29	29	
urlaub	5.05	12	0.35	4.82	9	0.27	3.8	9	0.29	4.06	161	0.59	8.21	21	0.44	6.03	5	
cala	5.01	18	0.4	5.97	36	0.43	6.42	6	0.25	3.7	47	0.45	6.73	24	0.45	6.77	0	
palma	5	8	0.3	4.13	10	0.29	3.96	16	0.36	4.99	6	0.23	3.14	10	0.34	4.68	28	
tage	4.91	10	0.33	5.77	47	0.46	8.18	52	0.5	8.96	39	0.43	7.62	0	-	-	64	
hotels	4.27	6	0.26	3.94	251	0.66	9.83	3	0.18	2.63	35	0.42	6.23	7	0.29	4.38	4	
playa	4.01	10	0.33	4.51	11	0.3	4.1	12	0.33	4.52	9	0.27	3.72	8	0.31	4.29	1	
insel	3.83	3	0.19	2.81	0	-	-	14	0.34	5.14	20	0.35	5.3	2	0.15	2.31	5	
strand	3.72	1	0.09	1.52	7	0.25	4.01	0	-	-	17	0.34	5.46	2	0.15	2.51	0	
spanien	3.71	2	0.15	2.23	1	0.08	1.23	28	0.43	6.4	20	0.35	5.3	0	-	-	2	
zimmer	3.62	0	-	-	10	0.29	6.27	0	-	-	15	0.32	7.09	0	-	-	0	
flug	3.51	14	0.37	6.51	0	-	-	2	0.14	2.48	14	0.32	5.59	9	0.32	5.75	30	
reisen	3.33	10	0.33	4.51	3	0.16	2.29	5	0.23	3.16	3	0.16	2.24	2	0.15	2.14	14	
sant	3.01	3	0.19	3.69	10	0.29	5.6	0	-	-	7	0.24	4.75	2	0.15	3.03	0	
angebote	2.92	1	0.09	1.4	25	0.39	5.79	3	0.18	2.63	9	0.27	4	2	0.15	2.31	2	
buchen	2.86	2	0.15	2.42	4	0.19	3.11	4	0.2	3.32	0	-	-	0	-	-	3	
alcudia	2.85	5	0.24	3.94	6	0.23	3.76	3	0.18	2.86	2	0.13	2.07	3	0.2	3.17	0	
reise	2.84	6	0.26	4.68	3	0.16	2.93	0	-	-	7	0.24	4.29	0	-	-	21	
tag	2.82	0	-	-	9	0.27	6.02	13	0.34	7.37	12	0.3	6.56	0	-	-	0	

1 - 20 von 329 |< Zurück 1 2 3 4 5 Weiter >|

Abbildung 5.17 WDF*IDF-Analyse der Top-10-Suchergebnisse zum Keyword »Urlaub Mallorca« mit der WDF*IDF-Analyse des kostenpflichtigen SEO-Tools XOVI

IDF hingegen steht für *Inverse Document Frequency*. Dieser Wert betrachtet, vereinfacht gesagt, wie einzigartig das Keyword im Internet generell ist bzw. in wie vielen anderen Dokumenten im Internet der Begriff noch vorkommt.

Wenn ein Begriff sehr häufig im Internet verwendet wird, dann ist anzunehmen, dass der Inhalt der Webseite nicht sonderlich relevant ist, da das gleiche Thema auch noch tausendfach anderswo im Internet abgehandelt wird.

Mit WDF*IDF werden die zwei Werte miteinander in Beziehung gesetzt, um
eine Aussage über die Relevanz eines Textes zu einem bestimmten Thema
bzw. Keyword treffen zu können.

Berechnungen mit WDF*IDF ergeben lediglich Annäherungswerte, bergen
aber verschiedene Potenziale in sich (ein Beispiel siehe Abbildung 5.17).
Beispielsweise lassen sich durch die Nutzung von Tools für WDF*IDF bessere Keywords oder Nebenkeywords finden.

5.6   Googles SEO-Tools für die tägliche Arbeit

Um den Erfolg einer SEO-Kampagne zu überwachen, müssen Sie kontinuierlich die Google-Ergebnisseiten im Auge behalten und die Veränderung
der Suchergebnisse protokollieren. Es fallen tägliche Analysen an. Bei dieser Flut an Informationen können Sie nur den Überblick behalten, wenn
Sie Ihre Arbeit automatisieren und mit entsprechenden Tools arbeiten.

Ich habe Ihnen bereits einige kostenlose Tools vorgestellt, die Ihnen Google
zur Verfügung stellt. So können Sie mit Google Analytics die Zugriffszahlen
auf der Homepage auswerten. Sie können prüfen, wie sich die Zugriffe
durch organische Suchanfragen entwickeln und über welche Keywords Sie
Zugriffe erhalten.

5.6.1   Google Webmaster-Tools

Die Google Webmaster-Tools ergänzen die Angaben aus Google Analytics
und zeigen Ihnen nicht nur die Anzahl der Klicks, die ein Internetnutzer bei
Google auf Ihren Eintrag ausführt, sondern auch die generellen Impressionen Ihrer Website in den Google-Suchergebnisseiten. Die Anzahl der
Impressionen gibt Ihnen Auskunft darüber, wie oft eine Seite Ihrer Internetpräsenz bei einer Suchanfrage in den Ergebnissen erschienen ist.

Während Sie mit Google Analytics und anderen Analyseprogrammen
lediglich die wirklichen Zugriffe auswerten können, gehen die Webmaster-
Tools noch einen Schritt weiter. In den Webmaster-Tools sehen Sie, auf welcher Position Ihre Website in den Suchergebnissen bei Google dargestellt
wurde. Zudem wird die Anzahl der Impressionen in ein Verhältnis zu den

Klicks gesetzt (siehe Abbildung 5.18). Dieses Verhältnis bezeichnet man auch als *CTR* (Click-Through-Rate, siehe Abbildung 5.19). Die gleichen Bezeichnungen finden Sie auch bei der bezahlten Anzeigenschaltung mit Google AdWords.

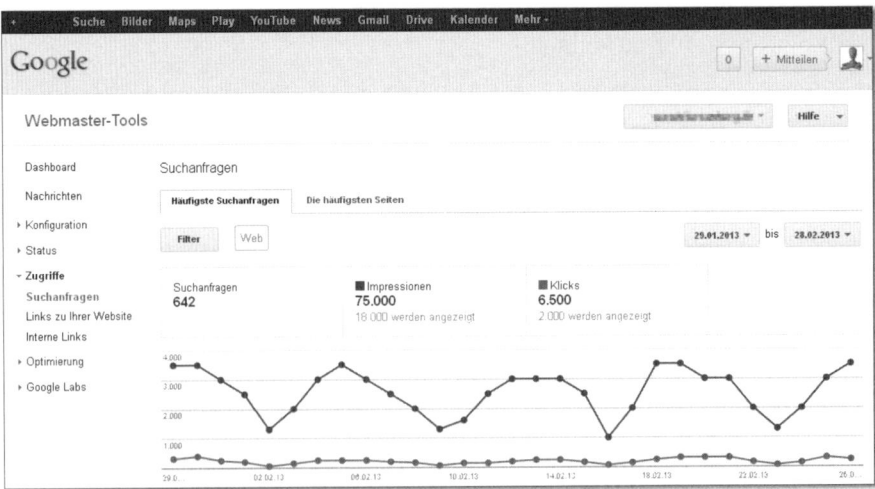

Abbildung 5.18 Google Webmaster-Tools – Darstellung des Verhältnisses zwischen Impressionen und Klicks in den Google-Suchergebnissen

Suchanfrage	Impressionen ▲	Klicks	CTR	Durchschn. Pos.
☆	3.000	110	4 %	4,0
☆	1.000	320	32 %	1,0
☆	900	700	78 %	1,0
☆	900	16	2 %	4,5
☆	600	110	18 %	1,0
☆	500	16	3 %	8,0
☆	500	<10	-	5,0
☆	500	<10	-	3,1
☆	400	12	3 %	4,0
☆	400	<10	-	12
☆	400	<10	-	8,1
☆	320	90	28 %	1,3
☆	250	50	20 %	1,1
☆	250	<10	-	5,8
☆ jugendtaxi	250	<10	-	5,4

Abbildung 5.19 Google Webmaster-Tools – Darstellung Click-Through-Rate und durchschnittliche Position in den Suchergebnissen

Die Auswertung der Keywords, zu denen Sie Impressionen erhalten haben, ist eine wichtige Tätigkeit, die Sie in regelmäßigen Abständen prüfen sollten. Sie werden hier natürlich viele Suchanfragen finden, zu denen Sie Klicks erhalten. Sie werden aber auch neue, interessante Suchanfragen finden, zu denen sie vielleicht noch keinen Klick erhalten haben. In den Webmaster-Tools finden Sie themenrelevante Suchanfragen, die von potenziellen Interessenten eingegeben werden. Wenn Sie die Suchanfragen über einen längeren Zeitraum auswerten, können Sie sogar neue Trends und Tendenzen entdecken und proaktiv den Inhalt Ihrer Website auf die veränderten Suchanfragen abstimmen.

Wie bereits erwähnt, werden in nicht allzu ferner Zukunft mehr und mehr Suchanfragen sprachgesteuert eingegeben werden. Die Suchanfragen bestehen dann nicht mehr aus einzelnen Wörtern, sondern aus komplexen Fragestellungen. In den Webmaster-Tools können Sie mit etwas Glück frühzeitig feststellen, welche Fragen Ihre potenziellen Interessenten den Suchmaschinen stellen und passende Inhalte auf Ihrer Website integrieren.

Google Data Highlighter

Eine weitere wichtige Funktion der Webmaster-Tools kann der Google Data Highlighter für Sie darstellen. Mit Rich Snippets und Schema.org besprechen wir in Abschnitt 6.1.4, »Strukturierte Daten«, zwei Varianten, mit denen Daten in strukturierter Form an Suchmaschinen übermittelt werden können. Die Herausforderung besteht darin, die Daten Ihrer Website so aufzubereiten, dass Suchmaschinen verstehen, welche Informationen auf Ihrer Website vorhanden sind. Mittels strukturierter Daten lassen sich Informationen schematisieren. Sie können Google konkrete Informationen zu Ihren Inhalten bereitstellen. Sie können Google über bestimmte Quellcode-Formatierungen mitteilen, dass der dargestellte Text über eine Person, ein Rezept oder beispielsweise eine Veranstaltung ist.

Google selbst bietet in den Webmaster-Tools ein Hilfsprogramm, mit dem Sie die Daten Ihrer Website klassifizieren können (siehe Abbildung 5.20). Der Data Highlighter bietet Webmastern die Möglichkeit, schnell und einfach Daten zu strukturieren und an Google zu übermitteln.

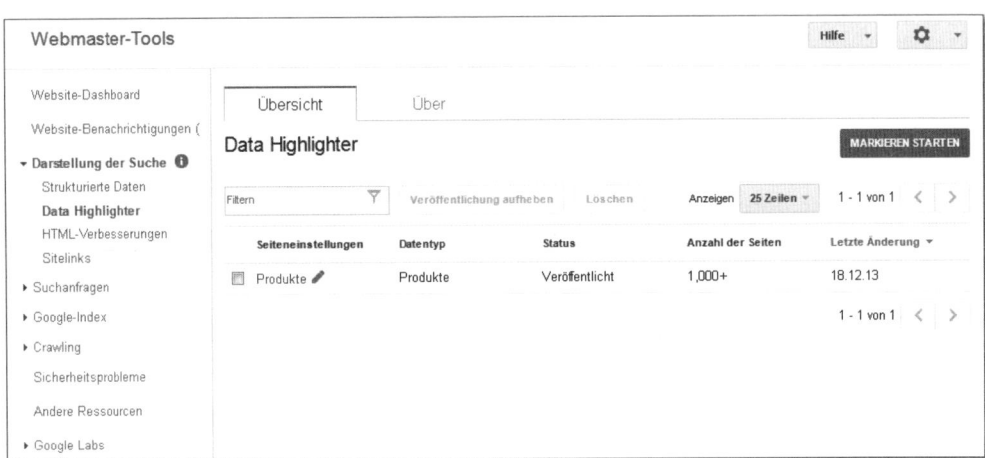

Abbildung 5.20 Data Highlighter in den Google Webmaster-Tools

Für wen ist der Google Data Highlighter nützlich?

Der Google Data Highlighter lässt sich ohne große HTML-Kenntnisse einfach per Drag & Drop bzw. durch Markierungen nutzen. Aktuell lässt sich Content aus den folgenden Kategorien mit dem Google Data Highlighter taggen:

► Artikel

► Veranstaltungen

► lokale Unternehmen

► Restaurants

► Produkte

► Softwareanwendungen

► Filme

► TV-Folgen

► Bücher

Website-Betreibern wird es somit deutlich einfacher gemacht, Rich Snippets zu ihren Webseiteninhalten der oben genannten Kategorien zu erzeugen.

Die Umsetzung könnte einfacher nicht sein. Soll beispielsweise eine Buchrezension auf der Webseite als solche gekennzeichnet werden und Google in strukturierter Form übermittelt werden, genügt es, die Webseite zu benennen (siehe Abbildung 5.21) und die Markierung zu starten.

Geben Sie die URL einer typischen Seite auf Ihrer Website an.

http://www.kim-weinand.de/

Buchrezensionen ˅

Diese und ähnliche Seiten taggen
● Nur diese Seite taggen

OK   Schließen

Abbildung 5.21 Data Highlighter – URL und Daten-Typ angeben

Im nächsten Schritt wird ein Online-Ausschnitt der eigenen Webseite mit dem jeweiligen Artikel zur Buchrezension angezeigt. In der rechten Spalte scheinen Datenfelder auf, die noch ausgefüllt werden müssen, wie beispielsweise Titel, Autor, Publisher, Bild, Bewertung oder ISB-Nummer. Diese Daten können Sie ergänzen, indem Sie die jeweiligen Textstellen auf der Seite markieren (siehe Abbildung 5.22).

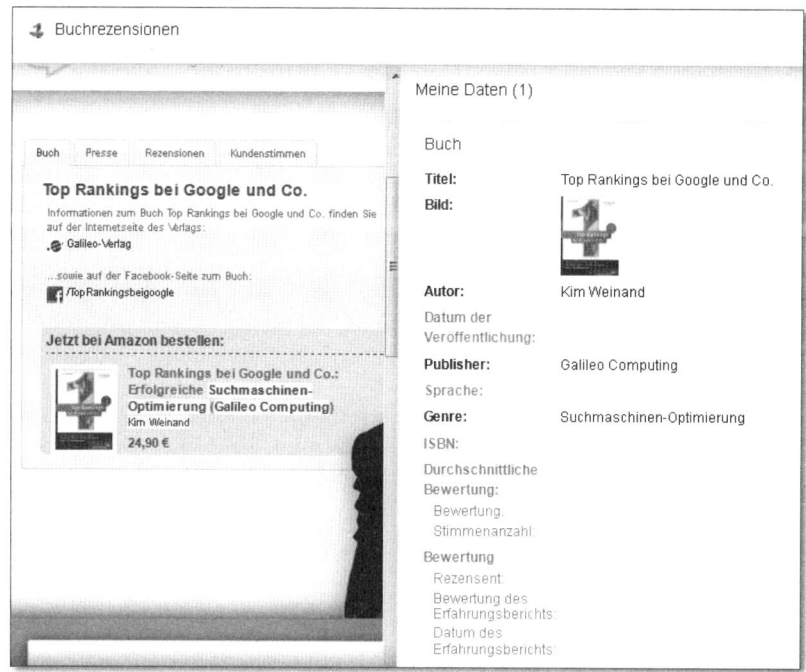

Abbildung 5.22 Data Highlighter – Informationen auf der Website auswählen

Wie werden die Daten aus dem Google Data Highlighter verarbeitet?

Die jeweiligen Daten, die auf diese Weise an Google weitergegeben werden, sollen auf der User-Seite dem Nutzer einen Mehrwert bieten. Wenn Suchabfragen zu den jeweiligen mittels Data Highlighter getaggten Themen ausgeführt werden, scheinen zusätzliche Informationen als Rich Snippets auf. Veranstaltungen werden beispielsweise mit Event-Datum angezeigt, und Abfragen nach Restaurants werden durch Öffnungszeiten und Informationen zur Art der Küche ergänzt.

Google weist darüber hinaus darauf hin, dass einige Daten auch in den Google Knowledge Graph integriert werden können, was für zusätzliche Sichtbarkeit der Webseite in der Google-Suche sorgt.

Für Webmaster bietet der Data Highlighter eine hervorragende Möglichkeit, um ihre Webseite in den Suchergebnissen hervorzuheben und dem Nutzer außerdem Zusatzinformationen zu bieten, die zum Klicken und zur Interaktion animieren.

Data Highlighter automatisieren dank Seitengruppen-Funktion

Es ist wichtig, die Informationen, die mittels Data Highlighter ausgelesen werden, stets aktuell zu halten. Ein Restaurant, das auf diese Weise etwa falsche Öffnungszeiten angibt, kann Kunden auch verärgern. Ebenso ist niemand an Veranstaltungsterminen interessiert, die schon lange in der Vergangenheit liegen oder gar abgesagt wurden.

Für kleinere Webseiten lohnt es sich, die jeweiligen Daten manuell Seite für Seite zu übertragen und an Google zu übermitteln. Doch im Fall von Onlineshops, Filmdatenbanken oder News-Seiten, die Hunderte oder gar Tausende von Produkten, Filminformationen oder Artikelbeiträgen bereithalten, ist es kaum möglich, alle Informationen im Google Data Highlighter selbst einzupflegen.

Zum Glück hat Google auch hier mitgedacht und eine entsprechende Seitengruppen-Funktion bereitgestellt. So müssen Seiten, die immer gleich aufgebaut und womöglich sogar mit derselben Vorlage erstellt wurden, nur einmal für den Google Data Highlighter aufbereitet werden, während dieser sich die Informationen automatisch immer nach demselben Schema herauspickt. Diese effiziente Vorgehensweise lohnt sich vor allem für Betreiber von Onlineshops, die ihre Produktseiten immer gleich aufbauen, aber eine große Anzahl von immer wechselnden Produkten in ihrem Sortiment halten.

Wichtig ist es dafür, dass die jeweiligen in den Seitengruppen enthaltenen Seiten nach dem gleichen Muster aufgebaut sind und daher zusammenge- fasst werden können. Außerdem sollten Webmaster nicht vergessen, dass die mit dem Data Highlighter erstellten Rich Snippets auch noch dann an den Seiten hängen, wenn die jeweiligen Inhalte oder die Struktur verändert werden. In diesem Fall ist dazu zu raten, die Seitengruppen zu löschen und neue Seitengruppen zu erstellen.

Backlink-Analyse mit Webmaster-Tools

Eine weitere Funktion, die Ihnen die Webmaster-Tools von Google bieten, ist die Darstellung LINKS ZU IHRER WEBSITE (siehe Abbildung 5.23).

Abbildung 5.23 Google Webmaster-Tools – Darstellung der Links zu einer Web- seite

Hier können Sie ebenfalls prüfen, wie viele Links von externen Seiten auf Ihre Internetpräsenz verweisen. Sie sehen die einzelnen Portale und die Anzahl der Links von dem Portal zu Ihrer Internetseite. In den Webmaster-Tools sehen Sie diese Analyse jedoch nur für Webseiten, für die Sie autorisiert sind.

5.6.2   Google Alerts

Sie sind mit den bisherigen Informationen nun in der Lage, sich mit dem Keyword-Planer und Google Trends die wichtigsten Suchanfragen für Ihre Dienstleistungen und Produkte herauszusuchen. Sie können mit Google Analytics und den Webmaster-Tools die Zugriffe und die Suchanfragen überwachen. Wie finden Sie aber heraus, was beispielsweise Ihre Mitbewerber an neuen Inhalten bereitstellen und welche neuen Berichte Google indiziert?

Damit Sie sich kontinuierlich darüber informieren können, welche neuen Inhalte Google im Web aufnimmt, bietet Google Ihnen den Dienst Google Alerts (*http://www.google.de/alerts*, siehe Abbildung 5.24) an. Google Alerts versendet automatisch E-Mails an Sie, wenn neue Google-Ergebnisse vorliegen, die Ihrem Suchbegriff entsprechen.

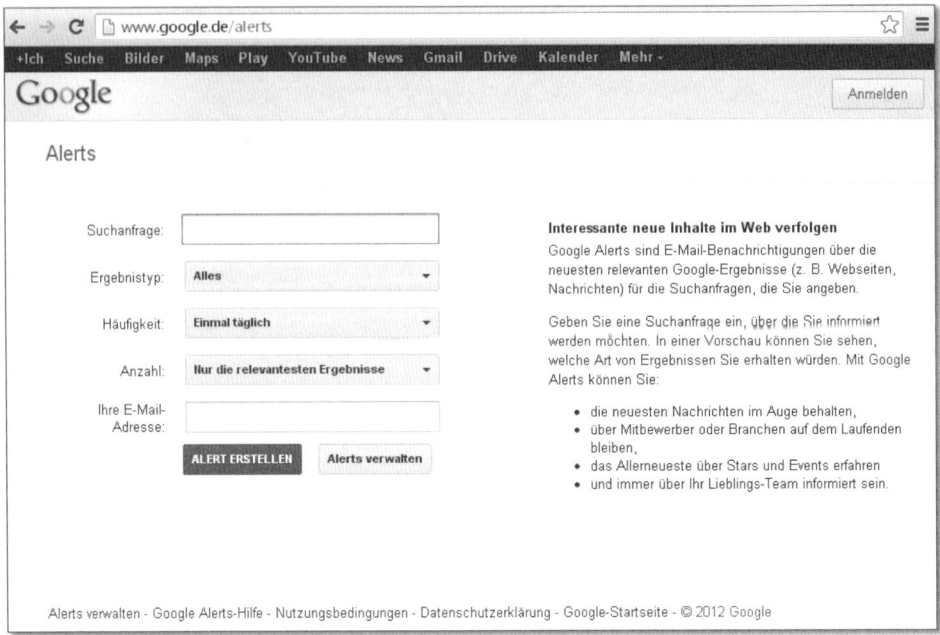

Abbildung 5.24 Google-Alerts-Startbildschirm – gute Usability, einfache Konfiguration

Sie können Google Alerts sehr einfach verwalten. Rufen Sie die Seite auf, und Sie sehen sofort, welche intuitive Bedienung Sie erwartet.

Neben den Tools bietet Ihnen Google viele weiterführende Informationen, die Ihnen helfen, Ihre Onsite-Maßnahmen auf die Suchmaschinen abzustimmen. Schauen Sie auch gelegentlich in die Blogs, die Google Ihnen anbietet. Google betreibt zu den meisten Tools ein eigenes Blog. Wichtige Tipps für die Suchmaschinenoptimierung erhalten Sie im Google-Blog WEBMASTER-ZENTRALE: *http://googlewebmastercentral-de.blogspot.de/*. Hier finden Sie auch Hinweise auf aktuelle Änderungen und können Ihre Fragen mit anderen Lesern und Google-Mitarbeitern teilen.

Googles kleine Helferlein

Google bietet Ihnen eine Vielzahl kostenloser Dienste, die Sie für die Optimierung Ihrer Website nutzen sollten. Die Webmaster-Tools, Google Analytics und Google Alerts helfen Ihnen, Suchanfragen, Besucherstatistiken und neue Inhalte im Internet zu recherchieren und zu analysieren.

5.7   Kostenlos und unbezahlbar – SEO-Tools

Um Ihren SEO-Erfolg zu messen, ist es nicht unbedingt notwendig, auf kostenpflichtige Programme zu setzen, wenngleich damit sicherlich zahlreiche Faktoren ausgewertet werden können. Das Internet hält für Sie auch eine große Anzahl an kostenlosen Tools bereit, mit denen Sie die Erfolgsfaktoren für Ihre SEO-Anstrengungen bewerten und auswerten können. Ich möchte daher ganz gezielt kostenlose Tools ansprechen, die Sie bereits für die einfachen Analysen nutzen können. Es ist meistens von Vorteil, wenn man erst einmal die Einzelschritte kennenlernt und auch weiß, welche Arbeit hinter den einzelnen Auswertungen steht. Wenn Sie Routine in Ihrer Arbeit haben, werden Sie sich mit den Erfahrungswerten ein geeignetes kostenpflichtiges Tool aussuchen können.

Fangen wir mit den einfachen Arbeitsschritten an, die Sie für Ihre Kampagnen benötigen und die Sie viel Zeit kosten können. Damit Sie den Erfolg oder Misserfolg Ihrer Maßnahmen bewerten können, ist in den meisten Fällen die Position Ihrer Website in den Google-Suchergebnissen ausschlaggebend. Wie finden Sie heraus, auf welcher Position in den Google-

Suchergebnissen Ihre Seite zu den jeweiligen Suchanfragen erscheint? Nun, der einfachste Weg ist, Google aufzurufen und die Suchanfrage einzugeben. Gehen Sie die Ergebnisse durch, bis Sie Ihre Seite gefunden haben. Das können Sie dann für jede Suchanfrage tun, zu der Sie Ihre aktuelle Position in den Suchergebnissen wissen möchten. Und da Sie Ihre SEO-Kampagne gewissenhaft ausführen und verfolgen möchten, tun Sie dies dann täglich. Spätestens am dritten Tag verlieren Sie die Lust an dieser Arbeit. Kommen wir daher zum Thema Automatisierung. Wie können Sie täglich überwachen, welche Position Ihre Website in den Google-Suchergebnissen zu den vorgegebenen Keywords einnimmt?

5.7.1   Free Monitor for Google

Ein simples, kostenloses und dennoch sehr effizientes Tool für den Einstieg ist der *Free Monitor for Google* (siehe Abbildung 5.25) von CleverStat (*www.cleverstat.com*).

Mit dem Free Monitor for Google können Sie das Ranking Ihrer Website überwachen und statistisch auswerten. Sie geben alle Keywords an, zu denen Sie die aktuelle Position der Website in den Google-Suchergebnissen wissen möchten. Danach können Sie die Analyse starten, und nach kurzer Zeit sehen Sie alle aktuellen Platzierungen. Das Ranking kann rasch überprüft werden. Sie erfahren, welche Position Ihre Website gerade hält. Dieses Tool hilft Ihnen vor allem auch vor dem Beginn einer SEO-Kampagne dabei, die aktuelle Position zu erfassen und eine erste Aufwandsschätzung durchzuführen.

Wenn Sie zu einem Keyword bzw. zu einer Keyword-Phrase bereits vor der Kampagne eine Platzierung zwischen Platz 8 bis 14 haben, steht Ihre Seite auf der ersten Suchergebnisseite unten oder auf der zweiten Suchergebnisseite oben. Auf jeden Fall können Sie Ihr Ergebnis zu einem derartigen Keyword vielleicht leichter steigern als zu einem Keyword, bei dem Sie in den Suchergebnissen auf Platz 50 oder noch schlechter stehen. Zumindest können Sie bei Nischen-Keywords und regionalen Keyword-Phrases damit rechnen, dass es so ist. Bei stark umkämpften Keywords sollten Sie Ihre Mitbewerber ebenfalls auswerten, damit Sie deren Stärken messen und diese für Ihre eigenen Maßnahmen und das eigene Budget in ein Verhältnis setzen können.

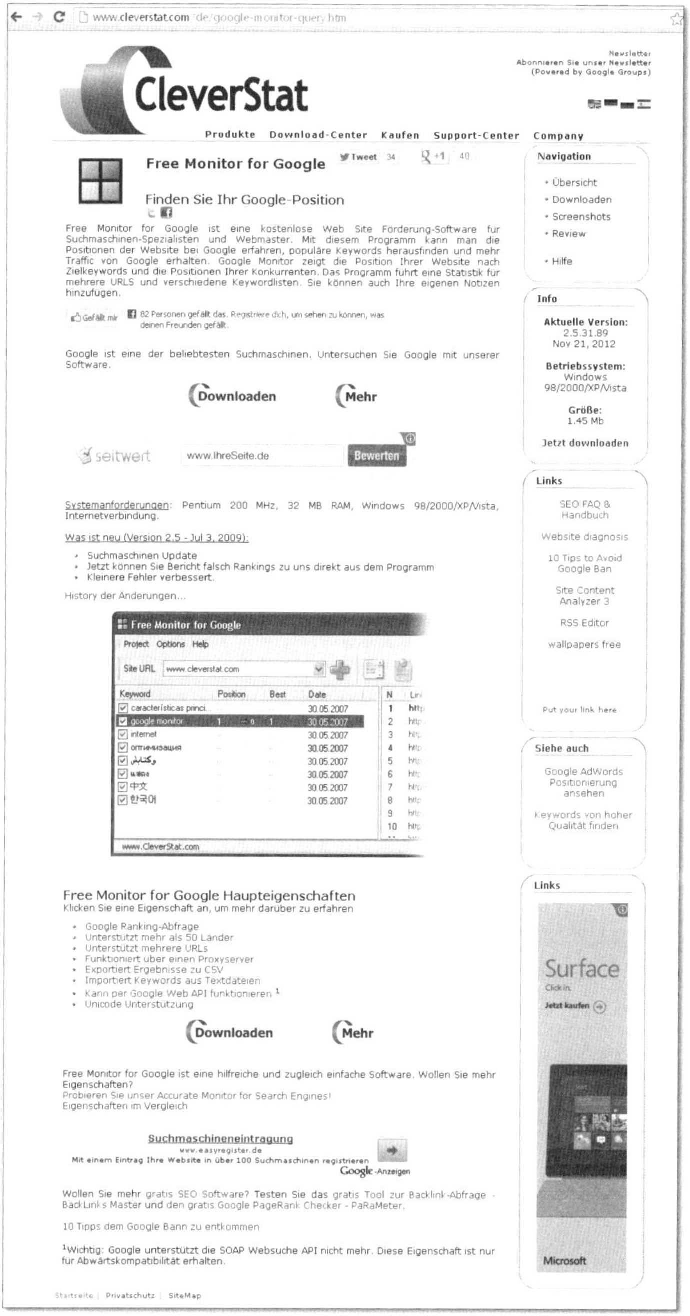

Abbildung 5.25 Direktlink zur Seite des Free Monitors for Google auf
www.cleverstat.com

Der Free Monitor for Google unterstützt mehrere Website-Analysen, sodass Sie das Programm auch einfach zum Vergleich nutzen können. Geben Sie auch die Websites Ihrer wichtigsten Mitbewerber ein, und der Free Monitor for Google zeigt Ihnen eine übersichtliche Auflistung mit dem jeweiligen Ranking an. Auf diese Weise können Sie Ihr eigenes Website-Ranking direkt mit dem Ihrer Konkurrenten vergleichen.

5.7.2   Open Site Explorer

Eine weitere Software bzw. ein Online-Portal, das Ihnen Vergleichsfunktionen anbietet, ist *http://www.opensiteexplorer.org*.

Das Portal (siehe Abbildung 5.26) bietet Ihnen die Möglichkeit, sich die Links Ihrer Mitbewerber anzuschauen und auch einen direkten Vergleich zwischen Ihrer Webseite und der Webseite Ihrer Mitbewerber durchzuführen.

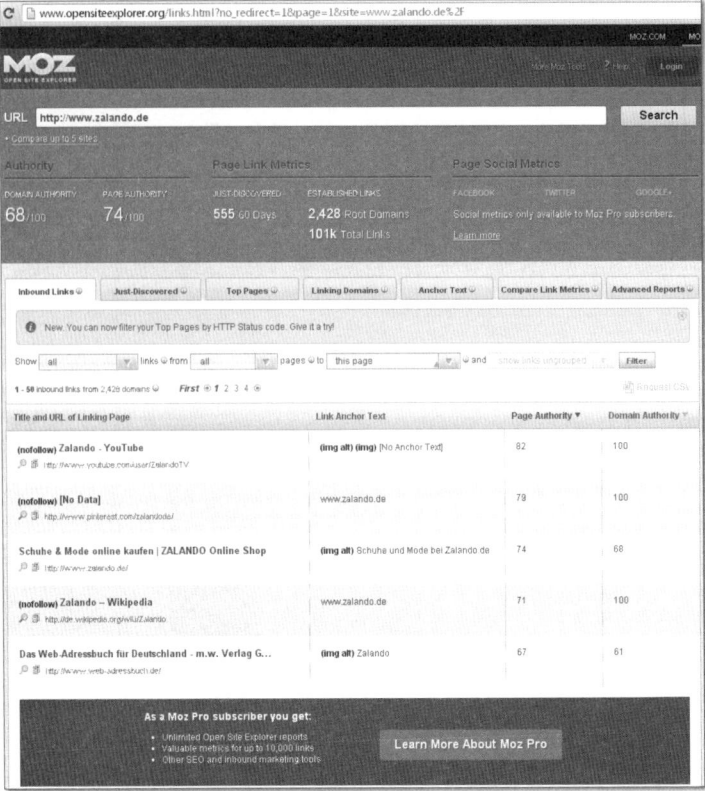

Abbildung 5.26 Open Site Explorer am Beispiel www.zalando.de

Bei der Suchmaschinenoptimierung dreht sich alles um die richtigen Keywords. Auch das nächste Tool bietet Ihnen eine Keyword-Analyse, allerdings diesmal auf eine ganz andere Art. Nachdem Sie bereits viel darüber gelesen haben, welche Keywords Sie verwenden sollten, bietet Ihnen das nächste Tool die Möglichkeit, Ihre Website daraufhin auszuwerten, ob die Inhalte Ihrer Landingpage auch wirklich zielführend sind und die wichtigsten Begriffe auf Ihrer Homepage herausgestellt werden.

5.7.3 Firebug

Ein weiteres Tool, das Ihnen bei der Auswertung anderer Websites hilfreich sein kann, ist *Firebug* (siehe Abbildung 5.27).

Firebug ist ein kostenloses Add-on für den Internet-Browser Mozilla Firefox. Mit diesem Tool ist es einfach, Webseiten auszuwerten und einen Überblick über den HTML-Code auf der Seite zu erhalten. Darüber hinaus kann der HTML-Code auch direkt für Tests bearbeitet werden.

Abbildung 5.27 Link zur Website des Plug-ins – https://getfirebug.com/

Wenn Sie das Firebug-Add-on für Firefox installiert haben, können Sie Ihre Website einfach mit Ihrem Browser öffnen und über die Taste $\boxed{\text{F12}}$ das Plug-in aktivieren. In einem Teilbereich des nun geöffneten Browser-Fensters lässt sich der jeweilige HTML-Code darstellen. Auf diese Weise kann der Code direkt mit der Webseite verglichen werden (siehe Abbildung 5.28).

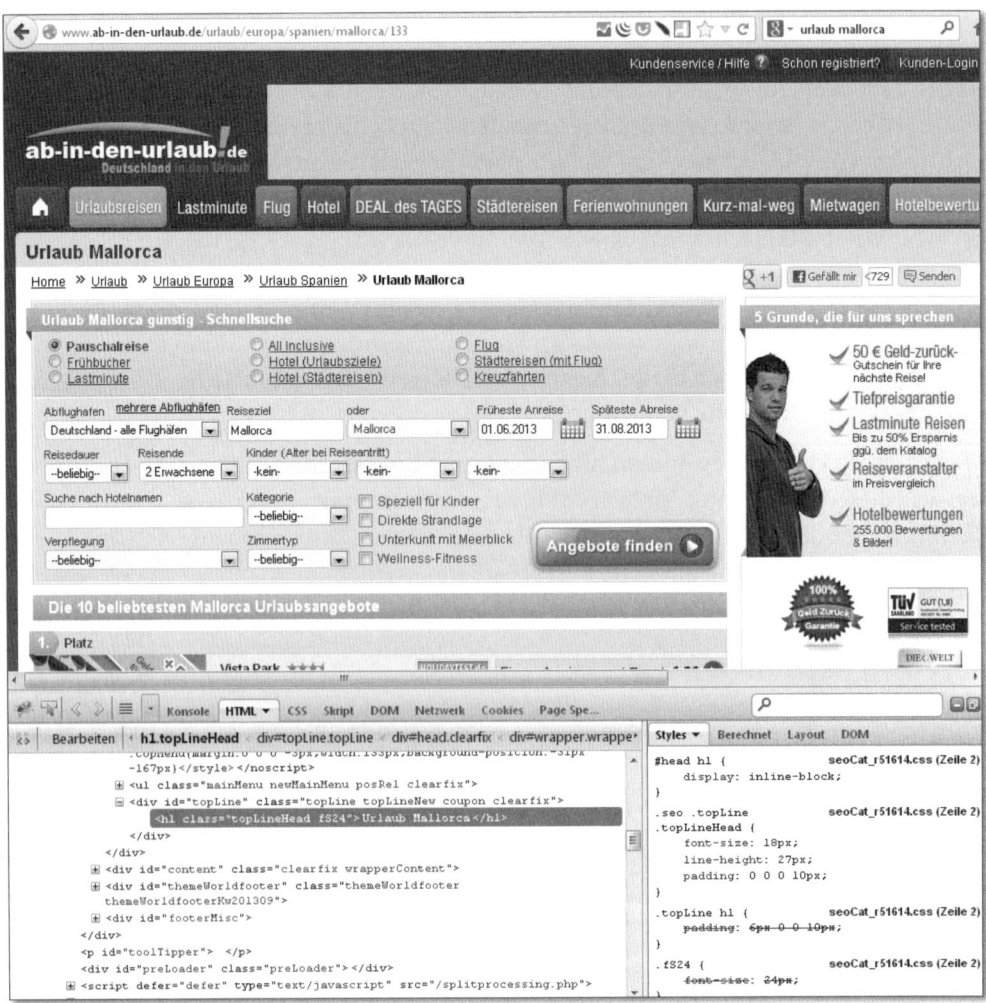

Abbildung 5.28 Darstellung des Quellcodes mit Firebug – Abfrage H1-Überschrift

Klicken Sie mit der Maus in einen Bereich des Quellcodes, wird die betreffende Stelle auch auf der Webseite markiert und dargestellt. Das Ganze funktioniert auch genau umgekehrt. Wenn Sie die Maus über die einzelnen Elemente der Webseite bewegen, wird der betreffende Bereich auch im Code der Webseite markiert. So erhalten Sie sehr schnell Informationen darüber, wie auf anderen Seiten die Quellcode-Elemente verwendet werden und welche Optimierung durchgeführt wurde. Darüber hinaus kann auch der CSS-Code neben dem HTML-Code dargestellt und sogar direkt bearbeitet werden. Somit lässt sich bei Veränderungen im Code rasch feststellen, welche Auswirkungen sich dadurch auf der Website ergeben.

Mit Firebug können Sie auch den Quellcode der Websites Ihrer Mitbewerber öffnen und sich die Struktur der Seiten anschauen. Welche Überschriften werden verwendet, und welche Gewichtung stellt sich auf anderen Seiten ein? So können Sie beispielsweise prüfen, welche Hauptüberschriften andere Websites verwenden.

Die SEO-Analyse – ein schneller Überblick

▸ Prüfen Sie mit dem *Keyword-Planer* und mit *Google Trends*, welche Keyword-Phrases Ihre Zielgruppe nutzt.

▸ Checken Sie mit dem *Free Monitor for Google* die Google-Ergebnisseiten zu den Begriffen. Wie sieht das Mitbewerberfeld aus, und auf welcher Position steht Ihre eigene Webseite?

▸ Prüfen Sie mit den *Webmaster-Tools* die Anzahl der Impressionen für die festgelegten Keywords. Bei welchen Keywords haben Sie bereits ein hohes Zugriffspotenzial? Welche Keyword-Alternativen können bei geringerem Aufwand eventuell die Zielgruppe genauer treffen und versprechen somit einen vergleichbaren Erfolg?

▸ Prüfen Sie mit *http://www.seorch.de* Ihre eigenen Webseiten auf die inhaltliche Gestaltung hin, und schauen Sie sich auch die Auswertung und den Quellcode Ihrer Mitbewerber an.

Kapitel 6
Phase 2: SEO – Onsite

Stellen Sie sich vor, Sie haben die SEO-Analyse abgeschlossen. Sie kennen nun Ihre Ausgangssituation. Sie haben Ihre Ziele definiert und wissen, welche Keywords Erfolg versprechend sind – Sie sind bereit für den nächsten Schritt: Bringen Sie Ihre Website auf Erfolgskurs.

Herzlichen Glückwunsch! Sie kennen die Suchanfragen, die Ihre Zielgruppe verwendet, Sie wissen, wo Ihre Website in den Suchergebnissen erscheint und wie es um die Positionierung Ihrer Mitbewerber bestellt ist. Wenn Sie alle bisher genannten Analyseschritte genau befolgt haben, haben Sie nun das Rüstzeug, um mit der eigentlichen SEO-Arbeit zu beginnen. Im Folgenden erfahren Sie, worauf es dabei ankommt.

Wenn Sie an dieser Stelle angekommen sind, kennen Sie jetzt einen Großteil der Faktoren, die Ihnen gegenüber Ihren Mitbewerbern einen Wettbewerbsvorteil in den Suchmaschinen verschaffen werden. Jetzt geht es darum, nachhaltige Veränderungen durchzuführen, mit denen Sie zukünftig sowohl für Suchmaschinen als auch für die Besucher Ihre Inhalte themenrelevant darstellen.

6.1 Grundlagen – Arbeiten an der Basis

Bevor Sie die Website inhaltlich bearbeiten und den Content themenrelevant an die Bedürfnisse Ihrer Besucher und der Suchmaschinen anpassen, sollten Sie die technischen Kriterien der Website prüfen:

▶ **HTML-Struktur und Formatierung**:
  Mit der richtigen HTML-Formatierung erleichtern Sie Suchmaschinen das Auffinden von themenrelevanten Inhalten.

▶ **HTML-Content-Verhältnis**:
  Suchmaschinen bewerten das Verhältnis zwischen dem Inhalt, der für Besucher bereitgestellt wird, und dem Quellcode, der dazu benötigt

wird. Wenn Ihre Website viel Quellcode produziert, aber nur wenig Inhalt bietet, wirkt sich das negativ auf Ihre Suchmaschinenoptimierung aus.

▶ **Informationen nicht nur für Menschen – Meta- und technische Daten:**

   – Webseitenbeschreibung: Description

   – Title

   – Bildtitel

   – aussagekräftige Bildnamen

   – aussagekräftige URLs

   – Sitemap

   – Domain-Alter (Trust)

   – interne Verlinkung

Als Webmaster wissen Sie sofort, welches Content-Management-System (CMS) hinter der Website steht. Als externe Agentur genügt Ihnen ebenfalls ein Blick in den Quellcode einer Internetpräsenz, und in den meisten Fällen wissen Sie, welches CMS oder Shopsystem dort eingesetzt wird. Wenn Sie allerdings bis heute noch keine Erfahrung mit dem Quellcode haben, werden Sie die folgenden Informationen auf wichtige technische Anforderungen hinweisen, die Sie für die Suchmaschinenoptimierung zwingend prüfen müssen.

Gleichgültig, welches Content-Management-System sich hinter Ihrer Website verbirgt, ob WordPress, Typo3, Magento, Oxid etc., alle haben eins gemeinsam: Sie bieten Ihnen eine ideale Ausgangssituation und viele kostenlose Module, mit denen Sie Ihre Website optimieren können. Ich habe allerdings bis heute noch kein System gefunden, bei dem man nicht manuell noch ein wenig nachhelfen sollte, um gegenüber den Mitbewerbern einen Vorteil zu haben. Je nach Funktion, die Sie in einem Unternehmen oder auch als externer Berater ausüben, ist es nicht wichtig, dass Sie den Quellcode selbst ändern können. In erster Linie müssen Sie die SEO-Bausteine kennen und auch wissen, wie Sie die Kriterien überprüfen können.

Für die Anpassung des Quellcodes finden Sie im Internet Agenturen, die sich auf die verschiedenen Content-Management-Systeme spezialisiert haben und Ihnen die Änderungen für kleines Geld umsetzen können. Sie müssen Ihre Anforderungen lediglich verständlich erklären können. Eine

Plattform, auf der Sie Dienstleistungen im Bereich Softwareentwicklung und -anpassung einkaufen können, ist *www.twago.de*.

Um die technischen Kriterien zu prüfen und eine gute Voraussetzung für die Suchmaschinenoptimierung zu schaffen, müssen Sie sich sowohl das Redaktionssystem anschauen als auch den Quellcode, mit dem die Seiten aufbereitet werden.

6.1.1   Wie lesen Suchmaschinen?

Um die Onsite-Suchmaschinenoptimierung erfolgreich durchzuführen, ist es wichtig, die Website so aufzubereiten, dass der Crawler der Suchmaschine, der die Website durchsucht, dies auch möglichst barrierefrei und einfach tun kann. Neben einer übersichtlichen Navigation spielt dabei auch eine übersichtliche HTML-Struktur eine große Rolle.

Das World Wide Web Consortium (W3C) setzt sich für die Entwicklung und Verbreitung internationaler Webstandards ein, um Internetinhalte auf allen Systemen weltweit möglichst in der gleichen Form darstellen zu können. Auch Suchmaschinen orientieren sich an diesen Webstandards, weshalb ihren Crawlern das Durchsuchen von Websites nach W3C-Standards deutlich einfacher fällt. Wenn Sie Ihre Website an dieser Vorgabe ausrichten, erhalten Sie damit wiederum einen weiteren Pluspunkt bei Google und Co. Es ist ein Mythos, dass Websites ohne W3C-Fehler ein besseres Ranking erhalten, aber die Einhaltung der Kriterien garantiert ein fehlerfreies Indizieren der bereitgestellten Informationen, und das bringt Ihnen einen Vorteil.

Wenn Sie oder eine beauftragte Agentur den Quellcode Ihrer Internetpräsenz bzw. des Content-Management-Systems ändern, sollten Sie nach Abschluss der Arbeiten auf jeden Fall darauf achten, dass die Anpassungen, die serverseitig im PHP-Code durchgeführt werden, ein korrektes HTML ausgeben. Prüfen Sie Ihre Internetpräsenz auf Validität hin (siehe Abbildung 6.1). Wie bereits erwähnt, ist ein korrekter Quellcode kein qualitatives SEO-Kriterium, allerdings wird dadurch sichergestellt, dass die Crawler die bereitgestellten Informationen einwandfrei einlesen.

Rufen Sie *http://validator.w3.org* auf, und prüfen Sie Ihre Website. Je nach Content-Management-System und installierten Plug-ins wird es Ihnen kaum möglich sein, eine valide Webseite darzustellen.

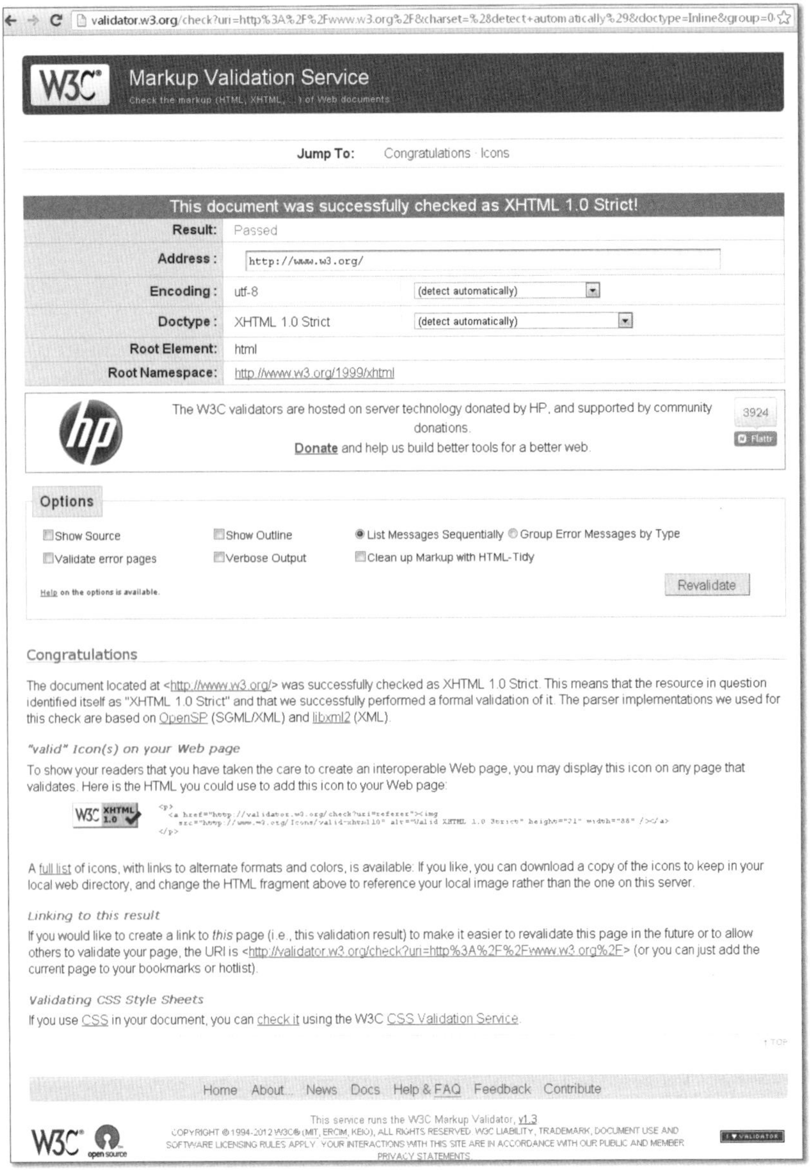

Abbildung 6.1 W3C-Validator – HTML-Check

Achten Sie auch auf die Formatierungen Ihrer Texte bzw. Ihres Contents. Um für die Suchmaschinenoptimierung ein passendes Content-Quellcode-Verhältnis zu schaffen, ist es wesentlich, alle Formatierungselemente in eine eigene, externe CSS-Datei zu verlagern. Generell ist darauf zu achten, dass alle Texte auf der Website entsprechend den HTML-Notationen formatiert werden (zum Beispiel mit Definition der Überschriften als <h1>, <h2> etc.). Das menschliche Auge erkennt eine Überschrift daran, dass sie über einem Absatz steht oder auch durch Unterstreichung, Fettmarkierung oder Kursivschrift hervorgehoben ist.

Suchmaschinen erkennen Überschriften daran, dass sie mit einem speziellen Schlüssel gekennzeichnet werden. Die Hauptüberschrift auf einer Website wird mit <h1> gekennzeichnet. Die Kennzeichnung, mit der Absätze bzw. Unterthemen hervorgehoben werden, sind <h2>, <h3> etc. Bei einem Buch sind die Überschriften in einem Inhaltsverzeichnis zusammengefasst und definieren die Kapitel. Google sieht das ähnlich. Die Überschriften, die definiert werden, geben eine Themenrelevanz und eine Wertigkeit der einzelnen Inhalte wieder.

Wenn Sie Überschriften auf Ihrer Website für die jeweiligen Unterseiten einsetzen, achten Sie darauf, dass das Top-Keyword auch ganz oben in der Überschrift der jeweiligen Subpages erscheint und dort mit eingebunden wird. Dies gilt vor allem für Seiten, die als Landingpages dienen und für ein bestimmtes Keyword optimiert wurden. Idealerweise findet sich dieses Top-Keyword in der H1-Überschrift, in der URL sowie auch im Dateinamen. Achten Sie darauf, dass das Keyword auch direkt auf der Seite im Text nochmals vorkommt, optimal ist im oberen und unteren Drittel des Textes.

6.1.2   Informationen nicht nur für Menschen – Meta- und technische Daten

Bei der Suchmaschinenoptimierung ist es generell wichtig, Informationen nicht nur für die menschlichen Besucher der Website bereitzustellen und aufzubereiten, sondern vor allem auch für die technischen Crawler, die die Website durchsuchen.

Damit die Website für diese optimal gestaltet wird, ist es beispielsweise wichtig, den Titel jeder Seite unterschiedlich und »unique« zu halten. Mit Meta-Tags können Sie Informationen über Ihre Websites für Suchmaschinen bereitstellen. Jede Suchmaschine verarbeitet nur die jeweils bekannten Meta-Tags und ignoriert die unbekannten Tags.

Matt Cutts, Chef des Webspam-Teams von Google, hat im März 2012 in einem YouTube-Video (siehe Abbildung 6.2) erläutert, welche Meta-Informationen für die Suchmaschinenoptimierung als relevant anzusehen sind.

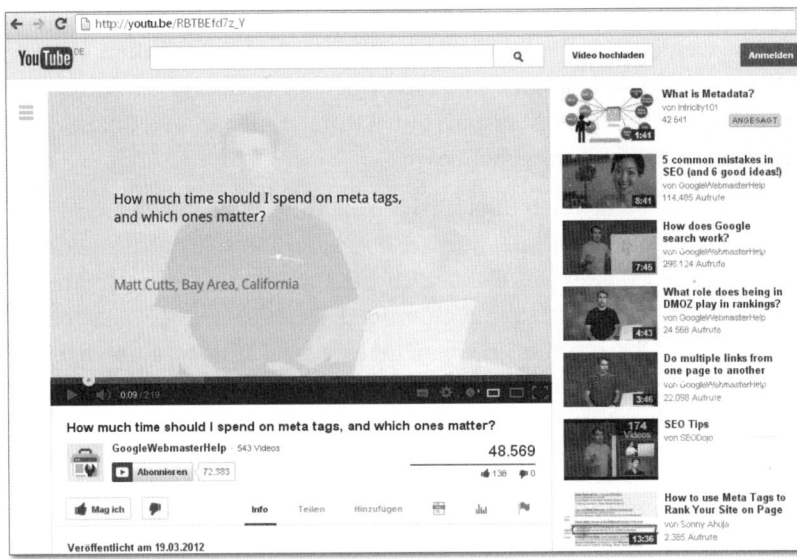

Abbildung 6.2 YouTube-Video – Matt Cutts spricht über Meta-Tags. (Das Video ist auf Englisch. Quelle: http://youtu.be/RBTBEfd7z_Y)

Title

Der Title stellt die wichtigste Meta-Information dar. Er dient der Website-Beschreibung, die in den Suchmaschinenergebnissen angezeigt wird. Der Title wird als Überschrift der jeweiligen Anzeigen bei Google und Co. dargestellt. Dieser sticht dem Nutzer somit zuerst ins Auge und soll ihn davon überzeugen, dass seine Suche ein Ende hat.

Der Title sollte zwischen 40 und 60 Zeichen lang sein und die Möglichkeit bieten, einen Anker für den Kunden zu schaffen, mit dem er die Suchergebnisse leichter durchforsten kann. Bauen Sie auf jeden Fall das wichtigste Keyword der Zielseite im Titel ein. Zudem sollte das wichtigste Keyword möglichst weit vorn stehen. Ein Title für die Unterseite eines Hochzeithauses, auf der Brautkleider angeboten werden, sollte beispielsweise nicht »Firma Max Mustermann, Musterstadt | Brautmode | Hochzeitskleider« lauten, sondern das wichtigste Keyword sollte ganz vorn stehen: »Hochzeitskleider | Brautmode | Firma Max Mustermann, Musterstadt«.

> **Wichtiger Hinweis**
>
> Jede einzelne Seite Ihrer Internetpräsenz sollte einen eindeutigen und einzigartigen Title haben.

Der Text Ihres Title-Tags sollte den Inhalt der Seite beschreiben und das Top-Keyword enthalten.

Prüfen Sie Ihre Title-Länge in den Suchergebnissen. Ein Preview-Tool finden Sie hier:

http://moz.com/blog/new-title-tag-guidelines-preview-tool

Beschreibung der Website – Description

Auf jeder Unterseite sollten Sie die Meta-Daten-Description pflegen. Die Meta-Description wird von Suchmaschinen genutzt, um einen themenrelevanten Inhalt auf den Suchergebnisseiten darzustellen.

In den Suchergebnissen bei Google werden in den meisten Fällen der Title einer Website und die Description dargestellt. Sie können also mit der individuellen Ausarbeitung dieser Informationen die Suchmaschinen über den Inhalt der Seite informieren und gleichzeitig Ihre Darstellung in den Suchergebnissen beeinflussen. Die Description sollte mit ca. 150 Zeichen den Inhalt der Seite/Unterseite beschreiben und den Interessenten auf die Seite neugierig machen. Eine gute Meta-Description kann die Klickrate in den Suchergebnissen erhöhen.

Es genügt nicht allein, dass eine Website weit oben in den Suchergebnissen bei Google gelistet wird. Ebenso ist es wesentlich, dass dort dann auch das Richtige dargestellt wird. Wer sich die Suchergebnisse bei Google schon einmal genauer angesehen hat, wird festgestellt haben, dass es sich dabei nicht nur um einen Link handelt, der eingeblendet wird. Google zeigt dem Nutzer auch noch weitere Informationen an. Neben der Bezeichnung der Webseite und der Internet-URL finden Sie darunter auch eine Beschreibung der Seite mit den wichtigsten Facts, manchmal auch einen Slogan (siehe Abbildung 6.3).

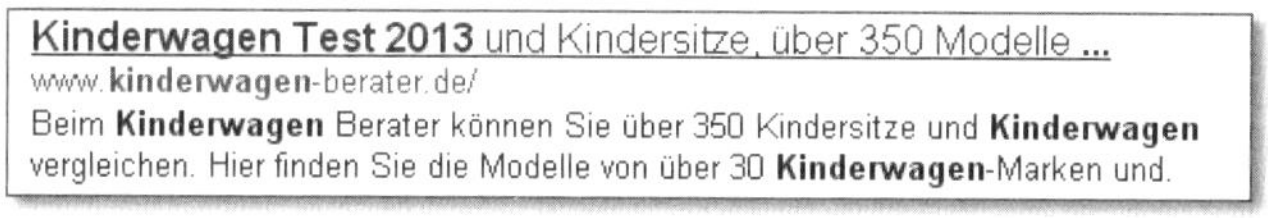

Kinderwagen Test 2013 und Kindersitze, über 350 Modelle ...
www.**kinderwagen**-berater.de/
Beim **Kinderwagen** Berater können Sie über 350 Kindersitze und **Kinderwagen** vergleichen. Hier finden Sie die Modelle von über 30 **Kinderwagen**-Marken und.

Abbildung 6.3 Beispiel eines Suchergebnisses zur Anfrage »Kinderwagen Test«

Diese Beschreibung reimt sich Google aber nicht etwa zusammen, sondern es liegt an Ihnen, hier eine aussagekräftige und informative Description zu verfassen, die dem Suchmaschinennutzer wertvolle Informationen bietet und gleichzeitig auch der SEO zuträglich ist (siehe Abbildung 6.4).

```
<html class="js" lang="de" xml:lang="de" xmlns="http://www.w3.org/1999/xhtml">
  <head>
    <meta content="text/html; charset=utf-8" http-equiv="Content-Type">
    <meta content="text/html; charset=utf-8" http-equiv="Content-Type">
    <link type="image/x-icon" href="/sites/default/files/sky_favicon.jpg" rel="shortcut
    icon">
    <meta content="Beim Kinderwagen Berater können Sie über 350 Kindersitze und
    Kinderwagen vergleichen. Hier finden Sie die Modelle von über 30 Kinderwagen-Marken
    und..." name="description">
    <meta content="noarchive" name="robots">
    <title>Kinderwagen Test 2013 und Kindersitze, über 350 Modelle vergleichen</title>
    <link href="/sites/default/files
    /css/css_972c0939ba50d55c63a9906e2ba9f57a.css" media="all" rel="stylesheet" type="tex
    t/css">
```

Abbildung 6.4 Quellcode der Zielseite zum Suchergebniseintrag

Abbildung 6.5 Webmaster-Tools – Informationen zur Gestaltung von Title und Description (http://goo.gl/s835K)

Ideal wird die Beschreibung der Website gestaltet, wenn Sie dabei auch Keywords in den Description-Text mit einfließen lassen. Die Description, die im Header positioniert wird, wird auch von Google wahrgenommen. Ist sie vorhanden und weist sie eine hohe Relevanz in Bezug auf die Suchwörter potenzieller Kunden auf, wirkt sich dies auch positiv auf das Ranking der Seite aus (siehe Abbildung 6.5).

Aussagekräftige URLs

Mit der Suche nach einer aussagekräftigen URL, der Internetadresse für Ihre Website, werden Sie sich wohl schon ganz zu Anfang beschäftigt haben, als Sie die Domain bei Ihrem Domain-Anbieter bestellt haben. Dabei haben Sie im Idealfall einen knackigen und einprägsamen, aber nicht zu langen Namen gewählt, der im optimalen Fall auch noch auf das Thema der Website schließen lässt. Wenn Ihnen dies geglückt ist, fällt es nämlich nicht nur Ihren potenziellen Kunden leicht, Sie im Netz zu finden, sondern auch Google.

Wenn Sie denken, damit hätten Sie, was die URL betrifft, alles für die Suchmaschinenoptimierung getan, ist dies leider noch nicht ganz richtig. Denn Ihre Website besteht schließlich nicht nur aus einer einzigen Startseite, sondern enthält auch noch Unterseiten. Wenn Sie die URL Ihrer Unterseiten ebenso »sprechend« darstellen können, hebt das noch einmal zusätzlich das Suchergebnis und gibt Pluspunkte für die SEO-Kriterien.

Wenn Sie auf eine dieser Unterseiten klicken, sehen Sie in der Adresszeile Ihres Browsers genau, wie sich die URL verändert. Nun ist nämlich nicht nur Ihre Domain zu sehen, sondern auch der Name der jeweiligen Unterseite, auf die Sie geklickt haben. Wenn Sie diese Bezeichnungen noch nicht optimiert haben, kann es sein, dass die URLs keinen Sinn ergeben bzw. aus einer nichtssagenden Aneinanderreihung von Buchstaben und Zeichen bestehen. Um diesen Umstand zu ändern, gilt es, die URLs in aussagekräftige Adressen umzuändern.

Lassen Sie mich das nochmal an einem Beispiel verdeutlichen. Im Fall der Domain *www.max-muster.info* könnte man die Unterseiten der Einfachheit halber zum Beispiel auch wie folgt benennen:

▶ *www.max-muster.info/page1*
▶ *www.max-muster.info/page2*
▶ *www.max-muster.info/page3*

Auch moderne Content-Management-Systeme bieten häufig in der Standardversion keine aussagekräftigen URLs. WordPress beispielsweise bezeichnet Unterseiten standardmäßig mit der ID der Seite:

▶ *www.max-muster.info/?page_id=1*
▶ *www.max-muster.info/?page_id=2*
▶ *www.max-muster.info/?page_id=3*

Da diese Namensgebung jedoch nichts über den Inhalt der Unterseite aussagt bzw. dem Ranking nicht förderlich ist, können wir mit aussagekräftigeren URLs wesentlich mehr erreichen:

▶ *www.max-muster.info/IT-Vertrieb*
▶ *www.max-muster.info/Internetmarketing*
▶ *www.max-muster.info/Downloads*

Damit kann jeder Mensch und jede Suchmaschine rascher erkennen, ob sich der Inhalt einer Subseite möglicherweise mit dem Suchwort eines potenziellen Interessenten deckt, und die Unterseite rankt in diesem Fall auch in den SERPS höher. Gehen Sie ebenso vor, und benennen Sie Ihre URLs um. Finden Sie aussagekräftige URL-Bezeichnungen, die genau das wiedergeben, was auf der jeweiligen Seite zu finden ist.

Oftmals wird in Fachforen darüber diskutiert, ob es besser ist, eine URL mit HTML-Endung zu definieren oder ob die HTML-Endung auch einfach weggelassen werden kann. Der Unterschied sieht beispielsweise wie folgt aus:

▶ mit *.html*: *www.max-muster.info/IT-Vertrieb.html*
▶ ohne *.html*: *www.max-muster.info/IT-Vertrieb*

Teilweise versuchen SEOler auch mit eigenen Tests nachzuweisen, ob es Unterschiede gibt und die HTML-Endung vielleicht doch ein Ranking-Faktor ist. Damit Sie diesem Mythos nicht erliegen, gebe ich Ihnen eine klare Antwort und eine glaubwürdige Quelle: Nein, es gibt keinen Unterschied. Bereits 2009 hat Matt Cutts dazu in seinen berühmten YouTube-Videos die Frage beantwortet: *http://www.youtube.com/watch?v=dSG6C33GwsE*

Die Abänderung der URLs in aussagekräftige Adressen ist nicht nur für die Suchmaschinenoptimierung interessant, sondern selbstverständlich auch, damit sich Nutzer, die öfter auf Ihre Website kommen, die Adressen einfacher merken können. Darüber hinaus wird in den Suchergebnissen der Suchmaschinen nicht nur die Domain angezeigt, sondern auch die URLs von Subseiten, die dann dementsprechend auf solche verweisen. Vergessen Sie auch nicht, die URLs der Sub-Subseiten zu ändern, wenn es von Ihren Subseiten noch weitere Unterseiten gibt, beispielsweise: *http://www.max-muster.info/IT-Vertrieb/Storage/*.

Duplicate Content und Canonical URLs

Wenn Sie die Struktur Ihrer URLs verändern, müssen Sie nicht nur darauf achten, dass die Inhalte unter den neuen, sprechenden URLs erreichbar sind. Sie müssen außerdem dafür sorgen, dass Google die Inhalte nicht mehr unter der alten URL oder einer zweiten URL erreichen kann.

Stellen Sie sich beispielsweise vor, Ihre Internetpräsenz umfasst 60 Seiten, und alle Seiten sind wie folgt erreichbar:

▶ *www.max-muster.info/?page_id=1*
▶ *www.max-muster.info/?page_id=2*
▶ etc.

Wenn Sie jetzt die URL-Struktur verändern und die Inhalte hinterher sowohl unter

▶ *www.max-muster.info/?page_id=1*
▶ *www.max-muster.info/?page_id=2*
▶ etc.

als auch unter

▶ *www.max-muster.info/IT-Vertrieb*
▶ *www.max-muster.info/Internetmarketing*

erreichbar sind, hat Ihre Internetpräsenz nicht mehr 60 Seiten, sondern 120 Seiten, die Google indizieren kann.

Grundsätzlich ist es für Sie natürlich gut, wenn Sie somit das Volumen Ihrer Website einfach verdoppeln können. Google wertet dieses Verhalten allerdings als Täuschung, da der gleiche Inhalt zweimal zur Verfügung gestellt wird. Man bezeichnet diese Inhalte daher auch als eine Form des *Duplicate Contents*. Oftmals werden Inhalte unter mehreren URLs bereitgestellt, ohne dass man darauf Einfluss nehmen kann, oder aber die Inhalte werden aufgrund der Struktur einer Website an mehreren Stellen ausgegeben.

Bei einem Onlineshop werden beispielsweise die gleichen Produkte auf vielen Seiten dargestellt, sodass der Inhalt der Seiten ähnlich sein kann. Je nach System stellt die Sortierung einer Produktliste eine eigene URL dar. Der Inhalt ändert sich dann kaum. Bei einem Blog, einer News-Seite oder einem Presseportal werden Artikel in mehrere Kategorien gegliedert, sodass auch hier ähnliche Auflistungen unter verschiedenen URLs entstehen können.

Ein weiteres Beispiel bieten die Webhosting-Eigenschaften, auf die Sie bei manchen Providern keinen Einfluss haben. Prüfen Sie doch einfach mal, ob Ihre Website sowohl unter *www.Max-muster.info* als auch unter *max-muster.info* erreichbar ist. Wenn Ihre Seiten unter beiden Adressen erreichbar sind, spricht man hier ebenfalls bereits von Duplicate Content.

Google kann diese Form der doppelten Seiten erkennen und schafft hier eine Ausnahme. Die Adressierung sowohl mit *www.* als auch ohne wird nicht mehr als negativer Duplicate Content gewertet. Wenn Sie allerdings den gleichen oder sehr ähnlichen Inhalt unter mehreren URLs abrufbar machen, sollten Sie die Suchmaschinen über Ihre bevorzugte URL für den Inhalt beim Abruf jeder Seite informieren. Sie können dies über das HTML-Element `<link>` mit dem Attribut `rel="canonical"` tun, das Sie im Kopfbereich `<head>` jeder Seite platzieren können.

Beispiel:

```
<head>
<link rel="canonical" href="http:// www.max-muster.info/IT-Vertrieb"/>
</head>
```

Wenn Sie keine bevorzugte URL auswählen und kennzeichnen, wählt Google eine Adresse aus, da nur eine URL für die Suchergebnisseiten dargestellt werden kann. Die Google-Algorithmen wählen dabei die Seite aus, von der Google annimmt, dass diese die Anfragen eines Nutzers am besten beantwortet. Schauen Sie sich hierzu auch die Informationen in den Google Webmaster-Tools an (siehe Abbildung 6.6).

Google bietet Ihnen in der Webmaster-Tools-Hilfe ausführliche Informationen zu kanonischen Seiten. Wenn Sie sich ausführlich mit diesem Thema befassen möchten, empfehle ich Ihnen folgenden Link:

http://support.google.com/webmasters/bin/answer.py?hl=de&answer= 139394

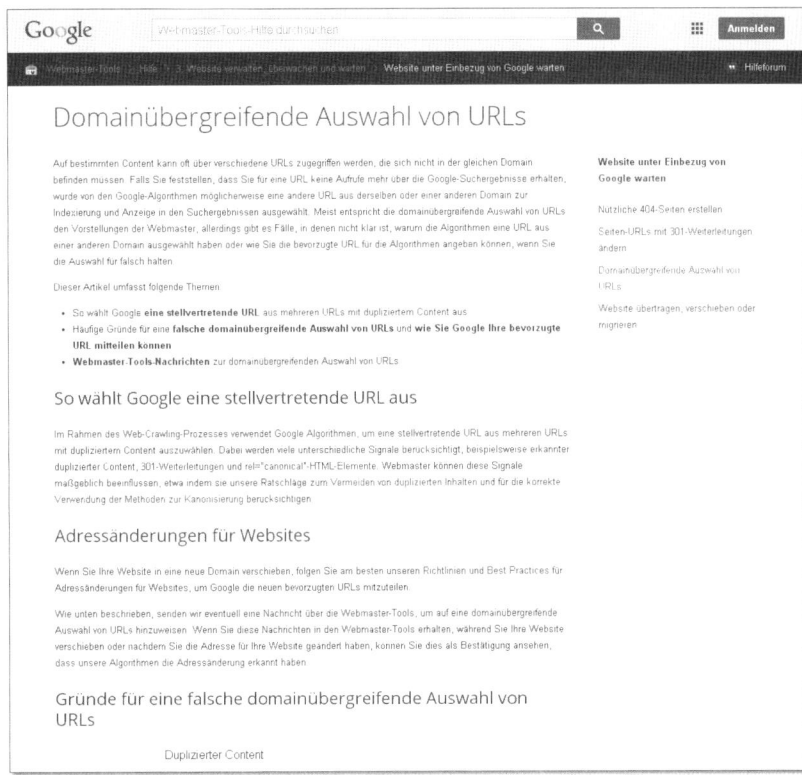

Abbildung 6.6 Domainübergreifende Auswahl von URLs (http://goo.gl/wjm4j)

Bildtitel und Alt-Attribut

Fotomaterial soll in erster Linie die Website auflockern und für den Besucher der Internetpräsenz ein harmonisches Gesamtbild ergeben. Dennoch sollten Sie darauf achten, dass die verwendeten Bilder auch Informationen für Suchmaschinen bereitstellen.

Der Quellcode, den Sie produzieren, wenn Sie ein Bild in eine Website integrieren, sieht beispielsweise wie folgt aus:

```
<img src="Dateiname.jpg" Alt="Text zur Bildbeschreibung">
```

Mit dem Alt-Attribut können Sie Informationen bereitstellen, die auch von Google gelesen werden. SEO-Kriterien, die Sie auch in den technischen Grundeinstellungen kontrollieren sollten, sind daher die Änderung der verwendeten Bildbezeichnungen und das Einsetzen eines Alt-Attributs für

Bilder. In modernen Content-Management-Systemen werden Ihnen zu den Bildern, die Sie in die Website integrieren, automatisch Textfelder angeboten, in die Sie Ihre Informationen eingeben können.

Suchmaschinen können keine Fotos entschlüsseln und sehen keinen grafischen Inhalt. Daher gilt es, den Bild-Content entsprechend aufzuarbeiten und mit Texten zu versehen. Mit dem zusätzlichen Text, den Sie in einem Alt-Attribut hinterlegen können, informieren Sie die Crawler der Suchmaschine über die Angaben, die das Bild enthält. Zudem erhalten Ihre Seiten dadurch weiteren themenrelevanten Inhalt, den die Suchmaschinen natürlich auch auswerten und indizieren.

Bilder stellen eine weitere Variante dar, um bei Google und Co. gefunden zu werden. Denn auch aus Bildern kann der Crawler der Suchmaschine wichtige Informationen und Tags über die Webseite gewinnen. Das heißt, sofern der Programmierer bzw. der Redakteur, der die Bilder online gestellt hat, dafür auch vorgesorgt hat. Bilder können mit passenden Tags versehen werden. In diesem Fall können User die Bilder beispielsweise auch bei der Google-Bildersuche auffinden und gelangen somit auf diesem Weg auf Ihre Webseite.

Speziell der Bildtitel kann sich auf die Indexierung in der Suchmaschine auswirken. Um hier eine positive Resonanz zu erhalten, ist es wesentlich, den Bildtitel suchmaschinenfreundlich zu gestalten. Dies gelingt mit dem Attribut: `title=""`. Doch damit ist erst die halbe Miete gewonnen. Wichtig ist, dass Sie den Bildtitel auch richtig wählen. Überlegen Sie, wonach Google-Nutzer suchen würden, wenn sie das auf Ihrer Webseite platzierte Bild finden möchten. Es spricht nichts dagegen, dass der Bildtitel auch aus mehreren Wörtern besteht. Gibt es dabei möglicherweise auch Parallelen zu den Search-Phrases, die Sie bereits ausgearbeitet haben?

Wenn Sie Fotos in Ihre Website einbinden, achten Sie auch darauf, diese in gängigen Webformaten einzusetzen. Verwenden Sie Formate wie JPG, PNG, oder GIF. Auch das erleichtert es dem Crawler, Ihre Seite zu lesen.

Neben dem Title gibt es bei den Bildern das zusätzliche Alt-Attribut. Der Title ist ein optionales Feld, die Angabe des Alt-Attributs ist jedoch Pflicht. Wenn Sie keinen Alt-Text angeben, ist Ihr Quellcode nicht valide. Das Alt-Attribut stellt einen alternativen Text für ein Bild dar, um den Inhalt des Bildes auch dann zugänglich zu machen, wenn der Browser keine Bilder darstellt. Wenn Sie ein lokales E-Mail-Programm (zum Beispiel Microsoft

Outlook) nutzen, haben Sie vielleicht schon mal bei einem Newsletter zuerst nur die Platzhalter für Bilder gesehen. In den Platzhaltern wird dann meistens der alternative Text des Bildes dargestellt, und man muss die Darstellung der Bilder explizit erlauben.

Aussagekräftige Bilddateinamen

Genauso wie Sie den Unterseiten Ihrer Internetpräsenz sprechende Namen geben, sollten Sie auch den Bildern auf Ihrer Webseite sprechende Dateinamen geben.

Einige Content-Management-Systeme ändern beim Upload des Bildmaterials die Dateinamen der Bilder. Ob dies bei Ihrer Website der Fall ist, können Sie folgendermaßen überprüfen: Rufen Sie Ihre Website auf, gehen Sie auf die entsprechende Unterseite, auf der Sie das Bild eingefügt haben, und klicken Sie mit der rechten Maustaste auf das Bild. Es öffnet sich ein Menü, in dem Sie je nach Browser Datei speichern bzw. Grafik speichern auswählen können. Der Dateiname, der Ihnen dann angeboten wird, entspricht dem Dateinamen, der auch den Suchmaschinen übermittelt wird. In Firefox können Sie statt auf Datei speichern auch auf Grafik anzeigen klicken. Im Browser wird dann lediglich das Bild angezeigt, und in der Adressleiste sehen Sie den vollständigen Pfad zur Bilddatei.

Der Bildname kann relativ einfach geändert werden. Hierzu sind keine HTML-Kenntnisse oder Ähnliches notwendig: Ein Klick mit der rechten Maustaste auf die Bilddatei genügt, und Sie können das Bild einfach umbenennen. Wesentlich ist dabei jedoch auch hier, einen aussagekräftigen Bildnamen zu vergeben.

Welches Motiv ist auf dem Bild zu sehen, und nach welchen Begriffen werden potenzielle Kunden suchen? Beschreiben Sie das Bild so genau wie möglich. Auch hier können Sie mehrere Wörter einsetzen, um das Bild zu bezeichnen. Auf diese Weise wird das Bild häufiger in den Bild-Suchergebnissen angezeigt, da die richtige Zuordnung geschaffen wurde. Darüber hinaus wird dadurch auch die Chance gesteigert, dass Ihre Seite in den Suchergebnissen gemeinsam mit den passenden Bildern erscheint, wodurch sie natürlich noch eher auffällt und womöglich öfter angeklickt wird.

Google entwickelt die Kriterien ständig weiter, so zeigen aktuelle Prüfungen, dass der Dateiname heute nicht mehr die gleiche Gewichtung hat wie noch vor einigen Jahren. Der Kontext, in dem das Bild dargestellt wird, kann von Google als Kriterium analysiert werden, und das Alt-Attribut zeigt eine stärkere Gewichtung als der Dateiname. Dennoch können Sie mit dem einfachen Schritt, den Dateinamen entsprechend dem dargestellten Inhalt zu verändern, relevanten Inhalt erzeugen und damit zur Suchmaschinenoptimierung beitragen (siehe beispielsweise Abbildung 6.7).

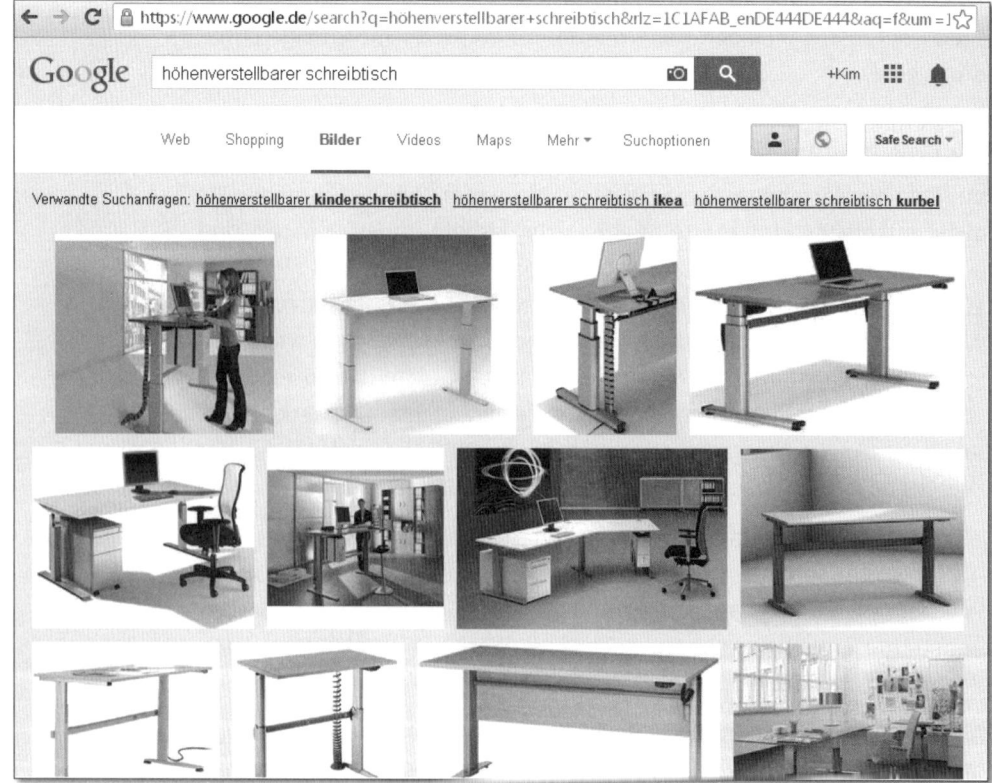

Abbildung 6.7 Suchergebnis zur Bildersuche »höhenverstellbarer Schreibtisch«

Sitemap

Unter der *Sitemap* versteht man eine Auflistung und Darstellung aller Seiten und Unterseiten, die auf der Website vorhanden sind bzw. aus denen die Webpräsenz besteht. Dabei kann zwischen dargestellter Sitemap und XML-Sitemap unterschieden werden. Die dargestellte Sitemap kann von Besuchern der Website eingesehen werden und dient dem Besucher zur besseren Orientierung.

Die für die Suchmaschinenoptimierung wichtigere XML-Sitemap hingegen dient in erster Linie Bots und Crawlern dazu, die Struktur der Seite schneller zu erkennen und zu verstehen. Die XML-Sitemap kann eine Vielzahl von Informationen beinhalten und gibt der Suchmaschine einen guten Überblick über alle Seiten, die der Webmaster indizieren möchte.

Aus Sicht der Suchmaschinenoptimierung bezeichnet man mit Sitemap nicht die Seite einer Internetpräsenz, auf der das Inhaltsverzeichnis der Homepage dargestellt wird (dargestellte Sitemap), sondern man spricht stets von einer Datei. Die Datei kann in unterschiedlichen Formaten zur Verfügung gestellt werden. Die bekannteste und am weitesten verbreitete Art ist die *sitemap.xml*. Die Sitemap ermöglicht es, Suchmaschinen aktiv über alle Dateien einer Website zu informieren, die von der Suchmaschine ausgelesen werden sollen.

Eine Sitemap-Datei ist (ebenso wie die *robots.txt*) eine gewöhnliche Textdatei. Alternativ zu der umfangreichen XML-Notation können Sitemap-Dateien auch lediglich eine Liste von URLs enthalten und als TXT-Datei angeboten werden.

Die einfache Liste der URLs kann dann in folgender Form aufgebaut sein:

▶ *http://www.max-muster.de/unternehmen.html*

▶ *http://www.max-muster.de/kontakt.html*

▶ *http://www.max-muster.de/datenblatt.pdf*

▶ *http://www.max-muster.de/produktbild.png*

Die XML-Notation ist hingegen wesentlich umfangreicher und bietet Suchmaschinen weitere Informationen:

```
<?xml version="1.0" encoding="UTF-8"?>
<urlset xmlns="http://www.sitemaps.org/schemas/sitemap/0.9"
 xmlns:xsi="http://www.w3.org/2001/XMLSchema-instance"
 xsi:schemaLocation="http://www.sitemaps.org/schemas/sitemap/0.9
 http://www.sitemaps.org/schemas/sitemap/0.9/sitemap.xsd">
<url>
 <loc>http://max-muster.de/</loc>
 <lastmod>2011-11-18</lastmod>
 <changefreq>daily</changefreq>
 <priority>0.8</priority>
</url>
</urlset>
```

Aktuelle Informationen zu Sitemaps und dem Sitemap-Protokoll finden Sie bei Wikipedia: *http://de.wikipedia.org/wiki/Sitemaps*.

Wie Sie eine Sitemap »Google-konform« erstellen und welche weiteren Tipps Ihnen Google zum Thema XML-Sitemap gibt, können Sie in den Webmaster-Tools nachlesen (siehe Abbildung 6.8).

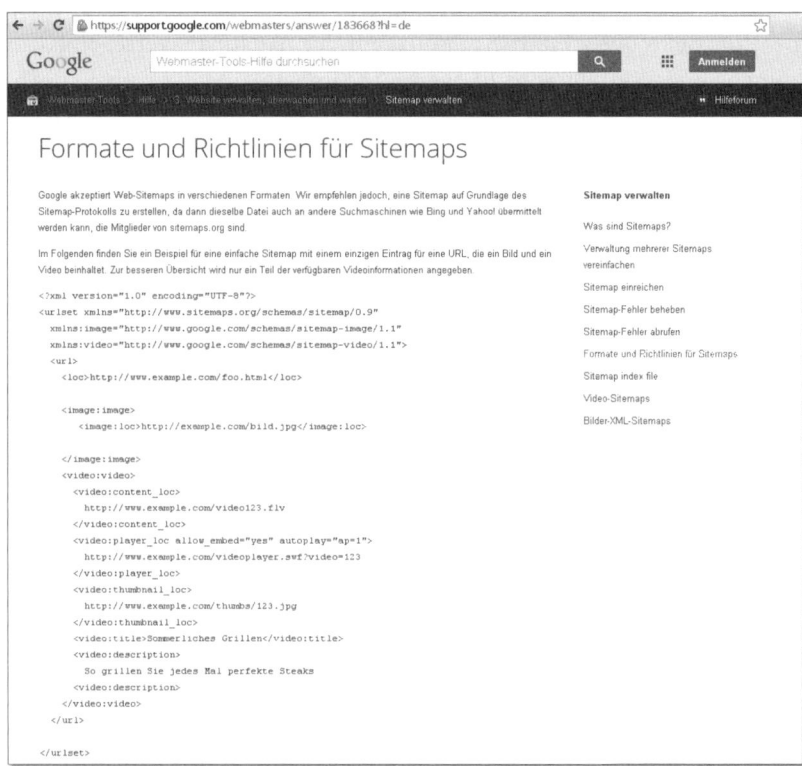

Abbildung 6.8 Link zur Google-Webmaster-Tools-Seite »Formate und Richtlinien für Sitemaps« (http://goo.gl/q18Xbr)

Wer Google Webmaster-Tools nutzt, sollte hier auch einen Link zur Sitemap eintragen, damit Google diese einfacher finden kann. Alternativ kann ein solcher Link auch in der *robots.txt*-Datei eingetragen werden. Wenn eine Sitemap existiert, indizieren Suchmaschinen diese regelmäßig und überprüfen somit, welche Seiten hinzugekommen sind oder auch gelöscht wurden. Mit den Google Webmaster-Tools lässt sich die Sitemap bei Google anmelden, damit diese schneller indiziert wird.

Die Sitemap ist jedoch nicht nur für die reine Suchmaschinenoptimierung interessant, sondern kann auch für den einen oder anderen Besucher relevant sein; vor allem wenn die Website aus einer großen Anzahl von Seiten besteht und der Besucher diese nicht durchsuchen möchte, um die gewünschten Inhalte zu finden. Stattdessen kann einfach die Sitemap aufgerufen werden, um direkt zum gewünschten Ziel zu gelangen.

Robots.txt

Eine weitere technische Möglichkeit für die Suchmaschinenoptimierung, die auf Ihrer Website zu finden sein sollte und Ihre menschlichen Besucher weniger interessieren wird, ist die Datei *robots.txt*. Crawler suchen beim Durchsuchen von Webseiten zuerst nach dieser Datei.

In der *robots.txt* kann der Webmaster angeben, welche Seiten der Crawler besuchen darf und welche nicht. Die einfach gestaltete Textdatei empfiehlt sich vor allem dann, wenn sich einige Bereiche der Seite noch im Aufbau befinden und daher von der Suchmaschine noch nicht gelesen werden sollen (siehe Abbildung 6.9). Darüber hinaus kann dadurch auch ein gewisser Schutz gegen Programme geschaffen werden, die die Seite ausspionieren wollen. Beispiele für Seiten, die von Suchmaschinen nicht gecrawlt werden sollten, sind Cache-Seiten eines Onlineshops oder der Administrationsbereich eines Content-Management-Systems sowie Intranetseiten.

Ein wichtiger Eintrag in der *robots.txt*, der Ihnen bei der Übermittlung Ihrer Internetpräsenz an den Index der Suchmaschinen behilflich sein kann, ist der Hinweis auf Ihre Sitemap. Jeder Crawler, der Ihre Website aufruft, liest die *robots.txt*. Wenn Sie in dieser Datei gleich einen Hinweis auf Ihre Sitemap setzen, erleichtern Sie den Suchmaschinen das Einlesen Ihrer Internetpräsenz.

Die Datei liegt immer im Hauptverzeichnis Ihrer Internetpräsenz und lässt sich über *http://www.max-muster.de/robots.txt* aufrufen. Wenn Sie unter der Adresse keine Datei finden, wird über das Content-Management-System keine Datei zur Verfügung gestellt. In diesem Fall sollten Sie die Datei manuell hinzufügen.

Aktuelle Hinweise zum Aufbau der *robots.txt* finden Sie bei Wikipedia:

http://de.wikipedia.org/wiki/Robots_Exclusion_Standard.

Ein kleines Beispiel für eine *robots.txt* sieht wie folgt aus:

```
User-Agent: *
Allow: /
Disallow: /admin
Sitemap: http://www.max-muster.de/sitemap.xml
```

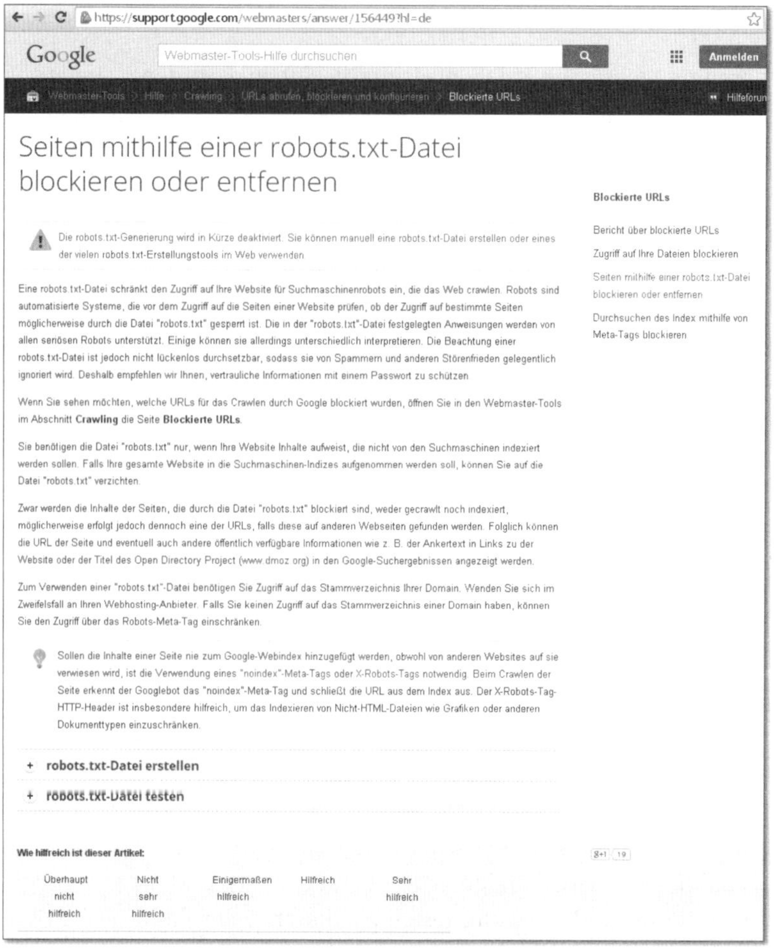

Abbildung 6.9 Webmaster-Tools-Informationen zur »robots.txt« (https://support.google.com/webmasters/answer/156449?hl=de)

Diese Datei kann derzeit noch mit den Google Webmaster-Tools erstellt werden. Google hat allerdings bereits angekündigt, dass die Erstellung demnächst deaktiviert werden soll.

Domain-Alter

Selbst wenn eine Webseite hinsichtlich aller anderen SEO-Kriterien erfolgreich und professionell ausgerichtet wird, bedeutet dies nicht automatisch, dass die Seite auch immer ganz oben in den Suchergebnissen gelistet wird. Dies gilt vor allem für sehr junge Seiten. Denn diese müssen sich erst den nötigen Trust (Vertrauen) aufbauen, um von Google wahrgenommen zu werden und ein gutes Ranking zu erhalten. Dazu bedarf es jedoch wiederum Zeit.

Das Domain-Alter spielt somit bei der Zusammensetzung des Rankings von Websites eine wesentliche Rolle. Je älter eine Website ist, desto höher auch der Trust, der ihr von Google zugemessen wird. Bei älteren Seiten, die schon längere Zeit betrieben werden, kann Google bereits viele Daten auswerten und somit besser feststellen, ob es sich dabei einerseits um eine relevante Webseite für den Google-Nutzer handelt, andererseits aber auch, ob es sich mitunter sogar um eine Spam-Seite handelt, die Google generell ganz gern aus dem Suchindex heraushält. Aus diesem Grund bedarf es bei neuen Websites einiger Zeit, bis diese auch tatsächlich mit einem guten Ranking in den Suchmaschinenergebnissen erscheinen. Dieses Beispiel zeigt sehr deutlich, dass professionelle Suchmaschinenoptimierung auch Geduld benötigt und große Erfolge nicht über Nacht erzielt werden können.

Wer eine junge Webseite nicht als Nachteil bei Google wissen möchte, hat selbstverständlich auch die Alternative, eine bereits längere Zeit bestehende Domain zu kaufen bzw. zu übernehmen, anstatt eine völlig neue Domain zu wählen. Dadurch können auch das Domain-Alter und der damit verbundene Trust mit der Domain übernommen werden.

Interne Verlinkung

Einen wesentlichen Faktor im Rahmen der Suchmaschinenoptimierung stellen interne Verlinkungen dar. Damit sind Links gemeint, die nicht auf eine externe Website, sondern auf eigene Unterseiten verweisen. Dazu gehören beispielsweise die Links des Navigationsmenüs auf der Startseite, mit denen der Website-Besucher auf die jeweiligen Unterseiten in die einzelnen Bereiche der Website gelangt. Ebenso können aber auch im Fließtext oder an anderen Stellen interne Links gesetzt werden, die wiederum auf andere Unterseiten oder spezielle Bereiche zu relevanten Inhalten verweisen.

Der Grund, weshalb interne Links für die Website von Vorteil sind, ist, dass Google davon die Bedeutung und Wichtigkeit der jeweiligen Seite ableitet.

Denn eine Seite, die ordentlich verlinkt ist und nicht irgendwo auf der Website versteckt eingebaut ist, gilt eher als wichtig und relevant für den Nutzer. Auch wenn sich innerhalb des Inhalts wiederum interne Links befinden, ist dies für Google ein Indiz für hohe Relevanz.

> **Der Nutzwert hat Vorrang – beim Inhalt wie bei der grafischen Gestaltung**
>
> Mit einer optisch ansprechenden Gestaltung können wir die Besucher einfangen, aber Design ersetzt keine inhaltliche Aussage, und nur der Inhalt und eine intuitive Navigation können den Besucher dazu bewegen, längere Zeit auf der Internetseite zu verweilen.
>
> Zu den Kriterien für die Verbesserung der Usability, die auch für eine Steigerung der SEO-Faktoren verantwortlich sind, gehören der Website-Aufbau, die Themenrelevanz des jeweiligen Inhalts, die HTML-Struktur und die Formatierung, die Ausarbeitung des Contents, das HTML-Content-Verhältnis, die Meta-Informationen sowie technische Daten.

6.1.3   Autoreninformation in den Suchergebnissen

Die Ergebnisseiten von Google haben sich im letzten Jahr stark verändert. Während früher nur reine Textinformationen dargestellt wurden, erscheinen Suchergebnisse heute immer häufiger mit Produktbildern, relevanten Videos und auch Informationen über die Urheber der Ergebniseinträge.

Neben der Integration der Google+1-Funktion und der Darstellung von Empfehlungen bietet Google die Möglichkeit, Autoreninformationen zu den Suchergebnissen (siehe Abbildung 6.10) darzustellen.

Wenn Sie neben Ihren Suchergebnissen Ihre Urheberinformationen darstellen möchten, benötigen Sie ein Google+-Profil mit einem Foto. Weitere Informationen zu den Bedingungen finden Sie auf der Google+-Seite »*Verknüpfen Sie Ihr Google+ Profil mit Ihren Inhalten im Web*« (siehe Abbildung 6.11).

Die Autoreninformation ist laut Google derzeit noch kein SEO-Kriterium zur Verbesserung der Google-Rankings, allerdings bietet die Darstellung des Autors für das Klickverhalten einen Vorteil. Das Foto einer Person neben dem Suchergebnis wurde Ende Juni 2014 entfernt. Die Information in den Webmaster-Tools ist zu diesem Zeitpunkt noch nicht aktualisiert.

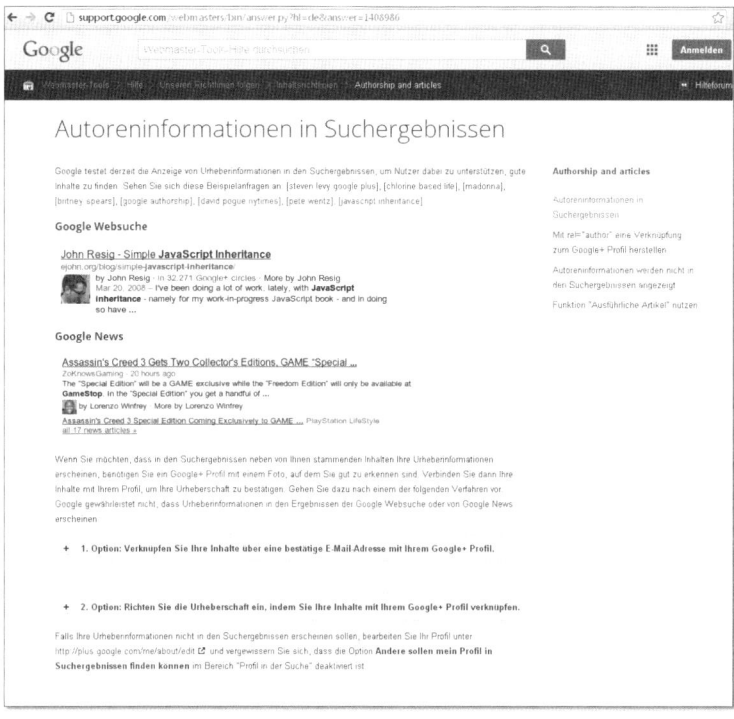

Abbildung 6.10 Webmaster-Tools – Autoreninformationen in Suchergebnissen
(http://goo.gl/7zQrW)

Abbildung 6.11 Verknüpfen Sie Ihr Google+-Profil mit Ihren Inhalten im Web
(Quelle: https://plus.google.com/authorship)

6.1.4   Strukturierte Daten

Rich Snippets sind vielen Webmastern mittlerweile gut bekannt. Durch die angereicherten Informationen in den Suchergebnissen der Suchmaschinen lassen sich die jeweiligen Ergebnisse der Webseite deutlicher hervorheben, da sie sich von den anderen Ergebnissen einerseits optisch unterscheiden, andererseits aber auch wichtige Zusatzinformationen für die Nutzer bieten, die ins Auge springen.

Ein gutes Beispiel dafür zeigt sich bei einer sehr klassischen Form der Rich Snippets, bei der mit Sternen bewertet werden kann, die dann auch in den Suchergebnissen gemeinsam mit dem Ergebnis aufscheinen (siehe Abbildung 6.12).

Abbildung 6.12 Darstellung von Bewertungen in den Suchergebnissen

Der Blick der Interessenten fällt bei der Internetrecherche rasch auf diese auffällig gelben Sterne. Gleichzeitig gewinnen sie durch diese Sterne-Bewertung schnell einen Eindruck davon, was andere Nutzer von der Seite halten und ob es sich wohl lohnt, darauf zu klicken. Diese Art von Rich Snippets lässt sich in Kombination mit unterschiedlichen Inhalten einarbeiten. Besonders häufig sind die Sternchen bei Rezeptseiten oder auch in den Produktseiten von Onlineshops zu finden, aber ebenso auch in Versicherungsseiten und News-Seiten, die Berichte zu unterschiedlichen Themen bieten.

Die Sterne-Bewertung ist wahrscheinlich die auffälligste, aber nicht die einzige Art von Rich Snippets. Es gibt noch viele andere Arten von strukturierten Daten, die sich für SEO nutzen lassen. Wesentlich ist dabei, auf jeden

Fall zu beachten, dass die Rich-Snippet-Codes den Anforderungen und Richtlinien der Suchmaschinen entsprechen und somit auch von diesen berücksichtigt werden. Doch an welche Richtlinien soll man sich halten, um den Reglements aller Suchmaschinen gerecht zu werden? Auch hier wurde bereits vorgesorgt, indem die Plattform Schema.org ins Leben gerufen wurde.

Was ist Schema.org?

Das Problem, dass jede Suchmaschine eigene Richtlinien ausgibt, an die sich Webmaster unmöglich in gleichem Maße halten können, wurde auch von Seiten der Suchmaschinenbetreiber erkannt. Microsoft, Yahoo! und Google haben daher im Jahr 2011 das Projekt Schema.org gegründet und geben darin ihre einheitlichen Richtlinien für Markups bekannt. Dadurch müssen sich Webmaster nur mehr nach einem Reglement zur Codegestaltung orientieren und nicht nach drei verschiedenen. Mittlerweile hat sich auch Yandex, die größte Suchmaschine in Russland, dieser Initiative angeschlossen.

Mit Schema.org teilen die Suchmaschinen den Webseitennutzern mit, in welcher Form sie strukturierte Daten übermitteln können. Wer Inhalte seiner Webseite in HTML Microdata oder RDF nach den Vorgaben von Schema.org gestaltet, trägt damit dazu bei, dass die Informationen von den Suchmaschinen auch korrekt ausgelesen werden können. Auf der anderen Seite fällt es den Suchmaschinen leichter, relevante Ergebnisse für ihre Nutzer zu finden und hervorzuheben. Eine Win-win-Situation, könnte man meinen.

Zurzeit stehen bereits Vorgaben für viele Anwendungen bereit, aber noch lange nicht für alle. Die betreibenden Suchmaschinen wollen Schema.org weiterentwickeln und erweitern.

Warum sind strukturierte Daten so wichtig?

Für viele Webmaster stellt sich die Frage, warum nach Schema.org strukturiert werden soll und nicht einfach weiter wie bisher gearbeitet werden kann. Der Grund ist der, dass Google, so »intelligent« diese Suchmaschine mittlerweile auch sein mag, immer noch nur eine Maschine ist. Google kann zwar Daten auslesen, aber nicht automatisch auch Zusammenhänge verstehen (... zumindest noch nicht). Die Strukturierung von Informationen nach Schema.org hilft Google und anderen Suchmaschinen dabei, die Inhalte auch richtig zu interpretieren und zu verstehen. Somit können die strukturierten Daten in den Suchergebnissen auch korrekt dargestellt werden.

Indem bestimmte Informationen in den Inhalten getaggt werden, kann Google diese besser zuordnen. Beispielsweise kann eine Person als Autor eines Buches auf einer Webseite aufscheinen und auf einer anderen Webseite als Geschäftsführer eines Unternehmens. Dank der strukturierten Übermittlung der Daten an Google und das Taggen der Person wird Google die Möglichkeit gegeben, die Zusammenhänge zu verstehen und die Daten miteinander zu verknüpfen.

Welche Inhalte lassen sich strukturiert übermitteln?

Derzeit bietet Google bereits die Möglichkeit, Rich Snippets für unterschiedliche Bereiche zu erstellen. Dazu gehören:

▶ Erfahrungsberichte

▶ Personen

▶ Produkte

▶ Unternehmen und Organisationen

▶ Rezepte

▶ Veranstaltungen

▶ Musik

Mit dem Data Highlighter der Google Webmaster-Tools wird diese Liste sogar noch ein wenig erweitert und die Datenübermittlung deutlich vereinfacht. Werden Rich Snippets nach Schema.org korrekt aufbereitet, so erkennen die Suchmaschinen das schnell und können die zusätzlichen Informationen für den Suchmaschinennutzer in einen verständlichen Zusammenhang bringen.

Im Fall von Musik wirft die Suche nach einem Musiker oder einer Band dann beispielsweise nicht nur den Namen mit dem regulären Suchergebnis aus, sondern fügt sogar einige Lieder an, die dann mit der Spieldauer angezeigt werden. Das sind Zusatzinformationen, die für den Suchenden von bedeutendem Interesse sein können, aber in jedem Fall die Chance erhöhen, dass dieser auf die Seite klickt, da er sich dort mehr Informationen erwartet als auf anderen Seiten, die mit diesen Zusatzinformationen nicht aufwarten können.

Besonders hilfreich sind strukturierte Daten auch im Bereich Veranstaltungen. Sucht man nach einer bestimmten Veranstaltungsreihe oder generell nach Events an einem bestimmten Veranstaltungsort, so werden zusätzlich auch die verschiedenen Veranstaltungstage mit Datum sowie die genauen Veranstaltungsorte jeder Veranstaltung dargestellt. Dies bringt Zusatznutzen für den Suchenden, der die Termine sofort mit seinem privaten Kalender abgleichen kann, aber ebenso auch für den Veranstalter oder den Ticketservice, der dadurch auffällt und vielleicht das eine oder andere Ticket mehr verkaufen wird.

Die Daten für Google und Co. richtig aufzubereiten und damit Informationen strukturiert zu übermitteln, ist einfacher, als der eine oder andere vielleicht denken mag. Denn mittlerweile stehen bereits Tools wie *www.schema-creator.org* bereit, mit denen sich die entsprechenden Codes sogar automatisch erstellen lassen (siehe Abbildung 6.13).

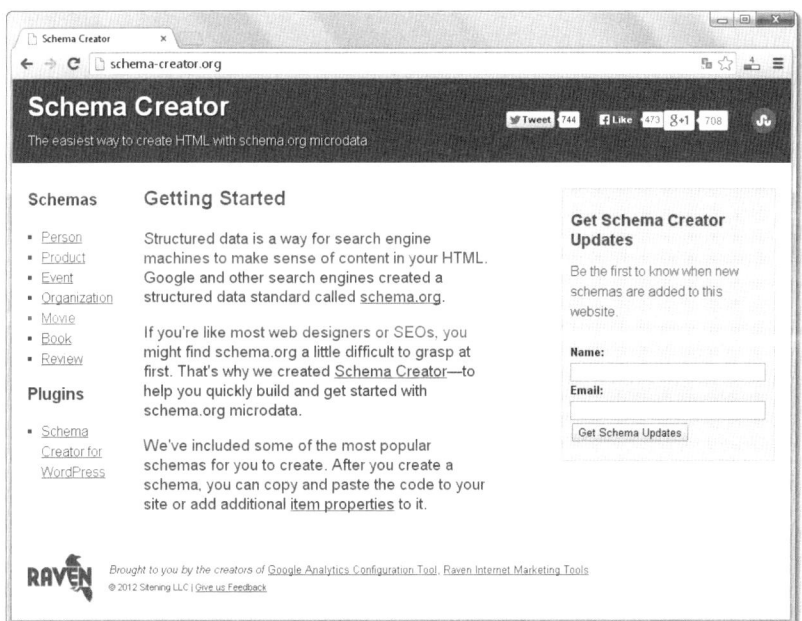

Abbildung 6.13 Mit www.schema-creator.org entsprechenden Quellcode erstellen

Die Vorgehensweise gestaltet sich ähnlich wie beim Google Data Highlighter. In einem Formular werden je nach Kategorie (zum Beispiel Buch,

Person oder Veranstaltung) verschiedene Daten abgefragt, die einfach in die Felder daneben eingetragen werden können. Neben einer Vorschau, die zeigt, wie die Informationen schlussendlich dargestellt werden, wirft das Tool auch den Code aus, der auf der Webseite eingebunden werden kann.

Potenzial für zukünftige SEO

Grundsätzlich gibt es zumindest offiziell keine Bestätigung dafür, dass es einen direkten Zusammenhang zwischen dem Ranking und der Verwendung von Strukturen nach Schema.org gibt. Aber ganz ausschließen sollte man diese Möglichkeit auch nicht. Eine entsprechende Analyse ist hier sehr schwierig, da wie überall in der Suchmaschinenoptimierung eine Vielzahl an anderen Faktoren mit reinspielen.

Die strukturierten Daten-Markups nach Schema.org sind auch für das neue Hummingbird-Update nicht unwesentlich. Das Hummingbird-Update ist darauf abgestimmt, dem Nutzer nun verstärkt direkt Antworten auf Fragen zu geben und diese dann in oder neben dem Knowledge Graph darzustellen. Die Informationen für diese Antworten kann Google jedoch nicht einfach selbst aus dem gecrawlten Content im Internet generieren. Dazu fehlen (hoffentlich) noch ein paar Jahre in der Entwicklung künstlicher Intelligenzen. Dennoch hat die Suchmaschine einen Weg gefunden, um die Daten verlässlich zu filtern und korrekt wiederzugeben. Sie holt sich die Informationen einfach aus den Daten-Markups, die die Website-Betreiber selbst in vorgefertigter Form aufbereitet haben.

Bei bestimmten Suchen wird der Zusammenhang zwischen Hummingbird und den Rich-Snippet-Informationen nach Schema.org besonders deutlich. Beispielsweise dann, wenn Informationen über bestimmte Personen abgefragt werden. Wenn beispielsweise die Größe eines Prominenten in einem solchen Markup hinterlegt wurde und Suchmaschinennutzer Google nach der Größe fragen, kann diese bereits als direkte Antwort ausgespuckt werden. Ebenso verhält es sich mit der Frage »Wie heißt der Autor des Buches XY?« (siehe Abbildung 6.14).

In den Daten-Markups nach Schema.org ist es möglich, den Autor dezidiert anzugeben und diese Information somit strukturiert an die Suchmaschinen zu vermitteln. Folglich kann der Name des Autors als Antwort auf die Frage herangezogen werden.

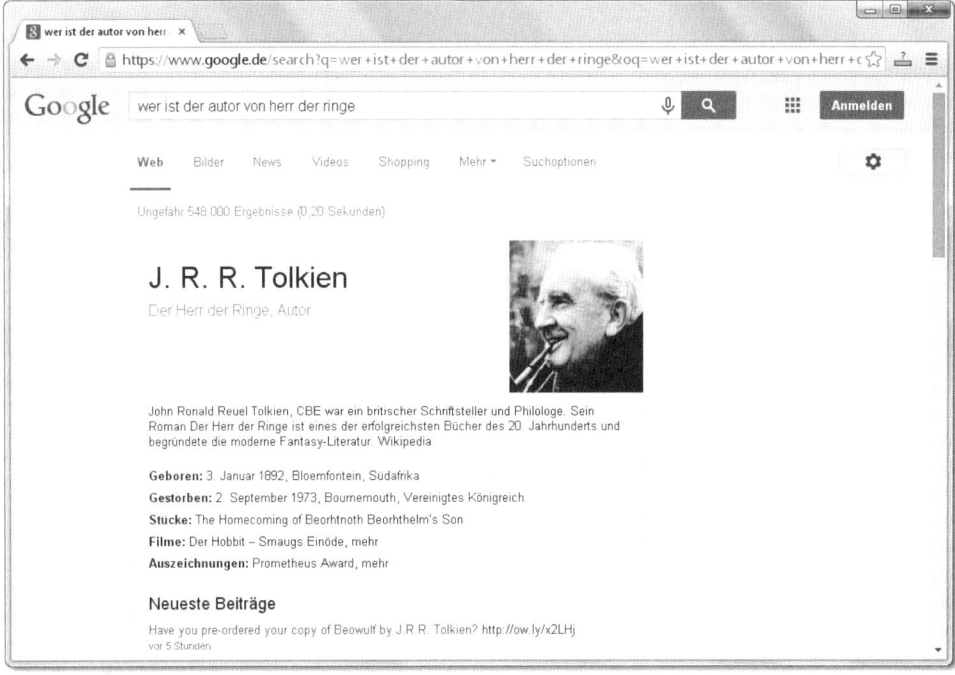

Abbildung 6.14 Google-Suchanfrage »Wer ist der Autor von Herr der Ringe«

Das größere Potenzial jedoch liegt mit hoher Wahrscheinlichkeit darin, die Rich Snippets dazu zu nutzen, die eigenen Ergebnisse, die in den Suchmaschinen zu bestimmten Begriffen aufscheinen, besser darzustellen und von anderen Ergebnissen abzuheben. Mit dieser Strategie wird darüber hinaus ein Kreislauf gestartet, der der Position der Webseite in den Suchergebnissen weiterhin förderlich ist. Denn ein Suchergebnis, das sich von anderen optisch abhebt, wird tendenziell häufiger geklickt. In der Folge nehmen Suchmaschinen an, dass diese Webseite für diejenigen, die nach bestimmten Keywords gesucht haben, relevanter ist und daher auch entsprechend höher gerankt werden sollte.

6.2   Themenrelevanter Content ist der wichtigste Onsite-Faktor!

Gerade die jüngsten Änderungen, die Google an seinem Algorithmus vorgenommen hat (siehe hierzu Abschnitt 9.5, »Wichtige Updates des Google-Algorithmus«), zeigen noch einmal, wie wichtig der Informationsgehalt einer Internetplattform ist. Korrekte Keywords, Lesefluss, Keyword-Dichte, Content-Quellcode-Verhältnis, Textlänge und Textformatierung: All diese Faktoren wertet Google aus, um den Nutzern nur die Portale anzuzeigen, die wirklich einen relevanten Nutzwert bieten.

Der Content auf Ihrer Website ist eines der mächtigsten Werkzeuge, um sich von den Mitbewerbern auch in puncto SEO abzusetzen und die potenzielle Zielgruppe zu erreichen. Textinhalte, Fotos, Videos und andere Informationen werden nicht nur vom Webseitenbesucher, sondern auch von Google indexiert und wahrgenommen. Die Content-Informationen fließen direkt in die Berechnung der Relevanz Ihrer Seite mit ein. Je höher die Relevanz der Inhalte, desto größer ist die Chance, in den Suchergebnissen ganz oben gelistet zu werden. Beschreiben Sie Ihre Angebote, Produkte und Leistungen daher so genau wie möglich.

Durch ansprechend gestaltete Textinhalte fällt es letztendlich natürlich nicht nur Google einfacher, die Relevanz zu bestimmen, sondern auch der Besucher der Website kann sich dadurch besser über Ihre Angebote informieren, was wiederum eher zu einer Kaufhandlung führt. Auch der Suchmaschinengigant selbst zeigt in seinem YouTube-Channel *Google-WebmasterHelp*, wie wichtig das Thema Content für die Suchergebnisse ist (siehe Abbildung 6.15).

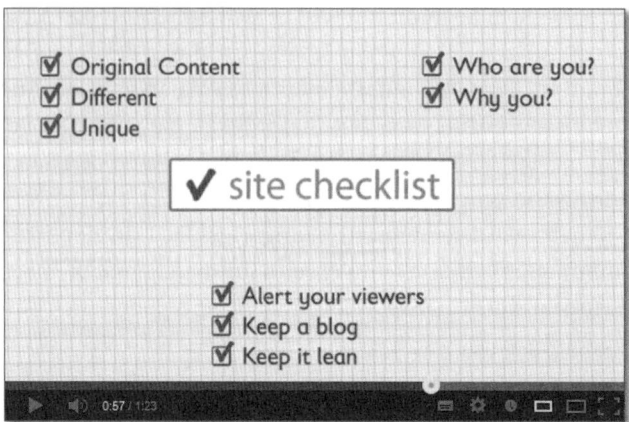

Abbildung 6.15 Video der GoogleWebmasterHelp: »Creating great content that performs well in Google search results« (http://goo.gl/b8RkH)

Die Inhalte Ihrer Website stellen einen der wichtigsten Faktoren für die Qualität der Website aus Sicht der Suchmaschinen dar.

In Abschnitt 6.1, »Grundlagen – Arbeiten an der Basis«, haben Sie die technischen Bestandteile der Suchmaschinenoptimierung kennengelernt. Damit Ihre Texte auch entsprechend formatiert werden, ist es wichtig, dass Sie die Überschriften <h1> bis <h6> frei setzen und verwenden können. Eine Hauptüberschrift <h1> sollte auf jeder Internetseite bzw. Unterseite nur einmal vergeben werden. Sie informiert Besucher und Suchmaschinen über das Themengebiet der Seite.

Der Inhalt einer Seite wird auch als Content bezeichnet. Durch die textuellen Informationen, die auf einer Webseite zu finden sind, fällt es Suchmaschinen leichter, das Thema der Seite zu erkennen und relevante Informationen für die Nutzer der Suchmaschine zu indizieren. Je mehr Content auf einer Website zur Verfügung steht, desto einfacher ist es für Google und Co., diesen Content zu verarbeiten und für den Nutzer interessante und vor allem auch relevante Informationen auszulesen. Erst wenn eine Suchmaschine mit den eigenen Algorithmen die Informationen auf Ihrer Website auswertet, werden Ihre Seiten auch in den Suchergebnissen erscheinen. Sie müssen es Google ermöglichen, einen Zusammenhang zwischen den täglichen Suchanfragen und Ihren Inhalten zu finden.

Aus diesem Grund ist es auch wichtig, dass vor allem auf thematisch passende Inhalte gesetzt wird. Aber nicht nur thematisch müssen die Inhalte passen. Ein weiterer Faktor, der bei der Gestaltung von Texten für Websites wichtig ist, ist die Textqualität. Google hat 2012 gezeigt, dass man zukünftig noch mehr Wert auf diesen Faktor legen sollte. Websites mit schlechter Textqualität werden schlechter bewertet als jene, die auf hochwertige Textinhalte setzen. Je besser der Content zu den Suchbegriffen passt, nach denen die Nutzer gesucht haben, desto besser wird die Website auch in den Suchergebnissen gerankt. Natürlich zählen dazu noch eine Reihe weiterer Faktoren, aber grundsätzlich ist guter Content einer der wichtigsten Onsite-Faktoren für die Suchmaschinenoptimierung.

Guter Content, schlechter Content, wo liegt da der Unterschied, wie kann man das erkennen? Haben Sie sich diese Fragen schon gestellt?

Vier Tipps für die Gestaltung der Texte

▶ Sehen Sie die Website aus Sicht des Nutzers. Was bietet Ihnen als Nutzer einen Mehrwert, und welche Informationen laden zum Verweilen ein? Welche Informationen interessieren Sie wirklich?

> ▶ Überschriften, die neugierig machen: Ein Text wirkt einladender, wenn eine informative Überschrift beschreibt, um was es geht, und den Leser neugierig macht.
>
> ▶ Nutzen Sie die Sprache Ihrer Kunden und Interessenten, sowohl in der Überschrift als auch im Text. Die ermittelten Keywords entsprechen den Suchanfragen Ihrer Interessenten, zu denen Sie gefunden werden möchten. Fügen Sie daher diese Wörter auch in Ihre Texten ein.
>
> ▶ Schreiben Sie kurze Sätze und kleine Absätze. Beides ist wichtig, um den Besucher nicht mit langen Texten und schwerfälligen Formulierungen abzuschrecken.

6.3   Die suchmaschinenoptimierte Website

Sie kennen die technischen Faktoren der Onsite-Optimierung, und Sie wissen, worauf Sie bei den Texten achten sollten, lassen Sie uns also die Onsite-Optimierung am Beispiel eines Onlineshops planen. Stellen Sie sich vor, Sie haben ein ausgewähltes Produktsortiment, das Sie online anbieten möchten. Es gibt bereits einige Webshops, die vergleichbare Produkte anbieten, aber Sie können eine bessere Qualität bewerben und haben dazu auch gute Konditionen. Es gibt vier Onlineshops, die bei den meisten Begriffen auf der ersten Ergebnisseite von Google zu finden sind und die vorderen Positionen in den organischen Ergebnissen besetzen.

Nachdem Sie sich ausführlich über die potenziell wichtigsten Keywords informiert und eine erste Wettbewerbsanalyse durchgeführt haben, wissen Sie nun alles, was Sie für die Erstellung benötigen. Ihre Logistik steht, die Warenwirtschaft ist angeschlossen, und Sie sind bereit für Tausende Bestellungen. Was müssen Sie tun? Da Sie die Keyword-Analyse bereits ausgeführt haben, wissen Sie, welche Landingpages Sie benötigen werden. Gehen wir davon aus, bei der Keyword-Analyse haben sich acht Produktkategorien herausgefiltert, die bei Google mit entsprechenden Begriffen ein hohes monatliches Suchvolumen darstellen.

Für einige Kategorien kristallisiert sich genau ein Schlagwort heraus, das im Vergleich zu wortverwandten Begriffen ein enorm hohes Potenzial hat. Auf den Kategorienseiten sollten Sie daher den Fokus auf dieses Wort legen. Bei anderen Kategorien werden von den Interessenten mehrere ähnliche Begriffe verwendet, die Ihre Produkte beschreiben. Hier sollten Sie alle bzw. die relevanten Keywords auf der Zielseite einbinden.

Bei einer Ihrer Kategorien ist das Top-Keyword bereits so »prominent«, dass große Internetportale wie eBay und Amazon zusätzlich zu den anderen Mitbewerbern die vordersten Positionen in den Suchergebnissen besetzen. Die vorderste Position verspricht bei diesem Keyword eine hohe Klickwahrscheinlichkeit und damit eine hohe Besucherzahl, da die monatlichen Suchanfragen enorm sind. Allerdings ist eine Suchmaschinenoptimierung für Keywords, bei denen der Wettbewerb bereits so dicht ist, auch sehr schwierig und kostspielig. Hier sollten Sie (vorerst) auf das Top-Keyword verzichten und sich eine Alternative suchen, die zwar weniger häufig als Suchbegriff in Google eingegeben wird, bei der Sie aber das Ziel einer vorderen Platzierung in den Suchergebnissen leichter erreichen können. Nachdem Sie die Begriffe für die acht Kategorienseiten gegliedert haben und auch die Priorisierung der Begriffe feststeht, sollten Sie sich nun überlegen, wie Sie die acht Kategorien auf der Internetpräsenz gegenüber Ihren Mitbewerbern platzieren möchten.

Die Onsite-Optimierung sieht im ersten Schritt vor, dass Sie sich die technischen Voraussetzungen der Seite anschauen. Sie sollten für jede Kategorie eine Landingpage erstellen. Drei wichtige Eigenschaften, die Sie auf jeder Landingpage und vor allem auf der Startseite Ihrer Internetpräsenz individuell mit den themenrelevanten Keywords setzen sollten, sind: Title-Tag, URL und H1-Überschrift. Diese drei Merkmale sind die Eckpfeiler, an denen sich die Suchmaschinen orientieren und mit denen Sie auch bei relativ wenig Content die Kerninformationen der Seite vermitteln können (siehe Abbildung 6.16).

Abbildung 6.16 Title, URL und H1 am Beispiel Görtz – Unterseite »Winterschuhe«

Auf den Landingpages Ihres eigenen Shops möchten Sie dementsprechend URL, Description und Title mit den jeweiligen Keywords ausstatten. Sie kontrollieren daher, ob Sie die URL manuell setzen können und ob »sprechende« Bezeichnungen möglich sind.

Wie können Sie diese Eigenschaften jedoch überprüfen und bearbeiten? Die Kontrolle sieht bei jedem Content-Management-System anders aus, und ich kann an dieser Stelle nicht auf alle Systeme eingehen. Das Content-Management-System WordPress bietet Ihnen standardmäßig die Möglichkeit, den jeweiligen Title und die URL für die Unterseiten und Artikel individuell anzupassen (siehe Abbildung 6.17). Damit Sie in WordPress die Description für jede Unterseite setzen können, sollten Sie allerdings ein Plug-in installieren.

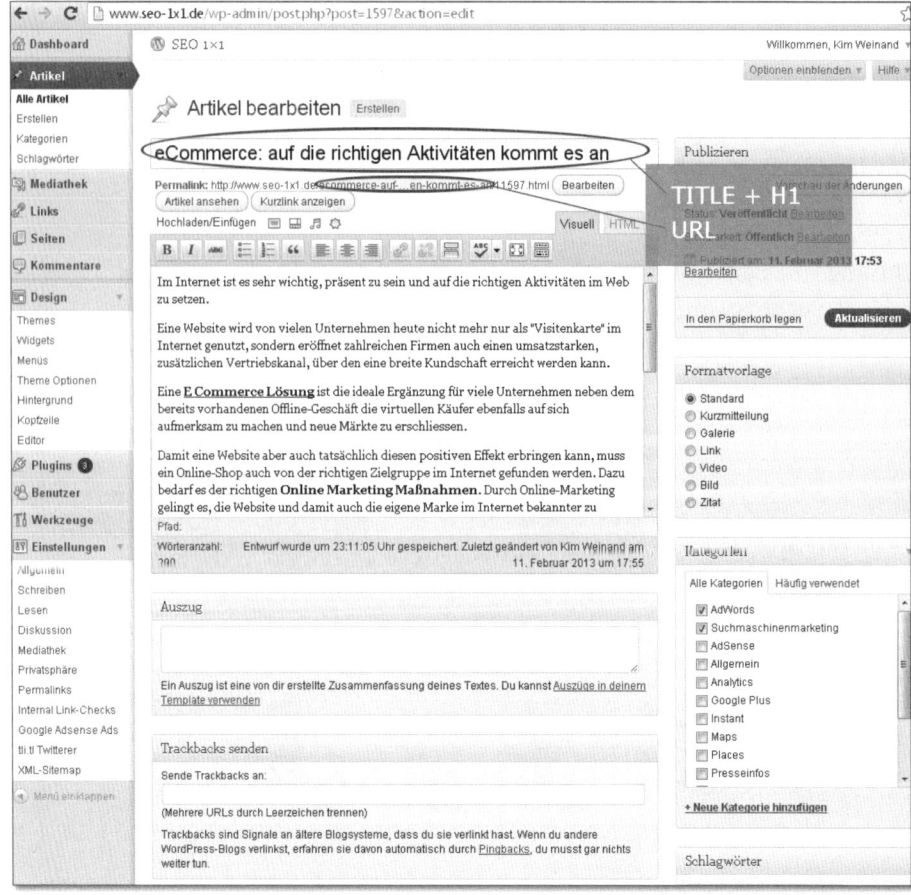

Abbildung 6.17 WordPress-Backend – Artikel bearbeiten

Ein Shopsystem wie Oxid oder Magento bietet Ihnen ebenfalls die Möglichkeit, URL, Description und Title einzugeben. Bei einigen Shopsystemen ist die URL-Definition allerdings an bestimmte Vorgaben geknüpft, und es werden Parameter für die Adressierung mitgegeben. Wenn es erlaubt ist, sollten Sie die URL möglichst »sprechend« gestalten und die wichtigsten Keywords in die URL-Adresse mit aufnehmen. Bei Typo3 müssen Sie eine entsprechende Extension installieren, damit Sie die URLs umschreiben und individualisieren können.

Ein wichtiger Faktor gerade bei den Onlineshops ist die Darstellung der Überschriften <h1>, <h2> und <h3>. In vielen Systemen werden die Ebenen durch das vorgegebene System definiert, und die Beschreibungen sind oftmals nicht zielführend im Sinne der themenrelevanten Suchmaschinenoptimierung.

Ein Beispiel dafür möchte ich Ihnen anhand der folgenden Bilder zeigen. Abbildung 6.18 zeigt die Standardeinstellungen der Überschriften, so wie die Formatierung bei einem Kundenprojekt standardmäßig vergeben war. Das zweite Bild (siehe Abbildung 6.19) zeigt Ihnen, wie die Überschriftenebenen angepasst wurden und wie durch diese kleinen Änderungen die Suchmaschinen einen wesentlich besseren Einblick in den Inhalt der Seite erhalten haben.

Die Überschriften, die im Shop standardmäßig auf der Unterseite eingestellt waren, sind folgende:

```
<h1>Türbeschläge, Glastürbeschläge
Haustürbeschläge, Drückergarnituren, Türklinken und Türdrücker
Türbeschläge für Türen und Fenster
</h1>
```

Untergeordnete Überschriften:

```
<h2>Fenstergriffe</h2>
<h2>Artikelsuche</h2>
<h2>Kategorien</h2>
<h2>Informationen</h2>
<h2>Türbeschläge News</h2>
<h2>PAYPAL</h2>
<h2>Warenkorb</h2>
<h2>Mein Konto</h2>
<h2>Schnäppchen</h2>
```

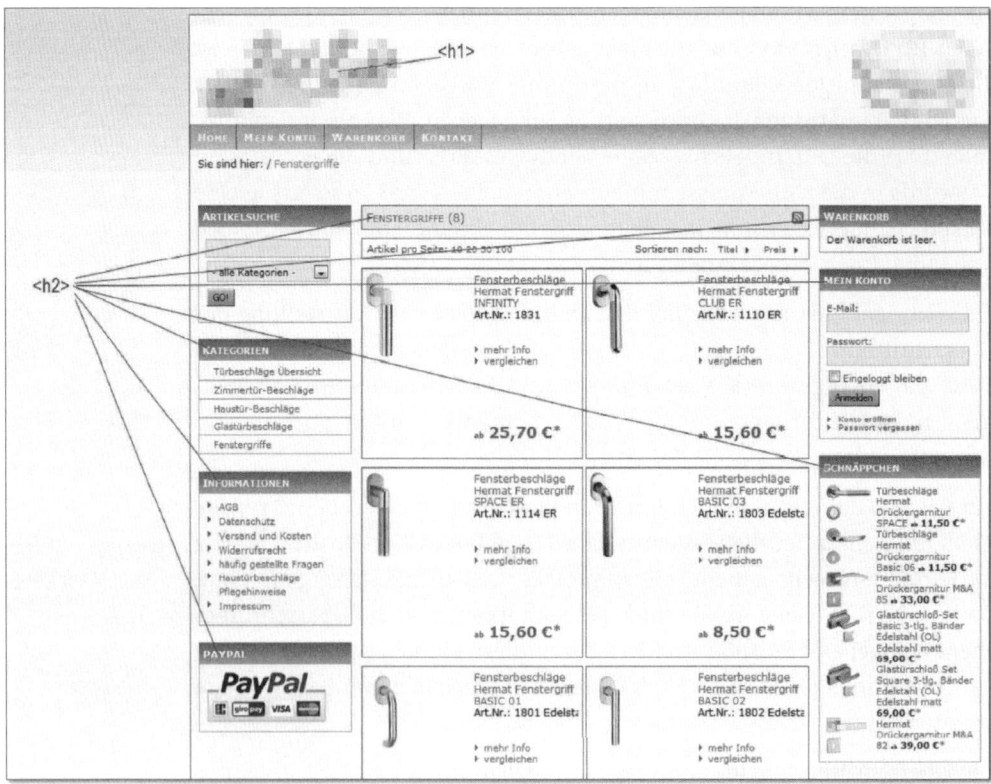

Abbildung 6.18 Onlineshop auf Basis eines Oxid-Standardsystems – Unterseite »Fenstergriffe«. Die Überschriftenebenen <h1> und <h2> waren unstrukturiert und enthielten keine themenrelevanten Informationen.

Wenn man sich überlegt, dass auf dieser Seite Fenstergriffe angeboten werden sollen, stellt man fest, dass es lediglich eine Überschrift gibt, die zielführend ist: <h2>Fenstergriffe</h2>. Die eigentliche Top-Überschrift <h1> wird mit dem Logo der Firma hinterlegt und enthält auf allen Unterseiten den gleichen Inhalt.

Überschriften wie <h2>Artikelsuche</h2> und <h2>Warenkorb</h2> bieten keinen themenrelevanten Nutzwert für die Suchmaschinen.

Wir sprachen dem Kunden eine Empfehlung für die Anpassung der Überschriftenebenen aus. Die Grundlage dafür war die Skizze in Abbildung 6.19.

174

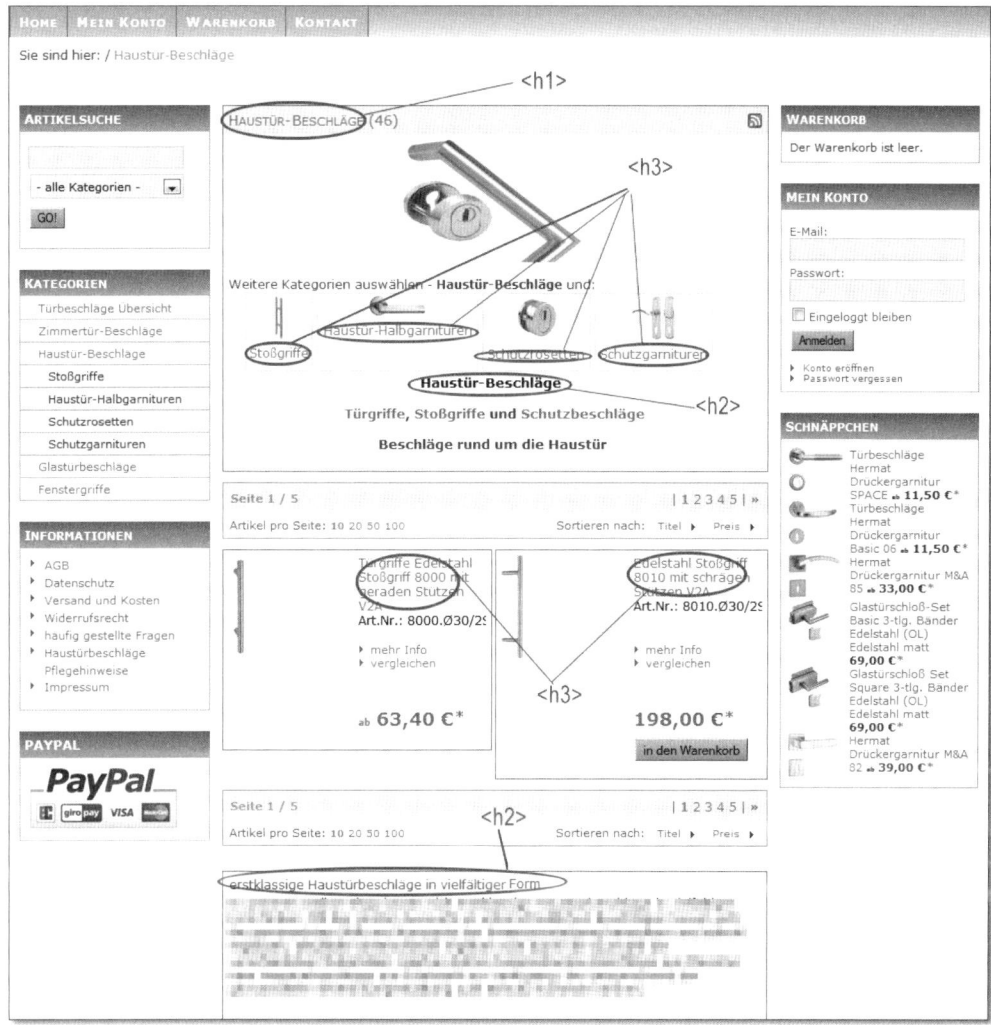

Abbildung 6.19 Unterseite »Haustür-Beschläge«. Auf Basis der Oxid-Vorlage wurde eine Empfehlung für die Überschriftenebenen dargestellt.

Diese technische Veränderung, die wir dem Kunden empfohlen haben, sollte die Überschriften themenrelevant neu strukturieren. Die Empfehlung bewirkte, dass die neue Struktur folgende Daten an die Suchmaschinen übermittelte:

```
<h1>Haustür-Beschläge</h1>
```

Untergeordnete Überschriften:

```
<h2>Erstklassige Haustür-Beschläge in vielfältiger Form</h2>
<h2>Beschläge rund um die Haustür</h2>
<h3>Stoßgriffe</h3>
<h3>Haustür-Halbgarnituren</h3>
<h3>Schutzrosetten</h3>
<h3>Schutzgarnituren</h3>
<h3>Türgriffe Edelstahl Stoßgriff 8000 mit geraden Stützen</h3>
<h3>Türgriffe Edelstahl Stoßgriff 8010 mit schrägen Stützen</h3>
```

Entscheiden Sie selbst, welche Überschriften zielführender sind; ich denke, das Ergebnis spricht für sich. Die Anpassung der Überschriften ist bei einem Shopsystem allerdings nicht ganz einfach und mit einem individuellen Programmieraufwand verbunden. Das Ergebnis rechtfertigt jedoch den Aufwand.

Wenn Sie Ihre Maßnahmen prüfen, tun Sie dies stets aus Sicht eines Besuchers. Rufen Sie Ihre Website auf, und untersuchen Sie in dieser Ansicht den Quellcode, denn so sehen auch Google und Co. Ihre Seite. Wenn Sie den Quellcode bearbeiten, tun Sie das in den meisten Fällen serverseitig im PHP-Quellcode. Das fertige Ergebnis können Sie allerdings nur wirklich kontrollieren, wenn Sie den Quellcode prüfen, der clientseitig aufbereitet wird.

Bei Title und Description ist es wichtig, dass das Top-Keyword am Anfang steht. Das erste Wort im Title sollte dem jeweiligen Top-Keyword der Seite entsprechen. Je nach Software kommt es vor, dass automatisch eine Formatierung des Title-Tags vorgegeben wird, beispielsweise »[Shopbezeichnung] [Produktgruppe] [Seitenbezeichnung]«. Bei einer derartigen Vorgabe steht das Keyword viel zu weit hinten in Ihrem Title. Passen Sie in diesem Fall die Software an, und ändern Sie die Zusammensetzung des Title-Tags.

Nach dem Title sollten Sie die individuelle Gestaltung der Meta-Description prüfen. Der Title und die Description werden von Google für die Darstellung in den Suchergebnissen herangezogen und sollten daher mit dem Text Interesse wecken und zum Anklicken anregen. Die Ziel-URL wird ebenfalls in den Suchergebnissen dargestellt. Wenn in den Bestandteilen Title, Description und URL ein Suchbegriff vorhanden ist, wird dies auch in den Suchergebnissen in Fettschrift markiert (siehe Abbildung 6.20).

Jeder Keyword-Treffer in den Suchergebnissen wird fett dargestellt. Title, Meta-Description und URL sollten daher darauf abgestimmt sein.

Abbildung 6.20 Suchergebnisseite zur Suchanfrage »Kinderwagen«

Drei wichtige Parameter, die Sie auf jeder Seite setzen sollten

Die drei Parameter, die Sie auf jeder Unterseite optimal auf den Inhalt ausrichten sollten, sind Title, Description und URL. Mit diesen Informationen
legen Sie Suchmaschinen bereits das Schlüsselwort bzw. das Schlüs-
selthema Ihrer Seite dar. Bei Themengebieten, die sehr fachspezifisch sind,
können diese Parameter eventuell bereits ausreichend sein, um Ihr Ranking nachhaltig zu beeinflussen. Denken Sie auch bei diesen Bestandteilen
daran, die wichtigsten Keywords am Anfang zu platzieren.

Nachdem die Bestandteile Title, Description und URL geprüft sind, informieren Sie sich darüber, wie die Überschriftenebenen auf der Internetpräsenz eingesetzt sind. Schauen Sie sich Ihren Shop aus Sicht eines Besuchers
an. Klicken Sie mit der rechten Maustaste auf die Seite, und rufen Sie den
Quellcode auf. Wie viele Hauptüberschriften sind derzeit eingesetzt? Enthalten die Überschriften relevante Informationen? Grundsätzlich sollte es
nur eine H1-Überschrift geben. Alle weiteren Bezeichnungen sollten auf
einer untergeordneten Gliederungsebene angesiedelt sein. Auch hier empfiehlt es sich, die Shopsoftware an die eigenen Bedürfnisse anzupassen. Ein
wichtiger Punkt, den Sie bei den Anpassungen ebenfalls beachten sollten,
ist die Auslagerung der CSS-Formatierung. Dies entschlackt Ihren Quellcode und verleiht der Seite ein besseres Quellcode-Content-Verhältnis.

Wenn Sie das Content-Management-System bzw. das Shopsystem technisch geprüft haben, beginnen Sie mit der strukturellen Planung Ihrer
Internetpräsenz. Sie haben sich aufgrund der Keyword-Analyse dazu entschieden, acht Landingpages aufzubauen. Aber wie viel Text sollten Sie auf
der Seite verwenden, und wie sollten die Texte gegliedert werden?

Grundsätzlich gibt es keine Vorgabe, wie viel Text auf einer Seite enthalten
sein sollte. Auf der einen Seite sollte die Landingpage attraktiv für die Nutzer gestaltet sein. Hierzu sollten Sie ansprechende Bilder verwenden und
die Website nicht mit zu viel Text überladen. Auf der anderen Seite möchten Sie möglichst viel Content bereitstellen, sodass Google die Inhalte auswerten kann und das Thema der Seite erkennt. Wie bringen Sie diese
Gegensätze also zusammen?

Auch hier können Sie sich von Ihren Mitbewerbern und von den ganz großen Portalseiten inspirieren lassen. Nehmen wir dazu das Beispiel der
Suchanfrage »urlaub mallorca« (siehe Abbildung 6.21). Als erstes Ergebnis
in den organischen Suchergebnissen erscheint der Eintrag des Anbieters
Ab-in-denUrlaub.de.

Abbildung 6.21 Organisches Ergebnis für die Suchanfrage »urlaub mallorca«
(http://www.ab-in-den-urlaub.de/urlaub/europa/spanien/mallorca/133)

Schauen Sie sich die Landingpage des Anbieters an, und prüfen Sie den
Quellcode auf die Ihnen bekannten Kriterien hin. Überprüfen Sie den
Inhalt der Zielseite mit einem entsprechenden SEO-Tool (zum Beispiel mit
http://seorch.de), indem Sie die URL der Landingpage von Ab-in-den-
Urlaub.de eingeben. Sie werden sehen, dass die richtige Formatierung ein
Qualitätsfaktor ist, an dem sich selbst die großen Portalbetreiber orientie-
ren. Mit dem mittlerweile kostenpflichtigen Analyse-Tool von Ranks.nl
erhalten Sie einen Überblick, welche Wörter auf der Landingpage von Ab-
in-den-Urlaub.de herausgestellt sind und in welchen Elementen diese
Begriffe enthalten sind (siehe Abbildung 6.22).

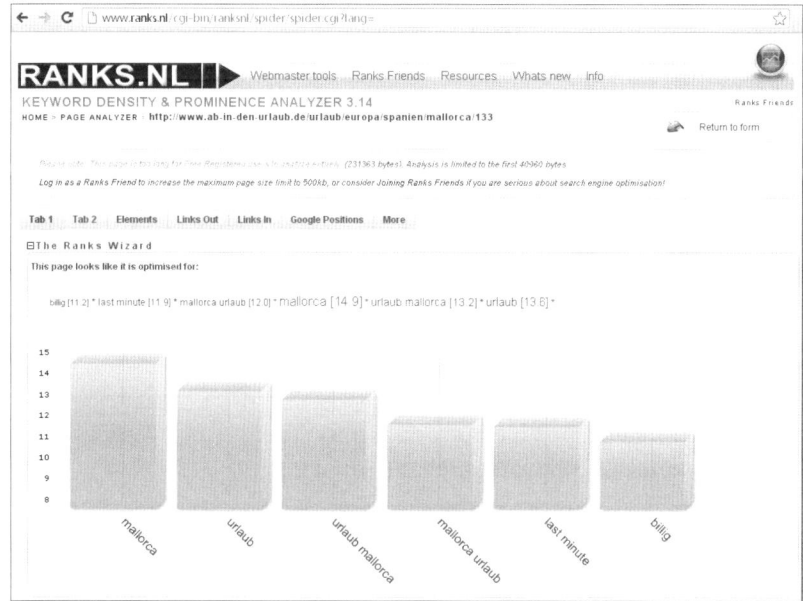

Abbildung 6.22 Ranks.nl – Ergebnis der Seitenanalyse für http://www.ab-in-
den-urlaub.de/urlaub/europa/spanien/mallorca/133

Schauen wir uns die Informationen, noch einmal im Detail an. Die Keyword-Häufigkeit ist dabei nicht das einzige Kriterium. Es wird darauf geachtet, auf welchen Textauszeichnungsebenen die entsprechenden Schlüsselwörter verwendet werden (siehe Abbildung 6.23).

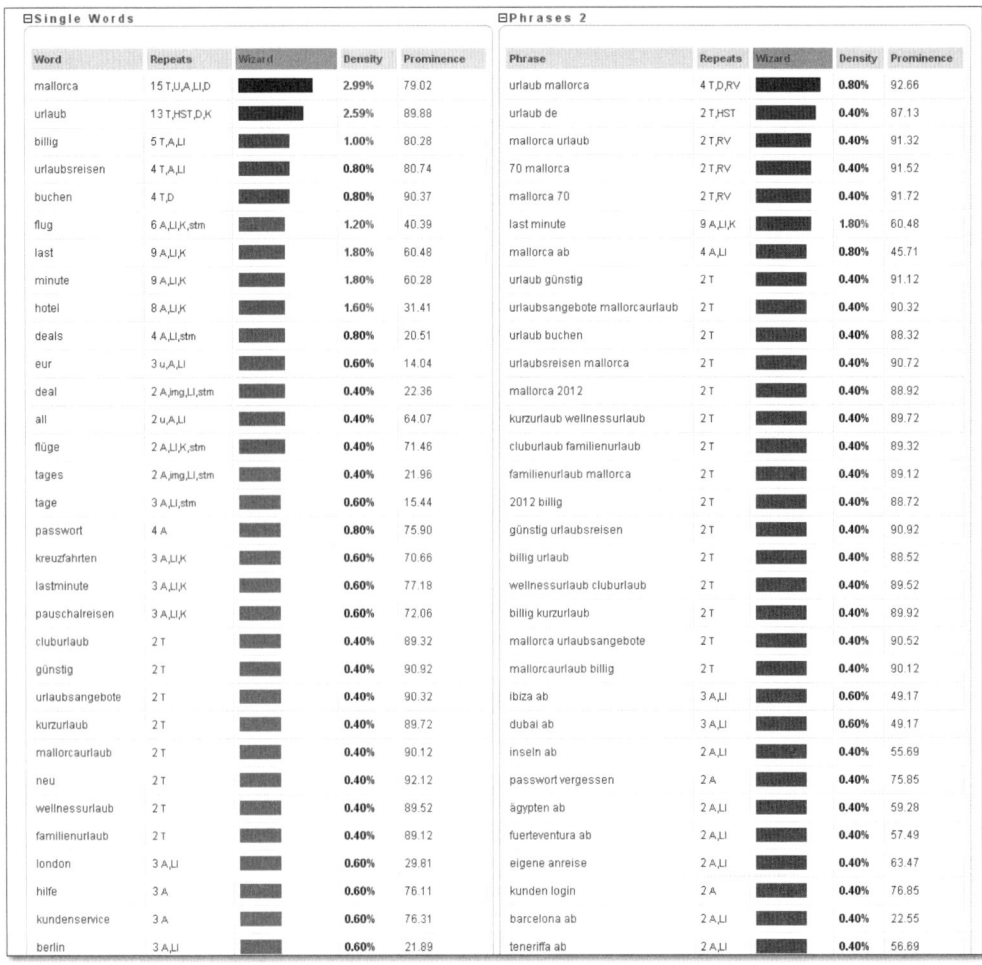

Abbildung 6.23 Ranks.nl – Ergebnis der Seitenanalyse für http://www.ab-in-den-urlaub.de/urlaub/europa/spanien/mallorca/133

Hinter jedem Wort bzw. hinter jeder Phrase sehen Sie die verschiedenen Auszeichnungsebenen:

▶ T: Das Wort ist mindestens einmal im Title enthalten.

▶ U: Das Wort ist mindestens einmal in der URL enthalten.

- ▶ A: Das Wort ist mindestens einmal in einem Anchor-Tag enthalten.
- ▶ LI: Das Wort ist mindestens einmal in einer Aufzählung/einem LI-Tag enthalten.
- ▶ D: Das Wort ist mindestens einmal in der Meta-Description enthalten.
- ▶ K: Das Wort ist mindestens einmal in den Meta-Keywords enthalten.

Bei Ihren eigenen Projekten sollten Sie die technischen Bestandteile und die Textauszeichnungsebenen bestmöglich einsetzen und die Formatierungshilfen ausschöpfen.

Wenn Sie sich eine Vielzahl von Projekten angeschaut haben, werden Sie feststellen, dass bei den Branchengrößen und den »globalen Playern« wie Amazon etc. immer die Nutzer als vorrangige Zielgruppe angesehen werden. Die Suchmaschinenoptimierung und die Integration von themenrelevantem Content erfolgt so, dass es auf den ersten Blick nicht auffällt bzw. dass es den Besucher nicht stört.

Ist Ihnen aufgefallen, wo auf der Seite Ab-in-den-Urlaub.de ein Großteil des themenrelevanten Textes steht? Ich habe Ihnen bereits den Tipp gegeben, dass ausgeblendete Texte, die sich hinter dem kleinen Wörtchen »Weiterlesen« oder einem Pluszeichen verstecken, dennoch ein Bestandteil der Internetpräsenz sein können. Google erfasst diese Texte vollumfänglich, obwohl dem Besucher der Seite nur der erste Abschnitt bis zum Wort »Weiterlesen« eingeblendet wird. So finden Sie auf Ab-in-den-Urlaub.de auch sehr lange Kommentare, sobald Sie im rechten Bereich im Abschnitt Kommentare unserer Nutzer über ihren Mallorcaurlaub auf mehr... klicken (siehe Abbildung 6.24).

Die fünf Kommentare haben jeweils zwischen 400 und 550 Zeichen. Die Wortdichte für das Wort »Mallorca« liegt in den Kommentaren zwischen 2,75–4,8 %. Insgesamt sind es über 2.000 Wörter, in denen mehr als 70-mal das Wort Mallorca vorkommt. Der Text wird vom Besucher der Seite nicht wahrgenommen und interessierten Nutzern kann man sogar noch einen detaillierten, themenrelevanten Mehrwert bieten. So ist SEO sinnvoll, wobei ich nicht behaupten möchte, dass die Kommentare aus Gründen der Suchmaschinenoptimierung eingesetzt wurden. Bei großen Portalen liegt der Fokus auf der Usability. Ein positiver Nebeneffekt ist die damit geförderte Suchmaschinenoptimierung.

Abbildung 6.24 Ansicht eines einzelnen Kommentars auf der Zielseite »Urlaub Mallorca« auf Ab-in-den-Urlaub.de

Widmen wir uns nun wieder Ihrer Kampagne. Planen Sie den Aufbau Ihrer Startseite und der Landingpages so, dass Sie die vorrangige Zielgruppe berücksichtigen – Ihre Besucher –, und die Inhalte, die Sie für die Suchmaschinenoptimierung integrieren, erhalten weniger prominente Platzierungen; beispielsweise in der Fußzeile der Internetseite oder zumindest unterhalb Ihrer Produktartikel. Je nach Content-Management-System können Sie vielleicht auch in der Seitenleiste Texte unterbringen. Ein Seitenaufbau, den wir für unsere Kunden häufig eingesetzt haben und der uns bei vielen Projekten bereits weitergeholfen hat, habe ich in Abschnitt 4.2, »SEO-Kriterien – Konzepte definieren«, erörtert.

Gliedern Sie den Content-Bereich wie folgt: Als erstes Element stellen Sie die H1-Überschrift dar. Wenn die H1-Überschrift durch Ihr Shopsystem oder das CMS gesetzt wird, nutzen Sie an dieser Stelle eine aussagekräftige H2-Überschrift. Darunter folgt ein kurzer Text über den Inhalt der Seite. Planen Sie diesen Text entsprechend der Darstellung der Gesamtseite. Wenn ein Besucher die Internetseite öffnet, sollte er auch in einer kleinen Auflösung, beispielsweise auf einem mobilen Endgerät, die nachfolgende Produktliste sehen. Die Produktliste sollte mindestens zwischen sechs bis zwölf Produktangebote enthalten. Bei größeren Stores kann die Produktliste gern 50 oder noch mehr Produkte enthalten. Achten Sie dabei aber auf eine performante Webseite mit geringer Ladezeit.

Unter den Angeboten können Sie einen weiteren Text mit zwei bis drei Absätzen integrieren. Die Absätze erhalten jeweils eine H2-Überschrift. In vielen Shopsystemen finden Sie unterhalb der Produktliste einen Text. Meistens nehmen die Besucher diesen Text kaum wahr, da der Fokus der Interessenten lediglich auf den Produkten liegt. Der Text unterhalb der Liste dient Ihnen als Element zur Suchmaschinenoptimierung. Bringen Sie hier die themenrelevanten Begriffe unter.

In Abbildung 6.25 sehen Sie den strukturellen Aufbau einer solchen Shopseite. In leicht abgewandelter Form finden Sie diesen Aufbau auf vielen Portalen im Internet. Oft wird bei Shopsystemen der Bereich unterhalb der Produkte für SEO-Texte und themenrelevante Informationen verwendet.

Das Beispiel in Abbildung 6.26 zeigt Ihnen, wie der Online-Anbieter Heine.de die Produktdarstellung aufbaut. Auch hier finden wir im oberen Bereich die <h1>-Überschrift. Die Titel der einzelnen Artikel sind als <h3> deklariert. Unterhalb der Fußzeile finden Sie eine themenrelevante Information. Die erste Überschrift ist als <h2> deklariert, die beiden weiteren Überschriften sind als <h3> deklariert.

Ein weiteres Beispiel für den strukturellen Aufbau einer Unterseite sehen Sie in Abbildung 6.27.

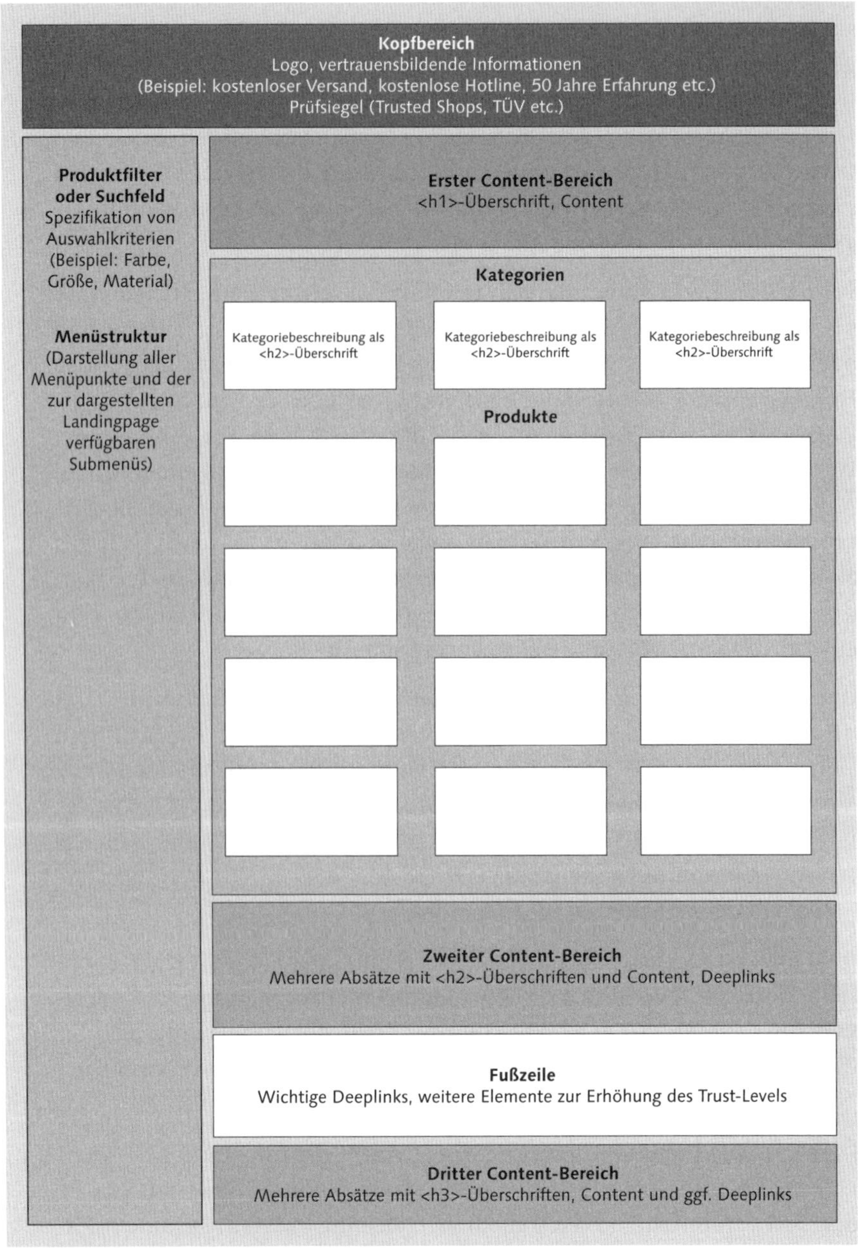

Kopfbereich
Logo, vertrauensbildende Informationen
(Beispiel: kostenloser Versand, kostenlose Hotline, 50 Jahre Erfahrung etc.)
Prüfsiegel (Trusted Shops, TÜV etc.)

Produktfilter oder Suchfeld
Spezifikation von Auswahlkriterien (Beispiel: Farbe, Größe, Material)

Menüstruktur
(Darstellung aller Menüpunkte und der zur dargestellten Landingpage verfügbaren Submenüs)

Erster Content-Bereich
<h1>-Überschrift, Content

Kategorien

Kategoriebeschreibung als <h2>-Überschrift

Kategoriebeschreibung als <h2>-Überschrift

Kategoriebeschreibung als <h2>-Überschrift

Produkte

Zweiter Content-Bereich
Mehrere Absätze mit <h2>-Überschriften und Content, Deeplinks

Fußzeile
Wichtige Deeplinks, weitere Elemente zur Erhöhung des Trust-Levels

Dritter Content-Bereich
Mehrere Absätze mit <h3>-Überschriften, Content und ggf. Deeplinks

Abbildung 6.25 Struktureller Aufbau eines Onlineshops

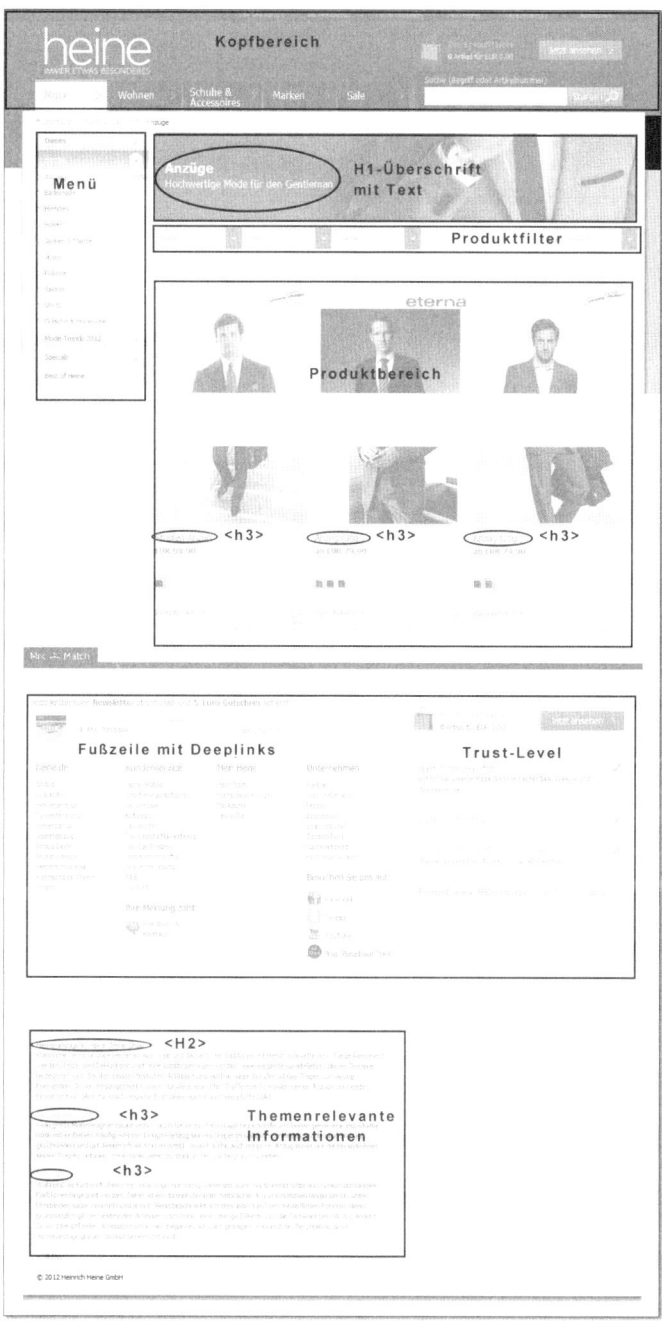

Abbildung 6.26 Struktureller Aufbau am Beispiel einer Unterseite von
http://www.heine.de

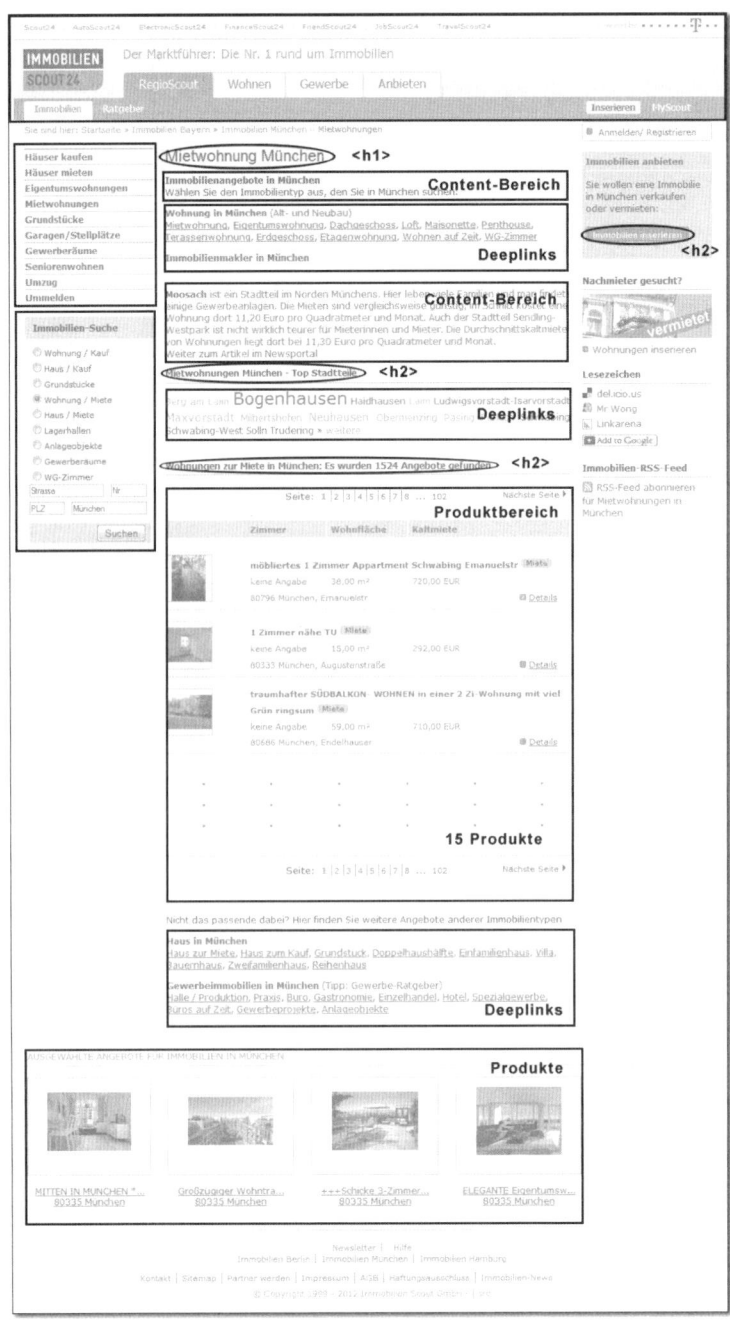

Abbildung 6.27 Struktureller Aufbau am Beispiel einer Unterseite von
http://www.Immobilienscout24.de

Dies sind lediglich zwei Beispiele dafür, dass bei vielen Shopsystemen und auch anderen Websites eine ähnliche Struktur verwendet wird. Wenn Ihnen die beiden Seiten noch nicht ausreichen, schauen Sie sich folgende Portale an:

▶ Bei Otto.de werden Sie sehen, dass die Themenseiten ebenfalls einen Text am Ende der Seite enthalten. Die H1-Überschrift ist in der Breadcrumb-Navigation versteckt und bietet daher auch keinen zugehörigen Textabsatz. Der Artikel im unteren Bereich enthält diverse Deeplinks im Fließtext.

https://www.otto.de/herrenmode/kategorien/sakkos/

▶ Auch eBay setzt im Portalbereich der Einkaufstipps auf themenrelevante Texte und Produktdarstellung. Auf den Landingpages wird der themenrelevante Artikel ebenfalls unterhalb der Produkte dargestellt. Gleich zu Beginn der Seite findet man auch die H1-Überschrift. Der Textblock unterhalb der Produkte beginnt mit einer H2-Überschrift.

http://einkaufstipps.ebay.de/heimwerker/akkuschrauber.htm

▶ Der Online-Store von Peek & Cloppenburg hat ebenfalls eine ähnliche Struktur wie der in Abbildung 6.25 dargestellte Aufbau. Im linken Bereich findet man die H1-Überschrift mit einem Text. Der Text enthält mehrere Absätze und die Absatz-Überschrift ist eine H2-Überschrift. Im Text sind Deeplinks eingebaut.

http://www.peek-cloppenburg.de/online/herrenmantel/

Eine weitere Hilfestellung, die zwar auch von den Besuchern wahrgenommen wird, aber vielmehr für die Suchmaschinen gedacht ist, sind die bereits erwähnten Deeplinks bzw. die interne Verlinkung von Themenseiten. Eine Suchmaschine scannt nicht nur den Inhalt einer Seite, sondern sie merkt sich auch jeden Link, den sie auf einer Seite findet. Zu dem jeweiligen Link merkt sich die Suchmaschine auch den Text, mit dem die Zielseite verlinkt wurde, und setzt Text und Linkziel in einen Zusammenhang. Diese Eigenschaft gilt übrigens für interne Links genauso wie für externe Links. Wie wichtig der richtige Linktext ist, sehen wir daher auch noch einmal in Kapitel 8, »Phase 4: Der Kreis schließt sich – Controlling und Anpassung«.

Schauen Sie sich die folgenden Beispiele für eine interne Verlinkung an. Die jeweiligen Texte habe ich so auf Internetseiten vorgefunden:

Erster Text:

*Unsere Dienstleistungen: Mit der Zulassungsstelle, dem Abfallwirtschaftsbe-
trieb und der Baurechtsbehörde bieten wir Ihnen in der Navigationsleiste
links einen schnellen Zugriff auf die drei am häufigsten nachgefragten
Dienstleistungen.*

Dieser Text enthält eigentlich keinen Link, sondern lediglich einen Hinweis
auf die Navigationsleiste im linken Bereich der Webseite. Die einzelnen
Menüpunkte werden als textueller Inhalt auf der Webseite bereitgestellt,
aber einem Crawler werden nicht die zielführenden Seiten als Link
genannt.

Eine Optimierung des Textes könnte sehr leicht mit den entsprechenden
Deeplinks (siehe Fettungen) erfolgen:

*Unsere Dienstleistungen: Mit der **Zulassungsstelle**, dem **Abfallwirtschafts-
betrieb** und der **Baurechtsbehörde** bieten wir Ihnen in der Navigationsleiste
links einen schnellen Zugriff auf die drei am häufigsten nachgefragten
Dienstleistungen.*

Jetzt kann Google den jeweiligen Text mit der Zielseite verbinden.

Zweiter Text:

*Sie suchen gezielt Informationen zum Bereich Kassensysteme und Kassen-
lösungen? Dann klicken Sie **hier**, um unsere separaten Seiten zu diesem
Thema aufzurufen.*

Bei diesem Text wurde ebenfalls das falsche Wort verlinkt. »Hier« ist ein
allgemeingültiger Begriff und niemand wird wahrscheinlich jemals bei
Google »hier« eintippen, um eine Seite zum Thema Kassensysteme zu
erhalten. Wissen Sie eigentlich, welche Seite auf Platz 1 im organischen
Suchergebnis bei Google erscheint, wenn man das Wort »hier« eingibt? Die
Auflösung, welche Seite es ist und warum gerade diese Seite dort steht, finden Sie in Abschnitt 7.1.1, »Was ist Themenrelevanz beim Linkaufbau?«.

Kommen wir aber zu unserem Text zurück. Auch bei diesem Beispiel können wir mit kleinen Änderungen sehr viel bewirken:

*Sie suchen gezielt Informationen zum Bereich **Kassensysteme** und **Kassen-
lösungen**? Dann klicken Sie die Begriffe an, um unsere separaten Seiten zu
diesem Thema aufzurufen.*

Jetzt kann jede Suchmaschine die verlinkte Seite auch dem richtigen Thema zuordnen. Je genauer Sie die Schlagwörter für die Links wählen, desto detaillierter informieren Sie die Suchmaschinen über den Inhalt, auf den Sie verweisen.

Dritter Text:

*JETZT: Weinprobe und mehr im **Wein-Wochenende** an der Mosel.*

Dieser Link ist bereits zielführend und zeigt sowohl Besuchern als auch Suchmaschinen, dass auf der Folgeseite über das Thema Wein-Wochenende informiert wird. Noch genauer könnte man seine Zielgruppe ansprechen, wenn man nicht nur das Wort Wein-Wochenende verlinkt, sondern »Wein-Wochenende an der Mosel«. Für den Besucher ist das kein Unterschied, für Suchmaschinen schon. Mit der Verlinkung des Wortes »Wein-Wochenende« ist der Link allgemeingültig ohne Zielregion (wobei das vom Website-Betreiber natürlich auch gewünscht sein kann). Wenn Sie den Zusatz »an der Mosel« zu Ihrem Link hinzunehmen, konkretisieren Sie Ihr Angebot und erhöhen die Chance, mit diesem internen Deeplink Google eine themenrelevante Landingpage zu bieten, die indiziert wird.

Die benannten Eigenschaften zählen alle zu den SEO-Onsite-Maßnahmen, die Sie mit themenrelevantem Inhalt und der Anpassung des Content-Management-Systems kontinuierlich angleichen können. Zudem gibt es weitere Kriterien, die von den Suchmaschinen ebenfalls bewertet werden. Das Alter der Domain, die Erreichbarkeit der Internetseite sowie die Ladezeit Ihrer Website sind Faktoren der Suchmaschinenoptimierung, für die Sie am System selbst Veränderungen vornehmen müssen. Wie Google die Ladezeit einer Seite bewertet und wie häufig die Verfügbarkeit geprüft wird, können Sie mit den Webmaster-Tools überprüfen. Abbildung 6.28 zeigt Ihnen die Ansicht der Webmaster-Tools zu den Crawling-Statistiken.

Der *PageSpeed* bezeichnet die Ladegeschwindigkeit einer Website. Google achtet auf die Geschwindigkeit, mit der die Inhalte für die Interessenten bereitgestellt werden. Wenn das Laden zu lange dauert, kann sich das negativ auf das Suchmaschinen-Ranking auswirken. Eine negative Ladezeit kann viele Gründe haben. Zum einen kann die Zeit bis zur Darstellung aufgrund eines überlasteten Webservers sehr lang sein. Wenn auf einem Webserver eine Vielzahl an Internetseiten bereitgestellt wird und sich die Zugriffszahl erhöht, erhöht sich auch die Auslastung des Servers und dadurch verlängert sich die Ladezeit.

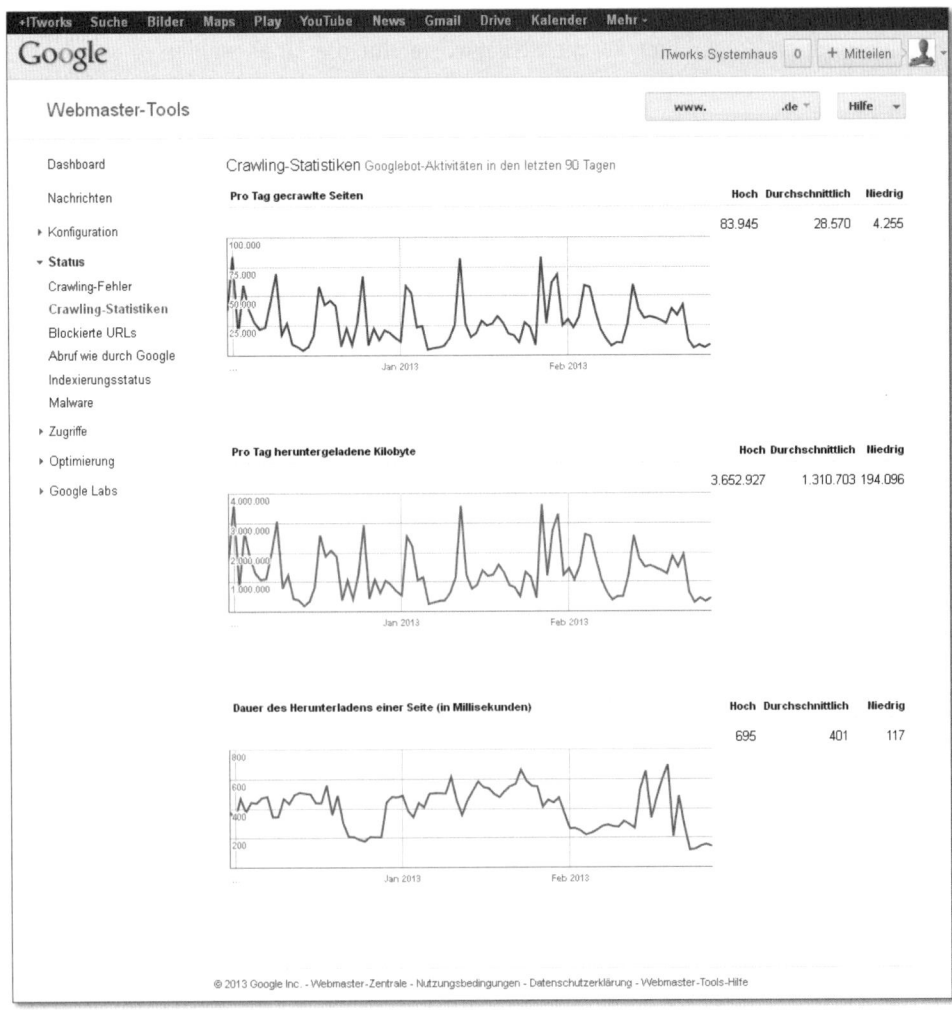

Abbildung 6.28 Google Webmaster-Tools – Crawling-Statistik einer Website

Ein weiterer Grund können zu viele bzw. zu große Bilder auf der eigenen Internetpräsenz sein. Bilder benötigen generell eine längere Ladezeit, je größer sie sind. Zudem ist die Ladezeit für Bilder auch generell länger als die für textuelle Inhalte. Wenn Sie nur kleine Bilder darstellen, die sich bei einem Klick vergrößern, achten Sie darauf, dass zuerst nur ein Thumbnail geladen und dargestellt wird. Das Originalbild benötigt eine längere Ladezeit, daher können Sie mit einem Thumbnail die Geschwindigkeit der Webseite optimieren.

Für die Kontrolle der Ladezeit und eventuelle Verbesserungsvorschläge bietet Ihnen Google ebenfalls einige Hinweise. In Google Analytics finden Sie im Bereich VERHALTEN den Punkt WEBSITE-GESCHWINDIGKEIT (siehe Abbildung 6.29). Hier sehen Sie Informationen zur Ladezeit jeder einzelnen Seite, die Sie mit Google Analytics tracken.

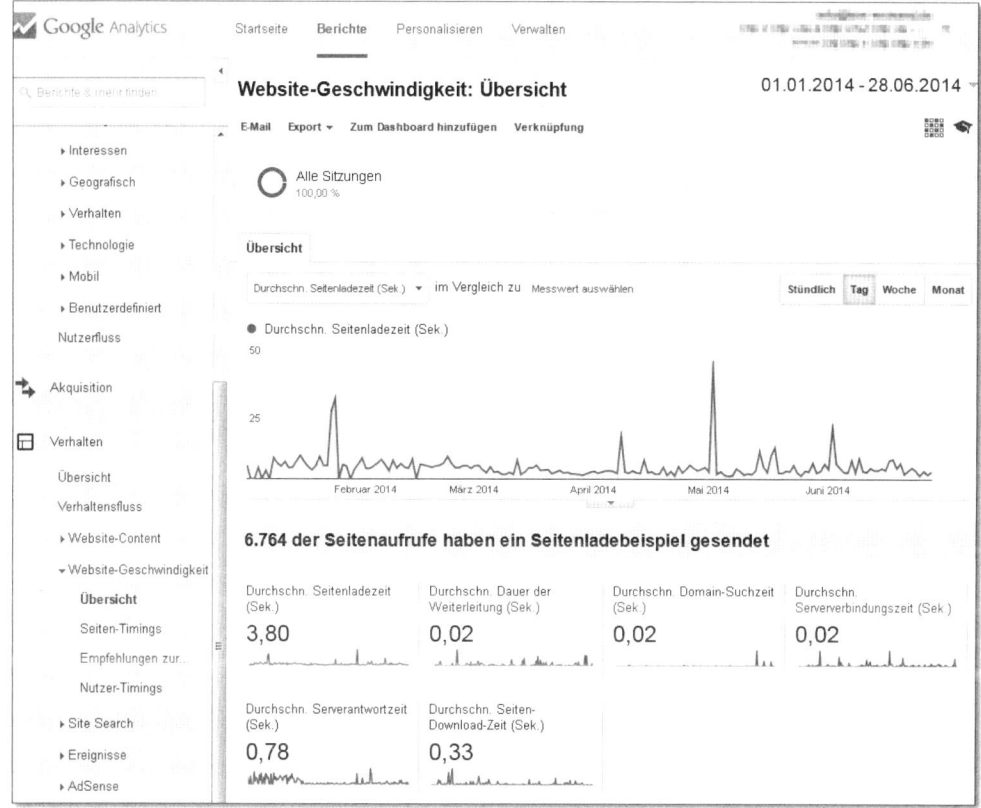

Abbildung 6.29 Google-Analytics-Darstellung des Reports »Website-Geschwindigkeit«

Prüfen Sie in regelmäßigen Abständen, wie sich die Ladezeit Ihrer Website verhält, um eine bestmögliche Geschwindigkeit gewährleisten zu können.

Zusätzlich zur Darstellung in Google Analytics bietet Google ein weiteres sehr nützliches Tool zur Optimierung der Ladezeit (siehe Abbildung 6.30). *PageSpeed Insights* (*https://developers.google.com/pagespeed/*) analysiert den Inhalt Ihrer Website und bietet Vorschläge zur Beschleunigung dieser Site an.

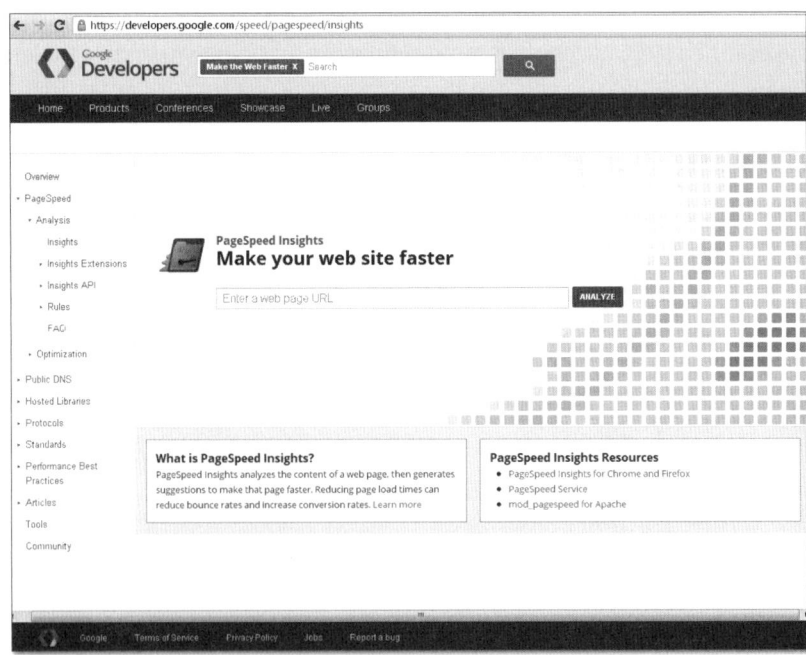

Abbildung 6.30 Google PageSpeed Insights (https://developers.google.com/pagespeed/)

Mit diesem Tool können Sie auch fremde Websites kontrollieren und so mit diesem Tool auch feststellen, wie die Geschwindigkeit der Websites Ihrer Wettbewerber ausfällt.

Die Geschwindigkeit einer Website ist nicht nur für die Suchmaschinenoptimierung wichtig. Generell kann eine lange Ladezeit zu einer höheren Absprungrate führen. Ist die Ladezeit zu langsam, wird sich der Besucher nicht lange auf Ihrer Website aufhalten und sich im schlimmsten Fall auf der Internetpräsenz Ihrer Mitbewerber informieren und dort vielleicht sogar einkaufen.

Auch Branchengrößen wie Ab-in-den-Urlaub.de achten darauf, eine schnelle Ladezeit zu gewährleisten (siehe Abbildung 6.31).

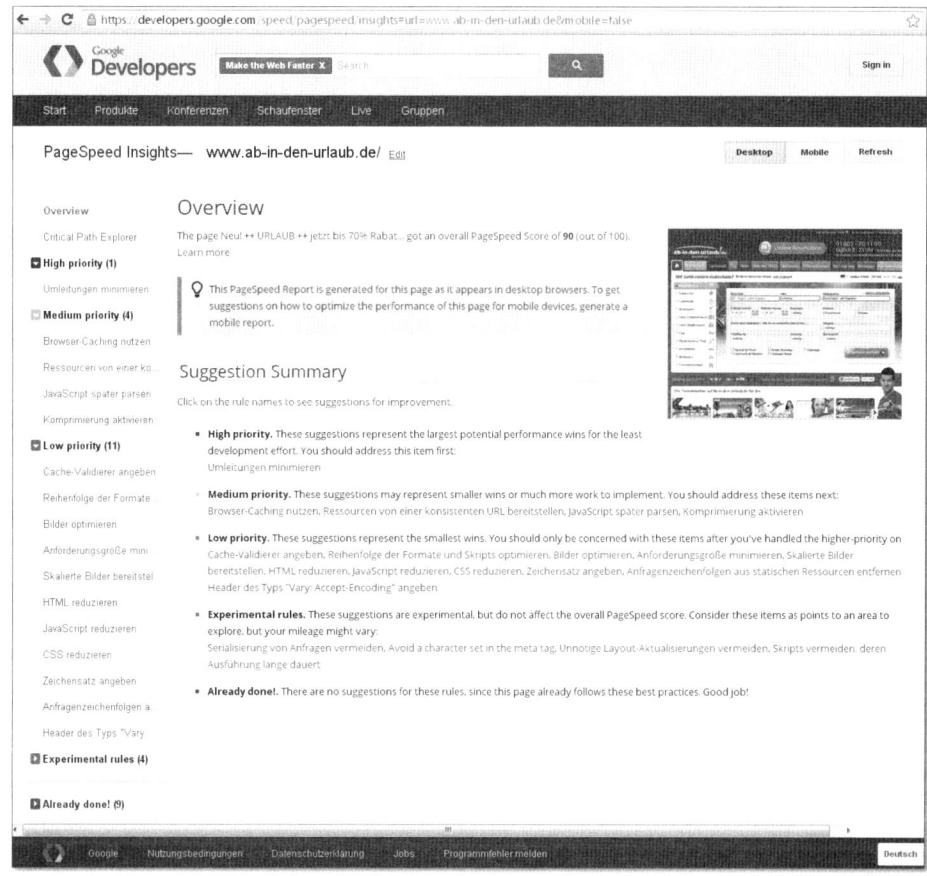

Abbildung 6.31 PageSpeed-Insights-Ergebnis für Ab-in-den-Urlaub.de

6.4   Launch und Relaunch einer Internetpräsenz

Alle Onsite-Themen sind geprüft, und Sie möchten nun mit der Erstellung oder der Überarbeitung einer Internetpräsenz beginnen. Der Unterschied zwischen Relaunch einer Internetpräsenz und der Neuerstellung (*Launch*) ist allerdings nicht unerheblich und bedarf weiterer Information.

Wenn Sie eine Internetpräsenz komplett neu erstellen, gibt es noch keine indizierten Inhalte in den Suchmaschinen. Bei einem Relaunch hingegen sollte man sich nicht nur auf die neuen Inhalte und die neu gestalteten Landingpages konzentrieren. Dies gilt umso mehr, wenn Sie die URL-Struktur der Seiten überarbeiten und in sprechende URLs abändern.

Folgende Punkte sollten Sie daher bei einem Relaunch beachten. Als Erstes ist es wichtig, zwischen einem inhaltlichen und einem strukturellen Relaunch zu unterscheiden. Wenn wir lediglich das vorhandene Design ändern und die Inhalte bearbeiten, aber die Struktur größtenteils gleich bleibt, dann sollte die Usability, das heißt der Mehrwert für den Besucher, im Vordergrund stehen. Bei einem Relaunch, bei dem das Hauptaugenmerk auf der inhaltlichen Überarbeitung liegt, müssen wir keine externen Faktoren berücksichtigen. Externe Faktoren können zum Beispiel Deeplinks sein, die von anderen Websites auf bestimmte Themenbereiche unserer Internetpräsenz verweisen.

Ist die Usability der Grund für den Relaunch, steht eine ausführliche Nutzeranalyse am Anfang der Arbeit. Welche Inhalte kommen bei unserer Zielgruppe gut an, welche Inhalte werden weniger betrachtet? Wo erhalten wir eine Absprungrate, und wie ist das Klickverhalten der Besucher? Ist die Navigation intuitiv, und gibt es ausreichend Kontaktmöglichkeiten auf unserer Internetpräsenz? Bei einem inhaltlichen Relaunch wird nichts an der Menü- und Verzeichnisstruktur der Website geändert.

Bei einem strukturellen Relaunch gilt es, weitere Punkte zu berücksichtigen. Auch wenn die Website nicht die besten Platzierungen in den Suchmaschinen hat, erhält der Betreiber dennoch bereits Zugriffe über organische Suchergebnisse. Im Hinblick auf die Suchmaschinenoptimierung können gerade beim strukturellen Relaunch sehr viele Fehler begangen werden. Die Anzahl der Zugriffe, die über Google-Suchergebnisse auf eine Website erfolgen, sind je nach Branche sehr unterschiedlich. Aus Erfahrung kann ich aber sagen, dass in den letzten Jahren die prozentuale Rate der Zugriffe über Suchmaschinen durch alle Branchen hinweg gestiegen ist.

Die meisten Websites erhalten über 50 % der Zugriffe durch Google und Co. Immer, wenn sich die Zieladressen der einzelnen Unterseiten ändern, sollte man im Vorfeld eine SEO-Analyse durchführen. Wenn Sie diese Resultate nicht berücksichtigen, verwerfen Sie alle bisher erreichten Platzierungen in den Suchergebnissen. Ihr Relaunch kommt damit mehr oder weniger einem Reset in Bezug auf die Platzierung der alten Internetpräsenz gleich. Google bemerkt, dass die alten Seiten nicht mehr verfügbar sind, und wird die Ergebnisse aus dem Index löschen.

Stellen Sie sich vor, Sie planen einen Relaunch für ein Unternehmen, das iPad-Hüllen verkauft. Laut Keyword-Planer wird die Suchphrase »ipad hül-

len« (siehe Abbildung 6.32) monatlich ca. 22.000-mal in Deutschland eingegeben. Wenn man auf Google die Suchphrase »ipad hüllen« eingibt,
erscheint gleich als erstes Suchergebnis ein Link zur Landingpage des
Unternehmens: *www.xyz.de/IPad/Huellen*.

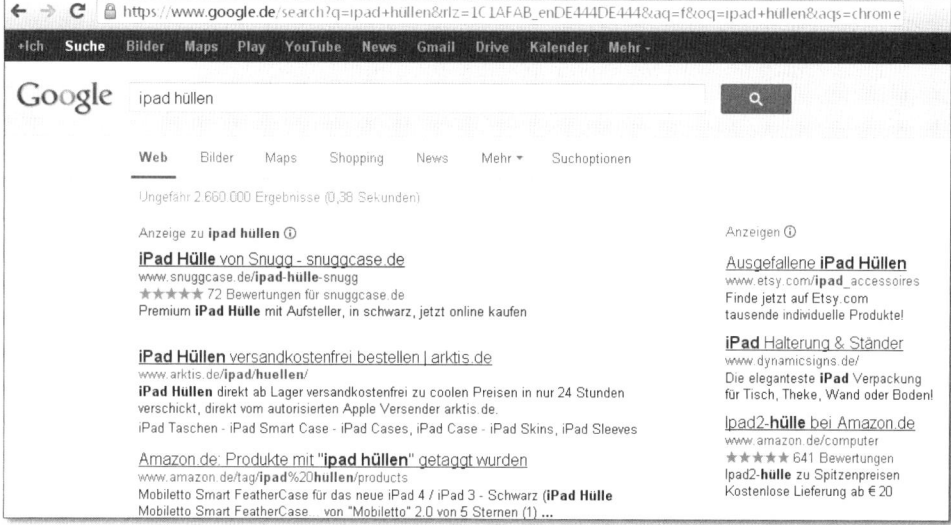

Abbildung 6.32 Google-Suchergebnisseite zu »ipad hüllen«

Das Suchergebnis wird bei Google häufig angeklickt, und das Unternehmen erhält 20 % der Website-Besucher über dieses Suchergebnis. Bei
einem Relaunch müssen Sie das beachten, damit auch nach dem Umbau
der Website die potenziellen Kunden mit der themenrelevanten Unterseite begrüßt werden. Wenn die Unterseite nach dem Umbau nicht mehr
über die Adresse *www.xyz.de/IPad/Huellen* erreichbar ist, weil sich die
Adresse geändert hat, müssen Sie dafür sorgen, dass der Link, der bei
Google dargestellt wird, korrekt umgeleitet wird. Wenn Sie das nicht
beachten, verliert Ihr Unternehmen Traffic und damit potenzielle Kunden.

Im schlimmsten Fall entgehen dem Unternehmen nicht nur die Zugriffe,
sondern die Interessenten kaufen dann beim Mitbewerber. Es entsteht ein
wirtschaftlicher Schaden, der nicht so schnell wiedergutzumachen ist. Aus
diesem Grund muss die »alte« Internetpräsenz daraufhin analysiert werden, zu welchen Suchanfragen bereits bei Google auf den vorderen Positionen im Suchergebnis eine Platzierung erreicht wird. Wichtig ist, hier auch
die entsprechende Zieladresse zu notieren und die neue Internetpräsenz
gemäß den Keywords auszugestalten.

Die beste Möglichkeit, Google den Umzug einer Landingpage zu einer neuen URL mitzuteilen, ist die Nutzung einer HTACCESS-Datei und eines »Redirect Permanent« (301), das heißt einer dauerhaften serverseitigen Weiterleitung. Für die Weiterleitung einer einzelnen Seite können Sie folgende Zeile in Ihre HTACCESS-Datei einsetzen:

RedirectPermanent/alte-seite.html
http://www.ihredomain.de/neue-seite.html

Die Struktur der Konfigurationsdatei und die Einsatzmöglichkeiten sind sehr vielseitig. Weitere Informationen zu HTACCESS-Dateien finden Sie unter *http://de.wikipedia.org/wiki/Htaccess*.

Eine Analyse im Vorfeld des Relaunchs sollte sich allerdings nicht nur auf die SEO-Kriterien beziehen. Vielmehr sollten die Rahmenbedingungen analysiert werden. Berücksichtigen Sie nicht nur die Zielgruppe und die Keywords, die Sie einsetzen möchten. Ein weiterer wichtiger Faktor sind die Unternehmensziele. Was möchte man mit der Website erreichen, welche Key-Performance-Indikatoren sollte man definieren? Berücksichtigen Sie die Unternehmensziele und die Anforderungen der Zielgruppe. Auf Basis dieser Faktoren ergibt sich eine inhaltliche Zielsetzung für den Relaunch. Diese Werte gilt es, mit dem Ist-Zustand abzugleichen und unter Berücksichtigung der SEO-relevanten Faktoren ein Konzept zu erstellen. Wie das im Detail aussieht, ist von Kunde zu Kunde bzw. von Website zu Website unterschiedlich.

Es gibt viele Gründe, die dafür sprechen, die Internetpräsenz von Zeit zu Zeit zu erneuern. Die Anpassung an veränderte SEO-Kriterien ist nur ein Grund, der für eine Erneuerung der Internetpräsenz spricht. Weitere Themenbereiche können sowohl die Usability und das Design einer Seite sein, aber es kann auch technische bzw. administrative Gründe geben, eine Website zu »relaunchen«. Eine Website, die vor einigen Jahren erstellt wurde, ist nicht unbedingt auf dem neuesten Stand der Technik. Mit jedem Browser-Update können Darstellungsfehler der verwendeten Inhalte entstehen.

Eine Website ist heute ein strategisches Kommunikationsmittel zur Zielkundenansprache. Dementsprechend sollte eine Internetpräsenz auch auf dem Stand der Technik sein, die von den Besuchern eingesetzt wird. Statistiken belegen, dass immer mehr Nutzer mit mobilen Endgeräten online surfen, wie zum Beispiel mit Smartphone, iPad oder vergleichbaren Tablet-Computern. Die Unternehmen und teilweise auch die Designer reagieren erst langsam auf den Wandel und berücksichtigen die technischen Veränderungen und die neuen Navigations- und Steuerungsfunktionen nicht ausreichend.

Die meisten Internetseiten sind heute noch auf die Bedienung mit einer Maus ausgelegt. Auch hier entsteht vermehrt Handlungsbedarf, da sich mit der Entwicklung mobiler Endgeräte auch das Surfverhalten und die Bedienung der Internetseiten verändern. Die Verbesserung der Usability bedeutet in diesem Fall, auf die veränderte Situation zu reagieren und frühzeitig auf die neuen Anforderungen der Zielgruppe einzugehen. Websites müssen heute eine Touch-Navigation beachten. Die klassische Navigation mit der Maus wird in den nächsten Jahren wahrscheinlich zweitrangig.

Ein weiterer Grund für einen Relaunch liegt in den veränderten Erwartungen, die Internetnutzer und damit auch potenzielle Kunden zukünftig an die Internetpräsenz eines Unternehmens stellen werden. Das Internet ist heute der zentrale Dreh- und Angelpunkt, um sich über alle möglichen Produkte und Dienstleistungen zu informieren. Gleichgültig, ob Sie wissen möchten, wo das nächste Schuhgeschäft ist, einen Testbericht zu einem Produkt oder einem Hotel suchen oder ob Sie wissen möchten, welcher Ihrer Freunde sich gerade in Ihrer Nähe aufhält. Suchmaschinen und soziale Netzwerke bestimmen längst unseren Alltag.

6.5   Erfahrungen aus der Praxis

Die Onsite-Optimierung bietet Ihnen viele Möglichkeiten, die Indizierung Ihrer Website oder Ihres Onlineshops zu verbessern. Der Text, den Sie auf einer Seite bereitstellen, ist für Suchmaschinen ein wichtiges Kriterium, um die Thematik und den Inhalt zu entschlüsseln.

6.5.1   Texte im Onlineshop – Chihuahua bringt Traffic und Conversion

Bereits 2009 konnten wir am Beispiel eines Onlineshops für Hundebekleidung feststellen, wie wichtig Text auch für Shopseiten sein kann. Wie bei vielen anderen Shops gab es auch bei dem Shop unseres Kunden kaum Texte bei den Artikeln und auf den Kategorieseiten. Bestandteil der ersten Onsite-Optimierung war daher die Integration von Texten auf den jeweiligen Kategorieseiten.

So wurden redaktionelle Texte auf den Kategorienseiten des Shops einge-fügt. In der Kategorie Hundemantel wurde ein Text geschrieben, der auch die Hunderassen Chihuahua und Mops enthielt, und es wurde darauf hin-gewiesen, dass die Hundemäntelchen auch in kleinen Größen vorhanden waren. Durch die Aufnahme der Hunderassen in Verbindung mit dem Keyword Hundemäntelchen gingen bereits nach 2 Wochen die ersten Bestellungen von Hundehaltern von Chihuahuas ein. Der Zusammenhang zwischen den eingesetzten Texten und den neuen Aufträgen war schnell hergestellt, da die Suchanfragen mit Google Analytics ausgewertet werden konnten.

Wir starteten eine neue, erweiterte Keyword-Analyse in Bezug auf Hunde-bekleidung für Möpse und Chihuahuas und mussten feststellen, dass es diesbezüglich eine größere Zielgruppe gab, als wir anfänglich dachten. Wir schufen neue Landingpages, auf denen wir die Zielgruppe fokussierten und die entsprechenden Keywords bzw. die entsprechenden Produkte mit aus-sagekräftigen Texten bewarben. Durch die anfänglichen Texte und die kon-tinuierliche Auswertung erhielten wir für unseren Kunden viele neue Interessenten, die er ganz gezielt ansprechen konnte.

Die komplette Optimierung erfolgte lediglich durch die textuelle Ausarbei-tung der Landingpages. Es reichte bereits aus, die Landingpages im Shop auf die themenrelevanten Keywords auszurichten, und die Kategorienseі-ten erhielten nach kurzer Zeit gute Platzierungen zu den relevanten Suchanfragen bei Google.

6.5.2   Welche Kriterien heute gelten – ein Live-Check hilft

Nun habe ich Ihnen eine Vielzahl von Faktoren genannt, und vielleicht haben Sie auch schon von diesen Faktoren gehört oder in anderen Büchern gelesen. Was ist hier also neu, oder warum sollen gerade diese Faktoren so wichtig sein? Ich habe Ihnen die für die Optimierung Ihrer Website wichti-gen Kriterien genannt, aber welche Relevanz haben die einzelnen Prüf-steine zu dem Zeitpunkt, an dem Sie dieses Buch lesen? Nun, diese Frage kann ich Ihnen nicht beantworten, aber ich kann Ihnen dabei helfen, dass Sie diese Frage selbst beantworten können.

Wir werden uns jetzt an einen kleinen Live-Test begeben. Zuerst lesen Sie, wie ich die Kriterien prüfe, später können Sie diese Schritte selbst wiederholen. Rufen Sie Google auf. Achten Sie darauf, dass Sie nicht mit Ihrem Google-Account angemeldet sind und Google die Suchergebnisse auch nicht anhand Ihres Suchprotokolls anpasst. Damit Sie ein möglichst neutrales Ergebnis erhalten, können Sie bei einigen Browsern auch in den privaten Modus schalten.

Damit wir kontrollieren können, ob die genannten Onsite-Kriterien auch wirklich eingesetzt werden, prüfen wir bei einem stark beworbenen Keyword die Websites, die es geschafft haben, bei Google auf den ersten Positionen des organischen Rankings dargestellt zu werden. Geben Sie »Urlaub Ägypten« ein. In Abbildung 6.33 sehen Sie, wie sich das Ergebnis zum Zeitpunkt der Kontrolle darstellt, in Ihrem Fall könnte es bereits anders aussehen.

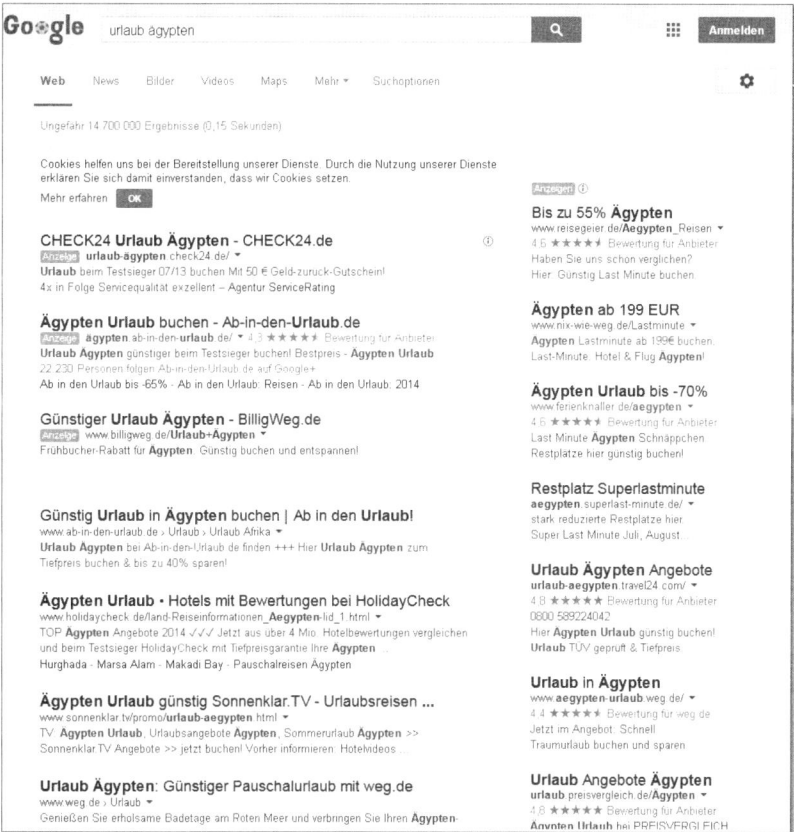

Abbildung 6.33 Google-Ergebnisseite für »urlaub ägypten«

Da wir die Onsite-Kriterien prüfen, interessieren uns bei der Ergebnisansicht nicht die Werbeeinträge mit Google AdWords, sondern wir prüfen die besten organischen Ergebnisse. Wenn diese Websites die Onsite-Kriterien anwenden, ist das zwar noch kein Beweis dafür, ob die Onsite-Optimierung ausschlaggebend ist, aber wir sehen zumindest, in welchem Umfang diese Faktoren angewendet werden.

Auf Platz 1 steht die Internetseite *www.ab-in-den-urlaub.de*. Auf Platz 2 finden wir die Internetpräsenz *www.holidaycheck.de*. Danach folgen Sonnenklar.TV und weg.de. Bei allen Ergebnissen fällt bereits auf, dass unsere Suchbegriffe »Urlaub« und »Ägypten« sowohl in der Überschrift als auch in der Beschreibung des Suchergebnisses enthalten sind. Des Weiteren fällt auf, dass wir nicht auf die Startseite der jeweiligen Website, sondern auf die themenrelevante Unterseite verlinkt werden. Die Suchergebnisse von Ab-in-den-Urlaub.de und von weg.de zeigen, dass die Breadcrumb-Navigation auf den Zielseiten mit strukturierten Daten (Rich Snippet) übermittelt werden (siehe Abschnitt 6.1.4, »Strukturierte Daten«). Alle Websites nutzen »sprechende URLs«. Bei Ab-in-den-Urlaub.de werden wir auf die Unterseite *urlaub/afrika/aegypten/240* verwiesen.

Aus der Ansicht des Suchergebnisses können wir schließen, dass alle Seiten »aussagekräftige URLs« und Meta-Informationen (Title, Description) an das jeweilige Thema der Unterseite anpassen. Diese beiden Onsite-Faktoren werden hier bereits bestätigt. Schauen wir uns nun die einzelnen Zielseiten an. Zuerst rufe ich die Seite *http://www.ab-in-den-urlaub.de/urlaub/afrika/aegypten/240* auf (siehe Abbildung 6.34).

Auf den ersten Blick sieht man eine prominente Person, die für das Unternehmen und die Reisen wirbt, sowie einige Auszeichnungen der Internetseite. Dies sind beides vertrauenerweckende Elemente, die uns zwar keine themenrelevanten Informationen geben, aber wir fühlen uns dadurch positiv gestimmt und erwarten ein zusagendes Ergebnis.

Im linken Bereich erscheint ein Suchformular. Anhand des ersten Eindrucks können wir nichts darüber aussagen, welche Faktoren der Onsite-Optimierung hier eingesetzt werden. Wir sehen lediglich, dass unser Keyword »Urlaub Ägypten« mehrmals zu sehen ist. Der Scrollbalken auf der rechten Seite zeigt uns, dass wir auf dieser Seite weit nach unten scrollen können. Schauen wir uns also den weiteren Verlauf der Seite an.

Abbildung 6.34 Zielseite der Internetpräsenz Ab-in-den-Urlaub.de zum Thema »Urlaub Ägypten«

Zuerst erhalten wir zehn Urlaubsangebote, die erneut mit der Überschrift »Urlaub Ägypten« versehen sind. Neben den Angeboten stehen Urlaubskommentare. Auch in der Überschrift der Kommentare finden wir unsere Keywords wieder. Die Überschrift lautet nicht einfach »Kommentare unserer Nutzer«, sondern »Kommentare unserer Nutzer *über ihren Ägyptenurlaub*«. Unter den Kommentaren finden wir ausgewählte Bewertungen, und auch hier sind es nicht nur Bewertungen, sondern die Überschrift lautet »Ausgewählte Bewertungen zu *Ägypten Urlaubsreisen*«.

Neben den Bewertungen finden wir ein kleines Pluszeichen. Wenn wir das Pluszeichen anklicken, sehen wir einen größeren Absatz der Bewertung. Die Bewertungstexte sind Teil der Internetseite und werden von Google beim Crawlen mit erfasst. Bei fünf Bewertungen, die eingeblendet werden, sind das ca. 400–500 Wörter themenrelevanter Text. Die Wiederholung des Suchbegriffs und die Vielzahl der Informationen sind natürlich kein Zufall. Bestimmt ist Ihnen bereits bewusst, dass Google die Seite auch aufgrund der dargestellten Fülle an Informationen so positiv bewertet.

Werfen wir noch einen Blick in den Quellcode und schauen uns an, welche weiteren Faktoren der Onsite-Optimierung wir dort finden. Zuerst betrachten wir die Meta-Informationen. Den Title und die Description haben wir bereits bei der Google-Suchergebnisseite gesehen, hier sehen wir den dazugehörigen Quellcode:

```
<title> Günstig Urlaub in Ägypten buchen | Ab in den Urlaub! </title>
<meta content=" Urlaub Ägypten bei Ab-in-den-
Urlaub.de finden +++ Hier Urlaub Ägypten zum Tiefpreis buchen &
 bis zu 40% sparen! "
name="description">
```

Dreimal stehen die Wörter Ägypten und Urlaub in Title und Description in direkter Kombination. Sie geben mir wahrscheinlich Recht, dass man davon ausgehen kann, dass der Website-Betreiber auf die Onsite-Optimierung der Meta-Informationen Wert legt.

Es gibt weitere Bewertungskriterien, die wir uns im Quellcode anschauen können. Wie sieht es mit der Formatierung der Überschriften aus? Als H1-Überschrift finden wir den folgenden Eintrag: `<h1 class="topLineHead fS24">Urlaub Ägypten</h1>`. Auch in der Hauptüberschrift der Seite finden wir unsere Keywords wieder (siehe Abbildung 6.35).

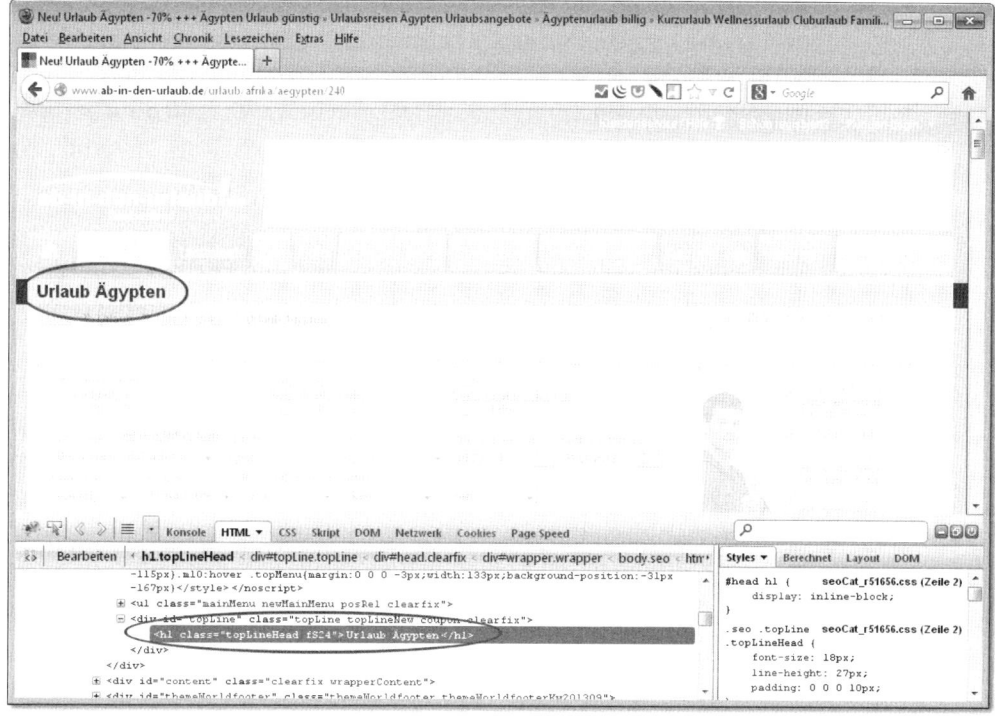

Abbildung 6.35 Quellcode der Webseite und Darstellung des HTML-Elements
<h1> zur Definition der Hauptüberschrift

Auf jeder Seite sollte es genau eine H1-Überschrift geben, und so verhält es sich auch auf dieser Webseite. Gehen wir weiter und prüfen die H2-Überschriften. Die erste H2-Überschrift lautet »Ausgewählte Bewertungen zu Ägypten Urlaubsreisen«, und jetzt sehen wir auch, warum die Überschrift nicht nur »Ausgewählte Bewertungen« heißt. Es ist eine Hauptüberschrift und als solche auch für die Suchmaschinen erkennbar. Aus diesem Grund werden auch die Keywords wiederholt. Eine weitere H2-Überschrift ist »Weitere Ägypten Urlaubsangebote«, die Überschrift »Kommentare unserer Nutzer über ihren Ägyptenurlaub« ist eine H3-Überschrift genauso wie »Ägypten Urlaub Regionen«. Die erste Überschrift, die uns beim Besuch der Webseite optisch auffällt, ist »Urlaub Ägypten günstig – Schnellsuche«. Sie befindet sich gleich im oberen Bereich auf der Webseite und ist lediglich als H3 gekennzeichnet.

Es zeigt sich also, dass die Anordnung der Überschriften nicht auf die Struktur der Webseite ausgerichtet sein muss. Wir können damit den Suchmaschinen die Inhalte der Webseite nach anderen Kriterien darstellen, als wir das für unsere menschlichen Besucher tun. Die Interessenten nehmen die Wichtigkeit der Inhalte nach der optischen Anordnung war. Suchmaschinen gehen nach den Kriterien der HTML-Notation. Wir finden auf der Webseite Ab-in-den-Urlaub.de weitere Überschriften der Ebene <h4> und <h5>. Die Webseite ist damit stark untergliedert und bietet Suchmaschinen ganz klare Strukturen und Prioritäten.

Die Wiederholung des Keywords steigert die *Keyword-Prominenz* und damit den Wert des Schlüsselwortes in Bezug auf den dargestellten Inhalt. Google bewertet unter anderem anhand der ermittelten Keyword-Prominenz, welche Schlüsselwörter auf der Seite den Inhalt am besten beschreiben.

Um die Onsite-Kriterien weiter auswerten zu können, nenne ich Ihnen ein Website-Tool, mit dem Sie in einer Analyse auch Texte, CSS und weitere Bausteine prüfen können, *www.seitenreport.de*, und das Sie auch ohne Anmeldung nutzen können. In unserem Fall interessiert uns die Auswertung der ausgelagerten CSS-Formatierungen, das Verhältnis zwischen Quellcode und Content sowie die Keywords, die am häufigsten auf der Webseite verwendet werden.

Die Auswertung ist keine Überraschung. 99 % der Formatierungen sind in eine externe CSS-Datei ausgelagert. Das Quellcode-Content-Verhältnis liegt bei 7,9 %. Das ist kein besonders guter Wert, aber bei derartig großen Portalen durchaus üblich. Für kleinere Unternehmenspräsenzen und Onlineshops sollte der Wert bei ca. 30–40 % liegen. Kommen wir zur Auswertung der verwendeten Keywords. Hier zeigt sich wiederum ein interessantes Ergebnis. Folgende Begriffe kommen sehr häufig vor:

Keyword	Gewicht
urlaub	69
ägypten	56
Günstig Urlaub	19
urlaub ägypten	18
ägypten buchen	10

Tabelle 6.1 Auswertung der verwendeten Keywords

Tabelle 6.1 zeigt, dass auch die Onsite-Bausteine Quellcode-Optimierung und Content wichtige Faktoren sind. Sie werden mir wohl auch hier darin zustimmen, dass der Website-Betreiber auf diese Maßnahmen achtet.

Inwieweit der jeweilige Website-Betreiber auch darauf achtet, strukturierte Daten zu übermitteln, können Sie mit dem Rich-Snippet-Testung-Tool von Google prüfen: *www.google.de/webmasters/tools/richsnippets*

Im Laufe der Zeit könnten sich die Onsite-Kriterien für die Suchmaschinenoptimierung ändern, aber ich bin der Überzeugung, dass Themenrelevanz und Nutzen für den Betrachter elementare Bestandteile des Ranking-Algorithmus sind. Mit dem geschilderten Verfahren können Sie allerdings zu jedem Zeitpunkt prüfen, wie viel Wert erfolgreiche Webseiten auf diese Kriterien legen. Sollten Sie in den nächsten Monaten noch nichts vorhaben, können Sie diesen Test gerne für mehrere hundert Suchanfragen durchführen. Bitte senden Sie mir dann die Ergebnisse zu, ich werde Sie im nächsten Buch veröffentlichen.

Weitere Informationen bietet Ihnen Google selbst. Google möchte Ihnen dabei helfen, Ihre Website für die Nutzer zu optimieren, und gibt Ihnen zahlreiche Tipps und Empfehlungen. Den Starter Guide zur Suchmaschinenoptimierung finden Sie unter *http://goo.gl/seoguide-de*.

Die Richtlinien zur Website-Gestaltung und zum Content finden Sie hier (siehe Abbildung 6.36):
www.google.com/webmasters/guidelines.html

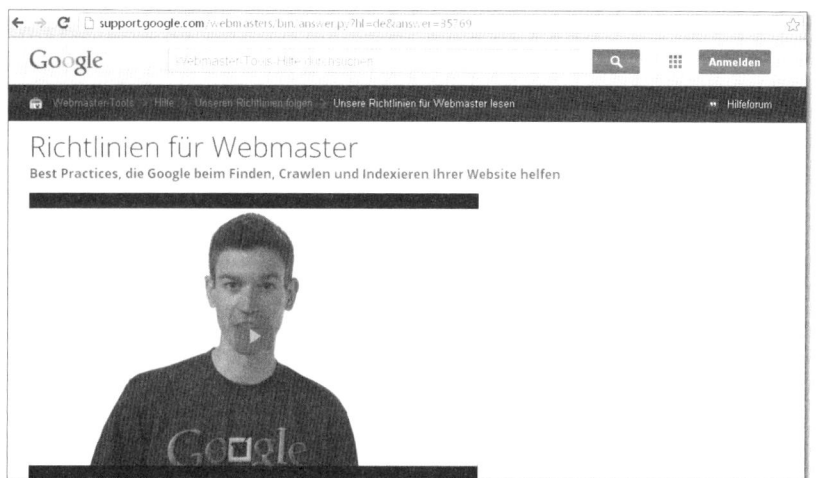

Abbildung 6.36 Link zu den Webmaster-Richtlinien von Google:
www.google.com/webmasters/guidelines.html

6.5.3 Website-Bau für Fahrzeugbau – Relaunch eines Fahrzeugherstellers

Nachdem wir uns anhand einer Website angeschaut haben, ob die genannten Kriterien von Unternehmen umgesetzt werden, berichte ich Ihnen nun von einem unserer Projekte, mit dem wir bereits durch die Onsite-Optimierung sehr große Erfolge erzielen konnten. Das Unternehmen baut Verkaufswagen für den Ausschank von Getränken, Kühlanhänger, Imbissfahrzeuge und die unterschiedlichsten Event- und Promotion-Fahrzeuge sowie -Anhänger.

Als wir die Betreuung übernahmen, wurden mehrere hundert Euro monatlich für Google AdWords ausgegeben. Insgesamt verzeichnete die Website über AdWords ca. 3.000 Besucher pro Monat. Die Besucherzahlen waren bereits gut, aber das Feedback der Besucher wurde nicht analysiert. Es gab keine eindeutige Benutzerführung, und die Website war unübersichtlich. Zwar gab es eine lokale Suche, aber die angezeigten Ergebnisse wurden nicht geprüft und die eingegebenen Anfragen nicht ausgewertet.

Der Besucherstrom, der durch bezahlte Werbung auf die Internetseite gelangte, betrug über 80 % der Gesamtbesucher. Kontinuierlich musste Geld in die Google-AdWords-Werbung investiert werden, damit die Werbeanzeigen bei Google dargestellt wurden. Zum damaligen Zeitpunkt war das Unternehmen aber in den organischen Suchergebnissen zu den gängigsten Begriffen der Branche nicht vertreten. Das Unternehmen beauftragte uns im März 2010 mit der Suchmaschinenoptimierung. Wir begannen mit einer Analyse der bestehenden Internetpräsenz und verglichen die Inhalte mit dem Wettbewerberumfeld. Bereits bei der Analyse fielen einige Aspekte auf, und wir konnten relativ schnell mit einer Onsite-Optimierung beginnen.

Bestandteil der Onsite-Optimierung war unter anderem ein struktureller Umbau der Website. Vor der Maßnahme gab es auf der Startseite mehrere animierte Elemente, die die Nutzer bzw. die Augen der Nutzer immer zwischen diesen Flächen wandern ließen. Die Animationen störten die Nutzerführung, und die eigentlichen Inhalte, die präsentiert werden sollten, konnten nicht als priorisierte Elemente wahrgenommen werden. Wir begannen, die Website neu zu strukturieren und diverse Bausteine der Onsite-Optimierung auf der Internetpräsenz einzuführen.

In einem ersten Schritt griffen wir alle technischen Veränderungen auf. So wurde eine *robots.txt*-Datei erstellt und eine dynamische XML-Sitemap integriert. Die URLs der Internetpräsenz wurden aussagekräftig gestaltet, und auch die Bilder erhielten eine neue Namensgebung, die dem Thema der dargestellten Informationen angemessen waren. Wir haben beim Relaunch der Seite bewusst auf ein Open-Source-CMS verzichtet und die Seite mit einem eigenen Content-Management-System programmiert. So war es leicht, die technischen Anforderungen umzusetzen und das System an die Anforderungen der Suchmaschinenoptimierung anzupassen.

Auf der Startseite wurde im Kopfbereich ein animierter Bereich geschaffen, um die neuesten Produkte zu präsentieren. Weitere große Bilder wurden auf der Startseite entfernt. Ein News-Slider mit kleinen Produktbildern wurde auf der Startseite integriert, damit die Webseite stetig aktuell ist und neuer Inhalt für wiederkehrende Besucher (und Google) bereitgestellt werden kann.

Nachdem die technischen Anpassungen abgeschlossen waren, begannen wir mit der inhaltlichen Verbesserung der Website. Wir kategorisierten die Produktgruppen und erstellten pro Fahrzeuggruppe eine aussagekräftige Landingpage. Vor dem Umbau der Internetpräsenz wurden die Fahrzeuge lediglich mit Bildern und wenig Text (technische Daten zu den Fahrzeugen) bereitgestellt. Im Zuge der Neugestaltung wurden alle Fahrzeuge mit einer eigenen Unterseite dargestellt und zusätzlich zu den Informationen ein Datenblatt in Form eines PDFs hinterlegt. Bei den Fahrzeugen wurden Testimonials und Mitarbeiterkommentare integriert, um die Qualität und die Verbundenheit der Kunden und der Mitarbeiter mit den Produkten darzustellen.

Die Kontaktinformationen wurden auf jeder Seite integriert. Zu jeder Fahrzeugkategorie wurden Texte oberhalb (kurzer Einleitungstext) und unterhalb der dargestellten Produkte eingefügt. Die Kategorienseiten wurden im späteren Verlauf zu den maßgeblichen Erfolgsfaktoren der Internetpräsenz, und jede einzelne Seite wurde von Google zu den themenrelevanten Keywords auf den Top-Positionen des organischen Rankings dargestellt.

Was hat diese Seiten so erfolgreich gemacht? Zum einen waren es die technischen Anpassungen, aber der Hauptgrund waren die neuen Texte bzw. die gesamte Content-Veränderung und die HTML-Formatierung. Jede Seite erhielt einen passenden Title. Das Haupt-Keyword jeder Seite, zum Beispiel Hotdog-Verkaufsfahrzeug (googeln Sie nicht danach, es ist hier nur als Beispiel genannt), wurde im Title als erster Begriff dargestellt. In der URL kam das Wort ebenso vor wie in der Description und der H1-Überschrift. Zudem wurde das Keyword in mehreren H2- und H3-Überschriften nochmals integriert. Zu den H2-Überschriften gab es jeweils einen Text mit ca. 250 Wörtern, und die H3-Überschriften bezeichneten die konkreten Produkte und waren mit einem Link zum jeweiligen Fahrzeugtyp verknüpft. Jede Landingpage war gleich aufgebaut. Zuerst die H1-Überschrift, dann ein kleiner Textabsatz (ca. 100 Wörter), darunter erschienen die jeweiligen Fahrzeuge mit einem Bild und der entsprechenden Überschrift als H3. Unter den Fahrzeugen wurden dann weitere Textabsätze eingebaut. Die Überschriften waren hier als H2 integriert, und jeder Textabsatz hatte ca. 250 Wörter. Meistens waren es zwei oder drei Absätze.

Mit dieser Struktur fanden sich nicht nur die Besucher der Internetpräsenz bestens zurecht, sondern sie war auch suchmaschinenfreundlich. Die Seiten hatten insgesamt über 1.000 Wörter mit themenrelevanten Texten, und Suchmaschinen konnten anhand dieser Informationen den thematischen Schwerpunkt jeder Unterseite gezielt herausstellen und bewerten.

Eine Internetpräsenz muss allerdings kontinuierlich für Suchmaschinen interessant bleiben, und das bedeutet, dass kontinuierlich neuer Content auf die Site gestellt werden muss. Auf den Landingpages wäre das zu riskant, da jede Änderung des Textes auch das Verhältnis der Keyword-Dichte ändern und Google die Webseite im Vergleich mit konkurrierenden Seiten eventuell an einer schlechteren Position in den Suchergebnissen darstellen könnte. Zudem wollten wir bei unserem Projekt darauf achten, dass Google die Website des Unternehmens als möglichst voluminös empfindet, und das erreicht man nur, wenn sie möglichst viele Unterseiten hat.

Die einfachste Lösung war der Aufbau eines News-Bereichs, in dem mehrmals wöchentlich neue Meldungen eingestellt wurden. Jede News konnte in der Einzelansicht unter einer eigenen Adresse mit einer sprechenden URL dargestellt werden. In den Artikeln wurden die Keywords eingebaut und direkt mit der jeweiligen Landingpage verlinkt. Bereits nach einigen Wochen wuchs die Internetpräsenz von den ausgehenden 25 Seiten auf eine Größe von über 150 Seiten mit themenrelevantem Inhalt zum Bereich des Fahrzeugbaus an.

Damit wir auch sicher sein konnten, dass Google die Seiten indiziert, meldeten wir die Internetpräsenz bei den Google Webmaster-Tools an und sendeten anfangs die XML-Sitemap nach jeder News-Erstellung manuell noch einmal an Google, damit jede Seite schnellstmöglich indiziert wurde. Zudem konnten wir dadurch auch gewährleisten, dass Google den Aktualisierungszyklus der Internetpräsenz bemerkt und entsprechend öfter aus eigenem Antrieb einen Crawler vorbeischickt. Ein weiterer Faktor, den wir bei den News berücksichtigten, waren die internen Links. Wenn wir News zu Hotdog-Verkaufsfahrzeugen erstellten, verlinkten wir das Wort auch mit der entsprechenden Produktkategorie.

Bereits nach 4 Monaten konnten die monatlichen Gebühren für die Anzeigenschaltung bei Google AdWords auf die Hälfte reduziert werden, und der Anteil an organischem Suchmaschinen-Traffic wuchs auf 50 % an. Nach einem halben Jahr konnte die Anzeigenschaltung gänzlich ausgesetzt werden, und das Unternehmen erhielt dennoch mehr Besucher als 6 Monate zuvor. Zudem brachte das neue Besuchervolumen den Vorteil, dass es sich um qualitativen Traffic handelte. Es kamen mehr qualifizierte Anfragen über die Website als insgesamt durch Besucher über die AdWords-Anzeigen.

Das Unternehmen hat mittlerweile das Budget für die Suchmaschinenoptimierung und die Vermarktung der Internetplattform verdreifacht, und der Erfolg gibt dem Geschäftsführer des Unternehmens Recht. 2011 konnte das Unternehmen einen Mehrumsatz verbuchen, mit dem der Unternehmer im Vorfeld niemals gerechnet hätte. 2013 ging zu der Unternehmensseite ein zusätzlicher Onlineshop ans Netz. Die Website wird weiterhin kontinuierlich ausgebaut, und auch Facebook und Twitter werden als aktive Marketingplattformen mit mehreren Kanälen für das Kundenbindungsmanagement eingesetzt.

Zugriffe über organische Suchanfragen bringen qualifizierte Besucher

Alles fügt sich zusammen. Usability ist SEO! Wenn Sie Ihre Website mit themenrelevanten Informationen ausbauen, indiziert Google mehr Inhalte. Wenn Sie mit mehr Inhalten bei Google vertreten sind, wird Ihre Internetpräsenz zu mehr qualifizierten Suchanfragen dargestellt. Und das wiederum bedeutet, dass Ihre Website von mehr Interessenten angeklickt wird. Die Interessenten finden die themenrelevanten Informationen, fühlen sich gut beraten und werden zu potenziellen Käufern.

Kapitel 7
Phase 3: SEO – Offsite

In diesem Kapitel lernen Sie unterschiedliche Methoden der Offsite-Optimierung kennen, und Sie erhalten zahlreiche Tipps für die Umsetzung Ihrer eigenen Kampagnen. Die Offsite-Optimierung als gezielte SEO-Maßnahme erfolgt in den meisten Fällen nicht für eine Domain im Allgemeinen, sondern keyword-relevant für eine Seite/Landingpage.

Wenn Sie die Onsite-Optimierung Ihrer Webpräsenz abgeschlossen haben, ist der Weg frei, um sich auch der Offsite-Optimierung für Ihre Internetseite zu widmen. Um im Internet wahrgenommen zu werden, ist es wichtig, dass Sie auch außerhalb Ihrer eigenen Website tätig werden und Maßnahmen umsetzen, um für Ihre Website zu werben.

Ein wesentliches Kriterium für die Zusammensetzung des Rankings in einer Suchmaschine stellen die sogenannten Backlinks dar. Damit Sie Offsite-Maßnahmen veranlassen können, müssen Sie Ihre Ausgangssituation kennen. Die Offsite-Analyse bezeichnet alle Analysetechniken, bei denen Kriterien außerhalb der Website überprüft werden. Die externen Faktoren stehen dabei mehr im Zeichen des Wandels und passen sich erfahrungsgemäß häufiger an als die Onsite-Kriterien. Bei den Onsite-Faktoren kann man sagen, guter, themenrelevanter Content ist der wichtigste Faktor. Bei der Offsite-Optimierung sind es zumindest derzeit themenrelevante Links von vertrauenswürdigen Internetseiten.

Allerdings hat auch Google speziell das Linkbuilding immer im Auge und setzt mit nahezu jedem Update Schritte um, mit denen dieser Ranking-Faktor beeinflusst wird. Eine Linkinflation hat somit heute keine Chance mehr (siehe dazu auch Abschnitt 9.5, »Wichtige Updates des Google-Algorithmus«).

Die Offsite-Optimierung unterliegt stets neuen Kriterien, die sich an die aktuelle Entwicklung im Internet anpassen. So fließen mehr und mehr Faktoren in diesen Bereich mit ein. Soziale Netzwerke, persönliche Empfehlungen via Facebook (»Gefällt mir«) oder Google+ werden wahrscheinlich in naher Zukunft die Gewichtung der einzelnen Faktoren bedeutsam beeinflussen.

Heute ist es Suchmaschinen technisch möglich, Links zu klassifizieren und zwischen positiven und negativen Links bzw. zwischen organischen Links und einem gezielten Linkaufbau zu differenzieren. Jeder Linkaufbau hinterlässt gewisse Muster, die von den Suchmaschinen theoretisch erkannt werden können. Inwieweit Suchmaschinen diese Mechanismen nutzen, um einen künstlichen Linkaufbau zu durchschauen und Links zu entwerten, ist Spekulation und kann nicht bewiesen werden. Es ist allerdings bekannt, dass ein übertriebener Linkaufbau zu »Abmahnungen« führen kann und Google die verlinkte Internetseite dann aus dem Index entfernt.

Bei der Offsite-Suchmaschinenoptimierung kann viel im Sinn von Empfehlungsmarketing gearbeitet werden. So sollte man die Offsite-Maßnahmen stets verstehen und den Linkaufbau anhand eines Empfehlungsmarketings ausrichten. Der Linkaufbau im Internet ist mit einem realen Empfehlungsmarketing vergleichbar. Wer vor einigen Jahren eine Internetseite empfehlen wollte, der konnte lediglich einen Link zu einer anderen Seite setzen. Dieses Ereignis wertete Google entsprechend, und wer viele Links hatte, wurde im Suchergebnis gepusht.

Offline verhalten wir uns ähnlich. Wird ein Unternehmen von vielen Personen positiv empfohlen, schenken wir diesem Unternehmen mehr Vertrauen, als wenn uns ein Unternehmen gänzlich unbekannt ist. Es lohnt sich doppelt für Sie, die Verlinkung Ihrer Website auf anderen Seiten zu fördern. Einerseits wird dadurch das Ranking Ihrer Site verbessert, andererseits gelangen auch direkt neue Besucherströme über die Links auf Ihre Site. Wenn eine große Anzahl von Links aus dem Web auf eine Webseite verweist, nimmt Google an, dass es sich bei der Zielseite um eine bedeutende und für viele Internetnutzer relevante bzw. zumindest interessante Webseite handeln muss. Aus diesem Grund wird diese Seite besser gerankt und erhält eine bessere Positionierung in den Suchergebnissen, zumindest war es bis vor einiger Zeit so.

Heute können Empfehlungen im Internet auf die unterschiedlichsten Arten erfolgen. Es gibt weiterhin die Form des klassischen Links, aber auch in sozialen Netzwerken kann man Websites einander empfehlen. Zudem kann man via Rich Snippets vordefinierte Inhalte einer Seite bewerten, was ebenfalls von Google aufgenommen wird.

Heute ist Offsite-SEO wesentlich umfangreicher als noch vor einigen Jahren. Ein Pfeiler, der (zumindest derzeit) zählt, ist das Empfehlungsmarketing, wobei man heute mehr und mehr von *Social Search* bzw. *Social SEO* spricht. Bei Social Search zählen nicht mehr nur das reine Empfehlungsmarketing und die Anzahl der Links, sondern es zählt die Beziehung zwischen Sender und Empfänger in den sozialen Netzwerken. Inhalte, die von Freunden empfohlen werden, werden zukünftig stärker gewichtet als Inhalte, die nicht im persönlichen Umfeld geteilt bzw. als relevant erachtet werden.

Mehrere Social-Search-Faktoren spielen dabei in der Zukunft eine immer größere Rolle für die Suchmaschinenoptimierung von Webseiten. Somit ist es einerseits wichtig, ob ein Unternehmen auch mit einer Präsenz bei Social-Media-Plattformen wie Google+ vertreten ist. Andererseits werden aber auch Klicks und Bewertungen für Seiten oder Meldungen eines Unternehmens auf Google+ mit einbezogen.

Somit wird auch die Suche sozialer, da Internetinhalte, die von Freunden bereits positiv bewertet werden, auch in den Suchergebnissen besser dargestellt werden (könnten). Google nimmt dabei an, dass positiv bewertete Inhalte auch für den Freundeskreis interessant sind. So sieht Google heute nicht mehr das Empfehlungsmarketing durch die reine Verlinkung von Inhalten als gegeben, sondern nutzt auch die Vernetzung der Personen untereinander als weiteres Kriterium für die Gewichtung der Suchergebnisse. Diese Art des Linkaufbaus bzw. des Empfehlungsmarketings bringt entscheidende Vorteile mit sich. Einerseits ist das Vertrauen der Internetnutzer in solche Bewerbungen größer, da es sich nicht um klassische, bezahlte Anzeigen handelt und die Empfehlung von einem Bekannten kommt, andererseits handelt es sich dabei um kostenlose Werbeformen, die stetig für Ihre Website werben, ohne dass Sie noch etwas dazu tun müssen.

Ein wichtiger Aspekt der professionellen Offsite-Aktivitäten ist, eine Internetmarke zu kreieren und aufzubauen. Wie im Offline-Bereich außerhalb des Internets ist es auch in der Online-Welt wichtig, als Marke bzw. als Domain wahrgenommen zu werden und sich einen positiven Ruf aufzubauen. Wenn Ihnen das gelingt, wird der Investitionsaufwand für Werbung sinken, da Promotion weitaus einfacher auch über kostenlose Kanäle betrieben werden kann. Irgendwann werden schließlich auch Ihre Kunden und Interessenten zu Multiplikatoren. Diese sorgen dann dafür, dass neue Links im Internet zu Ihrer Seite gesetzt werden und Ihr Markenname genannt wird.

7.1   Analyse, Strategie und Planung

Wie bei der Onsite-Optimierung sollten Sie auch bei der Offsite-Optimierung in einem ersten Schritt die eigene Ausgangssituation analysieren.

Bevor Sie mit dem Linkaufbau beginnen, ist es wichtig zu wissen, welche Websites bereits auf Sie verweisen und mit welchen Linktexten auf Ihre Website referenziert wird. Führen Sie diese Analyse auch für Ihre Mitbewerber durch, und verschaffen Sie sich einen Überblick über die Reputation Ihrer Website und die Verbreitung von Links für themennahe Portale und Mitbewerber. Erst wenn Sie »branchenübliche« Werte kennen, können Sie beurteilen, wie Ihre eigene Seite im Bereich der Verlinkung etabliert ist und welche Maßnahmen für Sie sinnvoll sind.

Der Schlüssel zum Erfolg liegt nicht in der bloßen Anzahl an Links, die zu Ihrer Website führen. Wichtig sind themenrelevante Links, die dazu beitragen, Ihre Seite gut zu positionieren und die richtigen Nutzer zu erreichen. Wenn Sie mit Ihrem Linkaufbau Personen erreichen, die sich für Ihre Angebote interessieren oder sogar nach Ihren Produkten suchen, schlagen Sie zwei Fliegen mit einer Klappe. Generell existieren mehrere Möglichkeiten, um themenrelevante Links zu setzen.

7.1.1   Was ist Themenrelevanz beim Linkaufbau?

Bevor Sie beginnen, wahllos das Internet nach Websites zu durchforsten, auf denen es leicht und preiswert möglich ist, Links zu setzen, sollten Sie Qualität vor Quantität stellen. Traffic von Seiten, die überhaupt nicht zu Ihrem Thema passen und die wohl auch kaum von Menschen besucht werden, die Ihrer eigentlichen Zielgruppe entsprechen, helfen Ihnen dabei nicht weiter.

Überlegen Sie lieber, wie Sie über Links direkt Vertreter Ihrer Zielgruppe erreichen und auf Ihre Website locken können! Welche virtuellen Orte eignen sich besonders gut, um dort geschickt einen Link zu platzieren und potenzielle Neukunden anzusprechen?

Einbindung in themennahe Websites

Eine einfache Methode, mit der Sie starten können, besteht darin, Websites mit ähnlichen Angeboten zu finden, mit denen ein Linktausch möglich ist, mit denen Sie aber nicht in direkter Konkurrenz stehen. Häufig ergeben sich hierbei im Rahmen des Linkaufbaus sogar Synergieeffekte, und der Linktausch ist tatsächlich für beide Seiten förderlich. Der Nachteil des Linkaufbaus mithilfe solcher Seiten, die nicht rein dem Linkaufbau fremder Websites dienen, ist, dass der Aufwand für das Setzen von Links größer ist, da mit den Betreibern der Websites direkt verhandelt werden muss. Der Vorteil hingegen besteht darin, dass die Chance, die Zielgruppe zu erreichen, deutlich höher ist als bei Webverzeichnissen und ähnlichen Seiten.

Linktext

Ein wichtiges Kriterium für die Links, die Sie aufbauen, ist der Begriff, mit dem auf Ihre Website verlinkt wird. Hier gilt wie beim internen Linkaufbau, dass Google sich nicht nur das Linkziel, sondern auch den Linktext merkt und die Zielseite mit der Linkbezeichnung zueinander in Beziehung setzt. Wie wichtig dieser Zusammenhang ist und wie stark Google die Relevanz eines Suchwortes von der Zielseite ableitet, sehen Sie an einem kleinen Beispiel.

Das kleine Wörtchen »hier« hat nun wirklich keine themenrelevante Bedeutung, die man einer bestimmten Zielseite zuordnen könnte. Niemand würde jemals aktiv das Wort »hier« bewerben, um damit auf seine Internetpräsenz aufmerksam zu machen. Dennoch ist es nach den derzeitigen SEO-Kriterien und der Zuordnung von Linktext zu Linkziel mit einem ganz bestimmten Inhalt verbunden.

Wenn Sie das Keyword »hier« bei Google eingeben, werden Sie auf einem der vordersten Plätze die Webseite des Adobe Acrobat Readers finden. Dies hat einen ganz einfachen Grund. Auf vielen deutschsprachigen Seiten können Sie PDF-Dateien herunterladen, und meistens steht ein Hinweis ähnlich dem folgenden Text auf der Download-Seite: »Um PDF-Dateien herunterzuladen oder anzuschauen, brauchen Sie den Adobe Reader. Diesen können Sie *hier* kostenlos herunterladen.«

Einen derartigen Text findet man auf zahlreichen Seiten, und überall wurde das Wort »hier« mit dem Adobe Reader verlinkt. Google hat aufgrund der Anzahl an Links, die mit dem Linktext »hier« auf die Seite verweisen, eine Relevanz zwischen dem Wort »hier« und der Zielseite des Adobe Readers aufgebaut und bietet seitdem die Zielseite im Google-Suchergebnis an, sobald jemand das Wort als Suchanfrage eingibt (siehe Abbildung 7.1). Wenn Sie den Content der Seite auswerten, werden Sie sehen, dass es keine Optimierung für den Begriff gibt. Die Darstellung in den Suchergebnissen ist nur durch die externen Links begründet.

Als ich vor über 7 Jahren zum ersten Mal davon gehört habe, war die Zielseite von Adobe auf Platz 1, und es war nicht vorstellbar, dass ein anderes

Ergebnis an erster Stelle stehen könnte. Mittlerweile hat Google seinen Algorithmus etliche Male angepasst. Wenn man vor 1 Jahr nach dem Wort »hier« gesucht hat, erschienen aktuelle News und Portale mit Bewertungen auf den Top-Platzierungen. Google bezog also nicht mehr nur die reine Anzahl an Links in die Berechnung der Suchergebnisposition mit ein, sondern auch die Aktualität und die Bewertung der Zielseite durch andere Nutzer hatten stark an Gewicht gewonnen. Heute erscheint wieder der Adobe Reader auf Platz 1 (siehe Abbildung 7.2).

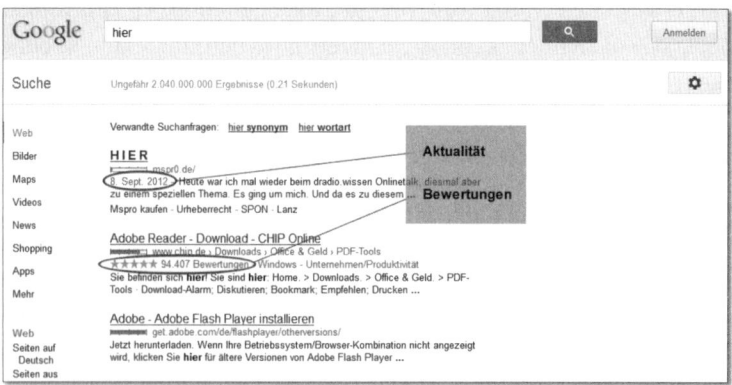

Abbildung 7.1 Google-Suchergebnis zur Anfrage »hier« ... vor 1 Jahr

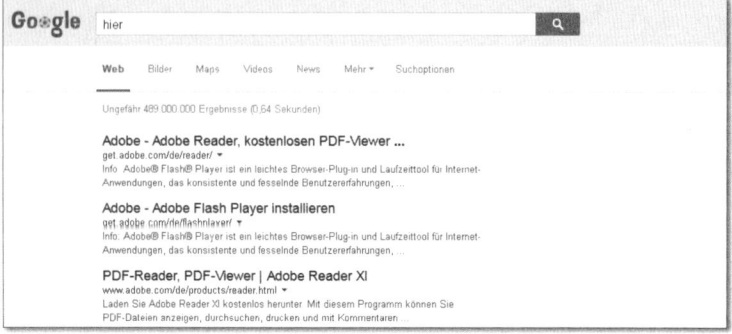

Abbildung 7.2 Aktuelles Google-Suchergebnis zur Anfrage »hier«

Der Algorithmus wird von Google häufig angepasst, und besonders die externen Einflüsse zur Kalkulation der Relevanz für die Suchergebnisse unterliegen starken Schwankungen. Wenn Sie jetzt allerdings denken, dass Sie jeden Link mit entsprechenden Suchbegriffen setzen sollten, könnten Sie schnell aus dem Google-Index herausgenommen werden.

Neben den Zielseiten, auf denen Sie die Links platzieren möchten, sollten Sie auch auf den Text achten, mit dem Sie auf Ihre Website hinweisen. Bei einem *natürlichen Linkbild* wird mit vielen unterschiedlichen Texten auf Ihr Unternehmen verwiesen. Achten Sie darauf, dass Sie dies beibehalten und nicht nur die wichtigsten Keywords nutzen, um auf Ihre Website zu verlinken.

---

15 Beispiele für mögliche Linktexte

Nehmen wir beispielsweise einen Onlineshop für Briefmarken. Mögliche Linktexte könnten wie folgt aussehen, damit jeweils eine Themenrelevanz erkennbar ist, aber dennoch unterschiedliche Texte genutzt werden:

▶ Onlineshop Max Müller – Briefmarken
▶ Briefmarken von www.briefmarken-mueller.de
▶ Briefmarken von Max Müller, Ihrem Onlineshop
▶ Briefmarken
▶ Briefmarken: www.briefmarken-mueller.de
▶ www.briefmarken-mueller.de
▶ Schauen Sie hier
▶ Hier finden Sie Briefmarken
▶ Max Müller, Ihr Onlineshop für Briefmarken
▶ Fachhandel für Briefmarken
▶ Max Müller
▶ Briefmarken Max Müller
▶ hier
▶ Briefmarken-Shop
▶ Briefmarken im Onlineshop

Bedenken Sie bei jedem Linkaufbau, dass es ein möglichst natürlicher Linkaufbau sein sollte. Das Gesamtbild der Links zu Ihrer Seite sollte stets ausgeglichen sein. Glauben Sie mir, eine Website, die häufiger mit dem Top-Keyword verlinkt ist als mit der Internetadresse oder dem eigentlichen Unternehmensnamen, wirkt unnatürlich. So geraten Sie schnell in den Fokus der Suchmaschinen und könnten Ihr Ranking verlieren. Ganz besonders, wenn der Großteil Ihrer Links aus Blog-Kommentaren und User-Einträgen stammt und Sie dort jeweils mit einem Keyword anstelle eines Nutzernamens oder des Unternehmensnamens verlinkt sind.

7.1.2 Warum sind Links überhaupt wichtig?

Google wertet Links als Empfehlungen, die auf anderen Seiten ausgesprochen werden. Dabei ist die Qualität eines Links ein wichtiges Kriterium. Ein Link aus einem Blog-Kommentar ist weniger wert als ein Link in einem Presseartikel. Ein Link in einem Forum ist weniger wert als ein Link von Wikipedia. Portale, die sehr viele eingehende Links haben, stellen für Google vertrauenswürdige Seiten dar. Dennoch gilt auch bei den Links: Qualität vor Quantität.

Das Internet bietet viele Möglichkeiten, um *Backlinks* zu setzen. Durch Social-Bookmarking-Dienste, Linktausch-Aktionen mit Geschäftspartnern oder auch Online-Firmenportale kommen Backlinks zustande. Jeder einzelne Link trägt dazu bei, das Ranking zu stützen bzw. zu verbessern, da Google annimmt, dass es sich um eine für den Nutzer wichtige Seite handelt, wenn so viele Links auf die Webseite verweisen. Im Rahmen der Offsite-Analyse möchten Sie nun feststellen, wie viele Links auf Ihre Seite verweisen.

Das Portal *www.alexa.com* (siehe Abbildung 7.3) ermöglicht die kostenlose Abfrage der Links und weiterer Informationen zu einer Internetseite. Alexa ist ein Serverdienst, der Daten über Webseitenzugriffe durch Webbenutzer sammelt und darstellt.

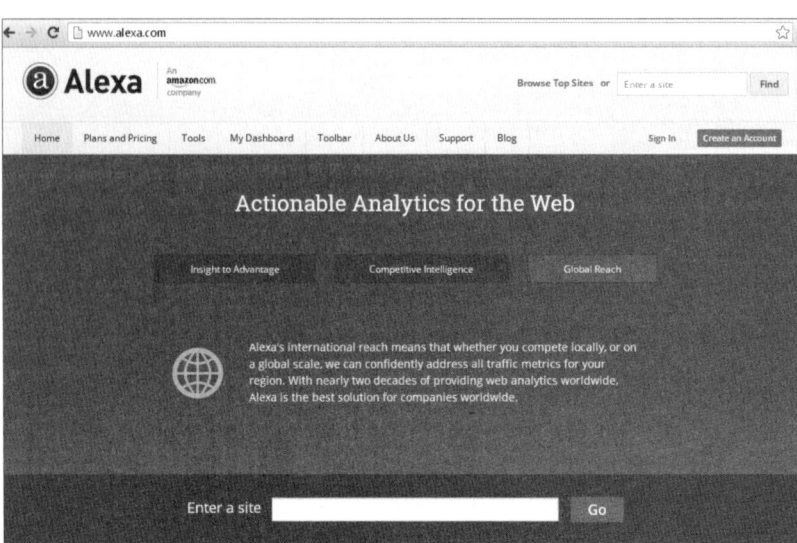

Abbildung 7.3 Alexa.com – Link-Check und vieles mehr

Es gibt zahlreiche weitere Online-Dienste und Programme, mit denen Sie vergleichbare Informationen und Backlinks prüfen können, aber nicht alle sind kostenfrei. *www.seitwert.de* (siehe Abbildung 7.4) bietet einige kostenlose Abfragemöglichkeiten, aber für tief greifende Analysen müssen Sie ein monatliches Paket buchen.

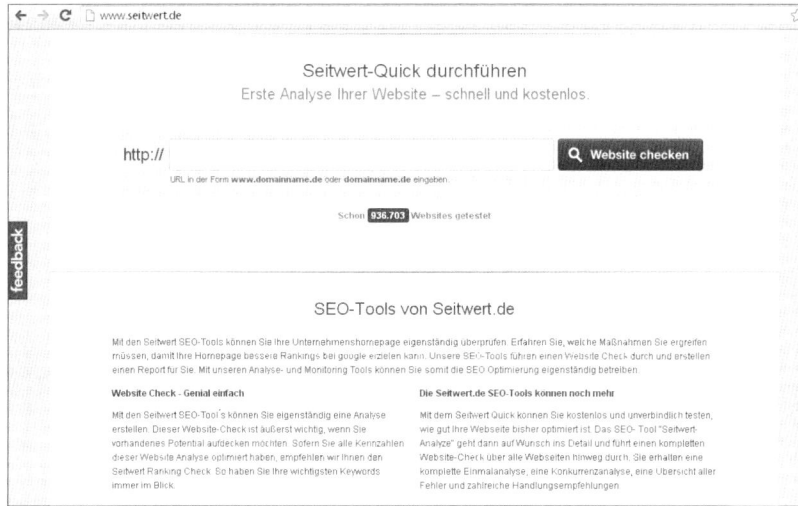

Abbildung 7.4 Seitwert – Quick-Analyse (Quelle: http://www.seitwert.de)

Ein weiteres Portal für eine kostenlose SEO-Analyse ist Rankflex (*http://www.rankflex.com/de/*). Das SEO-Tool bietet Ihnen eine Auswertung nach sechs Kategorien: Suchmaschinen, Social Media, Keywords, Technik, Accessibility und Datenschutz.

Das Programm *www.sitefactor.de* ist für Analysen ebenfalls sehr gut geeignet und inkludiert auch ein Backlink-Check-Tool, aber auch hier fallen nach einer 30-tägigen kostenlosen Testphase monatliche Gebühren an.

Mit den Online-Backlink-Abfragen erhalten Sie je nach Tool nicht nur die Anzahl der Links, die bereits auf Ihre Website verweisen, sondern darüber hinaus auch die Webadressen, auf denen die Links gesetzt wurden. Eine derartige Ansicht erhalten Sie zum Beispiel mit der Online-Analyse auf *www.backlinktest.com*. Mit der Linkauswertung erfahren Sie auch, auf welchen Portalen Ihre Mitbewerber bereits Links eingesammelt haben. Sie erhalten so wichtige Quellen für Ihren eigenen Linkaufbau. Rufen Sie die Seite Backlinktest.com auf, und prüfen Sie Ihre eigenen Links sowie die Webseiten Ihrer Mitbewerber.

> **Reputation im Internet – digitales Empfehlungsmarketing**
>
> Die Offsite-Analyse ist ein wichtiger Faktor für den direkten Vergleich mit Ihren Mitbewerbern und die generelle Platzierung Ihrer Internetpräsenz. Auch bei Empfehlungen bzw. Links unterscheidet man in Quantität und Qualität. Ein Link von Wikipedia kann Ihnen daher zu einer besseren Reputation verhelfen als viele Links von unbekannten Plattformen.

> **Sechs Portale mit (kostenlosen) SEO-Checks**
>
> ▶ *www.seitwert.de*
> ▶ *www.diagnoseo.de*
> ▶ *www.seittest.de*
> ▶ *www.seitenreport.de*
> ▶ *www.rankflex.com/de*
> ▶ *www.seorch.de*

7.1.3   Backlinks prüfen – was geschieht im Umfeld der Internetseite?

Ein wichtiges Standbein Ihrer Offsite-SEO-Maßnahmen wird der Linkaufbau sein. Wie viele Links verlinken bereits vor dem Start Ihrer Kampagne von anderen Seiten auf Ihre eigene Website, welche Inhalte Ihrer Präsenz werden verlinkt, und wie wertet Google diese Links?

Es wird ein Bestandteil Ihrer Arbeit sein, den Linkaufbau dauerhaft zu kontrollieren und die Anzahl der Links zu protokollieren. Beim Linktausch, Linkkauf oder einfach nur für die Überwachung Ihrer Backlinks gibt es spezielle Tools (siehe zum Beispiel Abbildung 7.5), mit denen Sie die Schaltung der Links zu Ihrer Internetseite analysieren und überwachen können.

Es gibt eine Vielzahl von Anbietern für diese Arbeit. Kostenlose Tools, mit denen Sie Ihre Backlinks prüfen können, finden Sie beispielsweise unter *http://www.backlinktest.com*, *http://www.seo-united.de* und *http://www.x4d.de/backlinkchecker/*.

Der Informationsgehalt dieser Tools kann dabei stark variieren. Wichtige Informationen zu den einzelnen Links bietet Ihnen beispielsweise das Tool auf der Seite *www.x4d.de* (siehe Abbildung 7.6).

Abbildung 7.5 Backlink-Check auf X4d.de

PR	IP	Gelistet*	Links Intern	Links Extern	Qualität	Linktext	Status	Typ	URL
7	87.118.87.12	S	100	23	725.443	Ab-in-den-urlaub.de	✓		http://www.unister.de/
7	87.118.87.12	S	100	23	725.443	Ab-in-den-urlaub.de	✓		http://www.unister.de/
7	87.118.87.12	S	100	23	725.443	Ab-in-den-urlaub.de	✓		http://www.unister.de/
7	193.104.220.21	S	?	?			✗		http://www.taz.de/
7	134.96.7.179	S	52	3	1622.35	Ab-in-den-Urlaub	✓		http://www.uni-saarland.de/aktuelles/
7	134.96.7.179	S	52	3	1622.35	Ab-in-den-Urlaub	✓		http://www.uni-saarland.de/aktuelles/
7	134.96.7.179	S	52	3	1622.35	Ab-in-den-Urlaub	✓		http://www.uni-saarland.de/aktuelles/
6	85.214.232.13	S	138	6	103.275	Urlaub	✓		http://abfragen.de/
6	85.214.232.13	S	138	6	103.275	Urlaub	✓		http://abfragen.de/
6	85.214.232.13	S	138	6	103.275	Urlaub	✓		http://abfragen.de/
6	85.214.202.11	S	1388	276	8.93725	<img>	✓		http://web-adressbuch.de/leseproben.aspx
6	217.114.223.65	S	131	324	32.6848	<img>	✓		http://hotels.unister.de/
6	217.114.223.65	S	131	324	32.6848	<img>	✓		http://hotels.unister.de/
6	212.227.124.249	S	1388	276	8.93725	<img>	✓		http://web-adressbuch.de/leseproben.aspx
6	212.227.124.249	S	1388	276	8.93725	<img>	✓		http://web-adressbuch.de/leseproben.aspx
5	89.19.255.133	S	138	20	15.6873	<img>	✓		http://www.germany.travel/de/freizeit-erholung/ schloesser-gaerten.html
5	89.19.255.133	S	138	20	15.6873	<img>	✓		http://www.germany.travel/de/freizeit-erholung/schloesser-gaerten.html
5	89.19.255.133	S	138	20	15.6873	<img>	✓		http://www.germany.travel/de/freizeit-erholung/schloesser-gaerten.html
5	87.230.55.13	S	37	65	24.3	www.ab-in-den-urlaub.de	✓		http://www.onlinestar.de/gewinner-2010.html
5	87.118.87.12	S	6	90	25.8187	Urlaub	✓		http://partner.versicherungen.de/
5	87.230.55.13	S	37	65	24.3	www.ab-in-den-urlaub.de	✓		http://www.onlinestar.de/gewinner-2010.html
5	87.118.87.12	S	6	90	25.8187	Urlaub	✓		http://partner.versicherungen.de/
5	87.118.87.12	S	6	90	25.8187	Urlaub	✓		http://partner.versicherungen.de/
5	87.118.87.12	S	1	38	63.5538	Ab in den Urlaub	✓		http://partner.partnersuche.de/
5	87.118.87.12	S	2	64	37.5545	Urlaub	✓		http://partner.hotelreservierung.de/
5	87.118.87.12	S	2	64	37.5545	Urlaub	✓		http://partner.hotelreservierung.de/
5	85.13.138.30	S	8	23	79.9548	Mallorca	✓		http://hymenoptera.de/
5	85.13.138.30	S	8	23	79.9548	Mallorca	✓		http://hymenoptera.de/
5	85.13.138.30	S	8	23	79.9548	Mallorca	✓		http://hymenoptera.de/
5	85.13.132.253	S	158	29	13.2545	<img>	✓	W	http://www.holgermetzger.de/
5	85.13.132.253	S	158	29	13.2545	<img>	✓	W	http://www.holgermetzger.de/
5	85.13.132.253	S	158	29	13.2545	<img>	✓	W	http://www.holgermetzger.de/

Abbildung 7.6 Darstellung der Backlinks auf www.x4d.de

Sie erhalten auf einen Blick eine Übersicht über die Links und die Linkqualität. Zu jedem einzelnen Link werden Ihnen viele detaillierte Informationen angezeigt. Aus diesem Grund ist das Tool nicht nur für die Erstanalyse Ihrer eigenen Links sehr gut geeignet.

Fünf Portale für Ihren Backlink-Check

▸ *www.seo-united.de* (unter SEO-Tools)

▸ *www.x4d.de/backlinkchecker*

▸ *www.alexa.com*

▸ *www.backlinkwatch.com*

▸ *http://www.seoheap.com/backlink-checker*

Die Ergebnisse auf den Portalen können sehr unterschiedlich sein. Nutzen Sie die Portale, um sich zu informieren. Vergessen Sie nicht, dass Ihr oberstes Ziel die Optimierung Ihrer Suchergebniseinträge ist. Der Linkaufbau ist lediglich ein Mittel zum Zweck und kein Ziel, dem Sie nacheifern sollten.

In Abschnitt 5.4, »Google-SERPS – Seite für Seite Input für Ihre SEO«, habe ich Ihnen bereits gezeigt, dass die Mitbewerberanalyse sehr wichtig für die Keyword-Findung und die Linkgenerierung sein kann. Mit den Backlink-Tools können Sie auch Ihre Mitbewerber analysieren und herausfinden, von welchen Seiten diese wichtige Links erhalten. Oftmals werden Sie hier auch für Ihren eigenen Linkaufbau Portale finden. Was aber, wenn Sie nicht genau wissen, welche Mitbewerber es gibt? Das folgende Tool ist nicht nur dann für Sie wichtig, wenn Sie Schwierigkeiten dabei haben, Ihre Mitbewerber zu definieren, sondern es ist sehr nützlich, um die Keyword-Optimierung anderer Unternehmen mit der eigenen Optimierung zu vergleichen und eventuell neue Links zu generieren.

Auf der Seite *http://touchgraph.com/seo* (siehe Abbildung 7.7) finden Sie ein SEO-Tool zur Darstellung von Verbindungen zwischen Schlüsselwörtern und Quellen. Wenn Sie Ihre eigene URL eingeben, erhalten Sie eine Ansicht von Websites, deren Inhalte Ihrer Internetpräsenz ähnlich sind.

Wenn Sie ein Keyword angeben, wie beispielsweise »Urlaub Mallorca«, werden Ihnen die Webseiten angezeigt, die eine hohe Relevanz zu diesem Keyword darstellen. Wenn Sie mehrere Abfragen eingeben, sehen Sie die Verbindung jeder einzelnen Seite mit diesen Schlagwörtern und können auch feststellen, welche Portale zu den Begriffen relevante Informationen bereitstellen. Die Auswertung erlaubt Ihnen Rückschlüsse darauf, welche Keywords auch für Ihren Linkaufbau interessant sein könnten.

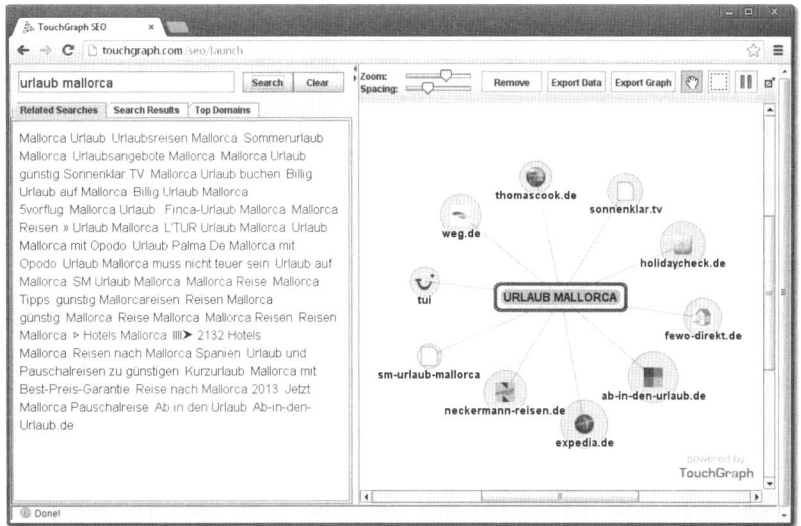

Abbildung 7.7 TouchGraph.com – Demoversion

7.1.4   Linkaufbau planen – welche Strategie passt?

Für den Linkaufbau gibt es keine allgemeine Formel. Die Strategie für den Linkaufbau muss für jede Website individuell an die Ausgangssituation, die Branche und die Zielsetzung angepasst werden. Der Startpunkt für Ihren strategischen Linkaufbau ist die Analyse der Ist-Situation mit möglichen Chancen und der Benennung der Themen und Keywords, die auch verlinkt werden sollen.

Prüfen Sie, wie Ihre Branche im Internet agiert und welches Gesamtbild an Backlinks im Allgemeinen als natürlich angesehen wird. Dies ist ein wichtiger Punkt zur Vorbereitung der Linkstrategie. Sowohl die Interessenten einer Branche als auch die Unternehmen selbst agieren im Internet unterschiedlich, und es sind unterschiedliche Links, mit denen Fachinformationen gestreut werden.

Die Branchen können dabei sehr unterschiedlich sein. So sieht zum Beispiel ein Linkaufbau für einen regionalen Handwerksbetrieb ganz anders aus als der Linkaufbau für einen Onlineshop für Briefmarken. Während man bei dem regionalen Handwerksbetrieb eher darauf achten würde, dass die Links einen regionalen Bezug haben, würde man bei dem Briefmarken-versand die Themenrelevanz in den Vordergrund stellen. Für den Brief-markenshop findet man wahrscheinlich etliche Fachforen, in denen sich Sammler austauschen. Hier kann man bereits sehr gut mit einem Linkauf-bau sowohl für bezahlte Werbeanzeigen auf Fachportalen als auch mit Kommentaren und eigenen Artikeln beginnen.

Bei einem regionalen Friseur oder Metzger steht der lokale Aspekt im Vor-dergrund. Hier sind Links von lokal ansässigen Unternehmen, lokale Presse-artikel, Innungs- und Verbandsseiten, lokale Branchenverzeichnisse sowie öffentliche Einrichtungen und Jobportale dankbare Linkquellen.

Gleichgültig, ob regionaler Handwerker oder Onlineshop, alle Seiten haben eines gemeinsam: Wie findet man die richtigen Linkquellen? In diesem Schritt kommt man eigentlich nicht daran vorbei, die Wettbewerbssitua-tion für einzelne Keywords in den Suchmaschinenrankings auszuloten. Das bedeutet, zunächst sollte eine Liste mit denjenigen Webseiten erstellt werden, die zu relevanten Keywords ganz oben in den Suchmaschinen-ergebnissen aufscheinen. Denn auch die Website-Betreiber, die hinter die-sen Seiten stehen, haben ihre Top-Rankings nicht über Nacht erhalten, sondern eventuell schon Linkaufbau betrieben.

7.2   Linkaufbau – ein erster Einstieg

Der externe Linkaufbau gilt als eine der Königsklassen der SEO. Mit exter-nen Links sind Verlinkungen gemeint, die von fremden Websites auf die eigene Website verlinken und damit einen neuen Weg schaffen, wie Besu-cher Sie im Internet finden. Wurde ein Link einmal auf einer anderen Web-seite gesetzt, arbeitet dieser fortan kostenlos und rund um die Uhr für Sie. Durch Links gelangen neue Besucher auf Ihre Website, und mit etwas Glück können Sie die Besucher in Interessenten verwandeln und später sogar die Interessenten in Kunden.

Mit einem einfachen Parameter können Sie über die Google-Suche prüfen, wie viele Links Google derzeit zu Ihrer Website misst. Geben Sie dazu »link:www.meine-seite.de« in das Google-Suchfeld ein. Das Ergebnis zeigt Ihnen, wie viele Links Google zu Ihrer Website erfasst bzw. im Suchergebnis darstellt (siehe Abbildung 7.8).

Die Anzahl der Links, die Google in den Suchergebnissen zeigt, kann von der realen Anzahl an Links zur Seite abweichen. Zalando zählt bestimmt ein Vielfaches an Links zur eigenen Seite, aber mit dieser einfachen Abfrage können Sie bereits analysieren, auf welchen Webseiten Links zu Ihren Mitbewerbern führen.

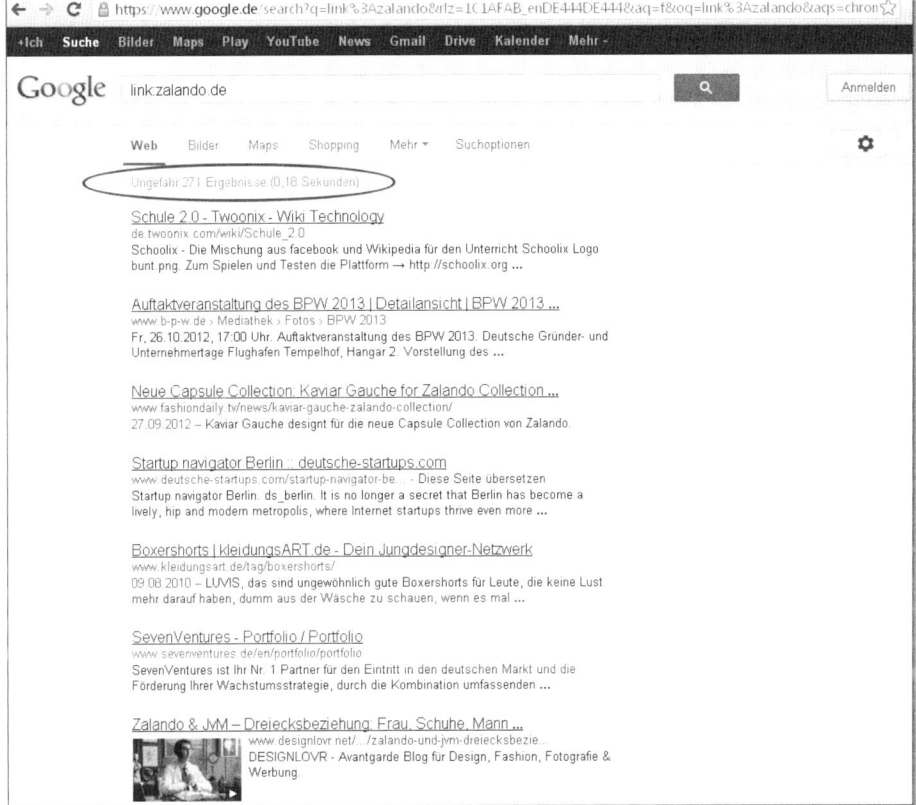

Abbildung 7.8   Google stellt im Suchergebnis lediglich 271 Links zu Zalando dar.

Über den Google-Parameter *link* und die Suche nach verlinkten Inhalten finden Sie wichtige Links Ihrer Mitbewerber. Prüfen Sie dazu einfach die URL Ihrer Mitbewerber mit der Suchanfrage »link:« und der Angabe der URL des Mitbewerbers. Eventuell finden Sie schon das eine oder andere Branchenbuch, in das Sie sich dann ebenfalls eintragen können.

Eine wesentlich aussagekräftigere Linkanalyse bieten die Google Webmaster-Tools (siehe Abbildung 7.9) dem Betreiber einer Internetpräsenz.

Das Setzen von Links auf anderen Websites bringt nicht nur neue Interessenten auf Ihre Website und kurbelt den Traffic an, sondern gleichzeitig wird auch das Engagement im Bereich von externen Verlinkungen mit einer positiven Aufwertung von Google belohnt.

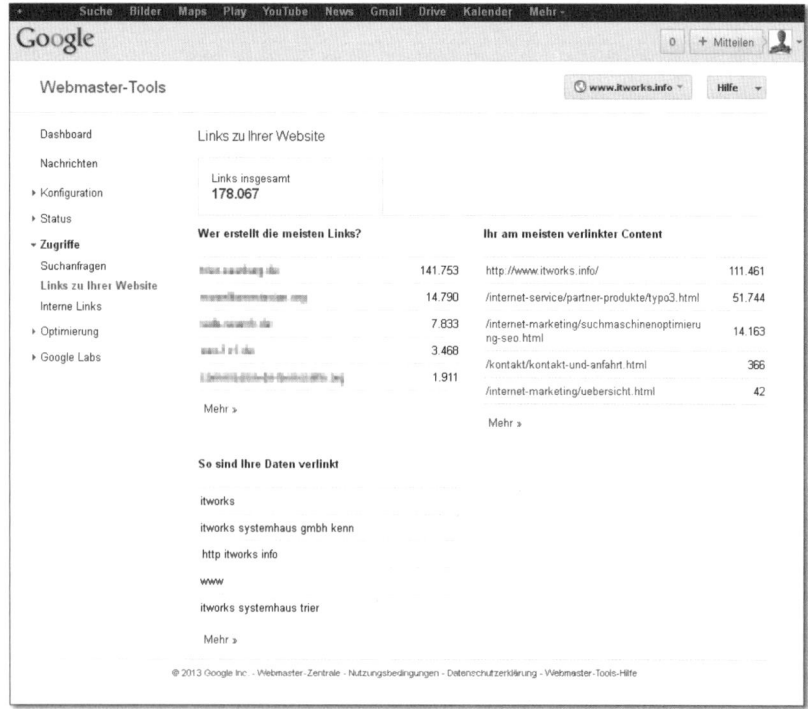

Abbildung 7.9 Linkanalyse mit den Google Webmaster-Tools

Nicht jeder Link hat die gleiche Gewichtung, so unterscheidet man zwischen *Nofollow-* und *Dofollow-Links*. Viele Blog-Kommentare und Linklisten, in denen Sie auf Ihre Webseite hinweisen können, bieten Ihnen sogenannte Nofollow-Links. Diese Links sind zwar gut für ein ausgewogenes Verhältnis und die Darstellung eines natürlichen Linkaufbaus, aber sie dienen leider nur geringfügig Ihrer Offsite-Optimierung.

Es ist kein erwiesenes Kriterium, aber man geht davon aus, dass Google und andere Suchmaschinen einen als Nofollow gekennzeichneten Link nur in geringfügigem Maß für die Gewichtung einer Seite berücksichtigen, wohingegen ein Dofollow-Link als Empfehlung erkannt und gewertet wird. Die Kennzeichnung eines Links als Nofollow erfolgt im Quellcode des entsprechenden Links. Ein normaler Link (Dofollow) sieht folgendermaßen aus:

```
<a href="http://www.xyz.de">
    Link-Text
</a>
```

Ein Link, der vom Website-Betreiber bzw. vom Content-Management-System als Nofollow gekennzeichnet ist, enthält einen kleinen Zusatz:

```
<a href="http://www.xyz.de" rel="nofollow">
    Link-Text
</a>
```

Prüfen Sie daher, ob die Portale, auf denen Sie Links setzen möchten, Ihren Link als Dofollow oder als Nofollow anbieten.

Externe Links schön und gut, werden Sie nun vielleicht denken, doch wie komme ich zu Links? Fangen wir mit den einfacheren Methoden für den Linkaufbau an. Generell gibt es eine Reihe von Möglichkeiten. Die einfachsten Maßnahmen des Linkaufbaus sind Blog-Kommentare, Gästebücher, Social Bookmarks, Einträge in Branchenbüchern/Webseitenkatalogen (DMOZ!) sowie kostenlose Veröffentlichungen auf Presseseiten. Aber wie findet man die richtigen, themenrelevanten Internetseiten, auf denen solche Links sinnvoll sind? Auch hier kann uns Google mit einigen Suchparametern weiterhelfen.

7.2.1   Suchparameter – themenrelevante Seiten für den Linkaufbau finden

Sie haben bereits den Suchparameter *link* kennengelernt. Mit »link: www.meine-seite.de« sehen Sie im Suchergebnis Internetseiten, die einen Link zu Ihrer bzw. zur Seite enthalten, die Sie eingegeben haben. Google bietet Ihnen weitere sinnvolle Suchparameter, die Sie für Ihren Linkaufbau ideal nutzen können. Dabei können Sie die Parameter verwenden, um bestimmte Kriterien aus den Ergebnissen auszufiltern oder Ihre Suche ganz gezielt auf die Vorgabe zu beschränken. So können Sie zum Beispiel herausfinden, wo im Internet Ihr Unternehmensname auf Webseiten vorhanden ist. Um Ihnen darzustellen, wie Sie nach Ihrem Unternehmen recherchieren können, gebe ich Ihnen ein kleines Beispiel.

Wenn ich ab und an auf der Couch im Internet surfe, nutze ich ein Coosini (Lese- bzw. Notebook-Kissen). Coosini ist der Markenname des Herstellers.

Wenn ich jetzt wissen möchte, wo im Internet über Coosini geschrieben wird, interessieren mich alle Seiten außer der Seite des eigentlichen Herstellers, denn diese Seite kenne ich bereits.

Mit der Suchabfrage »"coosini" -site:coosini.de« erhalte ich alle Ergebnisse, ohne die Inhalte der Website *www.coosini.de* (siehe Abbildung 7.10). Mit dem Parameter *site* und einem vorangestellten Minus können Sie prüfen, auf welchen Internetseiten über Ihr Unternehmen, Ihre Produkte oder eine Marke geschrieben wird.

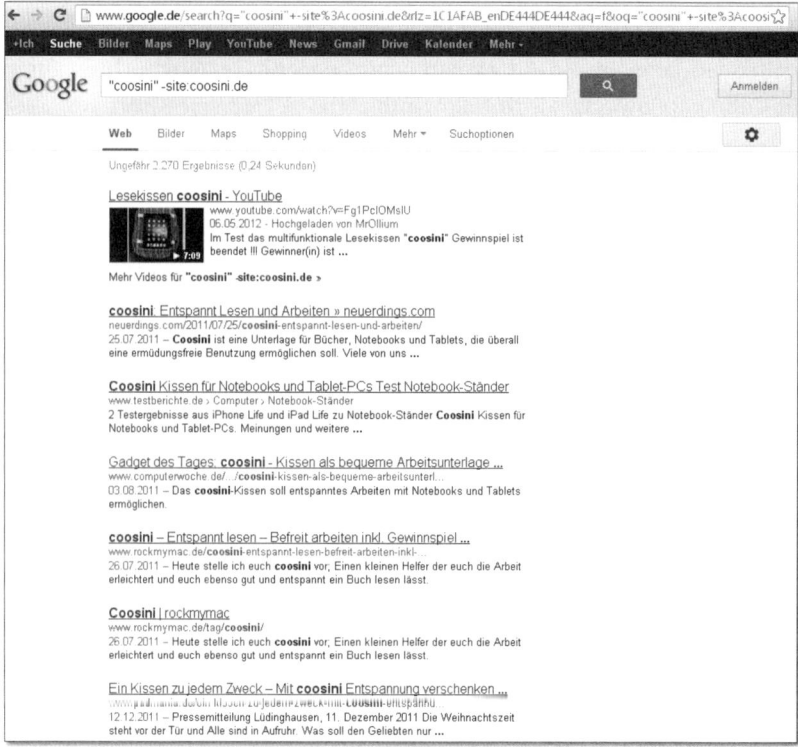

Abbildung 7.10 Suchergebnis für Coosini ohne die Ergebnisseiten des Herstellers

Mit *inurl:keyword* lässt sich eine Google-Suche durchführen, bei der die Ergebnisliste nur Seiten anzeigt, die das vorgegebene Keyword in der URL enthalten. Den Suchparameter *inurl* können Sie ideal verwenden, um eine Ergebnisliste auf bestimmte Seitentypen zu begrenzen. Nutzen Sie den Parameter beispielsweise, um Spendenseiten, Partnerseiten oder Linklisten zu erhalten.

Stellen Sie sich vor, Sie hätten ein Internetportal für Urlaubsreisen. Den Parameter *inurl* können Sie dazu verwenden, um Websites zu finden, auf denen Links zum Thema Urlaubsangebote dargestellt werden. Mit »urlaubsangebote inurl:links« (siehe Abbildung 7.11) erhalten Sie eine Ergebnisliste mit Webseiten, die das Thema »Urlaubsangebote« behandeln und in der die URLs das Wort »links« enthalten.

Abbildung 7.11 Google-Ergebnisansicht für eine Suchphrase mit Parameter »inurl«

Um mehrere Seitentypen zu finden, können Sie Ihre Abfrage um den Hilfsparameter *OR* ergänzen. So können Sie die Eingabe zum Beispiel wie folgt erweitern: »urlaubsangebote inurl:links OR inurl:empfehlungen«.

Zehn URL-Texte, die Ihnen helfen, Seiten für Ihren Linkaufbau zu finden

Mit den folgenden Begriffen finden Sie Seiten, auf denen oftmals Links bereitgestellt werden. Häufig genügen die Kontaktaufnahme mit dem Seitenbetreiber und die Bitte, die eigene Seite aufzunehmen:

1. links/linklist
2. blog
3. partner
4. empfehlungen/references
5. hersteller(-liste)
6. forum
7. gaestebuch/guestbook
8. wiki
9. spendenliste/donationlist/donor-list
10. verzeichnis

Zwei weitere Parameter, die Ihnen bei der Suche nach Linkgebern helfen können, sind *intext* und *intitle*. Die Parameter werden ebenso wie *inurl* genutzt. Bei *intext* können Sie Begriffe angeben, die sich im Inhalt der Seite befinden sollen. Bei *intitle* geben Sie Begriffe an, die sich im Title-Tag der Seite befinden sollen.

Die einzelnen Parameter können Sie auch ergänzen, so können Sie noch gezielter nach Internetseiten suchen, auf denen Ihre Links themenrelevant platziert sind. Beispielsweise finden Sie mit der Suchanfrage »inurl:links intitle:Empfehlungen intext:frankfurt« Internetportale (siehe Abbildung 7.12), die in der URL das Wort »links« enthalten, im Titel das Wort »Empfehlungen« und im Text das Wort »Frankfurt«. Sie werden mit solchen Abfragen auf jeden Fall viele Portale finden, auf denen Sie Ihre Links platzieren können.

Im weiteren Verlauf lernen Sie nun einige Linkarten kennen. Mit den Google-Parametern werden Sie immer passende Portale finden, auf denen Sie die Links entsprechend den nächsten Abschnitten einfügen können.

Abbildung 7.12 Suche mit mehreren Suchparametern

7.2.2 Blog-Kommentare

Viele SEOler haben diese Maßnahmen massiv für den Linkaufbau genutzt. Dadurch entstand ein Blog-Spamming bzw. Kommentar-Spamming, durch das viele Blog-Betreiber bei ihren Artikeln häufig Kommentare fanden, die keinen Bezug zum Artikel hatten und teilweise sogar fremdsprachig waren.

In Foren wurden massenhaft Benutzerregistrierungen durchgeführt, da hier ebenfalls eine URL und damit auch ein Link dargestellt werden konnte. Über Robot-Systeme wurden diese Kommentare und Benutzeranmeldungen automatisiert in Blogs und Foren eingetragen und verbreitet. Das Blog-Spamming wurde so weit ausgereizt, dass die meisten Open-Source-Blog-Systeme und Foren heute nur noch Nofollow-Links in den Kommentaren setzen und häufig ein Capture-Dialog abgefragt wird, bevor man einen Kommentar eintragen kann (siehe Abbildung 7.13).

Abbildung 7.13 Unter viele Blog-Beiträge kann man Kommentare setzen.

Dennoch gibt es ausgezeichnete Blogs und Fachportale, bei denen Ihnen Dofollow-Links für Kommentare geboten werden. Diese Portale werden dann auch häufig redaktionell geprüft und bieten realen Nutzern einen fachlichen Mehrwert.

Beteiligen Sie sich am aktiven Dialog, und bieten Sie interessante Informationen. So erhöhen Sie das Interesse für die Artikel und damit auch die Verbreitung und nicht zuletzt die Bekanntheit dieser Seite und damit auch Ihres Links.

7.2.3   Social Bookmarks und soziale Netzwerke

Die ursprüngliche Idee der Social-Bookmark-Plattformen war das Speichern der ganz persönlichen Favoriten, browser- und standortunabhängig. Das Setzen von Lesezeichen kennen die meisten Internetnutzer von ihren Browsern. Im Internet Explorer, in Firefox und anderen Webbrowsern ist dies möglich. Hier können wichtige Seiten einfach als Lesezeichen gespeichert werden, damit man sie zu einem späteren Zeitpunkt schnell wiederfinden kann.

Leider war man aber immer gezwungen, denselben Computer und denselben Browser zu verwenden, und wenn man diesen Computer nicht zur Hand hatte, konnte man auch nicht auf seine Favoritenliste zugreifen. Zu diesem Zweck entstanden die Social-Bookmark-Plattformen. Internetnutzer können hier ihre Lieblingsseiten einfach online abspeichern und somit für die Zukunft sichern, um immer wieder darauf zugreifen zu können.

Der Vorteil bei Social-Bookmarking-Diensten besteht darin, die Lesezeichen für Freunde und andere Internetnutzer freigeben zu können. Im Laufe der Zeit zeigte sich, dass Suchmaschinen diese Favoriten-Listen (sofern sie zur öffentlichen Einsicht freigegeben waren) als Link werteten und die Anzahl der Links als Empfehlung ansahen. Dies wirkte sich auch positiv auf das SEO-Ranking der abgespeicherten Seiten aus. Jeder Bookmark wirkt sich wie ein Backlink aus und wird von Google gewertet.

Auch diese Maßnahme wurde nach kurzer Zeit von SEOlern massiv missbraucht, und die Social-Bookmark-Links wurden mit Softwareprodukten maschinell erstellt und verbreitet. Aus diesem Grund kann diese Art der Links heute zwar noch für den Linkaufbau verwendet werden, aber man kann diesen Links nicht mehr die Relevanz zuordnen, die in der Anfangszeit für die Bookmarks galt.

Fünf Social-Bookmarking-Portale für Ihren Linkaufbau

- ▶ *http://www.mister-wong.com*
- ▶ *http://www.delicious.com*
- ▶ *http://www.stumbleupon.com*
- ▶ *http://www.blinklist.com*
- ▶ *https://www.google.de/bookmarks*

Weitere Links im Bereich des Social-Media-Linkaufbaus können Sie jederzeit in sozialen Netzwerken wie YouTube, Twitter oder Facebook streuen. Auch diese Links werden in Bezug auf das Stichwort »Social Search« wahrscheinlich zukünftig eine stärkere Gewichtung erhalten und bieten Ihnen für Ihren Linkaufbau eine einfache Maßnahme für die Verbreitung Ihrer Inhalte an.

7.2.4 Einträge in Branchenbücher/Website-Kataloge

Häufig können Sie sich kostenlos in Branchenbüchern und Website-Katalogen registrieren. Diese Verzeichnisse eignen sich optimal, um rasch eine größere Anzahl von themenrelevanten Links zu sammeln.

Besonders für die regionale Verlinkung eignen sich oft lokale Linkverzeichnisse und Branchenbücher. Bei einem Webverzeichnis handelt es sich um eine Art Online-Firmenverzeichnis. Die Eintragung der eigenen Website ist in der Regel kostenlos und nur mit vergleichsweise geringem Aufwand verbunden, wobei der Eintragung jedoch oft eine Registrierung mit allen Firmendaten vorausgeht.

Wenn Sie bereits eine Keyword-Liste erstellt haben und diese Schlagwörter nun in Google eingeben, werden Sie bestimmt in einigen Ergebnislisten bereits Branchenbücher oder Webkataloge entdecken. In den meisten dieser Portale können Sie sich kostenlos registrieren und erhalten somit einen weiteren Link für Ihren Linkaufbau.

Internetnutzer können Webverzeichnisse nutzen, um Anbieter für bestimmte Produkte, Leistungen oder aber auch nur Informationen zu finden. Mit der Verlinkung aus der passenden Kategorie heraus wird ein themenrelevanter Link geschaffen. Für viele Branchen und Fachgebiete gibt es Linklisten, die thematisch aufgebaut sind. Webverzeichnisse sind häufig nach Themen bzw. Kategorien geordnet, nach denen Sie sich bei der Eintragung Ihres Links auch richten sollten. Je genauer die jeweilige Kategorie auf das Thema Ihrer Website zutrifft, desto höher ist die Wahrscheinlichkeit, dass potenzielle Kunden auf Sie aufmerksam werden.

Perfekt positioniert wird Ihre Website, wenn Sie Webverzeichnisse ausfindig machen können, die nicht allgemein gehalten sind, sondern auf Ihre Branche spezialisiert sind bzw. Ihr Thema behandeln. Auf solchen Internetplattformen kann ein Link eine höhere Themenrelevanz erzeugen als bei allgemeinen Webkatalogen. Zudem bietet Ihnen ein derartiges Portal die Möglichkeit, dort von Ihrer Zielgruppe bereits gefunden zu werden.

Die Interessenten, die Ihren Link über ein solches Portal finden und somit auch Ihre Website aufrufen können, stimmen höchstwahrscheinlich auch mit Ihrer Zielgruppe überein. Das ist doch ein schöner Nebeneffekt, der Ihnen zusätzlich zu Ihrem Linkaufbau den Anreiz geben sollte, themenrelevante Branchenbücher für Ihre Suchmaschinenoptimierung zu nutzen.

> **Sechs allgemeine Branchenbücher für Ihren Linkaufbau**
> ▸ *http://www.meinestadt.de*
> ▸ *http://www.cylex.de*
> ▸ *http://nachbarschaft.immobilienscout24.de*
> ▸ *http://www.wlw.de*
> ▸ *http://www.gelbeseiten.de*
> ▸ *http://www.stadtbranchenbuch.com*

7.2.5   DMOZ – ein wichtiger Link

Das größte von Menschen gepflegte Webverzeichnis im Internet ist das Open Directory Project (ODP). Sie finden es als Webverzeichnis dmoz unter der Internetadresse *http://www.dmoz.org* (siehe Abbildung 7.14). Das Webverzeichnis besteht aus kurz kommentierten Links zu Websites in einer thematischen und regional nach Ländern und Regionen ausgerichteten Struktur in über 60 Sprachen. Im Oktober 2010 verzeichnete das Portal über 4,7 Millionen Einträge (über 530.000 davon im deutschsprachigen Teil des Katalogs). Die Einträge sind in über 1.000.000 Kategorien sortiert.

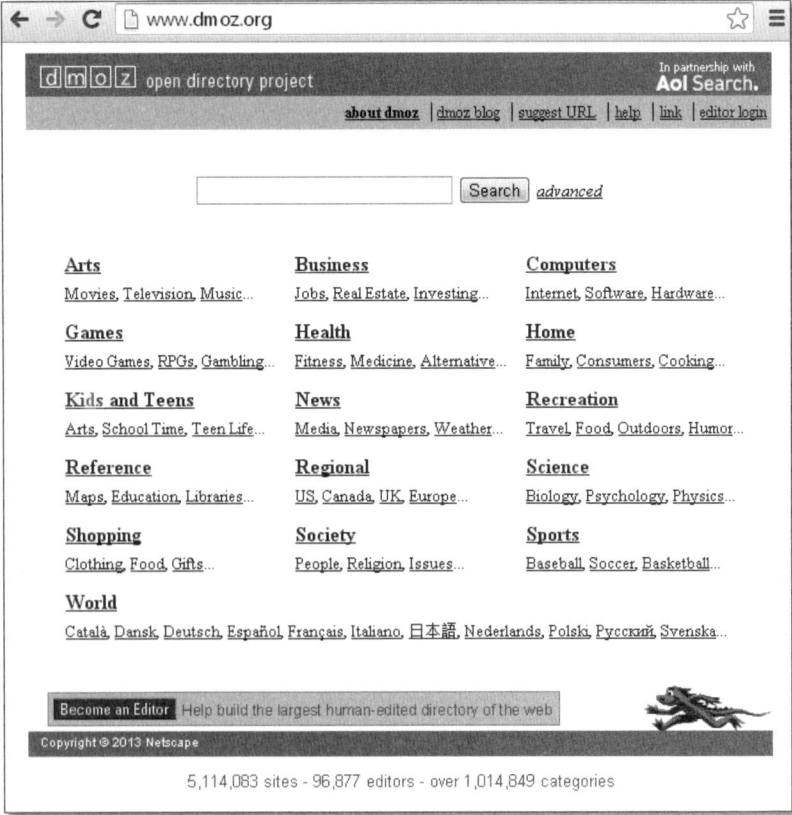

Abbildung 7.14 DMOZ.org – das größte von Menschen gepflegte Webverzeichnis

Es kann durchaus vorkommen, dass Suchmaschinen anstatt der Meta-Informationen Title und Description, den Titel und die Beschreibung des DMOZ-Eintrags anzeigen. Das Meta-Element NOODP soll diese Anzeige verhindern.

Die Syntax lautet:

```
<meta name='robots' content='noodp'>
```

Die Meta-Information muss auf der Seite eingetragen werden, die Sie in DMOZ angemeldet haben.

Melden Sie Ihre Internetseite bei DMOZ.org an

Ein Eintrag im DMOZ-Verzeichnis ist für Ihren Linkaufbau wichtig, da viele Branchenportale und Webkataloge die Inhalte von DMOZ auslesen und Ihr Eintrag somit auf weitere Portale inklusive des Links zu Ihrer Seite exportiert wird. Die Eintragung ist kostenlos.

Die Anmelderichtlinien finden Sie unter:

http://www.dmoz.org/docs/de/add.html

7

7.2.6   Spendenlinks

Eine indirekte Möglichkeit, Links zu kaufen, ist das Sponsoring oder das Spenden von Beiträgen, für die Sie im Gegenzug einen Link erhalten. Die Links werden oft auch als Donationlinks bezeichnet. Wenn Sie nach dem Begriff bei Google suchen, werden Sie bereits fündig.

Gerade im Bereich Softwareentwicklung und Open Source finden Sie viele Portale, auf denen Sie durch eine Spende ein Projekt oder eine Organisation unterstützen können. Oftmals haben diese Organisationen eine große Fangemeinschaft, wodurch die Portale sehr bekannt sind und viele Links erhalten. Ein Spendenlink kann daher durchaus ein sehr starker Link für Sie sein. Leider sind gute Portale rar, und durch die wachsenden Spendenlisten geben die Portale viele Links ab.

Es gilt daher, genau zu recherchieren, wo sich ein Link für Sie noch lohnen kann. Ein Beispiel für derartige Spendenlinks finden Sie auch bei Typo3. Typo3 ist ein freies Content-Management-Framework. Auf der Seite *http://typo3.org/donate/donor-list/* (siehe Abbildung 7.15) sehen Sie die dargestellten Spender inklusive der jeweiligen Beträge und Links. Die Webseite hat derzeit einen Google PageRank von 6.

Wie bereits eingehend erläutert, zählt allerdings nicht nur die reine Anzahl der Links, sondern auch die Qualität. Sie sollten damit beginnen, Links von Geschäftspartnern, vielleicht sogar von Kunden und anderen befreundeten Website-Betreibern zu lancieren. Achten Sie dabei immer darauf, um welche Seiten es sich handelt und wo genau die jeweiligen Verlinkungen auch mit eingebaut werden. Vermeiden Sie, dass von den Seiten, die auf Ihre Website verweisen, ein negativer Eindruck auf Sie zurückfallen könnte.

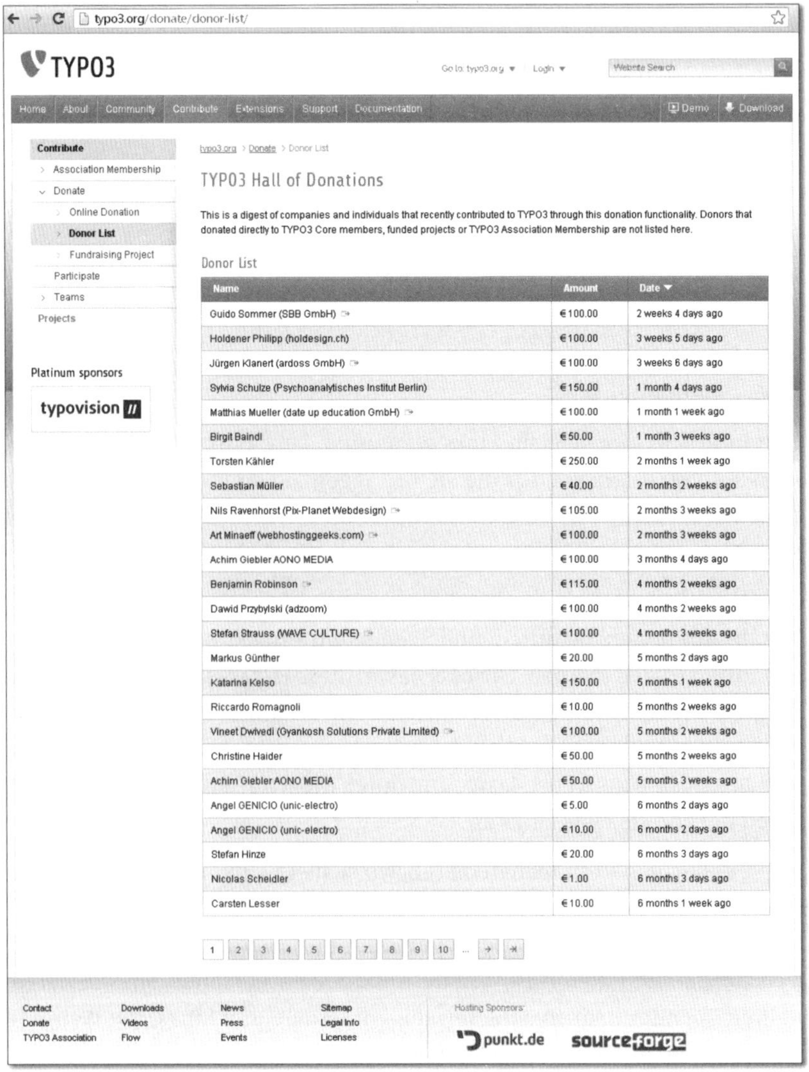

Name	Amount	Date ▼
Guido Sommer (SBB GmbH) ⇨	€ 100.00	2 weeks 4 days ago
Holdener Philipp (holdesign.ch)	€ 100.00	3 weeks 5 days ago
Jürgen Klanert (ardoss GmbH) ⇨	€ 100.00	3 weeks 6 days ago
Sylvia Schulze (Psychoanalytisches Institut Berlin)	€ 150.00	1 month 4 days ago
Matthias Mueller (date up education GmbH) ⇨	€ 100.00	1 month 1 week ago
Birgit Baindl	€ 50.00	1 month 3 weeks ago
Torsten Kähler	€ 250.00	2 months 1 week ago
Sebastian Müller	€ 40.00	2 months 2 weeks ago
Nils Ravenhorst (Pix-Planet Webdesign) ⇨	€ 105.00	2 months 3 weeks ago
Art Minaeff (webhostinggeeks.com) ⇨	€ 100.00	2 months 3 weeks ago
Achim Giebler AONO MEDIA	€ 100.00	3 months 4 days ago
Benjamin Robinson ⇨	€ 115.00	4 months 2 weeks ago
Dawid Przybylski (adzoom)	€ 100.00	4 months 2 weeks ago
Stefan Strauss (WAVE CULTURE) ⇨	€ 100.00	4 months 3 weeks ago
Markus Günther	€ 20.00	5 months 2 days ago
Katarina Kelso	€ 150.00	5 months 1 week ago
Riccardo Romagnoli	€ 10.00	5 months 2 weeks ago
Vineet Dwivedi (Gyankosh Solutions Private Limited) ⇨	€ 100.00	5 months 2 weeks ago
Christine Haider	€ 50.00	5 months 2 weeks ago
Achim Giebler AONO MEDIA	€ 50.00	5 months 3 weeks ago
Angel GENICIO (unic-electro)	€ 5.00	6 months 2 days ago
Angel GENICIO (unic-electro)	€ 10.00	6 months 2 days ago
Stefan Hinze	€ 20.00	6 months 3 days ago
Nicolas Scheidler	€ 1.00	6 months 3 days ago
Carsten Lesser	€ 10.00	6 months 1 week ago

Abbildung 7.15 Typo3 – Hall of Donations (Quelle: http://typo3.org/donate/donor-list/)

7.2.7   Linktausch

Perfekt für den Linktausch eignen sich Websites, die eine ähnliche Thematik behandeln und die Ihren Inhalten nahestehen. Von derartigen Portalen werden Sie auch am ehesten Besucher erhalten, die Ihrer Zielgruppe entsprechen und sich für Ihre Angebote interessieren. Achten Sie jedoch darauf, dass

Sie entsprechend den Google-Richtlinien verlinken. Google bietet Ihnen in der Webmaster-Tools-Hilfe Hinweise dazu, welcher Linktausch erlaubt ist (siehe Abbildung 7.16).

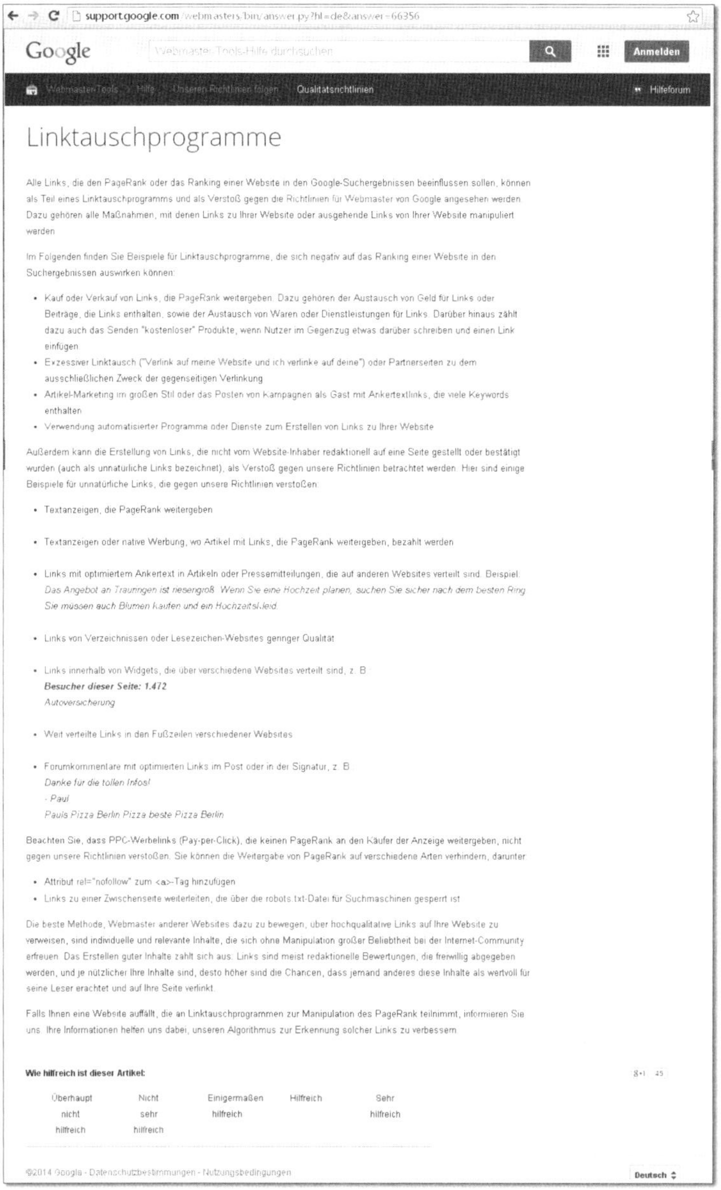

Abbildung 7.16 Google Webmaster-Tools – Informationen zum Thema Linktauschprogramme (http://goo.gl/HXVml)

Wenn Sie von Ihrem Partner gebeten werden, im Gegenzug auch einen Link zu seiner Website zu schalten, ist das generell kein Problem. Sie sollten allerdings einige Punkte beachten. Grundsätzlich sollten Sie stets darauf achten, möglichst viele Links zu Ihrer Internetpräsenz zu erhalten, ohne ausgehende Links von Ihrer Site aus aufbauen zu müssen. Schalten Sie generell keine externen Links von Ihren Landingpages und themenrelevanten Zielseiten aus. Die Links zu anderen Partnern sollten Sie auf eine Unterseite, bestenfalls unter eine Subdomain oder in ein unternehmenseigenes Blog auslagern.

Ein externer Link, den Sie auf Ihrer Seite schalten, verringert das Verhältnis zwischen eingehenden und ausgehenden Links zu Ihren Ungunsten. Grundsätzlich gilt, dass Sie mehr eingehende als ausgehende Links für Ihre Internetpräsenz sammeln sollten. Natürlich haben auch noch andere qualitative Kriterien Geltung, aber fürs Erste sollten Sie sich beim Linkaufbau mit Partnerunternehmen an diese Richtlinie halten.

Google differenziert zwischen einer Subdomain und einer Unterseite, so ist *www.xyz.de/partner.html* eine Unterseite Ihrer Internetpräsenz. Die Subdomain Partner.xyz.de wird von Google jedoch als eigenständige Internetseite angesehen. Aus diesem Grund können Sie den Linktausch mit Partnern auch einsetzen, wie in Abbildung 7.17 dargestellt, ohne das Verhältnis der ausgehenden Links negativ zu beeinflussen.

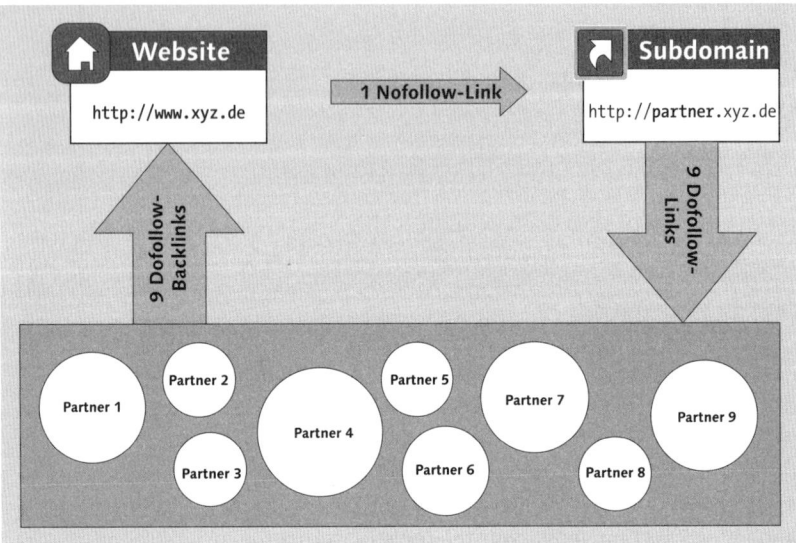

Abbildung 7.17 Linktausch über Subdomain

Damit der Aufbau von Links positiv zur Suchmaschinenoptimierung beitragen kann, ist es wichtig, auf einen möglichst natürlichen Linkaufbau zu setzen. Wer sich mit Lieferanten, Geschäftspartnern und Kunden verlinkt, hat dazu einen guten Schritt getan.

Abbildung 7.18 Suchresultate der Seite www.itworks.info, die das Keyword »Internet-Marketing« im Inhalt anbieten

Beim Linktausch kommt es auch oft vor, dass Sie die Unterseite des Portals bestimmen können, auf der Sie verlinkt werden. Wenn Sie also gefragt werden, wo Ihr Link eingebaut werden soll, sollten Sie die Seite mit der höchsten Relevanz für Ihren Linkaufbau verwenden. Nutzen Sie auch hierzu wieder die Google-Suchparameter (siehe Abbildung 7.18), um die Website des Linkpartners zu analysieren.

> **Vier Google-Abfragen, um Themenrelevanz auf einer Seite herauszufinden**
> ► »Keyword« site:Domainname.xyz
> ► site:domainname.xyz inurl:keyword
> ► site:domainname.xyz intitle:keyword
> ► site:domainname.xyz intext:keyword

Darüber hinaus kann es sehr positiv sein, Links von Seiten zu erhalten, die selbst ein außerordentlich gutes Ranking bei Google und Co. genießen. Links von solchen Portalen sind naturgemäß zwar schwieriger zu erreichen, aber es zahlt sich in jedem Fall aus. Einerseits haben solche Top-Seiten in der Regel höhere Besucherströme, die auf den Link und Ihre Website aufmerksam werden, andererseits bleibt der Link auch bei Google nicht unbemerkt und schlägt sich in einem weiteren Pluspunkt nieder, der schlussendlich zu einer besseren Platzierung in den Suchergebnissen führen kann.

Nicht nur die Websites von Partnerunternehmen lassen sich optimal nutzen, um dort Links auf die eigene Website zu setzen. Im Internet gibt es 1.001 Möglichkeiten, um Verlinkungen zu erstellen, die auf die eigene Seite verweisen. Zeitweilige Artikel über das eigene Angebot auf anderen Seiten mit integrierten Links führen ebenfalls zu positiven Ergebnissen. In der Regel kann man auch themenrelevante Artikel mit Links zur eigenen Homepage kostenlos auf unterschiedlichen Plattformen veröffentlichen. Eine gute Möglichkeit, um Links im richtigen Kontext auf anderen Websites einzubinden, besteht darin, Artikel zum jeweiligen Thema der Ziel-Website zu erstellen, beispielsweise zu den angebotenen Informationen oder Dienstleistungen/Produkten. Innerhalb dieser Artikel können anschließend Links, idealerweise Deeplinks, gesetzt werden. Google erkennt, dass sich die Links im richtigen Kontext befinden und wertet dies entsprechend positiv.

7.3   Linkaufbau von und für Webmaster

Eine innovativere Form der Online-PR, die darüber hinaus deutlich näher am Kunden ist und ihn auf einer weitaus persönlicheren Ebene anspricht als klassische PR-Mitteilungen, stellen Blogs dar. Blogs sind meist von Einzelpersonen geführte Websites, auf denen sogenannte Blogger mehr oder weniger regelmäßig ihre Meinung zu bestimmten Themen in Form von Blog-Artikeln äußern und online veröffentlichen.

Es gibt Blogger, die sich mittlerweile eine große Fangemeinschaft/Leserschaft aufgebaut haben. Umso wichtiger ist es für Unternehmen, die Blogger auf ihre Produkte und Dienstleistungen aufmerksam zu machen, um von diesen in Blog-Artikeln erwähnt zu werden, beispielsweise indem sie dem jeweiligen Blogger eines ihrer Produkte zusenden.

7.3.1   Reviews

Eine Form des Linkaufbaus, die sich für Unternehmens-Blogs ebenso gut eignet wie für News- oder Fachseiten, sind Reviews. Hierbei wird ein Produkt oder eine Dienstleistung Ihres Unternehmens unter die Lupe genommen, um einen Erfahrungsbericht darüber zu erstellen. Ein Review beleuchtet alle wichtigen Fakten und bietet dem Nutzer damit einen Mehrwert. Eine gängige Vorgehensweise, um solche Reviews im Netz zu streuen, besteht darin, interessierten Bloggern Produktproben zuzusenden.

Der Blogger kann einen Produkttest durchführen, um danach in seinem Blog (hoffentlich positiv) darüber zu berichten. Wenn Sie dem Blogger in Aussicht stellen, dass er das jeweilige Produkt danach behalten darf, wird er dies sicherlich umso lieber tun. In die Berichte wird in den meisten Fällen dann auch ein Link zu Ihrem Unternehmen integriert.

Darüber hinaus publizieren Blogger häufig auch Artikel und Informationen zu Themen, die ihrer Meinung nach interessant für ihre Leserschaft sein können. Je nach Ausrichtung der Blogs gibt es daher ab und zu die Möglichkeit, auch Online-PR für die eigene Seite zu betreiben.

7.3.2   Gesponserte Artikel

Sie können einen Blog-Artikel auch sponsern und damit den Bericht ein wenig beeinflussen. Die Blogger lassen sich diese Artikel aber auch entsprechend bezahlen. Es können unterschiedliche Arten von Werbeanzeigen in Blogs gebucht werden, die von der Zielgruppe wahrgenommen werden.

Artikel werden heute nicht mehr allein von Redakteuren erstellt. Plattformen wie Hallimash (*http://www.hallimash.com*) zeigen, dass es vor allem im Blogging-Bereich einen regen Austausch bezahlter Artikel gibt, die beim Lesen nicht den Eindruck von Werbung erwecken, sondern im Gegenteil sogar sehr interessant zu lesen sind. Vielfach findet sich irgendwo im Kleingedruckten am Rand des Textes auch ein Hinweis darauf, dass es sich um einen gesponserten Artikel handelt. Setzt man auf externe Blog-Werbung, ist es wichtig, Blogs auszuwählen, die zum eigenen Thema passen und auf denen sich die gewünschte Zielgruppe einfindet.

Wenn Sie Artikel auf externen Blogs veröffentlichen möchten, achten Sie darauf, dass die Blogs bereits eine große Leserschaft aufgebaut haben und es sich dabei um Ihre Zielgruppe handelt oder dass das Blog Multiplikatoren für Ihre Zielgruppe anspricht. Denn auch beim Linkaufbau mit Blogs gilt wiederum: Achten Sie auf die Themenrelevanz! Google wird die Berichte über Ihre Angebote in Blogs registrieren und zählt selbstverständlich auch Links, die in die Blog-Einträge integriert wurden und zu Ihrer Website führen.

Sich auf die Suche nach geeigneten Blogs zu begeben und mit den Bloggern zu verhandeln, kann sich als mühsam und langwierig erweisen. Möchten Sie es sich ersparen, mit jedem Blogger einzeln in Kontakt zu treten und mit diesem zu verhandeln, gibt es auch Blogging-Vermittlungsdienste wie Hallimash oder Teliad (Teliad.de, siehe Abbildung 7.19), die Ihnen viel Aufwand sparen, aber im Gegenzug auch kostenpflichtig sind.

Teliad bietet Ihnen als einer der größten Marktplätze für Backlinks und Blogs nicht nur Blog-Artikel, sondern einen wesentlich größeren Umfang an Dienstleistungen im Bereich Linkaufbau. Das Portal dient nicht nur dem Kauf von Links, sondern Blog-Betreiber und Webmaster können hier auch Linkplätze anbieten und damit Geld verdienen. Da sich das Netzwerk der Linkgeber immer verändert, ist es für Google relativ schwierig zu durchschauen, welcher Link ein gekaufter Link oder ein gekaufter Blog-Artikel ist.

Einen kleinen Nachteil haben solche Portale allerdings, denn es gibt nur bedingt eine Kontrollmöglichkeit der Blogs, auf denen Sie die Links schalten können. Sie erhalten eine Auswahl an Linkangeboten, die für Ihre vordefinierten Kriterien vorhanden sind, aber Sie sehen nicht die URL des Portals und können somit nicht kontrollieren, in welchem Kontext der Link zu Ihrem Portal geschaltet wird.

Abbildung 7.19 http://www.teliad.de – Marktplatz für Backlinks.
Teliad bietet ein großes Backlink- und Blog-Portfolio.

Im Idealfall steht ein Link zu Ihrem Internetauftritt auf der verlinkenden Webseite nicht ganz allein bzw. nicht in einer Aufzählung verschiedener Links, sondern in einem schlüssigen und adäquaten Artikel. Optimal gestaltet sich die Einbindung eines Links, wenn einige Zeilen als Erklärung dazu veröffentlicht werden oder sich gar ein kompletter Blog-Artikel dem Thema der Zielseite widmet. In diesem Artikeltext lässt sich dann der Link zur Website perfekt einbauen. Themenrelevanter geht es kaum. Es muss nicht immer ein kompletter Artikel in einem Blog sein, der Ihrer Website oder Ihren Produkten gewidmet ist. Häufig genügt es auch, passende Blog-Artikel geschickt zu kommentieren und dabei auf die eigene Webseite hinzuweisen.

Recherchieren Sie im Internet passende Blogs, die zu Ihrem Thema schreiben und bei denen Sie Ihre Zielgruppe vermuten. Registrieren Sie sich anschließend bei diesen Blogs, um Kommentare abgeben zu können. Lesen Sie die Blogs, und suchen Sie sich themenrelevante Artikel heraus, die zu Ihrer Website bzw. Ihrer Tätigkeit passen. Anschließend können Sie unter den Blogs einen Kommentar abgeben oder auch auf bereits existierende Kommentare anderer Nutzer antworten.

Wenn Sie fremde Blogs kommentieren, achten Sie darauf, dass Sie sinnvolle Kommentare abgeben, die den anderen Lesern einen Mehrwert bieten. Wenn Sie direkt auf Ihre Website verweisen, tun Sie dies möglichst elegant. Sobald ein Kommentar zu sehr nach Werbung klingt, wird er von den meisten Nutzern abgelehnt. Beachten Sie daher schon bei der Registrierung die Möglichkeit, Ihre URL angeben zu können. Dann nämlich wird Ihr gewählter Benutzername bei jedem Kommentar in einen Link zu Ihrer Website umgewandelt. Nutzer, die Ihren Kommentar schätzen und sich näher für den Kommentator interessieren, können dann auf Ihren Benutzernamen klicken und gelangen so auf Ihre Seite.

Jeder dieser Links führt nicht nur neue potenzielle Kunden direkt auf Ihre Website, sondern wird natürlich auch von Google registriert und in die Berechnung des Rankings mit einbezogen. Im Internet existieren zahlreiche Portale, bei denen das Setzen solcher Links mit entsprechendem Artikeltext möglich ist. Selbstverständlich bedeutet es ein wenig mehr Aufwand, einen Text rund um den Link zu schreiben, doch wird dieser Aufwand durch einen wirklich im Thema eingebundenen Link belohnt.

Leser, die sich für das jeweilige Thema interessieren, können dem Artikel Informationen entnehmen und bei Bedarf direkt über den Link zum Anbieter gelangen. Vielleicht können Sie auch den einen oder anderen Blogger überzeugen, in seinem Blog über eines Ihrer Produkte oder Ihre Website zu berichten, und ihn bitten, auch einen Link einzubauen. Speziell die Inhalte von Blogs werden von Internet-Usern gerne mit deren Umfeld geteilt und weitergetragen. Somit kann sich ein interessanter Blog-Artikel im Web rasch verbreiten und zahlreiche weitere Verlinkungen und Erwähnungen nach sich ziehen.

7.3.3   Gastbeiträge

Im Bereich der Blogs und weiterer redaktioneller Websites ist es häufig auch möglich, als Gastautor einen eigenen Beitrag in einem Blog zu veröffentlichen. Nutzen Sie diese Chance, um möglichst viele themenrelevante Links zu platzieren. Der Gastbeitrag ist eine beliebte Form, um vor allem Werbung für Experten zu betreiben. Unternehmer und auch Mitarbeiter, die als Experten für einen bestimmten Bereich gelten, bloggen häufig auf anderen Websites und schreiben dort einen Gastbeitrag für ein bestimmtes Thema. Der Leser erhält dadurch einerseits kompetente Ansichten zu einem Thema, das ihn interessiert, und erfährt andererseits von einem Experten und dessen Firma, mit der er sich sonst vielleicht nicht auseinandergesetzt hätte. Gastbeiträge werden allerdings in vielen Systemen zur Suchmaschinenoptimierung genutzt, sodass Google auch hier bereits zwischen themenrelevanten Beiträgen mit echtem Mehrwert für die Interessenten und Artikeln mit schlechter Qualität unterscheidet (siehe Abbildung 7.20).

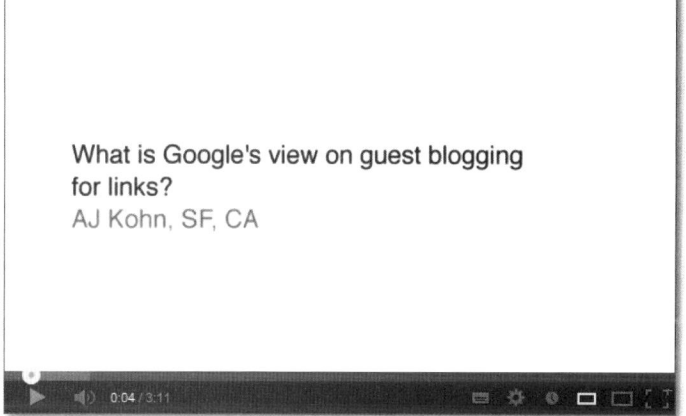

Abbildung 7.20 Matt Cutts über Gastbeiträge in fremden Blog-Systemen: http://goo.gl/aEMx4

Portale für Gastbeiträge finden

Nutzen Sie die Google-Suchparameter (siehe Abbildung 7.21), um Portale für Gastbeiträge zu finden:

»inurl:blog intitle:Gastbeitrag intext:[IHR KEYWORD]«

oder

»inurl:[IHR KEYWORD] intitle:Gastbeitrag«

Wenn Sie mit dieser Suche erfolgreich waren und Portale gefunden haben, auf denen bereits Gastbeiträge erstellt wurden, nehmen Sie Kontakt mit dem Betreiber der Internetseite auf, und fragen Sie nach einer Veröffentlichung eines eigenen Beitrags.

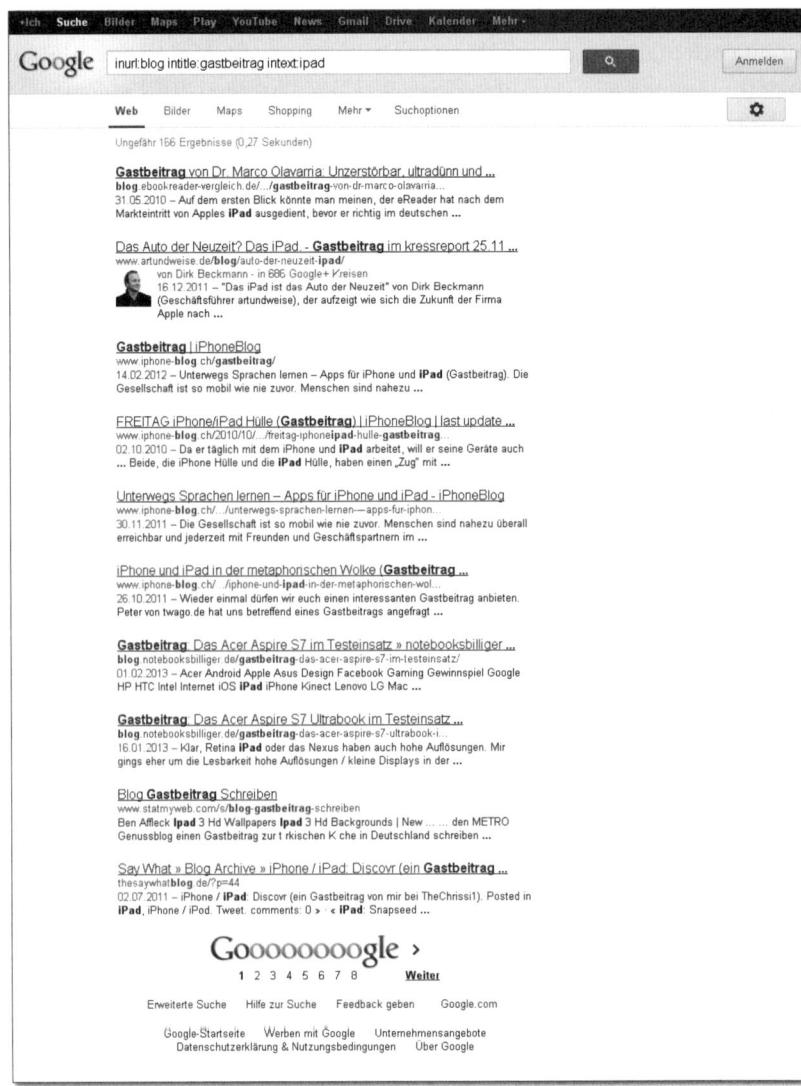

Abbildung 7.21 Suchergebnis für Gastbeiträge zum Thema »iPad«

7.3.4   Corporate Blogs für Linkaufbau und Reputation

Eine weitere Möglichkeit, Blogs für den eigenen Linkaufbau zu nutzen, ist die Erstellung eines eigenen Unternehmens-Blogs. Es gibt viele positive Effekte, die dafür sprechen, als Unternehmen ein eigenes Corporate Blog zu betreiben. Zum einen können Sie mit dem Blog kontinuierlich themenrelevante Links zu Ihrer Internetseite aufbauen. Zum anderen wird das Blog ebenfalls bei Google indexiert und kann Ihnen zusätzliche Suchergebniseinträge sichern.

Ein Blog wird von Ihnen redaktionell geführt, und Sie entscheiden, welche Inhalte veröffentlicht werden. Während Sie in sozialen Netzwerken lediglich die Einträge moderieren und den Dialog mit den Nutzern nur bedingt beeinflussen können, haben Sie in Ihrem Unternehmens-Blog die volle Kontrolle. Gerade in Branchen, in denen informative Beiträge rar sind, können Sie mit einem qualitativ hochwertigen und für die Zielgruppe interessanten Blog Ihre Fachkompetenz darstellen und eine große Leserschaft auf Ihr Unternehmen aufmerksam machen. Ihr Blog kann daher nicht nur dem Linkaufbau dienen, sondern gleichzeitig auch der Neukundengewinnung.

Wenn Sie Ihre Kompetenz darstellen und Ihre Artikel auf Zustimmung bei der Zielgruppe stoßen, werden die Leser eventuell auch in sozialen Netzwerken Ihre Beiträge mit Links und Weiterleitungen belohnen. Dies sind kostenlose Links, die Ihnen bei Ihrem Linkaufbau behilflich sind und somit eine positive Auswirkung auf Ihre Online-Reputation haben. Allerdings gibt es wie bei allen Tätigkeiten auch hier eine Schattenseite. Die Tätigkeiten in einem Unternehmens-Blog beschränken sich nicht nur auf das Schreiben von Beiträgen, sondern ähnlich wie in sozialen Netzwerken findet hier eine Interaktion mit den Besuchern des Blogs statt. Die Erstellung des Unternehmens-Blogs ist sehr zeitintensiv, und die Mitarbeiter, die Beiträge schreiben bzw. auf Anfragen der Leser reagieren, sollten auch im Umgang mit Kritik und der öffentlichen Ansprache der jeweiligen Nutzer geschult sein.

Vier Tipps für Ihr Unternehmens-Blog

1. Planung und Vorbereitung:

Die Entscheidung, ein Unternehmens-Blog zu erstellen, trifft man nicht einfach so. Überlegen Sie sich ein genaues Konzept, und setzen Sie Ziele, die Sie mit dem Blog verfolgen.

2. Kontinuierlich Bloggen:

Wenn Sie sich dazu entscheiden, ein Unternehmens-Blog aufzubauen, sollten Sie die Maßnahme dauerhaft etablieren. Sie müssen Ihre personellen Kapazitäten planen und diese auch für das Blog bereitstellen. Es sollten mindestens zwei Beiträge pro Woche auf Ihrem Blog erscheinen.

3. Seien Sie authentisch:

In einem Blog steht nicht das Unternehmen im Vordergrund, sondern der Mensch, der die Beiträge schreibt. Erzählen Sie von Ihren Erfahrungswerten, aber bleiben Sie sachlich. Es sollten keine firmeninternen und auch keine kundenspezifischen Informationen offengelegt werden, es sei denn, Sie sind dazu befugt.

4. Soziale Netzwerke integrieren:

Nutzen Sie moderne Techniken, sowohl im Blog-System als auch bei den Schnittstellen zu Social Networks. Die Veröffentlichung eines Blog-Artikels können Sie automatisch an Ihre Konten in sozialen Netzwerken verteilen und damit eine größere Streuung erreichen. Durch die Darstellung des »Gefällt mir«-Buttons und der »Share«-Funktion ermöglichen Sie auch den Lesern, mit einem Link auf Ihren Artikel aufmerksam zu machen.

7.3.5 Externe Landingpages

Eine weitere, bereits sehr ausgereifte Möglichkeit, um externe und sogar themenrelevante Links für die eigene Website zu erhalten, besteht darin, externe Landingpages zu nutzen. In den vorangegangenen Kapiteln haben Sie bereits interne Landingpages kennengelernt. Diese sind ein Teil Ihrer eigenen Website und vermitteln dem Nutzer konzentriert relevante Informationen zu einem bestimmten Thema Ihres Angebotes. Durch eine solche Seite können Sie zwar ein gutes Ranking Ihrer Anzeigen erzielen, und Sie gewinnen einen internen Link. Jedoch erhalten Sie durch eine interne Landingpage keinen der wichtigen externen Links, und ohne die passende Verlinkung dieser Seite auch keine Besucherströme von anderen Webseiten.

Mit einer externen Landingpage können Sie dies jedoch tun. Die externe Landingpage ist von Ihrer Website vollkommen abgekapselt und befindet sich in einem eigenen Bereich einer fremden Website. Das bedeutet, dass andere Betreiber von Websites Ihnen einen Teil ihrer Seite zur Verfügung stellen. Auf dieser externen Landingpage werden Inhalte rund um Ihr Thema konzentriert behandelt, und Links verweisen zu Ihrer Website.

Die Websites, die Ihnen eine Landingpage zur Verfügung stellen, sind häufig so gestaltet, dass sich die Nutzer durch unterschiedliche Themen klicken können und somit auch eine Kategorie Ihrem Angebot gewidmet ist. Dort können Ihre Firma und Ihr Angebot vorgestellt werden. Über einen

Link gelangen die potenziellen Interessenten dann von der externen Seite auf Ihre Website. Bei Eignung können Sie hier auch noch Ihre interne Landingpage dazwischenschalten.

7.3.6   Wie komme ich zu externen Landingpages?

Die Frage, die sich bei dieser Thematik stellt, ist selbstverständlich, wie Sie andere Website-Betreiber davon überzeugen, eine Landingpage für Sie einzurichten. Dieses Vorhaben kann jedoch einfacher sein, als Sie denken. Denn auf zahlreichen Websites besteht bereits explizit die Möglichkeit, eine externe Landingpage einzurichten und diese als solche zu nutzen.

Nicht immer ist dieser Service kostenlos. Beispielsweise existieren Affiliate-Programme, bei denen Ihnen Betreiber gut frequentierter Websites gegen Gebühr eine Landingpage einrichten und somit Besucherströme für Sie generieren. Auch hier können Ihnen Gastbeiträge die Tür öffnen. Bieten Sie sich als Autor an, und schreiben Sie über Ihr Fachthema. Wenn Sie den Text entsprechend optimieren, können Sie so ebenfalls eine externe Landingpage aufbauen und Ihre Links an selbst ausgewählten Stellen platzieren.

Darüber hinaus steht es Ihnen natürlich frei, weitere Domains zu registrieren und dort einfach Seiten aufzubauen, die als Landingpages dienen können. Diese Landingpages konzentrieren sich dann lediglich auf einen bestimmten Bereich Ihres Angebots und werden somit in diesem Bereich gut von Google positioniert und als sehr relevant für den Nutzer eingestuft. Von diesen Landingpages aus kann dann ein weiterer Link auf die Zielseite Ihrer Internetpräsenz gesetzt werden.

Eine andere, kostenlose Variante der Landingpage, die nur allzu oft übersehen wird, stellen Facebook-Seiten sowie andere Social-Media-Portale dar. Das soziale Netzwerk Facebook bietet Ihnen die Möglichkeit, eine kostenlose Werbeseite für Ihr Unternehmen zu erstellen. Auf dieser Seite können Sie zahlreiche Inhalte zu Ihren Angeboten und Leistungen einpflegen. Zugleich besteht die Option, von dort zu Ihrer eigenen Website zu verlinken. Somit gelangen potenzielle Kunden zunächst auf Ihre Facebook-Seite, können sich dort informieren und bei Interesse den nächsten Schritt auf Ihre Website gehen. Sie erhalten einerseits einen Link von Facebook, andererseits bietet eine Facebook-Seite selbstverständlich noch viele weitere Vorteile im Hinblick auf Community-Building.

Facebook ist bei Weitem nicht das einzige Portal, auf dem Sie eine kostenlose, externe Landingpage einrichten können. Viele weitere Portale können hierfür genutzt werden. Mit jeder weiteren Seite erhalten Sie einen dauerhaften, externen Link auf Ihre Seite, der sich in höheren Besucherströmen und einem besseren Ranking bei Suchmaschinen niederschlagen kann.

Für den Aufbau externer Seiten können Sie auch auf kostenlose Online-Blog-Dienste und Website-Anbieter zurückgreifen. Zwei der bekanntesten Portale für kostenlose Online-Blogs sind WordPress.com und Blogger.com. Beide Portale bieten Ihnen die Möglichkeit, kostenlose Blogs innerhalb von Minuten zu erstellen und für Ihre Zwecke zu nutzen. Wie bei allen Maßnahmen gilt allerdings auch hier Qualität vor Quantität. Wenn 50 Subdomains von Blogger.com und WordPress.com auf Ihre Unternehmensseite oder Ihren Onlineshop verweisen, diese Online-Blogs kaum aktualisiert werden und fast ausschließlich statische Inhalte haben, könnte Google Ihnen auf die Schliche kommen. Planen Sie derartige Projekte daher lediglich als ergänzende Maßnahmen für eine ganzheitliche Kampagne ein.

7.4   Content Marketing

In der Offsite-Optimierung wird Content Marketing als bereichernder und wichtiger Bestandteil angesehen. Die Google-Updates Panda und Penguin weisen einen ganz klaren Trend. Was gefragt ist, ist echter, informativer Content, der dem Interessenten und potenziellen Kunden die zutreffendste Antwort auf seine Suchanfragen liefern kann.

Das Ziel des Content Marketings besteht darin, durch Inhalte unterschiedlicher Art, wie etwa Texte, Videos, Podcasts, Bilder und Infografiken, Interesse zu wecken, aber gleichzeitig auch Mehrwert zu bieten. Die eigentliche Werbebotschaft bzw. der Link zu Ihrem Unternehmen als Urheber steht beim Content Marketing nicht im Vordergrund. Es handelt sich um Vertrauen und Image bildende Maßnahmen, die Sie selbst umsetzen können.

Die positiven Auswirkungen auf Ihre Online-Reputation werden dabei schnell sichtbar. Mit Content Marketing können Sie die Regeln klassischer Werbekunst außer Kraft setzen. Auch mit kleinen Werbebudgets können durch die richtige Strategie oder eine kreative Idee dank der schnellen Vernetzung im Internet rasch große Erfolge gefeiert werden. Ein geschickt gestaltetes Video, ein informationsgespickter Blog-Beitrag oder eine Infografik zu einem aktuellen Thema werden von »der Community« und damit auch von Ihren potenziellen Interessenten gerne geteilt und erzielen eine große Reichweite. In der Wahrnehmung Ihrer Kunden, der Interessenten und Fans nehmen Sie als Unternehmen damit immer mehr die Gestalt von Medien an. Finden Sie Ihre Nachrichtennische, und decken Sie einen fein abgestimmten Informationsbedarf ab.

In vielen Fällen können Sie Ihrer Zielgruppe gehaltvolle und wertvolle Informationen zur Verfügung stellen und damit Ihre Fachkompetenz darstellen. Sie können mit diesen Maßnahmen in der Kommunikation mit der Zielgruppe auch eine beratende oder unterhaltende Position einnehmen. Welche Content-Marketing-Strategie dabei gewählt wird, hängt stark von Ihrem Produktsortiment und dem Tätigkeitsfeld Ihres Unternehmens ab.

7.4.1   Warum Unternehmen heute Medien sein wollen

In früheren Zeiten war Unternehmen eher eine passive Rolle in den Medien zugedacht. Abgesehen von Werbeanzeigen und Rundfunkeinschaltungen, handelten Inhalte in Print- und Rundfunkmedien, später auch Online-Medien, die längste Zeit maximal von Unternehmen, aber es waren selten die Unternehmen selbst, die Nachrichten schufen und präsentierten.

Heute können Sie als Unternehmen dank der neuen Medien selbst als Nachrichtendienst auftreten. Twitter, Blogs, Facebook, YouTube und andere Kanäle geben Ihnen mächtige Werkzeuge an die Hand, um die gesamte Welt zu erreichen. Und das zu überschaubaren Kosten!

7.4.2   Vorteile des Content Marketings

Ein Effekt von Content Marketing, den Sie sich für Ihre Suchmaschinenoptimierung zunutze machen können, ist natürliches Linkbuilding.

Natürliches Linkbuilding durch Content Marketing

Wer gute Inhalte und nützliche Informationen bietet, wird auch gerne verlinkt. So kommt es vor, dass Internetnutzer, Blogger, aber auch Online-Redakteure bei ihren Recherchen oder aber auch bei der Suche nach Problemlösungen einen gut aufbereiteten Blog-Text, ein Video oder eine Infografik auf Ihrer Internetpräsenz finden, die Mehrwert bieten oder im

Idealfall ein Problem lösen. Ein solcher Inhalt wird gerne über soziale Netzwerke geteilt, aber auch auf dem eigenen Blog, einer News-Seite oder in einem Forum verlinkt, um damit ein noch größeres Publikum zu erreichen.

Perfekt eignen sich dabei vor allem Inhalte, die als Allzeitklassiker gelten, also nicht veralten, sondern immer Nutzer finden, die danach suchen. Einmal erstellt und online veröffentlicht, arbeitet der Content somit automatisch für die Marke, die als dessen Urheber auftritt, da Internetnutzer die Inhalte auch viele Jahre nach Veröffentlichung noch auffinden können und dann teilen oder verlinken.

Brand Loyalty

Wenn Ihre Kunden, Interessenten und Fans Inhalte auf Ihrer Internetseite oder Ihrem Blog konsumieren können, die von Ihnen selbst gestaltet wurden, beschäftigen sich diese nicht nur mit den Themen, die behandelt werden, sondern immer auch mit Ihrem Unternehmen; auch wenn Ihr Unternehmen (in den meisten Fällen) nicht im Vordergrund steht. Je nach Branche kann der zur Verfügung gestellte Content für die Konsumenten sogar zu einer bevorzugten Quelle für Informationen werden. Wer einmal einen interessanten Artikel im Unternehmens-Blog gelesen hat, kommt gerne wieder, um einen weiteren Artikel zu lesen oder Informationen zu dem Themenbereich zu recherchieren, für den Ihr Unternehmen steht.

Somit können Sie durch eigene Kommunikationskanäle eine Brand Loyalty erzeugen und beispielsweise auch Blog-Leser zu Fans Ihrer Marke und eventuell später auch zu Kunden machen. Durch den Mehrwert, der über die Content-Marketing-Kanäle geboten wird, entsteht eine Vertrauensbasis des Konsumenten zu Ihrer Marke bzw. Ihrem Unternehmen.

Emotion statt Entscheidungskalkül

Kaufentscheidungen sind nur selten eine reine Kopfentscheidung. In den meisten Fällen werden Käufe von Emotionen geleitet. Weiß ein potenzieller Kunde viel über Ihr Unternehmen, hat er eine Vorstellung von Ihren Grundsätzen und ist überzeugt, dass Sie über Expertenstatus in Ihrem Bereich verfügen. Er wird dann eher gewillt sein, auch einen Kauf abzuschließen und Produkte und Dienstleistungen von Ihnen zu beziehen. Schließlich hat er auch bereits seit längerer Zeit kostenlos wertvollen Content von Ihnen konsumiert.

Zielgruppenansprache und erhöhte Markenschärfe

Mittels Content Marketing können Sie Ihre Zielgruppe konkret ansprechen. Dies gelingt Ihnen, indem auch in der Content-Marketing-Strategie eine klare Abgrenzung erfolgt und wirklich nur Themen behandelt werden, die Kernkompetenzen Ihres Unternehmens sind. Dadurch können Sie ein scharfes und genau abgegrenztes Bild Ihrer Marke und Ihres Unternehmens schaffen, von dem sich Ihre gewünschte Zielgruppe noch stärker angezogen fühlt.

7.4.3   Varianten des Content Marketings

Content Marketing bietet heute eine Vielzahl unterschiedlicher Kommunikationskanäle an, die Sie als Unternehmen nutzen können, ohne dabei hohe Einstiegskosten fürchten zu müssen. Hohe Einstiegskosten haben Sie lediglich im Bereich des persönlichen Zeitaufwands zu befürchten, da ernsthaftes Content Marketing immer mit einem zeitlichen Aufwand verbunden ist.

Content kommt nicht aus dem Nichts. Viele Inhalte lassen sich oft im Unternehmen erzeugen oder entstehen gar als Nebenprodukt der täglichen Arbeit. Mittlere und große Unternehmen lagern einen Teil der Content-Gestaltung aber auch an entsprechende Agenturen aus. Hier ein Überblick über einige Medien, die Unternehmen neben den klassischen Werbekanälen für Content Marketing zur Verfügung stehen.

Textinhalte

Texte stellen wohl die am weitesten verbreitete Form von Inhalten im Internet dar. Sie benötigen keine speziellen Programme, um Texte auf Webseiten zu lesen, und selbst unerfahrene Internetnutzer kennen diese Art der Informationsaufnahme von Büchern oder Zeitschriften und müssen sich daher nicht umstellen. Darüber hinaus werden Textinhalte auch gut in Suchmaschinen indiziert und mit den Suchbegriffen der Nutzer verknüpft.

Blogging, also das Schreiben und Veröffentlichen von Blog-Beiträgen, stellt eine besonders beliebte Variante dar, um Textinhalte im Internet zu veröffentlichen. Ein Blog ist eine Art News-Bereich, der auf der eigenen Unternehmens-Website eingebunden sein kann oder auf externe Seiten ausgelagert ist.

Hier können Sie über bestimmte Themen bloggen, die die Kernkompeten-zen des Unternehmens widerspiegeln. Sie bieten dabei nützliche Tipps und Informationen, aber auch Einblicke in das Unternehmen auf einer sehr persönlichen Ebene, die sonst kaum erreicht werden kann. Vielfach werden Blogs auch von Journalisten durchstöbert, die diese als News-Quelle für Berichte über die jeweiligen Unternehmen oder Themen nutzen, wodurch Ihr Content weitergetragen wird.

Pressemeldungen

Die meisten mittleren und großen Unternehmen führen auf der eigenen Website einen Pressebereich mit den neuesten Meldungen aus dem Unter-nehmen. Ein weiterer Schritt kann darin bestehen, diese Meldungen auch an Journalisten von On- und Offline-Redaktionen weiterzuleiten oder auch Online-Presseportale für die Verbreitung zu nutzen. Auf diesen wichtigen Content-Marketing-Bereich gehe ich daher in Abschnitt 7.5, »Online-PR und News-Artikel – tue Gutes und rede darüber«, detaillierter ein.

Newsletter

Newsletter werden von kleinen und mittelständischen Unternehmen häu-fig vernachlässigt, was vor allem daran liegt, dass die Erarbeitung einer Newsletter-Leserschaft aufgrund der schwierigen rechtlichen Bedingun-gen (Anti-Spam-Vorschriften) aufwendig ist. Newsletter werden von poten-ziellen Kunden jedoch weitaus positiver aufgenommen, wenn darin nicht gezielt Werbung angepriesen wird, sondern der Newsletter als wertvolle und nicht zu oft versendete Hintergrundinformation für die Abonnenten behandelt wird.

Diese Vorgehensweise sollte bei der Gestaltung des Newsletters schon allein deshalb verfolgt werden, damit dieser auch wirklich gelesen wird. Ein Newsletter kann zudem als HTML-Newsletter auf Ihrer Website hinterlegt werden. Somit bieten Sie weiteren Content auf Ihrer Internetpräsenz an, der einerseits von den Suchmaschinen indiziert werden und zudem als Fachinformation auch per Link referenziert und verteilt werden kann.

E-Books

E-Books können sich für bestimmte Geschäftsbereiche eignen, um es Inte-ressenten, die bereits regelmäßig über Blog und Newsletter Content konsu-mieren, zu ermöglichen, einen erweiterten Einblick in das Unternehmen oder in bestimmte Expertenthemen zu erhalten und sich detaillierter einzulesen.

E-Books lassen sich schnell versenden und/oder im Internet verbreiten. Darüber hinaus können Sie hier sogar eine zusätzliche Einnahmequelle generieren, wenn der Weg über den E-Book-Handel gewählt wird. Eine gute Möglichkeit, um die Interaktion mit den Lesern zu stärken, besteht darin, im E-Book ein Passwort mit Link zu einem geschützten Bereich der eigenen Website einzubinden, in dem zusätzliche Informationen oder Goodys zu finden sind. Somit führen Sie die Leser wiederum zu Ihrem Webauftritt; verknüpft mit einem Formular für persönliche Daten erfährt man aber auch, wer das E-Book gelesen hat.

Videos und Podcasts

Videos und Podcasts sind weitere Medien, um Content Marketing zu betreiben, sie werden aber anders konsumiert als Texte. Durch Videos lassen sich Informationen noch schneller vermitteln und transportieren. Doch meist wird vom Konsumenten ein höherer Unterhaltungswert gefordert, und sei es nur, dass die Set-Einrichtung ansprechend gestaltet ist.

Schließlich wird über die Bilder auch ein Image des aussendenden Unternehmens transportiert. Während Videos auf Plattformen wie YouTube online gestellt werden können, um über eine längere Zeit stets aktuelle Inhalte zu verbreiten, werden Podcasts genutzt, um treue Zuschauer mit aktuelleren News zu versorgen. Diese sehen sich meist zu bestimmten Zeiten regelmäßig veröffentlichte Videos an und werden damit ähnlich einem Newsletter auf dem Laufenden gehalten. Häufig ist ein vorab gesendeter Newsletter an diese Zuschauer auch das Erinnerungswerkzeug, das dank Link zum Podcast führt.

Grafiken und Bilder

Grafiken und Bilder können Sie ebenfalls sehr gut im Content Marketing verwenden. Auch Fotos, Collagen oder Grafiken können sowohl informativen als auch unterhaltenden Charakter haben, wobei vor allem Grafiken gerne in sozialen Netzwerken geteilt werden und so sehr schnell Verbreitung finden.

Sie können Bilder auch über Fotoplattformen wie Flickr, Instagram oder Pinterest verteilen und damit auch eine Art Unternehmens-Newsfeed in Bildern gestalten. Infografiken beispielsweise können zu Umfragen gestaltet werden, die Sie durchgeführt haben, oder auch zu aktuellen Themen. Wenn Sie dann noch einen Hinweis hinzufügen, dass die Grafik unter Quellenangabe weiterverwendet werden kann, macht sich kaum ein Blogger die Mühe, die Grafik nachzubauen, sondern verwendet sie auch auf seiner Website.

Grafiken und Bilder sollten Sie in jedem Fall mit Tags und klingenden Namen versehen, damit sie auch in der Google-Bildersuche erscheinen.

Mikroblogging

Mikroblogging beschreibt eine Form des Content Marketings, die vor allem im B2C-Sektor eingesetzt wird. Über Social-Media-Plattformen wie Google+, Facebook, Twitter, aber auch LinkedIn und Xing lassen sich Kurznachrichten, Bilder und Links sehr schnell mit der Fangemeinde teilen.

Games

Games stellen im Internet ein Milliardengeschäft dar, und Hunderte Millionen Menschen auf der Welt vertreiben sich täglich die Zeit mit Computer- und Webspielen. Beim Content Marketing wird diese Sparte jedoch nur allzu oft vernachlässigt, obwohl es hier ein enormes Potenzial gibt. Ein Spiel, das für die Community entwickelt wird, muss nicht aufwendig gestaltet sein, sondern es genügt, wenn die Nutzer sich damit einige Minuten des Tages vertreiben können. Das Spiel sollte aber mit dem jeweiligen Thema des Unternehmens zu tun haben und kann auch interaktiv gestaltet werden, das heißt etwa mit Gewinnspielen verknüpft sein. Es können auch Anreize geschaffen werden, um das Spiel und damit die Botschaft mit Freunden zu teilen, zum Beispiel indem ein Button eingebaut wird, über den sich der erreichte Punktestand mit dem Freundeskreis teilen lässt.

Selbstverständlich werden zur Spielentwicklung Profis benötigt, die ein entsprechend hochwertiges und funktionales Game herstellen können. Die Kosten sind daher relativ hoch, aber der Marketingeffekt rechtfertigt die Investition.

7.4.4 Beispiele für Content Marketing

Die nachfolgenden Beispiele zeigen Ihnen, wie Sie Content Marketing effektiv und erfolgreich einsetzen können.

Paradebeispiel Red Bull

Ein großartiges Beispiel, wie Content Marketing funktionieren kann, bietet der Energy-Drink-Hersteller Red Bull. Haben die aufsehenerregenden Sportwettbewerbe, die von Red Bull gesponsert wurden, zunächst nur den Anschein erweckt, Eventmarketing zu verfolgen, hat sich im Longtail für die Salzburger Getränkebrauer ein gänzlich neues Geschäftsfeld ergeben.

So wurde mittlerweile das Red Bull Media House gegründet, das sich im Konzern darum kümmert, Videos, Berichte und andere Inhalte von Sportereignissen und anderen Events aus der Welt von Red Bull nicht nur zu erstellen, sondern sogar zu verkaufen. Reportagen von durch Red Bull gesponserten oder geschaffenen Events – wie der Red Bull Flugtag, der Red Bull Dolomitenmann und selbstverständlich der legendäre Out-of-Space-Basejump von Felix Baumgartner (Stratos) – werden nicht nur in den eigenen Magazinen des Getränkeriesen verwendet, sondern auch an andere Medien vermarktet, wobei natürlich immer dezent und im Hintergrund die Werbebotschaft von Red Bull mitschwingt.

Allein mit dem genannten Projekt »Stratos« hat Red Bull durch eine Investition von 50 Millionen Euro einen Werbewert in Form von Berichterstattung im Gegenwert von mehreren hundert Millionen oder sogar mehreren Milliarden ausgelöst.

Volkswagen und »Das Auto. Magazin«

Ein weiteres, sehr anschauliches Beispiel, das zeigt, wie Unternehmen zu Medien werden, ist Volkswagen. Das Unternehmen, das es sich zum Ziel gesetzt hat, der größte Fahrzeughersteller der Welt zu werden, hat neben seinen klassischen Werbeaktivitäten »Das Auto. Magazin« ins Leben gerufen.

Dieses Magazin dreht sich selbstverständlich um die Welt von VW und liefert interessante Einblicke in den Konzern. Die Inhalte erinnern nicht mehr an Werbung, sondern haben tatsächlich die Gestalt eines Berichts in einem Magazin. VW unterhält und informiert damit, wird aber nicht aufdringlich. Das Magazin ist in Print, für das iPad und im Internet verfügbar, wobei die Vorzüge der jeweiligen Medien genutzt werden.

Unternehmen, deren Themenbereiche vielleicht nicht ganz so plastisch und optisch interessant sind wie die von VW und Red Bull, müssen nicht verzagen, sondern sollten sich anschauen, was etwa Einrichtungen wie das Max-Planck-Institut, das Statistische Bundesamt oder aber der Immobilien-Spezialist Jones Lang LaSalle immer wieder vollbringen: in anderen Medien präsent zu sein und Nachrichten kostenlos zu verbreiten, nur indem sie Berichte, Statistiken und Umfragewerte mit Mehrwert für den Leser aufbereiten und zur Verfügung stellen und dazu vielleicht noch die eine oder andere Grafik veröffentlichen.

7.5   Online-PR und News-Artikel – tue Gutes und rede darüber

Was im Offline-Bereich gilt, hat auch im Internet seine Gültigkeit. Wenn Sie auf der Suche nach Aufmerksamkeit seitens potenzieller Kunden sind, sollten Sie auf entsprechende PR-Maßnahmen setzen. Durch Online-PR gelingt es, Informationen über neue Produkte, attraktive Angebote und auch die Ziele Ihrer Webseite an eine breite Empfängergruppe zu verteilen.

Bei Online-PR-Maßnahmen kann es sich um aktuelle Berichte über Ihr Unternehmen bzw. Ihre Angebote handeln. Viele Seiten und Portale im Internet bieten sich geradezu perfekt dafür an, diese Berichte zu streuen und zu verteilen. Der große Vorteil von Online-PR besteht darin, dass die jeweiligen Inhalte sehr »sharelastig« sind. Internetnutzer, die von diesen Inhalten erfahren haben und sie interessant finden, nehmen sie somit nicht bloß zur Kenntnis, sondern sind häufig auch gewillt, sie mit ihren Freunden zu teilen oder weiterzuverbreiten.

Die Maßnahmen zur Online-PR sollten in jedem Fall interessant für den Leser sein und einen Mehrwert bieten, der die Nutzer dazu anregt, die Inhalte zu teilen. Online-PR kann auf unterschiedliche Art und Weise erfolgen. In Abschnitt 7.2, »Linkaufbau – ein erster Einstieg«, haben Sie bereits von Online-PR mit Blog-Artikeln gelesen. Hier einige weitere Beispiele dafür.

7.5.1   PR-Portale

Der Einfluss von Online-PR-Portalen sollte nicht außer Acht gelassen werden. Dabei handelt es sich um einschlägige Portale, auf denen Sie News-Meldungen bzw. Pressemitteilungen zu Ihrer Website oder Ihrem Unternehmen einstellen können. Es existieren sowohl kostenpflichtige als auch kostenlose PR-Portale, die genutzt werden können. In beiden Fällen besteht meist die Möglichkeit, einen Link im Text einzubinden, der auf die eigene Webseite führt. Mindestens ebenso wichtig für das Google-Ranking sind jedoch auch reine Erwähnungen Ihrer Domain-Adresse. Diese Erwähnungen werden ebenfalls von Google registriert und in der Berechnung des Rankings für Ihre Seite berücksichtigt.

Da PR-Portale in der Regel gut sortiert, übersichtlich gestaltet und nach Kategorien geordnet sind, ziehen sie häufig eine Leserschaft an, die für werbetreibende Website-Besitzer durchaus interessant sein kann. Darüber hinaus beschäftigen einige PR-Portale auch eigene Redakteure, die jede PR-Meldung vor der Veröffentlichung sichten und damit die Qualität der Texte stets hochhalten. Eine solch qualitativ hochwertige Informationsquelle lockt wiederum Journalisten an, die interessante Themen bei Eignung gerne auch in ihren Online- oder Printmedien verarbeiten und auf diese Weise verteilen.

Die Aussendung von Online-PR-Mitteilungen kann regelmäßig geschehen. Dadurch bleiben Ihr Unternehmen und die Marke stets im Gespräch, und Sie können Neuigkeiten streuen. Darüber hinaus werden einige PR-Portale auch bei Google News angeführt, sodass Ihre Marke auch hier erwähnt wird und auf Interessenten stößt. Insgesamt wirken sich die mehrfachen Erwähnungen Ihres Markennamens bzw. Ihres Domain-Namens positiv auf Ihre Website aus. Wenn zusätzlich noch externe Links aus den PR-Artikeln heraus auf Ihre Website geschaltet werden können, ist dies natürlich umso besser.

Sechs Beispiele für Presseportale

▶ *www.fair-news.de*

▶ *www.pressebox.de*

▶ *www.openpr.de*

▶ *www.offenes-presseportal.de*

▶ *www.online-artikel.de*

▶ *www.lifepr.de*

Des Weiteren gibt es viele fachbezogene Presseportale, die Mitteilungen zu vordefinierten Themenbereichen und Branchen veröffentlichen. Ein Beispiel hierfür ist *www.agrar-presseportal.de*.

7.5.2   Google News

Google News ist die Nachrichtenseite von Google. Der Dienst ist unter *http://news.google.de* abrufbar. Die Nachrichten auf der Internetseite stammen nicht von Google selbst, sondern werden von Computern anhand eines Algorithmus aus einer Vielzahl von Nachrichtenquellen zusammengetragen. Die Einträge werden automatisch generiert und ca. alle 10 Minuten aktualisiert. Wenn Sie möchten, dass eine Website in Google News aufgenommen wird, können Sie die entsprechende URL an Google senden. Google gibt zwar keine Garantie für die Aufnahme der News Ihrer Seite, bietet aber bestimmte Richtlinien (siehe Abbildung 7.22 für die Aufnahme von News-Meldungen in die Google News). Wenn Sie die Richtlinien zur Übermittlung von redaktionellen Inhalten an Google News beachten, können Sie vielleicht Nachrichten auf Google News veröffentlichen.

Die Veröffentlichung von Inhalten auf Google News bringt viele Vorteile mit sich. Sie erhalten qualitativ hochwertigen Traffic von Nutzern, die sich für Ihre News interessieren, Google indiziert Ihre Inhalte sehr schnell, und über Google News werden die Links zu Ihren Artikeln auf andere Seiten verteilt. Bestenfalls verweisen innerhalb kurzer Zeit viele unterschiedliche Webseiten auf Ihren News-Bericht, und der Traffic erhöht sich sehr schnell. Die Artikel, die in Google News dargestellt werden, werden von Google auch auf den Suchergebnisseiten zu themenrelevanten Suchanfragen dargestellt. Ein Eintrag in Google News kann Ihnen bei einem interessanten Artikel mehrere tausend Besucher am Tag (!) bringen.

Wenn Sie Ihre Website um redaktionelle Berichte ergänzen und die Aufnahme in Google News schaffen, können Sie gleich mehrere Fliegen mit einer Klappe schlagen. Zunächst generieren Sie neue Besucher, die Ihrer Zielgruppe entsprechen, denn Ihre redaktionellen Berichte behandeln schließlich themenrelevante Inhalte. Sie können die Kompetenz Ihres Unternehmens präsentieren und erreichen viele Interessenten, ohne aktiv Werbung zu schalten. Ein weiterer Vorteil ist eine mögliche Linkgenerierung, die Sie ebenfalls durch die Platzierung in den News erreichen können. Viele Website-Betreiber greifen die Inhalte auf, um darüber zu berichten. Zudem werden die News über soziale Netzwerke geteilt, was Ihnen weitere Bekanntheit einbringt. Ein weiterer nicht zu unterschätzender Faktor ist die Bewertung Ihrer Inhalte durch Google selbst. Wenn Ihre News oft angeklickt, gelesen und geteilt werden, honoriert dies Google. Ihre Website erhält eine bessere Sichtbarkeit in den Suchergebnissen.

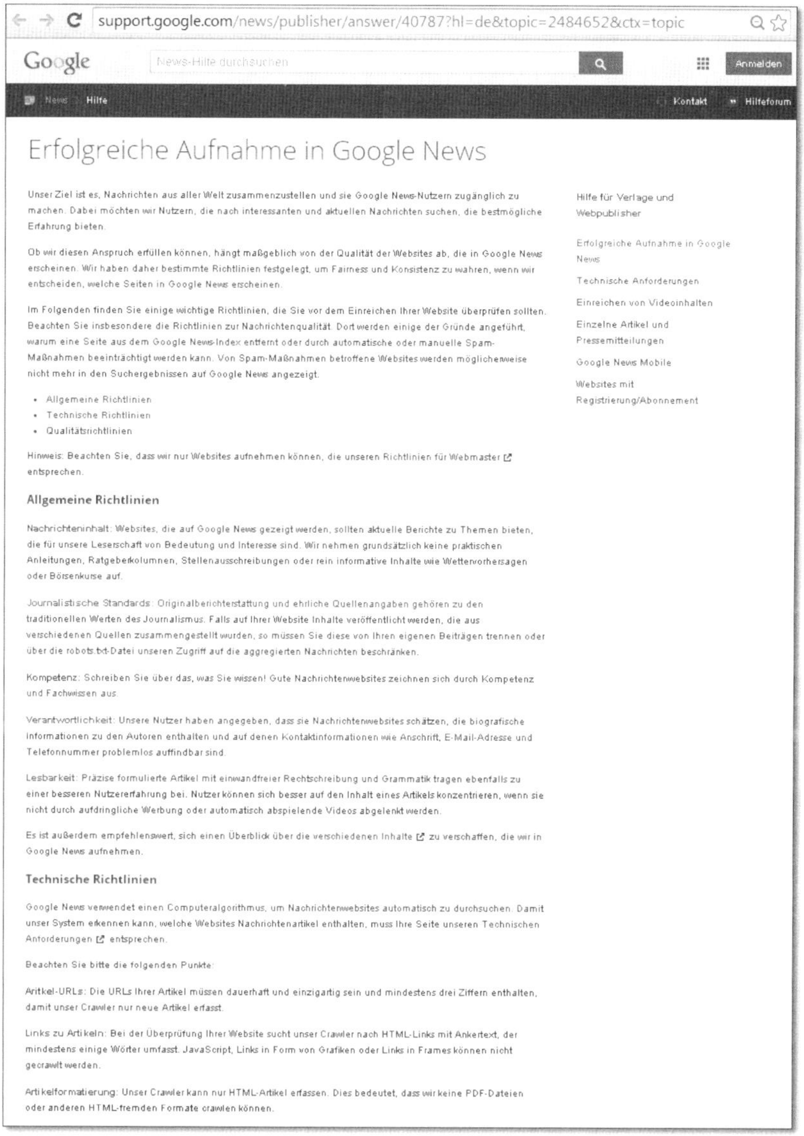

Abbildung 7.22 Google-Support-Seite »Erste Schritte mit Google News« (http://goo.gl/UpF1y)

7.5.3   Artikelverzeichnisse

Eine weitere Kategorie von Websites, auf denen Sie themenbezogene Texte veröffentlichen und für sich durch Links werben können, sind Artikelverzeichnisse. Artikelverzeichnisse funktionieren ähnlich wie Presseportale, nur dass sie bei den Artikeln nicht unbedingt einen Bezug zu Unternehmen darstellen müssen. Sie können Ihre Artikel frei gestalten und über die unterschiedlichsten Themen schreiben. Die Portale eignen sich vor allem für den Deeplink-Aufbau für Ihre Landingpages.

Auf zahlreichen Artikelportalen können Sie die Themen frei wählen, über die Sie Artikel veröffentlichen möchten. So können Sie für Ihren Linkaufbau einen themenrelevanten Artikel schreiben und die Keywords, für die Sie Zugriffe auf Ihre Zielseite generieren möchten, mit dem entsprechenden Schlüsselwort im Artikeltext verlinken.

Es gibt zahlreiche deutschsprachige Artikelverzeichnisse, allerdings werden diese unterschiedlich gut gepflegt. Für Ihren Linkaufbau sollten Sie versuchen, möglichst viele verschiedene Portale zu finden, auf denen Sie Artikel veröffentlichen können. Achten Sie auch darauf, dass Sie jeden Artikel nur einmal veröffentlichen und für jedes Portal einen anderen Artikel schreiben. »Content is gold«, das gilt nicht nur für Ihre eigene Website, sondern auch für jede Veröffentlichung, die Sie zum Linkaufbau durchführen. So sollten die Artikel einen themenrelevanten Nutzwert für die Leser haben. Wenn Sie den gleichen Artikel auf mehreren Portalen einstellen, erhöhen Sie die Wahrscheinlichkeit, dass Google dies als Duplicate Content wahrnimmt. Zum einen ist dies negativ für die Artikelverzeichnisse, zum anderen stellt Google fest, dass gleiche Artikel mit einem Link auf Ihre Homepage deuten. Eine derartige Linkstruktur empfindet Google sehr schnell als unnatürlich. Die Links werden dann entwertet und Ihre Arbeit war umsonst.

Wenn Sie einen Linkaufbau für mehrere Keywords bzw. mehrere Landingpages Ihrer Homepage planen, sollten Sie ebenfalls darauf achten, dass jeder Artikel themenbezogen zu Ihrer Zielseite passt.

Gerade bei den Artikelverzeichnissen gibt es sehr viele Texte, die von einer minderen Qualität sind und dadurch keine hohe Relevanz für Google und die Leser darstellen. Google achtet beim Artikelmarketing darauf, welche Qualität die Veröffentlichungen haben, ob es sich wirklich um einen redaktionellen Text handelt oder ob hier lediglich ein minderwertiger Text veröffentlicht wird, um Deeplinks zu generieren (siehe Abbildung 7.23).

What is Google's current thinking about getting links from article marketing, widgets, footers, themes, etc.?

Matt Cutts, Mountain View

0:04 / 2:48

Abbildung 7.23 Matt Cutts zu Beiträgen in Artikelverzeichnissen (http://goo.gl/Q27JZ)

Zehn kostenlose Artikelportale für Ihren Linkaufbau

Es gibt zahlreiche Artikelportale, allerdings ist es schwierig, die Qualität jedes einzelnen Portals zu beurteilen. Prüfen Sie für Ihren eigenen Bedarf, ob Sie ein Portal nutzen möchten. Die hier angegebenen Artikelportale sind aktuell online und haben sowohl unterschiedliche Themen als auch unterschiedliche Qualitätsstufen.

Sie können aber auch jederzeit bei Google nach »Artikelverzeichnisse Liste« suchen und erhalten von vielen Portalen umfangreiche Listen.

Zehn Artikelverzeichnisse:

▶ *www.online-artikel.de*

▶ *www.77.am*

▶ *www.artikel-magazin.net*

▶ *www.blogcentrale.de*

▶ *www.voxon.de*

▶ *www.redakteur.eu*

▶ *www.artikeltipps.de*

▶ *www.linkedto.de*

▶ *www.tipps-aktuell.de*

▶ *www.boxoo.de*

7.6   Linkbaiting

Linkbaiting ist wahrscheinlich derzeit das effektivste *White-Hat-Mittel*, um Links aufzubauen und die Linkpopularität zu steigern. Bei einem Linkbait setzen Website-Betreiber freiwillig (!) einen Link von ihrer Seite auf die Website des Linkbait-Veranstalters. Der Veranstalter des Linkbaits bietet den Seitenbetreibern dafür eine Gegenleistung. Vor allem Kreativität ist für diese Art des Linkaufbaus gefragt.

7.6.1   Beispiele für Linkbaiting

Damit Sie sich vorstellen können, wie ein Linkbait funktioniert, nenne ich Ihnen ein Beispiel aus dem Bereich der Online-Zeitschriften. Wenn Sie ein themenorientiertes Online-Magazin betreiben würden und monatlich viele Leser Ihre Internetseite aufrufen, um sich zu informieren, könnte ein Linkbait mit der Ausschreibung der »Website des Monats« sehr gut funktionieren. Jeden Monat würden Sie eine Internetseite Ihrer Leser zur Website des Monats küren und dem Website-Betreiber ein Logo (Website des Monats August 2012 – Fachmagazin xyz) zur Verfügung stellen.

Jeder Website-Betreiber, der Ihr Fachmagazin liest und eine Auszeichnung erhält, wird dieses Logo wahrscheinlich auf seiner Website integrieren und mit einem Link zu Ihrer Internetseite versehen. So erhalten Sie kontinuierlich neue qualitative Links von themenrelevanten Websites, ohne dass Sie von Ihrer Startseite aus auf die Internetpräsenz Ihrer Leser verweisen müssen. Im News-Bereich Ihrer Internetseite verweisen Sie mit einem Nofollow-Link jeden Monat auf eine neue Seite. Diese Links kosten Sie keine Linkqualität, und mit den Links, die Sie von den Website-Betreibern zu Ihrer Internetseite erhalten, steigt die Linkpopularität Ihres Online-Magazins automatisch. Ein weiterer Vorteil dieses Linkbaits sind die zielgruppengenaue Ansprache und der Werbeeffekt, den Ihre Leser Ihnen zukommen lassen.

Ein weiterer Linkbait, mit dem Sie auf eine Vielzahl an Backlinks hoffen können, besteht in der Bereitstellung von Statistiken, Umfragen oder Infografiken. Ein Dienst, der viele kostenlose Infografiken bereitstellt, ist beispielsweise *de.statista.com* (siehe Abbildung 7.24).

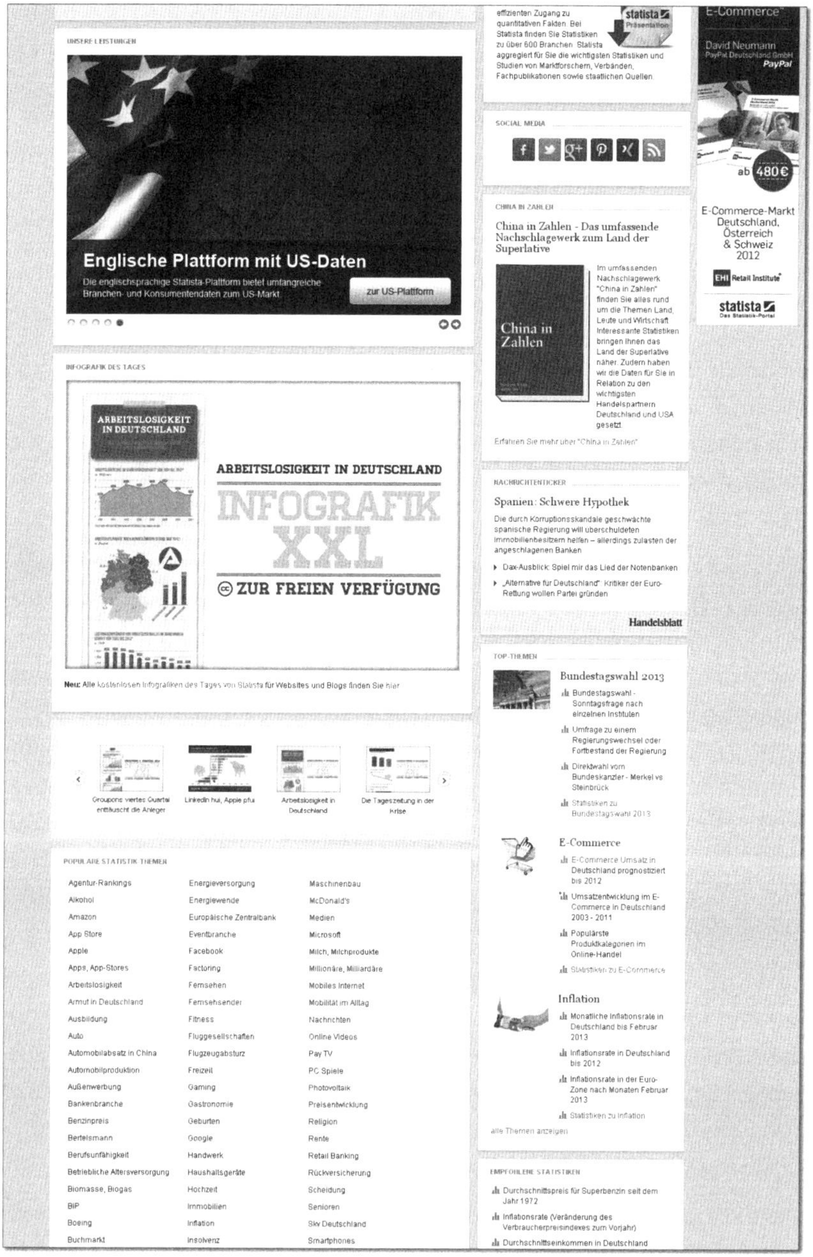

Abbildung 7.24 http://de.statista.com/ – täglich kostenlose Infografiken

Statista bietet mit seinem Dienst »kostenlose Infografiken des Tages« eine Aktion, die von vielen Blog-Betreibern, Medienanbietern und Unternehmen genutzt wird, um aktuelle Berichte mit aussagekräftigen Infografiken aufzubauen. Die Grafiken werden gerne genutzt, und im Gegenzug wird die Quellenangabe mit einem Link zur Internetseite versehen. Die Website zählt aktuell mehr als 250.000 Backlinks.

7.7   Social Media zur Offpage-Optimierung

Wenn Sie im Internet Neukunden gewinnen, Stammkunden behalten und nebenbei auch noch Ihr Google-Ranking verbessern möchten, sollten Sie sich neben der klassischen SEO auch mit Social Media befassen. Denn mit sozialen Netzwerken à la Facebook, Twitter und YouTube bestehen unzählige Möglichkeiten, um die eben genannten Ziele zu erreichen.

Während Facebook das Unglaubliche geschafft hat und mittlerweile mehr als ein Zehntel der Weltbevölkerung in Form von Mitgliedern auf sich vereint, bietet Twitter eine innovative Form des Mikrobloggings, das sogar Prominente auf der ganzen Welt verwenden, um ihren Fans ihre Gefühle, Meinungen und Ansichten mitzuteilen. Eines haben alle sozialen Netzwerke gemeinsam. Sie sind kostenlos, eignen sich perfekt zum Community-Building und erleichtern es den Nutzern, die Inhalte mit ihrem Netzwerk zu teilen und somit weiter im Netz zu verbreiten. Darüber hinaus werden natürlich auch Erwähnungen bei Twitter, Facebook und Co. von Google und anderen Suchmaschinen indiziert und in die Ermittlung des Rankings einbezogen.

Ein von vielen Unternehmen gerne genutzter Trick, um Follower und Fans aus den sozialen Netzwerken zu einer Kaufaktion zu bewegen, besteht in der Initiierung von Rabattaktionen oder speziellen Angeboten, die ausschließlich den Nutzern zur Verfügung stehen, die Ihnen auch auf einer sozialen Plattform folgen. Dadurch kann außerdem der Community-Charakter deutlich gestärkt werden.

Die Videoplattform YouTube ist ein Online-PR-Mittel par excellence. YouTube ist die zweitgrößte Suchmaschine und schon lange nicht mehr die Plattform für »lustige kleine Videos«. Die kostenlos nutzbare Plattform, die ebenfalls fester Bestandteil des Google-Imperiums ist, bietet sich optimal an, um Werbeinhalte zu streuen und Produkte zu verkaufen. Und ganz nebenbei bietet Ihnen ein eigener YouTube-Channel einen zusätzlichen wertigen Link auf Ihre Unternehmens-Website.

Wenn Sie sich einmal mit YouTube beschäftigen, werden Sie schnell sehen, dass es weitaus effizienter und vor allem auch kostengünstiger ist, ein YouTube-Video zu produzieren und zu publizieren, als beispielsweise eine teure Fernsehwerbung zu buchen, bei der wiederum mit großen Streuverlusten zu rechnen ist. Für eine YouTube-Kampagne ist kein großes Werbebudget notwendig. Ein Video für diese Plattform kann mit einfachsten Mitteln produziert werden. Schon eine videofähige Digitalkamera reicht aus, um Ihre Werbebotschaft zu produzieren. Dabei muss nicht einmal unbedingt auf hohe Qualität bei der Videoaufnahme oder Umsetzung des Werbevideos gesetzt werden. Gerade amateurhaft anmutende Videos erreichen bei den Zuschauern hohe Glaubwürdigkeit und Authentizität Ihrer Marke.

Die Nutzung von YouTube eignet sich nicht nur, um Kunden durch Videos auf Produkte und Leistungen aufmerksam zu machen, sondern ist auch aus Sicht der Suchmaschinenoptimierung durchaus sinnvoll und zielführend. Google erkennt, dass sich ein Video auf Ihre Website bezieht, was wiederum gut für Ihr Ranking ist. Sie können diesen Effekt noch potenzieren, wenn Sie das Video auch auf Ihrer Website einbinden. Darüber hinaus werden auch Videos in den Suchmaschinenergebnissen angezeigt und erscheinen dort in der Regel überproportional häufig auf den vorderen Positionen.

Selbstverständlich existieren auch noch andere Videoplattformen, die ähnlich wie YouTube funktionieren und aufgebaut sind. Allerdings ist YouTube mit Abstand die Plattform mit der weitesten Verbreitung, und aufgrund der firmeninternen Verflechtung mit Google sind hier auch schneller positive Effekte auf das Google-Ranking zu erwarten.

7.8   Linkaufbau in der Grauzone

Die nachfolgenden Methoden bieten Ihnen wahrscheinlich spannende Informationen in Bezug auf den externen Linkaufbau, allerdings sind diese Maßnahmen nur bedingt empfehlenswert und sollten in Verbindung mit relevantem Content Marketing genutzt werden. Wenn der einfache Linkaufbau für Ihre Optimierung nicht ausreicht oder es Ihnen zu lange dauert, gibt es gewagtere Maßnahmen, mit denen Sie Ihr Ranking verbessern können. Sie sollten diese Maßnahmen allerdings niemals ohne ausreichende Erfahrung und Tests auf Ihre eigentlichen Projekte anwenden.

Die Linkaufbau-Arten, die ich Ihnen hier vorstelle, entsprechen nicht den Google-Webmaster-Kriterien, und so wie die Maßnahmen Ihnen bei einem Portal ein positives Ranking bescheren können, können die gleichen Maßnahmen bei einem anderen Portal Ihre Seite im Nirwana verschwinden lassen. Wägen Sie daher immer die Risiken ab. Oftmals ist ein langsamerer Aufbau wesentlich sicherer und in Bezug auf die Wichtigkeit der Auffindbarkeit in den Suchergebnissen ein entscheidendes Kriterium dafür, ob man sich im Bereich des Linkaufbaus auch an die folgenden SEO-Maßnahmen wagen sollte.

Ein Onlineshop, der bereits ein gutes Ranking zu einigen Keywords erreicht hat und damit über die Google-Suchergebnisse gefunden wird, bringt dem Unternehmen einen Ertrag über die Auffindbarkeit bei der Suchmaschine. Wenn Sie es mit dem Linkaufbau übertreiben und Google einen nicht organischen Linkaufbau feststellt, gefährden Sie die derzeitigen Umsätze und damit vielleicht auch den Unternehmenserfolg. Bedenken Sie stets, dass es zwei Seiten der Medaille gibt.

7.8.1   Was sind Linkwheels und SEO-Pyramiden?

Linkwheels und *SEO-Pyramiden* zählen zu den Linkaufbau-Methoden, die laut den Webmaster-Richtlinien von Google verboten sind und daher den *Black-Hat-Maßnahmen* zuzurechnen sind. Dennoch haben viele SEOler diese Maßnahmen eingesetzt, um das Ranking und die Indizierung von Webseiten zu erhöhen. Auch heute erhalten Sie im Internet immer noch viele Angebote zum Thema Linkaufbau mit Linkwheels und SEO-Pyramiden. Aus heutiger Sicht sind diese Methoden nicht mehr zeitgemäß, aber aufgrund der Fülle an Angeboten, die es nach wie vor gibt, sollten sie diese Maßnahmen zumindest kennen, damit Sie die einzelnen Angebote auch bewerten können.

Lediglich mit einem ausgeklügelten Netzwerk an Websites ist es möglich, ein Linkwheel mit themenrelevanten Inhalten mit Nutzwert zu gestalten und somit eine Struktur aufzubauen, die auch von Google akzeptiert wird. Derartige Linkwheels benötigen allerdings viel Zeit, und es entstehen kontinuierliche Fixkosten, die Sie einkalkulieren müssen.

Schauen wir uns also zuerst die Struktur eines solchen Linkwheels an. Die Internetseite, die wir bewerben möchten, stellt das Herzstück dar. Um unsere Internetpräsenz herum stehen (beispielsweise) acht Seiten und verlinken sich in Form eines Rades (Wheels). Zudem ist von jeder Seite des Rades ein Link auf unsere Zielseite gesetzt.

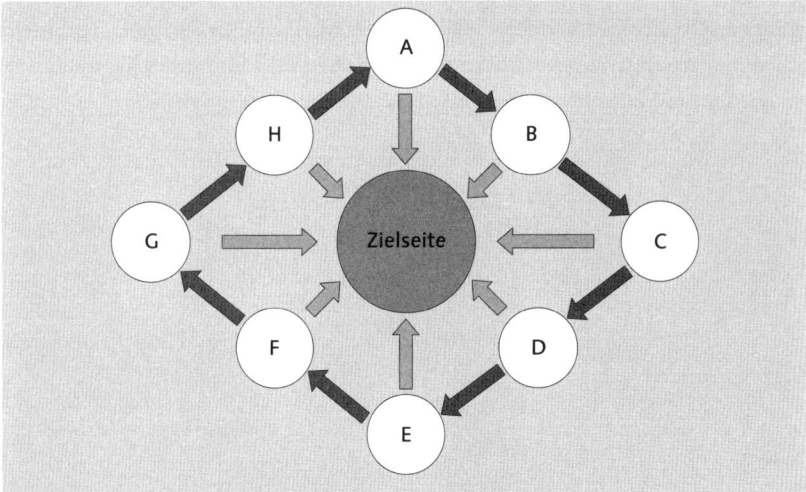

Abbildung 7.25 Struktur eines einfachen Linkwheels

Zugegeben, das hört sich im ersten Moment sehr einfach an, und Abbildung 7.25 zeigt eine sehr einfache Struktur, allerdings müssen die Seiten so angelegt sein, dass keine Rückschlüsse auf eine eventuelle Kooperation möglich sind. Das heißt, im besten Fall basieren alle Portale auf unterschiedlichen Systemen (WordPress, Typo3, Social Media, Artikelverzeichnisse etc.), werden auf unterschiedlichen Servern/mit unterschiedlichen IP-Adressen gehostet und haben auch sonst keine weiteren Gemeinsamkeiten. Die Domains sollten sogar verschiedene Eigentümer haben.

Wenn wir daher ein Linkwheel mit acht Seiten aufbauen möchten, benötigen wir acht unterschiedliche Webhosting-Pakete (am besten bei unterschiedlichen Providern). Wir benötigen mehrere Personen, auf die wir die Domains registrieren können, und wir müssen unterschiedliche Accounts für die Auswertung der Portale nutzen. Es sollte beispielsweise keinen Google-Analytics-Account geben, der alle Statistiken in seinem Profil vereint. Zu diesen acht Portalen suchen wir uns jetzt noch offene Presse- und Artikelportale, bei denen wir Beiträge schreiben können, die mit einem Dofollow-Link versehen werden. Eine weitere Auflockerung erreichen wir, indem wir Online-Blog-Dienste wie Blogger.com oder WordPress.com nutzen und hier zusätzlich zwei oder auch mehr Blogs aufsetzen.

Alle Portale, die wir nun in unserem Wheel betreiben, müssen kontinuierlich mit Informationen und neuen Artikeln gefüllt werden. Jedes Portal sollte mit einem eigenen Account in den Google Webmaster-Tools angemeldet sein. Zudem steigern wir die Wertigkeit des Linkwheels, wenn wir für die einzelnen Websites ebenfalls externe Links aufbauen können, und so wird jedes Element des Wheels zu einem eigenen Projekt.

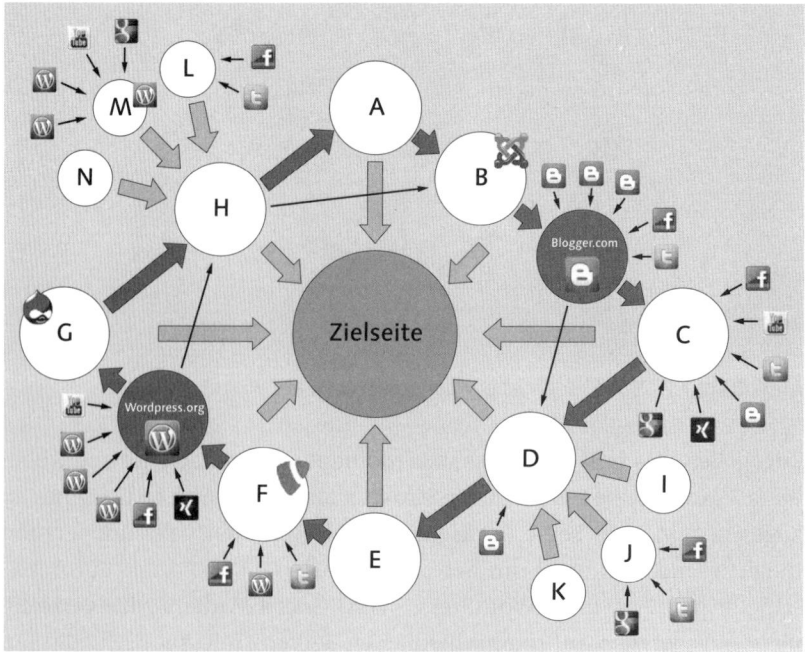

Abbildung 7.26 Erweitertes Linkwheel (in vereinfachter Form)

Wie Sie in Abbildung 7.26 sehen, ist dieser Linkaufbau sehr komplex. Aus diesem Grund werden die meisten Linkwheels mit Portalen erstellt, die in einer Vielzahl von Projekten eingesetzt werden. Unternehmen, die sich auf den Linkaufbau spezialisiert haben, betreiben Hunderte solcher Portale und können dadurch jedes Linkwheel individuell abbilden. Die Portale sind dann als Presseseiten, Artikelportale, News-Portale, Themenseiten oder sonstige redaktionelle Seiten erstellt. Als Unternehmen buchen Sie lediglich eine Seite eines solchen Portals, und die Agentur sorgt für die Interaktion und die Verlinkung der Einzelseite mit anderen Themenseiten und internen Artikeln.

Für den Aufbau einer derartigen Struktur benötigt man eine gewisse Erfahrung. Ich rate Ihnen daher, derartige Linkmethoden nicht zu favorisieren.

Wenn überhaupt, dann sollten Sie derartige Maßnahmen gut planen und gegebenenfalls eine Agentur beauftragen. Wenn Sie es in Erwägung ziehen, ein Linkwheel einzukaufen, und das werden Sie vielleicht irgendwann, sollten Sie immer mit einem Testlauf beginnen und niemals sofort den Linkaufbau für Ihr Projekt verwenden.

Eine weitere Struktur des Linkaufbaus sind Pyramiden. In Abbildung 7.26 habe ich zwei Pyramiden eingebaut. Die Knoten D und H stellen bereits kleine Linkpyramiden dar. Das sogenannte Fundament einer Linkpyramide besteht aus einfachen Links, Blog-Kommentaren, Branchenbüchern, Gästebucheinträgen, Social-Media-Links etc. (siehe Abbildung 7.27). Darauf aufbauend, können Presseportale, Artikelverzeichnisse und ähnliche Portale mit Dofollow-Links auf die nächsthöhere Ebene der Pyramide verweisen. Die Stufe der Presseportale und sonstiger Seiten kann durch einen ganz einfachen Linkaufbau beworben werden. Die Einträge in den Presseportalen, Artikelverzeichnissen und weiteren redaktionellen Themenseiten stellen bereits qualitative Dofollow-Links dar. Mit diesen Links können Sie auf eigene Portale verweisen, mit denen Sie Ihre Internetpräsenz stärken möchten. Das kann das unternehmenseigene Blog sein, ein thematisches News-Portal oder ein Branchenforum, das von Ihnen betrieben wird.

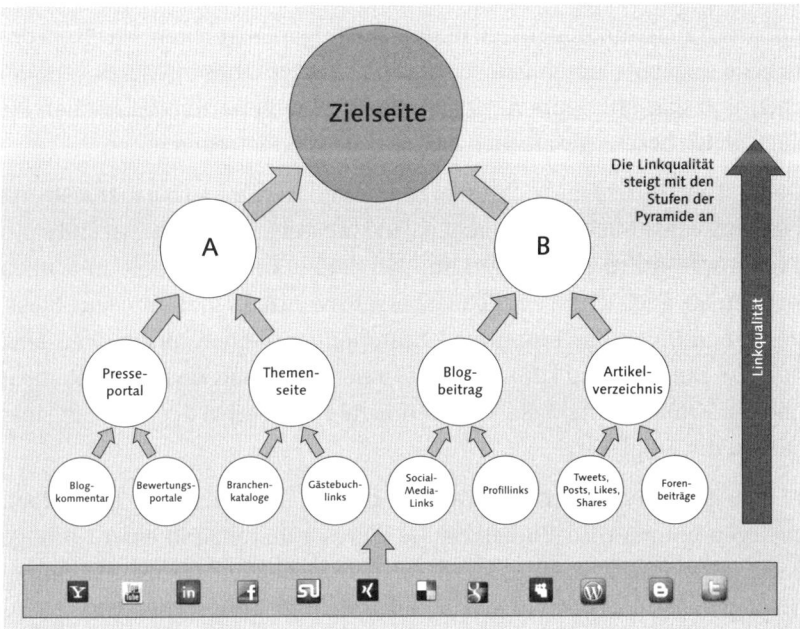

Abbildung 7.27 Einfache Struktur einer Linkpyramide

Beachten Sie grundsätzlich für alle Ebenen der Pyramide, dass die Darstellung der Links natürlich aussieht. Wenn Sie lediglich auf die eigenen Portale verweisen und sonst keine anderen Links auf dem Portal zulassen, könnte die Indizierung der Portale Rückschlüsse auf den eigentlichen Zweck zulassen, und dann werden die Links von Google entwertet. Versuchen Sie daher, auch auf den unteren Ebenen der Linkpyramide einen Linktausch zu arrangieren.

7.9   Erfahrungen aus der Praxis

Gerade im Bereich der Offsite-Maßnahmen zählen vor allem Erfahrungswerte beim Linkaufbau. Während die Onsite-Maßnahmen auf Basis der Google-Webmaster-Richtlinien umgesetzt werden können und es hier auch viele Richtlinien und Hilfestellung gibt, benötigt man für den Linkaufbau individuelle Maßnahmen, die an die jeweilige Internetpräsenz angepasst werden müssen.

Eine wichtige Erfahrung für Ihren Linkaufbau: Bauen Sie externe Links langsam auf. Versuchen Sie nicht, innerhalb von einem Monat die Anzahl Ihrer Links um mehrere hundert zu steigern. Auch hier gilt: Finger weg von dubiosen eBay-Auktionen und undurchsichtigen Angeboten. Bei eBay können Sie Angebote annehmen, die Ihnen Tausende Links im Monat versprechen und das, ohne Ihre Ausgangssituation zu bewerten. Da können Sie auch gleich bei Google anrufen und sich selbst anschwärzen.

Der Linkaufbau ist eine wichtige Maßnahme, lassen Sie sich daher Zeit, und planen Sie Ihre Maßnahmen genau. Ein Linkaufbau von wenigen Links pro Tag ist wesentlich natürlicher, und bei einem kontrollierten Linkaufbau können Sie auch die Art der Links besser steuern. Es gibt durchaus Blogs, bei denen Ihnen das Posten von Kommentaren einen qualitativen Link bringen kann. Ebenso können Sie bei einer langfristig angelegten Kampagne Ihre Online-PR und das Veröffentlichen von Fachartikeln in den Linkaufbau mit einplanen.

Achten Sie stets darauf, dass Ihr Linkaufbau als organischer Linkaufbau wahrgenommen wird. Zu Beginn des Jahres 2012 gaben in einer Umfrage (siehe Abbildung 7.28) unter SEO-Verantwortlichen und Online-Marketing-Managern 70 % der befragten Unternehmen an, organischen Linkaufbau zu nutzen. 30 % der befragten SEO-Beauftragten bestätigten allerdings auch, dass sie Linkkauf betreiben.

Bedenken Sie immer, Google soll Ihre Links finden und positiv als Empfehlung für Ihre Website bewerten. Dementsprechend möchten Sie, dass alle Links von Google gefunden werden. Es gilt daher, einige Dinge zu beachten, damit Google nicht misstrauisch wird.

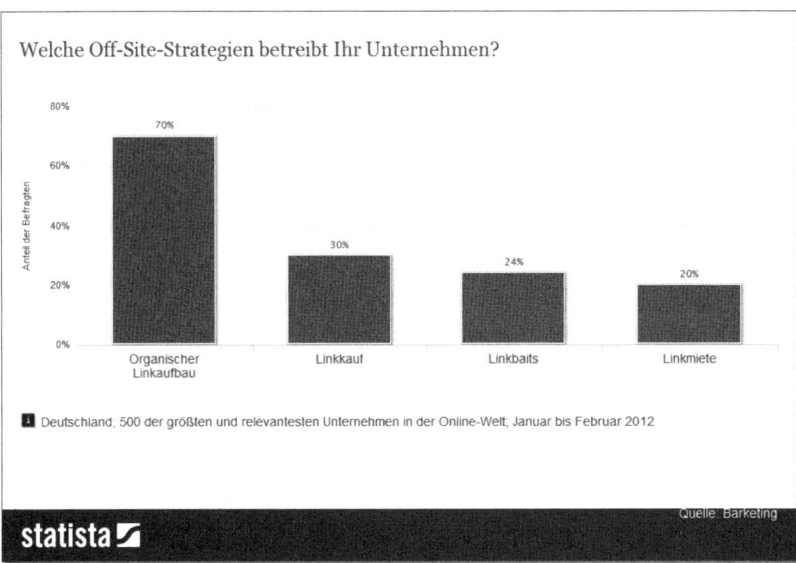

Abbildung 7.28 Ergebnisse einer Umfrage unter SEO-Verantwortlichen und Online-Marketing-Managern zu den betriebenen Offsite-Strategien. (Quelle: http://goo.gl/CIFsY)

Achten Sie darauf, dass Sie unterschiedliche Linktexte verwenden. Wenn die Suchmaschine innerhalb kurzer Zeit 100 Links mit dem gleichen Linktext findet, könnte der Verdacht eines manipulierten Linkaufbaus entstehen. Vor einiger Zeit konnte man mit automatisierten Bookmark-Links innerhalb kurzer Zeit viele hundert Links aufbauen. Es gab Software-Tools, mit denen das Anlegen von Bookmarks bei Social-Bookmark-Diensten wie Mister Wong, Delicious etc. komplett automatisiert wurde. Ein Beispiel für eine derartige Software ist Bookmarking Demon (*www.bookmarkingdemon.com*).

Ich rate Ihnen prinzipiell davon ab, solche Dienste einzusetzen, da diese Programme gegen vielerlei Richtlinien verstoßen und Sie Ihre Rankings bei Google mit derartigen Linkaufbau-Methoden eher gefährden, als sie zu unterstützen. Sie sind hier lediglich aus informativer Sicht erwähnt, damit Sie die Methoden kennen. Google kann diese Links sehr einfach auffinden und entwerten, da alle Links die gleichen Muster aufweisen und nicht nur der Linktext, sondern auch die zugehörige Beschreibung für alle Links identisch ist. Zudem werden die Links innerhalb weniger Minuten/Stunden erstellt, was ebenfalls ein Hinweis auf den automatisierten Vorgang ist.

Gerade die letzten Entwicklungen und Updates von Google (siehe Abschnitt 9.5, »Wichtige Updates des Google-Algorithmus«) zeigen, dass langfristig externe Links als Bewertungskriterium an Bedeutung (zumindest ein wenig) verlieren werden (siehe Abbildung 7.29).

Google changed the search engine market in the '90s by evaluating a website's backlinks instead of just the content, like others did. Updates like Panda and Penguin show a shift in importance towards content. Will backlinks lose their importance?
Leah, New York

▐▐ ◀)) 0:04 / 2:09   ⓘ ▭ ⚙ ☐ ⟦⟧

Abbildung 7.29 Matt Cutts beantwortet die Frage »Will backlinks lose their importance?« – http://goo.gl/fJR5kl

Der Mix macht's!

Achten Sie auf einen ausgewogenen Mix zwischen Linktiteln, Dofollow- und Nofollow-Links und Linkaufbau-Geschwindigkeit.

Ein weiteres Kriterium ist das Umfeld der Links, die Sie auf externen Plattformen setzen. Wenn Sie einen Link auf einer themenrelevanten Website setzen, auf der auch der Inhalt passt, ist dieser Link wahrscheinlich auch hochwertiger als ein Blog-Kommentar auf einer unpassenden Seite oder in einem Gästebuch eines Sportvereins.

Kapitel 8

Phase 4: Der Kreis schließt sich – Controlling und Anpassung

Controlling und Anpassung sind nicht nur eine Phase bzw. ein einmaliger Arbeitsprozess. Controlling ist ein ständiger Begleiter Ihrer Arbeit, mit dem Sie die Fortschritte und auch die Rückschläge auswerten und ständig verbessern. Die Optimierung der Internetseite hört nie auf und richtet sich ständig nach den aktuellen technischen und sozialen Änderungen im Informationsfluss.

Nachdem Sie Ihre Website nach den Kriterien der SEO optimiert haben, müssen Sie nun auch kontinuierlich überwachen, welche Ergebnisse Sie mit Ihren Anpassungen erlangen und ob Sie Ihren gesteckten Zielen näherkommen.

Controlling und Anpassung sind eigentlich keine eigenständige Phase, sondern stete Begleiter bei allen Tätigkeiten. Gleichgültig, ob Sie Ihre Internetpräsenz optimieren und eine SEO-Kampagne erarbeiten oder Online-Marketing mit Google AdWords durchführen. Jeder Erfolg kann nur bestimmt werden, wenn man das Ergebnis misst und auswertet. SEO ist ein ständiger Prozess, der niemals endet, auch wenn Sie Ihr Ziel erreicht haben und am Ende Ihrer Kampagne sehen. Morgen könnte Ihr Mitbewerber in Suchmaschinenoptimierung investieren und Sie überholen. Ständig ändert sich der Google-Algorithmus, und was Ihnen heute ein positives Ranking beschert, hat morgen vielleicht keine Gewichtung mehr.

Sie entscheiden selbst, ob Sie eine Verschlechterung Ihres Google-Rankings daran messen möchten, dass der Umsatz sinkt bzw. weniger Anfragen kommen, oder ob Sie proaktiv die Position auswerten. Im zweiten Fall können Sie frühzeitig Maßnahmen einleiten und auf Veränderungen reagieren. Auch hier greift das alte Sprichwort »Nach dem Spiel ist vor dem Spiel« bzw. in abgewandelter Form »Nach der Kampagne ist vor der Kampagne«. Bleiben Sie am Ball!

8.1   Website- und Besucheranalyse

Eine erste Quelle finden Sie in der lokalen Website-Statistik. Die Auswertung der Zugriffe bietet Ihnen viele Informationen, die es Ihnen ermöglichen, Ihre Besucher zu verstehen und den Informationsfluss auf Ihrer Webseite zu analysieren. Mit einer Analysesoftware erhalten Sie viele unterschiedliche Messwerte. Die wichtigsten Daten werde ich Ihnen in diesem Kapitel näherbringen und Ihnen einen Einblick in das Thema geben.

Ein Großteil der Daten wird Ihnen für die reine Suchmaschinenoptimierung als irrelevant erscheinen, aber alle Werte helfen Ihnen bei einer Conversion-Optimierung und können Ihnen bei der Planung einer Online-Marketing-Kampagne wichtige Informationen liefern. Ich werde daher in diesem Kapitel nicht nur die Messwerte mit Ihnen besprechen, die für die Suchmaschinenoptimierung wichtig sind, sondern ich werde viele wichtige Details erörtern und Ihnen Beispiele und Tipps geben.

Die Informationen, die Sie über die Besucher Ihrer Internetseite erhalten, werden in vier Kategorien gegliedert. Man unterscheidet zwischen Besuchsquellen, Besuchereigenschaften, Besucherverhalten und Inhalten.

8.1.1   Wie die Besucher auf die Website kommen – Traffic-Quellen

Die Analyse der Website beginnt bereits, bevor Sie die Besucher auf Ihrer Internetpräsenz begrüßen. Wie finden die Besucher Sie im Internet? Es gibt unterschiedliche Traffic-Quellen, und damit Sie Ihre Website ganzheitlich genauso analysieren können wie die Besucher (siehe Abbildung 8.1), die Sie gezielt über eine Marketingkampagne oder über Suchmaschinenoptimierung auf die Website ziehen, müssen Sie die einzelnen Quellen kennen.

Die größte Traffic-Quelle ist häufig der Zugriff, der über die Google-Suchergebnisse oder andere Suchmaschinen entsteht. Besucher kommen aber auch über verweisende Websites, direkte Zugriffe und eventuelle Werbekampagnen. Für Ihre spätere SEO-Kampagne ist die Analyse der Besucher wichtig, die über Google und Co. zu Ihnen finden. Die weiteren Zugriffsarten sind ebenfalls zu beachten, denn sie geben Ihnen wichtige Informationen über die Herkunft Ihrer Besucher, und Sie können daraus Rückschlüsse ziehen.

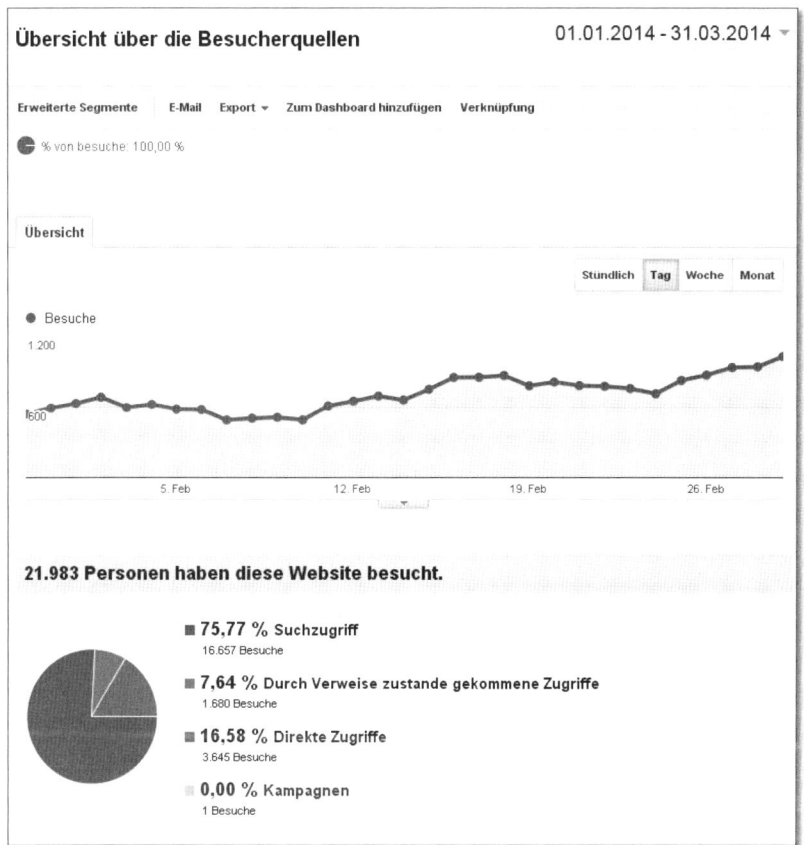

Abbildung 8.1 Darstellung der Traffic-Quellen in Google Analytics

Direktzugriffe

Die erste Zugriffsart, die ich Ihnen vorstelle, sind die *Direktzugriffe*. Als Direktzugriffe bezeichnet man die Aufrufe, bei denen der Besucher die URL entweder manuell im Browser eingetippt hat oder bei denen die Website über die Favoriten bzw. über den Browser-Verlauf angewählt wurde. Eine weitere Möglichkeit des Direktzugriffs ist, wenn die Webseite als Startseite im Browser hinterlegt ist.

Oftmals haben Mitarbeiter im Unternehmen die eigene Website als Startseite im Browser hinterlegt. Bei jedem Start des Browsers wird somit ein Zugriff erstellt und damit auch ein Eintrag in der Zugriffsstatistik.

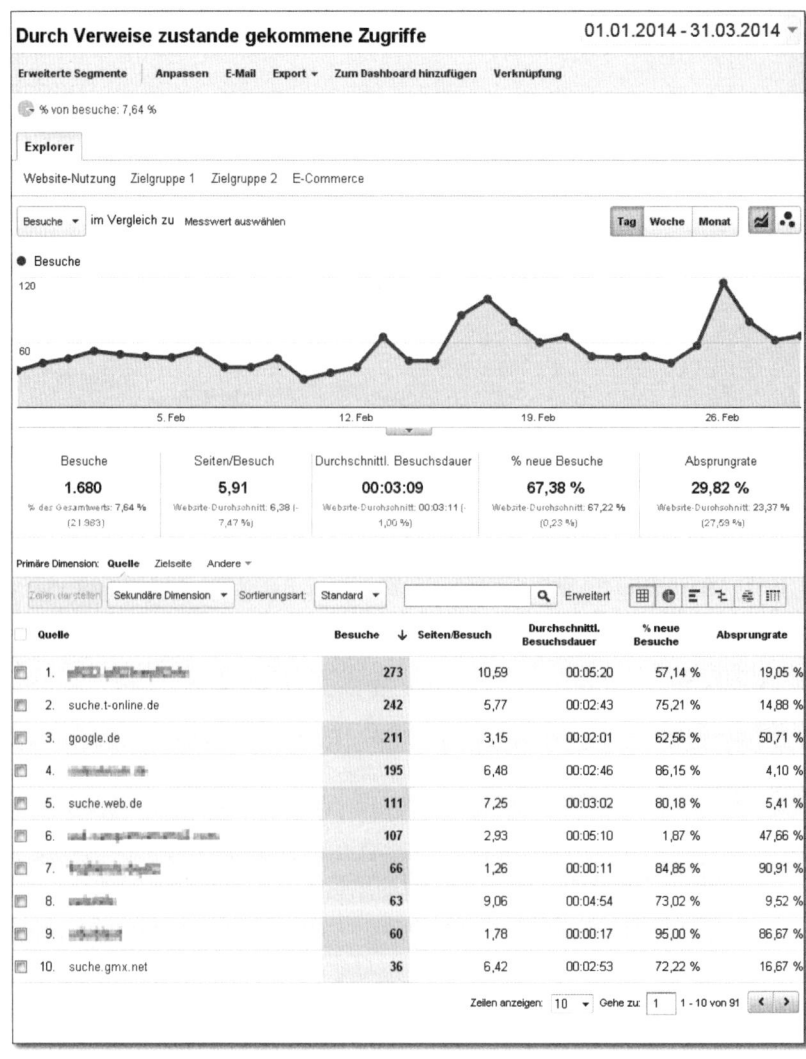

Abbildung 8.2 Google Analytics – Darstellung der verweisenden Websites

Verweisende Websites

Eine weitere Zugriffsart sind *verweisende Websites* (siehe Abbildung 8.2). Hierzu gehören auch Social Networks wie Facebook, Twitter, Xing etc. Bei verweisenden Websites werden in der lokalen Zugriffsstatistik die Quellseiten vermerkt. Sie können dann auswerten, wie viele Nutzer Ihnen über welches Portal vermittelt wurden. Teilweise können Sie dadurch auch feststellen, von welchen Webseiten auf Sie verlinkt wird.

Viele Branchenbücher verlangen heute für die Veröffentlichung der Kontaktdaten eine monatliche oder jährliche Gebühr. In einem solchen Fall ist es sinnvoll, die Zugriffsstatistik der verweisenden Websites zu kontrollieren und die Kosten für das Branchenportal den realen Zugriffen gegenüberzustellen. Dadurch lässt sich sehr schnell bestimmen, ob das investierte Geld gerechtfertigt ist oder nicht.

Zugriffe über Suchmaschinen

Die nächste Zugriffsart ist für Ihre SEO-Kampagne die wichtigste. Neben den direkten Zugriffen und den verweisenden Websites sollten Sie *Zugriffe über Suchmaschinen* erhalten. Zumindest spätestens nach Ihrer SEO-Kampagne sollten Sie diese Art der Besucherzugriffe registrieren, sonst müssen Sie sich zu Ihrer Kampagne noch einmal Gedanken machen!

Die Zugriffe über Google und Co. werden in organische Zugriffe und bezahlte Zugriffe (zum Beispiel Google AdWords) unterschieden. Damit man den Erfolg der einzelnen Maßnahmen im Bereich SEO und SEM (Search Engine Marketing) differenziert betrachten kann, ist diese Unterscheidung sehr wichtig. Wenn Sie eine AdWords-Kampagne durchführen und Tausende von Euro für die Besuchergenerierung bezahlen, möchten Sie auch möglichst genau den ROI (Return on Investment) messen können. In Google Analytics werden Ihnen die beiden Suchmaschinenzugriffsarten daher sehr detailliert dargestellt. In die bezahlten Zugriffe über Google AdWords und in deren Auswertung erhalten Sie in Kapitel 11, »Google AdWords – kein Gegensatz, sondern ideale Ergänzung«, einen tieferen Einblick.

Wie bereits erörtert, werden organische Zugriffe über die eigentlichen Suchergebnisse in Google und Co. generiert. Diese Besuchsart stellt das Ziel Ihrer SEO-Kampagne dar, gleichgültig, ob Sie gezielt für ein Schlüsselwort Zugriffe generieren oder mit Suchmaschinenoptimierung die organischen Zugriffe auf Ihre Website im Allgemeinen erhöhen möchten. SEO dient in jedem Fall dem Zweck der Erhöhung der organischen Zugriffsrate.

Jede gängige Analysesoftware stellt Ihnen heute die Suchbegriffe dar, die der Besucher bei Google oder auch bei einer anderen Suchmaschine eingegeben hat, um dann über den Link in den Suchergebnissen zu Ihrer Seite zu gelangen (siehe Abbildung 8.3). Dies ist einer der wichtigsten Messwerte, die Sie zur Analyse Ihrer SEO-Kampagne benötigen. Die Suchbegriffe werden Ihnen sowohl bei den organischen als auch bei den bezahlten Zugriffen über Suchmaschinen dargestellt.

Not Provided

Seit Oktober 2013 sehen Sie in dem Google-Analytics-Report für viele Suchanfragen lediglich den Eintrag »not provided« (siehe Abbildung 8.3) Häufig macht dieser Eintrag bis zu 80 % der organischen Suchanfragen aus. Sobald ein Nutzer mit einem Google-Account angemeldet ist und Recherchen durchführt, werden die Suchanfragen verschlüsselt. Die Suchanfrage, die er bei seiner Recherche verwendet hat, wird dann in Analytics als »not provided« dargestellt.

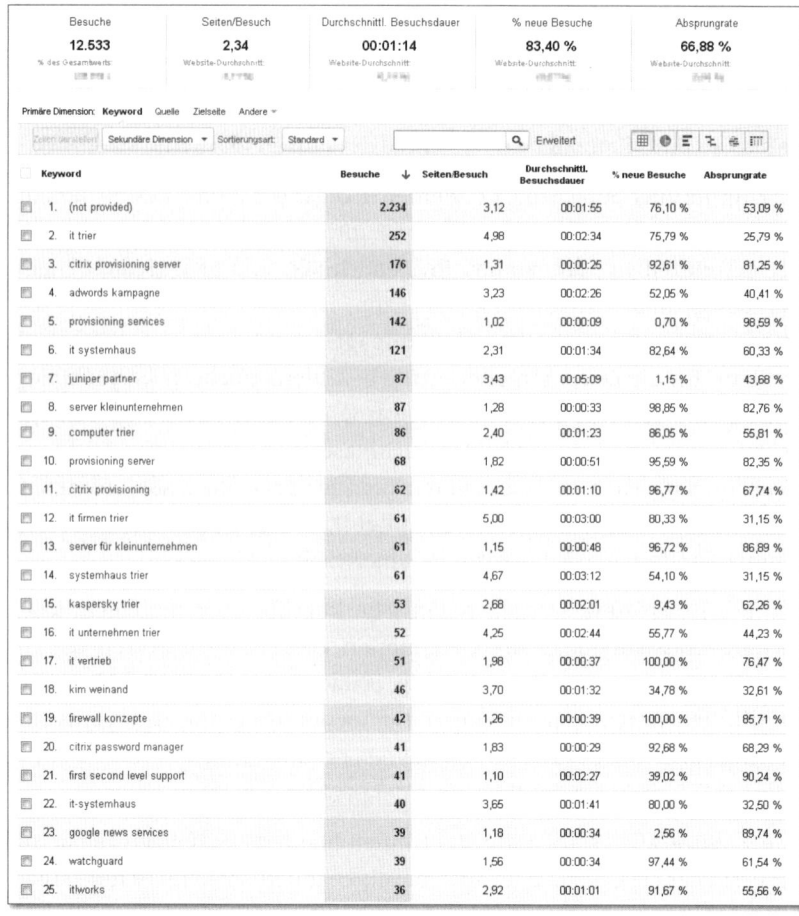

Abbildung 8.3 Google Analytics – Keyword-Zugriffe über Suchmaschinen

Wenn Sie die Dienste Google Analytics und Google Webmaster-Tools miteinander verknüpfen, dann können Sie allerdings über den Report Akqui-

SITION • SUCHMASCHINENOPTIMIERUNG • SUCHANFRAGEN kontrollieren, zu welchen Suchphrasen Sie Zugriffe bzw. Klicks erhalten haben. Ein Großteil dieser Klicks wird Ihnen dann als »not provided« dargestellt.

8.1.2   Besuchereigenschaften und -verhalten

Die *Besuchereigenschaften* (Demografie) und das *Besucherverhalten* sind wichtige Kriterien, um die Nutzergruppen der Internetseite zu identifizieren und zu klassifizieren. Wer besucht wann wie häufig Ihre Internetpräsenz? Wofür interessiert er sich, wo kommt der Interessent her, welche Sprache spricht er, und mit welchem Gerät ist er auf Ihre Seite gesurft?

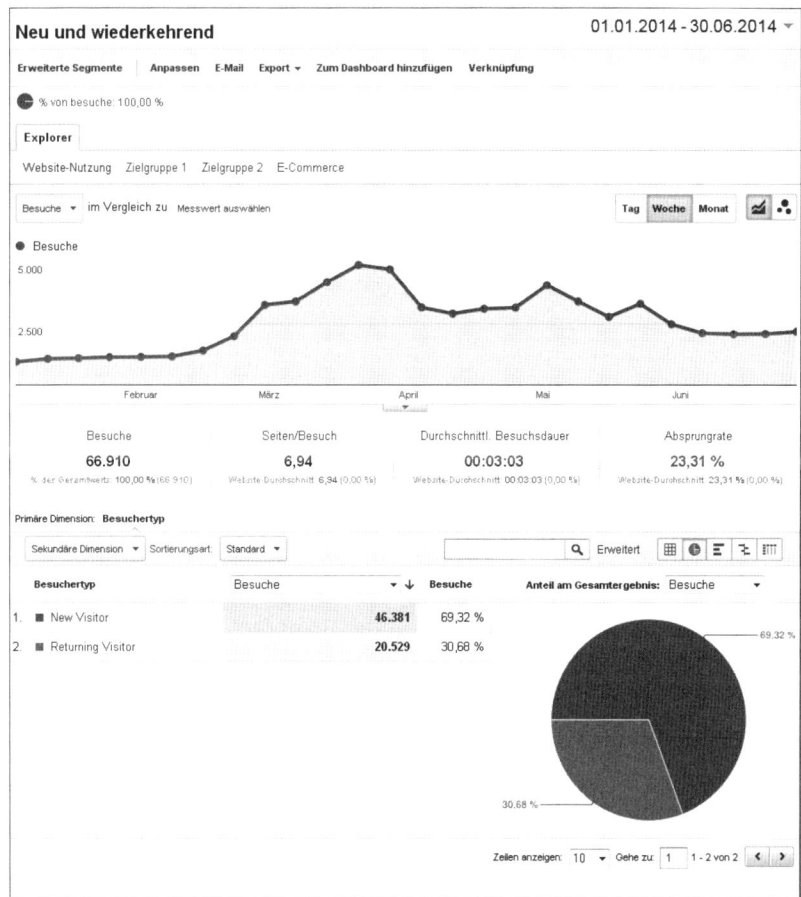

Abbildung 8.4 Google Analytics – Darstellung neue Besucher/wiederkehrende Besucher

All diese Fragen helfen Ihnen dabei, Ihre »Gäste« kennenzulernen. Zunächst unterscheidet man zwischen *neuen Besuchern*, die eine Website zum ersten Mal aufrufen, und *wiederkehrenden Besuchern* (siehe Abbildung 8.4). Bei einem Onlineshop kann Ihnen dieser Wert mitunter Auskunft darüber geben, wie die Besucher Ihre Website empfinden und wie sie mit Ihrem Angebot zufrieden sind.

Wenn Sie über einen langen Zeitraum eine sehr geringe Besucherzahl an wiederkehrenden Nutzern haben, könnte es daran liegen, dass die Besucher nicht mit Ihrem Angebot einverstanden sind und Ihre Website daher nicht wiederkehrend aufgerufen wird. Dieser Wert ist allerdings branchenabhängig und kann starken Schwankungen unterliegen. In diesem Zusammenhang spricht man auch von der *Besuchertreue*. Treue Besucher sind sehr wichtig für ein langfristiges Konzept. Um neue Besucher zu gewinnen, müssen Sie stets Online-Marketing bzw. Werbemaßnahmen ausführen und Ihre Website aktiv bewerben. Wiederkehrende Besucher bzw. treue Besucher kosten Sie weniger Marketingbudget, da diese Nutzer ohne erneute Akquise auf Ihre Website kommen und bestenfalls zu kontinuierlichen Käufern und damit zu »Stammkunden« werden. Nur Kunden, die von Ihrem Angebot überzeugt sind, kommen mehrmals auf Ihre Internetpräsenz zurück.

Die Qualität Ihrer angebotenen Leistungen und Produkte ist ein wichtiges Kriterium zur Gewinnung treuer Kunden. Im Umkehrschluss können Sie oftmals aus der Website-Analyse schließen, ob die Besucher die Informationen, Produkte und Leistungen als interessant empfinden und sich ein Nutzwert für die Interessenten ergibt.

Das Zeitfenster, in dem die Nutzer auf Ihre Internetseite zurückkehren bzw. die Häufigkeit in einem bestimmten Zeitraum (Monat, Quartal, Jahr), bezeichnet man als *Besuchsfrequenz*. Die Frequenz können Sie oftmals durch ständig aktualisierte Informationen, Interaktion und aktive Einbindung sozialer Netzwerke erhöhen. Die Zahlen bieten Ihnen für eine klassische Website ohne Online-Verkauf kaum interessante Auswertungen. Wenn Sie einen Onlineshop betreiben, können Sie hier einige Rückschlüsse auf Ihre Marketingmaßnahmen zum Kundenbindungsmanagement ziehen.

Google Analytics bietet Ihnen die Analyse TAGE SEIT DEM LETZTEN BESUCH (siehe Abbildung 8.5). Wenn Sie E-Mail-Marketing betreiben und Ihre Kunden, die sich längere Zeit nicht im Shop angemeldet haben, in bestimmten Zeitabständen mit einem Newsletter bewerben, können Sie mithilfe dieser Ansicht den Erfolg Ihrer Kampagne analysieren.

Zwei weitere Messgrößen zur Analyse des Besucherverhaltens sind die *Besuchsdauer* und die *Seitentiefe*. Die Berichte zeigen Ihnen, wie viel Zeit Besucher auf Ihrer Internetpräsenz verbracht haben und wie viele Seiten sie pro Besuch aufgerufen haben (siehe Abbildung 8.6). Die Besuchsdauer können Sie durch die Einbindung von Videos erhöhen. Themenrelevante Informationen mit einem Nutzwert für die Besucher regen ebenfalls zu einer längeren Verweildauer an. Die Seitentiefe ist wiederum sehr branchenabhängig. Websites mit beratungsintensiven Produkten und Dienstleistungen können durchaus eine wesentliche höhere Seitentiefe aufweisen.

Ein Onlineshop mit einem sehr großen Portfolio und einer breiten Auswahl an Vergleichsprodukten kann schneller eine hohe Seitentiefe aufweisen als eine Unternehmenspräsenz eines regionalen Handwerkbetriebs.

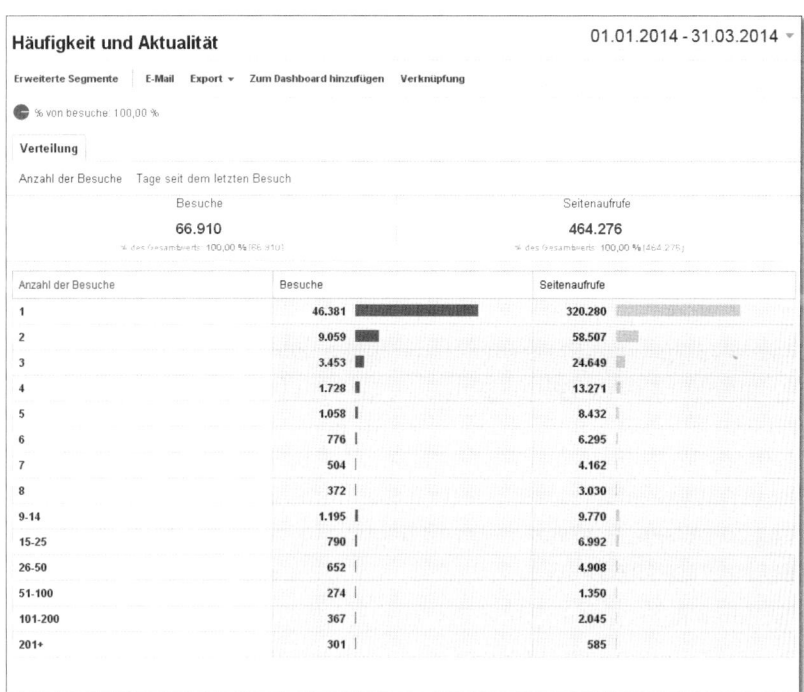

Abbildung 8.5 Google Analytics – Darstellung Häufigkeit/Aktualität der Besucher

Abbildung 8.6 Google Analytics – Darstellung Besuchsdauer

Neben den Informationen zum Besucherverhalten bieten Ihnen die *demografischen Besucherinformationen* weitere Daten über die Sprache und die Herkunft Ihrer Besucher.

Wenn Sie einen Onlineshop betreiben und die Auswertung der Conversion ebenfalls mit einer Analysesoftware messen, können Sie die Auswertung der geografischen Zugriffe dazu nutzen, die Regionen mit guter Conversion-Rate zu filtern, um hier gezielte Werbeaktionen oder eine regionale SEO-Kampagne zu starten (siehe Abbildung 8.7 und Abbildung 8.8).

Auch die folgenden Kriterien können Ihnen dabei helfen, die Conversion zu optimieren bzw. Optimierungspotenzial zu finden. Oftmals beschäftigen sich Analysten nur mit den bis jetzt genannten klassischen Werten. Meistens fehlt ihnen das Wissen, um die Webseitenauswertung auch im Detail mit allen dargestellten technischen Informationen für die Optimierung zu nutzen. Eine Analyse wird häufig nur unter betriebswirtschaftlicher Sicht durchgeführt.

Im Online-Bereich können Sie aber sehr detailliert auswerten, welche technischen Kriterien sich für eine Conversion besser eignen. Im Bereich der Anzeigenwerbung bzw. des Keyword-Marketings mit Google AdWords können Sie dadurch eine höhere Conversion-Rate und damit auch ein besseres Umsatzergebnis für das gleiche Budget erreichen.

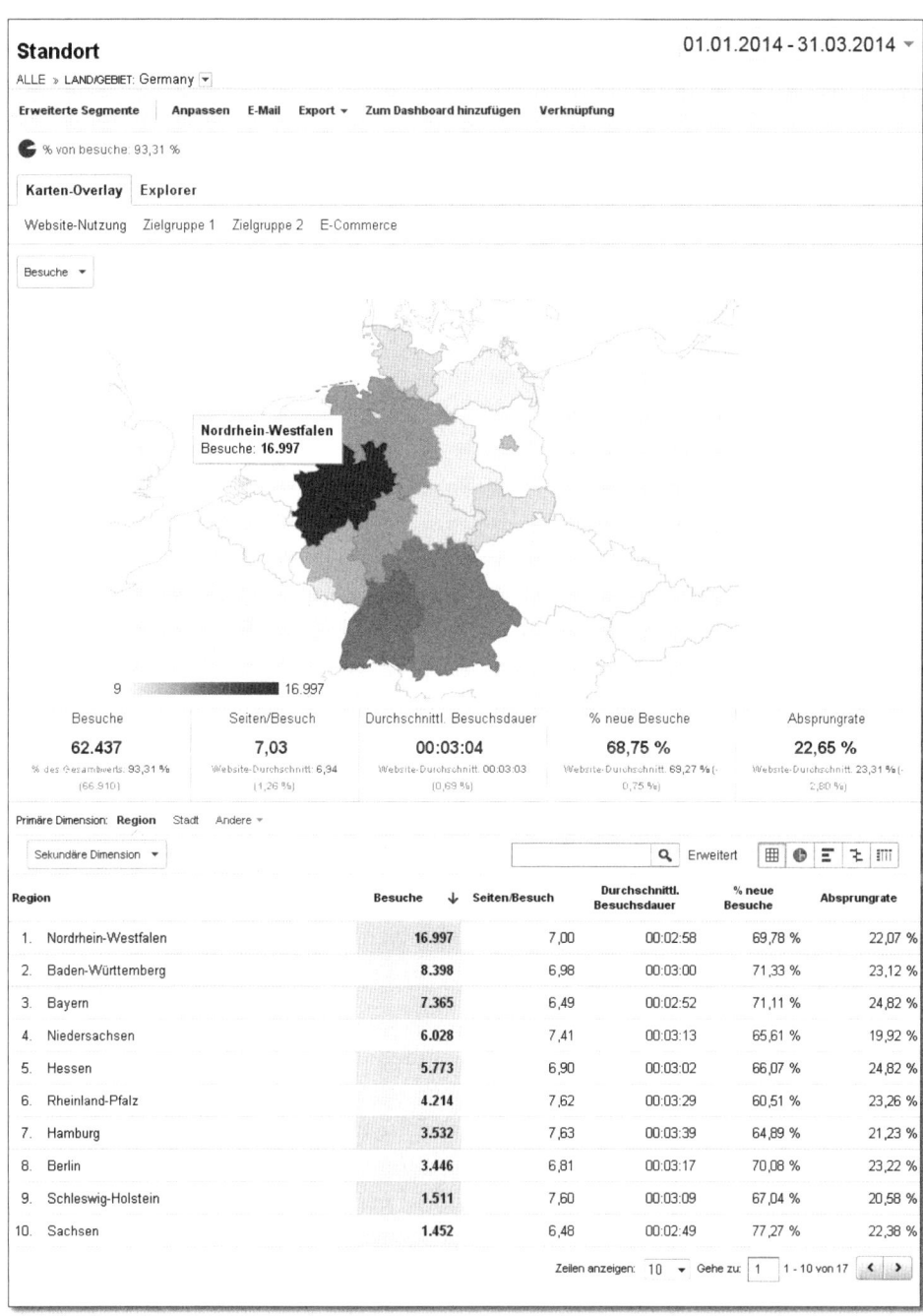

Abbildung 8.7 Google Analytics – Darstellung der Zugriffe nach Bundesländern

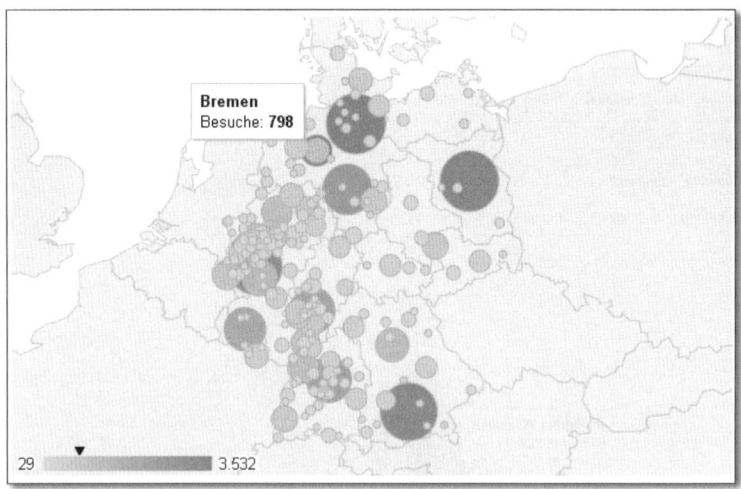

Abbildung 8.8 Google Analytics – Darstellung der Zugriffe nach Städten

Die Auswertung der *Browser*, *Bildschirmgrößen* und technischen Eigenschaften kann Ihnen dabei behilflich sein, Darstellungsfehler Ihrer Website ausfindig zu machen und Ihr Angebot für die Zielgruppe zu optimieren. Sie erfahren über diese Messwerte, welche Peripherie von Ihren Interessenten genutzt wird, und können die Conversion in Bezug auf die technischen Merkmale untersuchen.

Sollten Sie zum Beispiel feststellen, dass die Nutzer, die mit einem Apple-Betriebssystem auf Ihre Website kommen, generell nach wenigen Sekunden eine Absprungrate verursachen und dies bei keinem anderen Browser der Fall ist, könnten technische Probleme mit der Darstellung der Grund sein. In diesem konkreten Fall könnte es an eingebetteten Flash-Elementen liegen, die auf einem Mac nicht dargestellt werden.

Wenn Sie feststellen, dass immer mehr Nutzer Ihre Seite mit einem iPad oder anderen Tablet-PC besuchen, sollten Sie darauf reagieren und die Aktions-Buttons sowie die Menüstruktur von einer mausgesteuerten Menüführung auf eine touchgesteuerte Struktur umstellen. In der heutigen Zeit nutzen viele Unternehmen bereits eine »mobile Version« ihrer Website, diese wird aber von kleinen und mittelständischen Unternehmen nur in den seltensten Fällen analysiert.

Das Beispiel in Abbildung 8.9 zeigt Ihnen die Besucherzugriffe pro Betriebssystem des Besuchers der Internetpräsenz. Im Schnitt beträgt die Absprungrate ca. 22,48 %. Im Bereich der Nutzerzugriffe über Macintosh und über mobile Endgeräte wie iPhone und Android liegt die Absprungrate allerdings 10 % höher. Ohne die Auswertung der technischen Analyse wäre dem Betreiber dieser Website der Umstand nicht bekannt. Je nach Marketingbudget können 10 % Absprungrate schon einen gewissen Eurobetrag bedeuten.

Besuche	Seiten/Besuch	Durchschnittl. Besuchsdauer	% neue Besuche	Absprungrate
66.910	**6,94**	**00:03:03**	**69,27 %**	**23,31 %**
% des Gesamtwerts: 100,00 % (66.910)	Website-Durchschnitt: 6,94 (0,00 %)	Website-Durchschnitt: 00:03:03 (0,00 %)	Website-Durchschnitt: 69,27 % (0,00 %)	Website-Durchschnitt: 23,31 % (0,00 %)

Primäre Dimension: Browser **Betriebssystem** Bildschirmauflösung Bildschirmfarben Flash-Version Andere ▾

Zeilen darstellen Sekundäre Dimension ▾ Sortierungsart: Standard ▾   🔍 Erweitert ▦ ◕ ☰ ⁒ ▥

	Betriebssystem	Besuche ↓	Seiten/Besuch	Durchschnittl. Besuchsdauer	% neue Besuche	Absprungrate
☐	1. Windows	47.966	7,20	00:03:05	72,06 %	20,70 %
☐	2. Macintosh	8.845	6,46	00:02:43	56,25 %	32,98 %
☐	3. iPad	4.736	7,03	00:03:29	65,24 %	21,90 %
☐	4. iPhone	1.830	4,67	00:02:51	72,19 %	32,62 %
☐	5. iOS	1.339	5,74	00:02:40	68,56 %	25,99 %
☐	6. Linux	1.036	5,33	00:02:21	61,97 %	44,02 %
☐	7. Android	954	5,63	00:03:11	77,57 %	27,15 %
☐	8. iPod	100	4,90	00:02:55	62,00 %	33,00 %
☐	9. (not set)	36	9,14	00:07:04	61,11 %	16,67 %
☐	10. Windows Phone	24	5,71	00:03:58	87,50 %	12,50 %

Zeilen anzeigen: 10 ▾ Gehe zu: 1 1 - 10 von 19 ‹ ›

Abbildung 8.9 Google Analytics – Darstellung der Zugriffe nach Betriebssystem der Besucher

Nutzen Sie für die Auswertung der technischen Kriterien lange Zeiträume, und ändern Sie nichts aufgrund von kurzfristigen Bewegungen. Das Internet und die Technologie entwickeln sich zwar schnell, aber es geht nicht darum, der Erste zu sein, der seine Website bei Veränderungen modernisiert, sondern es geht darum, den Großteil der Zielgruppe bestmöglich zu erreichen. Greifen Sie daher auf Langzeitergebnisse zurück. Ihre Besucher werden Ihnen anhand der Ergebnisse darstellen, welche Veränderungen sinnvoll sind.

Zu den weiteren technischen Kriterien gehören auch die *Ladezeit* und das *Fehlverhalten* einer Website. Wenn sich eine Internetseite nur stockend aufbaut und der Informationsfluss dadurch beeinträchtigt wird, erhöht dies die Ablehnung bei den Besuchern. Noch schlimmer als eine Seite mit langen Ladezeiten sind Inhalte, die sich gar nicht aufbauen oder Fehler produzieren. Inhalte, die vom Interessenten abgefragt werden, aber durch Fehler nicht dargestellt werden können, verursachen oft eine Absprungrate. Der Besucher verlässt Ihre Internetseite mit einem negativen Eindruck und wird im schlimmsten Fall Ihre Internetseite bei weiteren Recherchen meiden.

Mit Google Analytics können Sie prüfen, ob eine veränderte Ladezeit Ihrer Internetpräsenz Auswirkungen auf das Besucherverhalten hat. Ein weiteres Tool, mit dem Sie die Ladezeit Ihrer Website kontrollieren können, ist das in Abschnitt 5.7.3 vorgestellte Firefox-Browser-Add-on »Firebug« (siehe Abbildung 8.10). Mit Firebug können Sie die Ladezeit der einzelnen Objekte und Serveranfragen für die Darstellung analysieren und somit ein Optimierungspotenzial aufdecken.

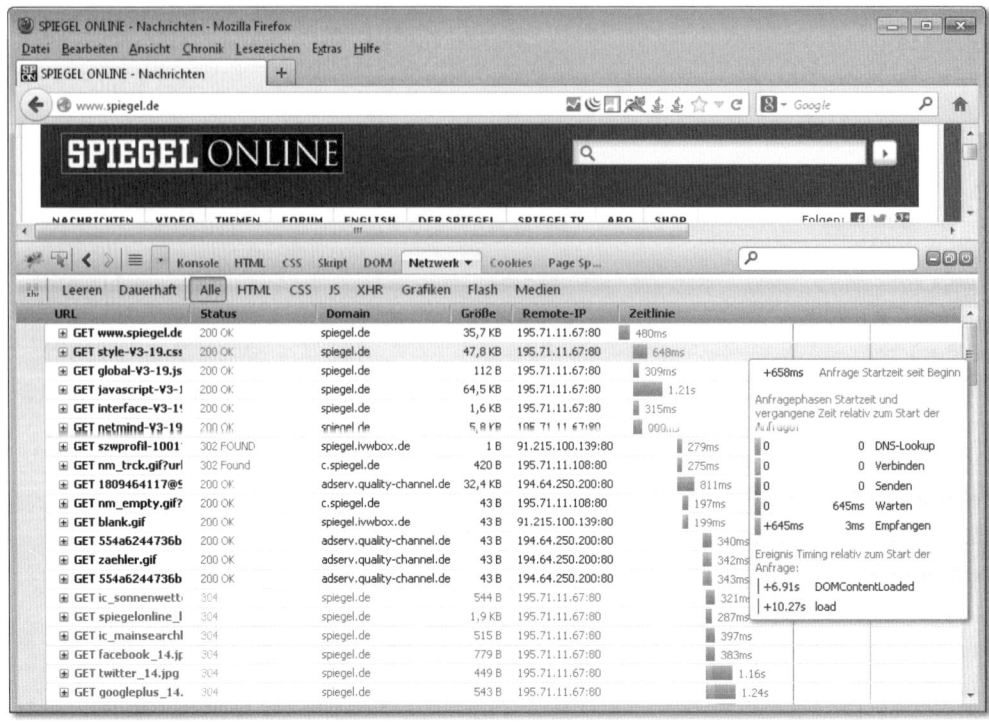

Abbildung 8.10 Firebug – Darstellung der Ladezeit anhand von Spiegel.de

8.2   SEO-Kampagnen als ständiger Prozess

In Abschnitt 3.1, »Ziele der Website und Zielgruppen definieren«, haben wir uns bereits über die Ziele von SEO-Kampagnen unterhalten. Eines der Hauptziele einer SEO-Kampagne ist es, bei Google besser gefunden zu werden. Das kann gezielt für vorgegebene Keywords und einzelne Seiten erfolgen oder allgemein für die Indizierung der gesamten Internetpräsenz. Beide Kampagnenarten müssen überwacht werden, damit der Erfolg gemessen werden kann und Anpassungen vorgenommen werden können.

Es gibt verschieden Onsite- und Offsite-Maßnahmen, um die Kampagnen zu überwachen. Nachdem, wie in Kapitel 6, »Phase 2: SEO – Onsite«, beschrieben, eine Onsite-Optimierung ausgeführt wurde und die Inhalte einer Seite angepasst sind, sollte man folgende Punkte bewerten:

▶ Wie ist das Content-Quellcode-Verhältnis?

▶ Wie ist die Keyword-Dichte?

▶ Wie sind die internen Links eingebunden (Title-Tags beachten)?

▶ Sind die URLs und die Dateinamen für Bilder und PDFs korrekt?

▶ Sind die richtigen Überschriften integriert?

▶ Wurde die XML-Sitemap bei Google angemeldet?

▶ Werden in den Webmaster-Tools die neuen Inhalte indiziert?

Sie sehen, diese Fragen sind nicht nur bei der Optimierung selbst wichtig, auch im Nachgang zählen die ständige Kontrolle und Anpassung. Vergleichen Sie Ihre Zielseite mit den Zielseiten Ihrer Mitbewerber. Welche Websites werden neben Ihrer im Google-Suchergebnis dargestellt? Wie gut ist die Onsite-Optimierung der Landingpages Ihrer Mitbewerber? Prüfen Sie dort auch die Inhalte anhand der genannten Punkte. Und tun Sie dies nicht nur einmal, sondern regelmäßig in bestimmten Abständen. So stellen Sie auch fest, wenn einer Ihrer Mitbewerber mit der Website-Optimierung beginnt oder seine Inhalte verbessert. Die kontinuierliche Überwachung der eigenen Ergebnisse und der Entwicklung der Mitbewerber gehören genauso zu einer SEO-Kampagne wie die eigentliche Optimierung.

Wenn Sie mit der Suchmaschinenoptimierung beginnen, bringen Sie einen Prozess ins Rollen, der kontinuierlich angetrieben werden kann. Die Analyse vor der eigentlichen SEO-Kampagne und die Auswertung bzw. das Controlling im Nachgang verbinden die Phasen Ihrer Kampagne, und die

Erfolgsmessung bietet Ihnen die Basis für die nächste Planung und damit den Beginn eines fortwährenden Kreislaufs zur Optimierung Ihrer Internetpräsenz (siehe Abbildung 8.11). Jeder neue Lauf richtet sich nach Ihrer Zielsetzung, die Sie in der Planungsphase erneut definieren und an den neuen Anforderungen der SEO ausrichten können.

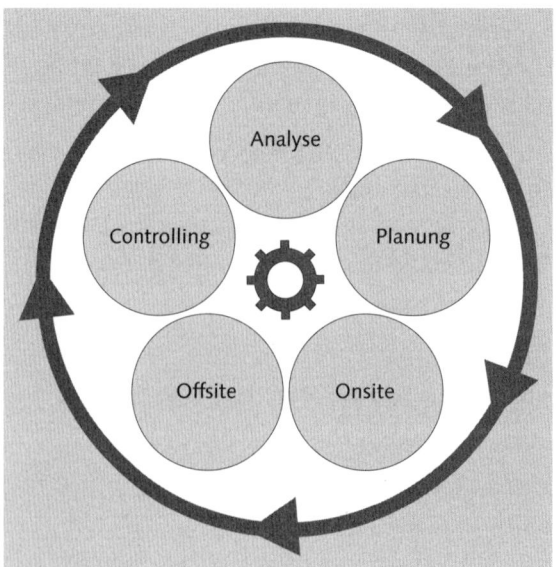

Abbildung 8.11 Kreislauf der Suchmaschinenoptimierung

Mit Google Alerts können Sie sich über neue Inhalte informieren, die Google im Netz findet (und damit indiziert). In Google Analytics können Sie individuelle Reports erstellen und auch diese nach festen Zeitintervallen per E-Mail versenden. Es gibt auch zahlreiche Anbieter von SEO-Tools, mit denen sich die Google-Ergebnisseiten täglich abrufen lassen, um die eigene Webseitenposition zu ermitteln. Die Automatisierung der Arbeitsprozesse wird über kurz oder lang ein wichtiges Kriterium sein, damit Sie in der Flut der Informationen und dem Arbeitsaufkommen den Überblick behalten.

8.3   Automatisierung ist der Schlüssel

Solange Sie die einzelnen Maßnahmen der SEO manuell erarbeiten, wird sich Ihr Terminkalender mit SEO-Tätigkeiten füllen, und der benötigte Zeitaufwand für Analyse, Anpassung, Kontrolle und Auswertung wird steigen.

Über kurz oder lang sollten Sie daher eine Automatisierung bestimmter Tätigkeiten in Erwägung ziehen.

Die Prozesse der Suchmaschinenoptimierung lassen sich in zahlreiche Einzelmaßnahmen aufteilen, und in vielen dieser Maßnahmen lässt sich ein hoher Grad an Automatisierung erreichen. Je mehr Aufgaben Sie automatisieren möchten, desto eher werden Sie aber auf kostenpflichtige Tools zurückgreifen müssen.

Beginnen Sie damit, einzelne Arbeitsschritte wie die Pflege der Website oder Online-PR-Arbeiten zu delegieren, damit Sie sich auf die Auswertung und Planung konzentrieren können. Nur so behalten Sie langfristig den Überblick. Wenn möglich, sollte Sie die Tätigkeiten weitgehend automatisieren: XML-Sitemap anmelden, Inhalte nach Datum auf der Website veröffentlichen und die Veröffentlichung auf weiteren Portalen streuen (Twitter, Facebook, Presseportale, Google News etc.). Die Kontrolle des Rankings kann man mit Software-Tools automatisieren. Kunden-Reports, Strategiepunkte und Schlussfolgerungen sollten Sie hingegen nicht delegieren. Diese Tätigkeiten sind wichtige Qualitätskriterien für Ihre SEO-Tätigkeit.

8.3.1   Wettbewerberanalyse

Der Backlink-Check unter *www.x4d.de* eignet sich nicht nur dazu, die vorhandenen Links zu analysieren, sondern ebenso, um themenrelevante Portale oder die Internetseiten Ihrer Mitbewerber zu kontrollieren. Sie werden bei einem Check in der Ergebnisliste sehen, woher Ihre Mitbewerber gute Links erhalten. Zudem sehen Sie anhand des dargestellten *PageRanks*, wie Google die verweisenden Seiten bewertet. Sie können die Seiten dann über den Link aufrufen und kontrollieren, ob es Ihnen möglich ist, auf der Seite ebenfalls einen Link zu setzen.

Wenn Sie sich unschlüssig bezüglich Ihrer eigenen Keywords sein sollten, prüfen Sie doch einmal mit einer Analyse (zum Beispiel mit dem kostenpflichtigen Tool auf Ranks.nl, siehe Abbildung 8.12), welche Keywords für andere Unternehmen Ihrer Branche interessant sind.

Geben Sie die URL ein, die Sie prüfen möchten. Das kann sowohl die Startseite einer Homepage als auch eine konkrete Unterseite sein. In diesem Beispiel wähle ich *www.ab-in-den-urlaub.de*. Im Screenshot (siehe Abbildung 8.12) sehen Sie, zu welchen Keywords die von Ihnen abgefragte Website eine Platzierung in den Suchergebnissen von Google hat.

Abbildung 8.12 Ranks.nl – Google Positions

Mit diesen Informationen können Sie nun Ihre eigene Keyword-Liste noch einmal prüfen, eventuell Veränderungen entwerfen und diese dann für Ihre Onsite-Optimierung einplanen.

8.3.2   Ranking bei Google kontrollieren

Eine weitere Automatisierung benötigen Sie auf jeden Fall eher früher als später bei der Kontrolle der Suchergebnisseiten. Die Kontrolle Ihrer eigenen Position in den Suchmaschinen-Rankings zu den ausgewählten Keywords ist eine der elementaren Kontrollen Ihrer SEO-Aktivitäten. Das Problem ist nur, Sie können nicht jeden Tag zu 20, 30 oder vielleicht sogar 50 Keywords die Google-Suche manuell aufrufen und den Begriff eintippen, um Ihre Position zu ermitteln. Allein für diese Ermittlung Ihrer Keyword-Position würden Sie täglich bereits viel Zeit nur mit der reinen Datenerfassung verbringen, ohne überhaupt etwas zur Verbesserung des Rankings beigetragen zu haben.

Diese Tätigkeit muss also schneller erfolgen. Auch hier gibt es passende Tools, die Sie bei der Arbeit unterstützen. Eines dieser Tools habe ich Ihnen bereits in Abschnitt 5.7.1, »Free Monitor for Google«, vorgestellt. Der Free Monitor for Google übernimmt genau diese Tätigkeit, und Sie können die Ergebnisse in einer Historie speichern, um die Entwicklung der Google-Position über einen längeren Zeitraum auszuwerten. Ein weiteres Tool, das Sie als lokale Software installieren können, ist CuteRank (siehe Abbildung 8.13, *http://cuterank.net*). Die Software bietet in der kostenlosen Variante die Möglichkeit, eine Domain zu überprüfen. Auch hier können Sie die Informationen kontinuierlich speichern und somit den Verlauf der Kampagne überwachen.

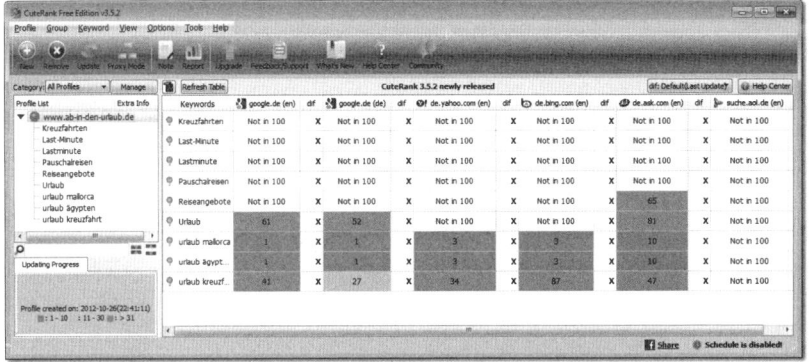

Abbildung 8.13 CuteRank-Ergebnisansicht nach einem Keyword-Check

Wenn Sie eines der Keywords anklicken, wird die Detailansicht angezeigt (siehe Abbildung 8.14).

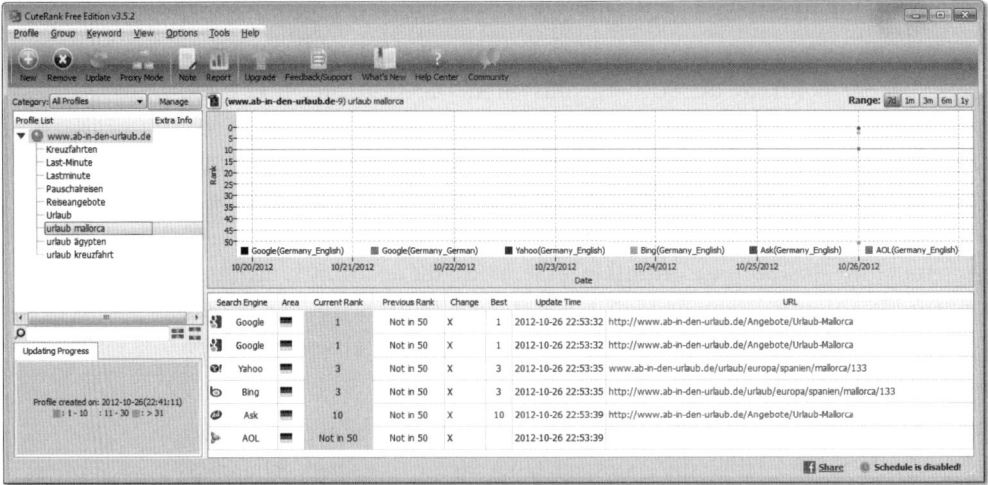

Abbildung 8.14 Keyword-Einzelansicht mit CuteRank

Bei CuteRank sowie beim Free Monitor for Google von CleverStat können
Sie die tägliche Überprüfung der Keywords automatisieren. CuteRank bietet Ihnen dafür die folgende Möglichkeit (siehe Abbildung 8.15): Klicken Sie
auf OPTIONS und dann auf GENERAL. Es öffnet sich die folgende Ansicht.

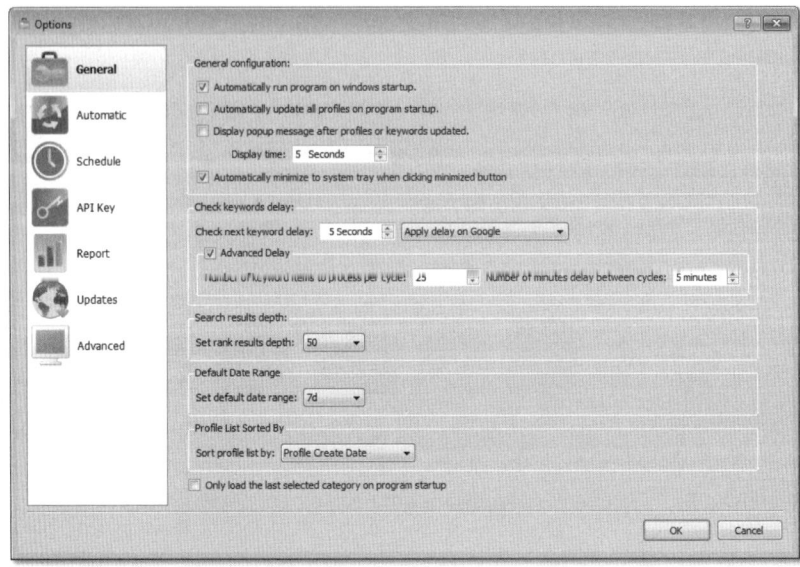

Abbildung 8.15 CuteRank-Konfiguration – General Options

In dieser Ansicht können Sie bereits einige Einstellungen zu der Scan-Geschwindigkeit und zur Tiefe Ihrer Suchanfrage vornehmen.

Lassen Sie mich kurz erklären, warum diese Konfiguration so wichtig ist. Wenn Sie die Software ausführen, werden einige hundert, wenn nicht noch mehr Suchanfragen in relativ kurzer Zeit an Google übermittelt. Google stellt also fest, dass die Anfragen nicht von einem menschlichen Nutzer ausgeführt werden, und vermutet daher einen manipulativen Zugriff auf die Google-Suchergebnisse. Wenn Sie zu viele Suchanfragen in einer kurzen Zeitspanne senden, ist es möglich, dass Google Ihre automatisierten Suchanfragen blockiert.

Nutzen Sie daher die Konfigurationsmöglichkeiten, um die Anfragen mit einer gewissen Zeitverzögerung zu erstellen. Wie Sie die Abfragezeiten und die Intervalle einstellen, hängt mehr vom Gesamtvolumen Ihrer Anfragen als von bestimmten Vorgaben ab. Wenn Sie lediglich fünf Keywords prüfen und eine Suchtiefe von 50 Ergebnissen einstellen, können Sie diese Suchanfrage ohne weitere Bedenken ausführen. Wenn Sie allerdings 50 Keywords mit einer Suchtiefe von 100 Ergebnissen abfragen, sollten Sie Intervalle und zeitverzögerte Abfragen nutzen. Sie werden mit der Zeit Erfahrungswerte sammeln. Nachdem Sie die Einstellungen unter dem Punkt GENERAL vorgenommen haben, wechseln Sie in die Ansicht zum Menüpunkt SCHEDULE (siehe Abbildung 8.16).

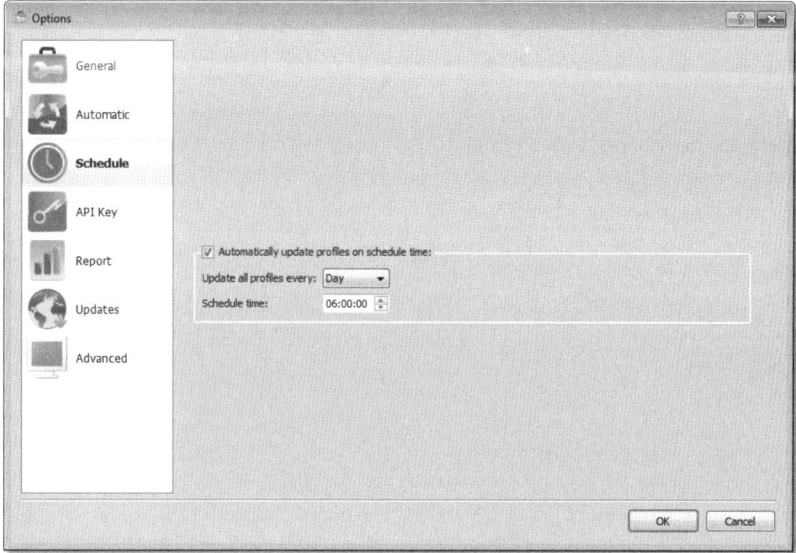

Abbildung 8.16 CuteRank-Konfiguration der automatischen Google-Abfrage

Geben Sie hier das von Ihnen gewünschte Zeitfenster ein. Durch einen Trick ist es sogar möglich, Reports zu erstellen, obwohl das in der Free Edition nicht möglich sein sollte (aus diesem Grund kann ich Ihnen auch nicht sagen, wie lange das noch funktionieren wird).

Wenn Sie im Menü auf REPORT • BASIC • PDF klicken, erhalten Sie die folgende Fehlermeldung (siehe Abbildung 8.17).

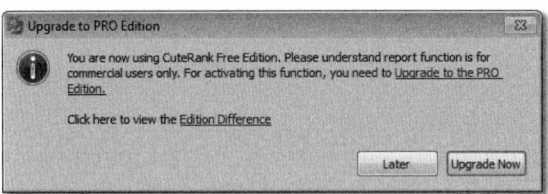

Abbildung 8.17 CuteRank-Fehlermeldung

Die gleiche Meldung erhalten Sie, wenn Sie einen anderen Report auswählen. Es gibt lediglich eine Auswertung, die funktioniert. Klicken Sie auf REPORT • BASIC • HTML.

Jetzt öffnet sich ein neues Fenster (siehe Abbildung 8.18), in dem Sie die Reports konfigurieren können. Allerdings können Sie nicht nur HTML-Reports erstellen, sondern hier auch Ihre Auswahl verändern und PDFs anklicken.

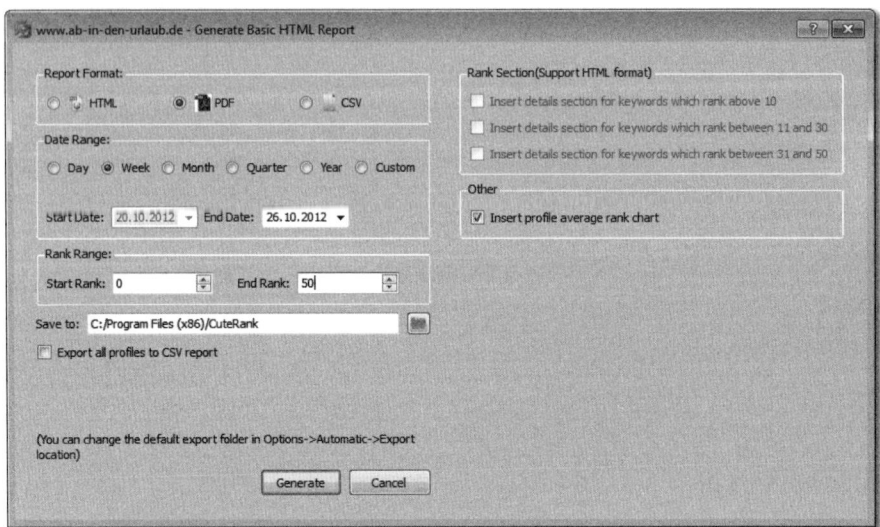

Abbildung 8.18 Reporting-Funktionen in CuteRank

Wenn Sie den Button GENERATE anklicken, wird das PDF generiert und im angegebenen Ordner gespeichert. In dem Fenster, das sich dann öffnet, klicken Sie auf OPEN, um den Ordner zu öffnen. Danach können Sie das PDF anklicken und den Report ansehen.

Neben den Produkten, die Sie lokal auf Ihrem PC installieren können, gibt es natürlich auch Internetportale, die Ihnen eine kostenlose Abfrage der Keyword-Position ermöglichen. Sie können für diese Abfrage beispielsweise die Website *http://www.keyword-position.de* nutzen. Das Online-Tool erlaubt Ihnen, maximal drei Keywords pro Tag abzufragen. Während Sie bei CuteRank auf den ersten Blick lediglich Ihre beste Position in den Suchergebnissen sehen, können Sie mit dem Online-Tool all Ihre Ergebnisse, die Sie auch mit weiteren Unterseiten Ihrer Homepage in den Suchergebnissen erzielen, sofort auf einen Blick erkennen.

8.4   Beurteilung und Folgerung – Website-Optimierung

Gehen wir davon aus, Sie haben in der SEO-Analyse die wichtigsten Keywords ausgesucht und diese auch auf Herz und Nieren geprüft. Sie sind sich sicher, dass die Schlagwörter korrekt analysiert wurden. Nun gilt es, die darauf aufbauenden Arbeitsschritte nach der ersten Kampagne auszuwerten.

Die Beurteilung Ihrer SEO-Maßnahmen erfolgt vorwiegend durch die Verbesserung oder Verschlechterung Ihres Google-Rankings. Hat sich die Position in den Suchergebnissen verbessert, scheinen auch Ihre Maßnahmen gut zu sein. Sind die Positionen gefallen, scheinen Sie die falschen Maßnahmen durchzuführen. Ist das so? Was, wenn trotz Verbesserung nicht mehr Besucher kommen oder wenn zwar mehr Besucher auf der Website statistisch erfasst werden, aber keine Conversion stattfindet? Was, wenn nur vereinzelt eine Verbesserung des Rankings erzielt wird, sich dafür aber an anderer Stelle die Keyword-Position verschlechtert?

Grundsätzlich lässt sich der Erfolg oder Misserfolg einzelner Maßnahmen nicht so allgemein pauschalisieren. SEO besteht aus vielen Faktoren, und die Berechnung der Google-Rankings basiert noch auf einer wesentlich größeren Anzahl von Faktoren, die für die Platzierung in den Suchergebnissen entscheidend sind. Es gibt durchaus auch einige Parameter, die nicht bekannt sind, und zusätzlich ändert Google die Ranking-Bestandteile im Lauf der Zeit immer mal wieder.

Das Google-Ranking wird immer das globale Ziel Ihrer Maßnahmen sein, sonst wären es keine Maßnahmen zur Suchmaschinenoptimierung. Aber da sich die Kriterien verändern und Ihre Maßnahmen immer in Konkurrenz zu den Maßnahmen anderer Website-Betreiber stehen, können Ihre Einzelmaßnahmen objektiv nicht nur durch den endgültigen Vergleich Ihres Rankings in den Suchmaschinenergebnissen bewertet werden. Sie sollten daher zusätzliche Analysen durchführen.

8.4.1   Website-Inhalte bewerten

Einer der beständigsten Faktoren ist bis heute themenrelevanter, originärer Content. Die inhaltliche Ausgestaltung an Informationen ist ein elementarer Bestandteil. Es wäre nicht sachlich, wenn Sie die Inhalte auf einer Website ausarbeiten und anhand der Google-Rankings kontrollieren, ob Ihre Maßnahmen erfolgreich waren. Dafür nehmen zu viele andere Faktoren auf das Ranking Einfluss. Zur Überprüfung, ob derartige Veränderungen zielführend sind, sollten Sie eher auf Auswertungen mit Ranks.nl oder vergleichbaren Portalen setzen.

Hier sehen Sie, ob die inhaltlichen Anpassungen eine Veränderung der Keyword-Dichte erzielen und welche Keywords nach der Bearbeitung besonders herausgestellt werden. Beispiele hierzu wurden bereits in Abbildung 6.22 sowie Abbildung 6.23 gezeigt.

Drei Tools zur Kontrolle Ihrer Onsite-Maßnahmen
▸ *www.seorch.de*
▸ *www.diagnoseo.de*
▸ *http://de.linkvendor.com*

8.4.2   Linkaufbau

Bei den Maßnahmen zum Linkaufbau sieht es hingegen anders aus. Es ist relativ schwierig, die Qualität eines Linkaufbaus zu messen, da man nicht beurteilen kann, wie Google einzelne Links bewertet.

Die reine Anzahl der Links hingegen können Sie mit Backlink-Tools abfragen. Damit können Sie den Linkaufbau zumindest quantitativ auswerten und eine allgemeine Steigerung der Links nachweisen. Die Auswertung sollte Sie allerdings nicht dazu anspornen, einfach nur Links aufzubauen, denn wie Sie bereits in den vorangegangenen Kapiteln erfahren haben, zählt gerade beim Linkaufbau eher die Qualität als die Quantität. Auffällige Linkmuster wären beispielsweise, wenn Sie mehr Deeplinks zu Ihren Landingpages hätten als eingehende Links auf Ihre Startseite. Auch die Schlagwörter, mit denen auf Ihre Website verwiesen wird, verraten viel über den Linkaufbau.

Normalerweise wird ein Link mit einem Unternehmensnamen oder der Domain hinterlegt. Ein Link mit einem Keyword als Verweis sollte in der Relation eher seltener vorkommen als ein Link mit der Domain-Bezeichnung oder dem Unternehmensnamen.

8.4.3   Erfahrung als wichtiger Faktor

Die Programme und Tools, die Sie zur Analyse nutzen, sind wichtige Arbeitsmittel für die Beurteilung Ihrer Maßnahmen, aber es sind nur Arbeitsmittel. Die wichtigste Aufgabe ist die Interpretation der dargestellten Informationen, und hierfür sind Erfahrung und Fachkompetenz elementare Bausteine für Ihren Erfolg. Gerade aus diesem Grund sollten Sie anfangs vorsichtig mit Ihren Maßnahmen sein und gegebenenfalls an eigens dafür eingerichteten Projekten »üben«. Sammeln Sie Erfahrungen, und lesen Sie in Fachzeitschriften die aktuellen Entwicklungen und Trends im Bereich der Webseitenoptimierung und des Online-Marketings nach.

Erfahrung braucht Zeit, und es wird Ihnen sicherlich schwerfallen, diese Zeit zu investieren, denn Sie möchten schließlich Ihre Website nach vorn bringen. Greifen Sie daher auch auf die Erfahrungen anderer zurück, und informieren Sie sich kontinuierlich über aktuelle Trends und Tipps von SEO-Experten.

Sechs Portale mit aktuellen Informationen, Trends und Fachberichten

- *www.media-treff.de*
- *www.lead-digital.de*
- *www.suchradar.de*
- *www.websiteboosting.com*
- *www.t3n.de*
- *www.ibusiness.de*

8.4.4   Kostenpflichtige SEO-Tools

Über kurz oder lang werden Sie sich fragen, wie viele Analysen Sie durchführen müssen und wie viele Tools dafür notwendig sind.

Nun, solange Sie mit kostenlosen Tools arbeiten, werden Sie wahrscheinlich mehrere Produkte einsetzen. Sobald SEO für Sie zu einem kontinuierlichen Prozess wird und Sie erkannt haben, welches Potenzial hinter SEO steht, ist es Zeit, sich mit professionellen (kostenpflichtigen) SEO-Tools zu beschäftigen. Kostenpflichtige SEO-Tools bieten Ihnen viele Analysen für die Optimierung Ihrer Website und zur Beobachtung Ihrer Mitbewerber. Das Reporting in solchen Anwendungen zeigt Ihnen jede Veränderung Ihrer Links, Ihres Google-Rankings und diverse weitere Informationen sofort an.

Die meisten Tools können Sie für eine Testphase von 30 Tagen kostenlos prüfen. Zudem können Sie sich in den Produktvideos der Hersteller über die bestehenden Funktionen informieren. Selbst wenn Ihnen eine Software nicht zusagt, sehen Sie in den Produktvideos oder in den Beschreibungen bereits weitere Anregungen für Analysen, die für Sie wichtig sein könnten (siehe Abbildung 8.19).

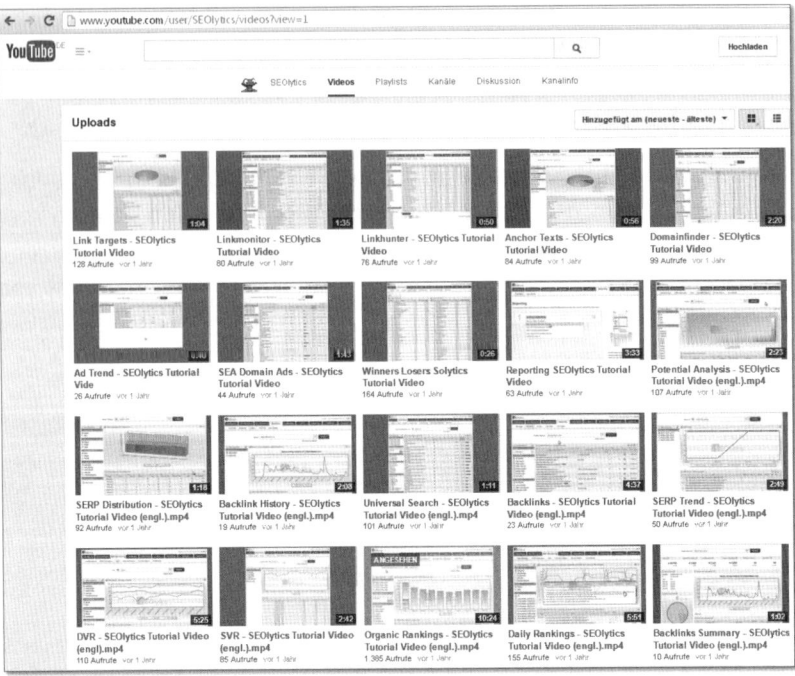

Abbildung 8.19 YouTube-Channel zur SEO-Software von SEOlytics
(Quelle: http://www.youtube.com/user/SEOlytics/)

Zu Beginn des Jahres 2012 gaben in einer Umfrage unter SEO-Verantwortlichen und Online-Marketing-Managern 48 % der befragten Unternehmen an, das SEO-Tool Sistrix zu nutzen (siehe Abbildung 8.20).

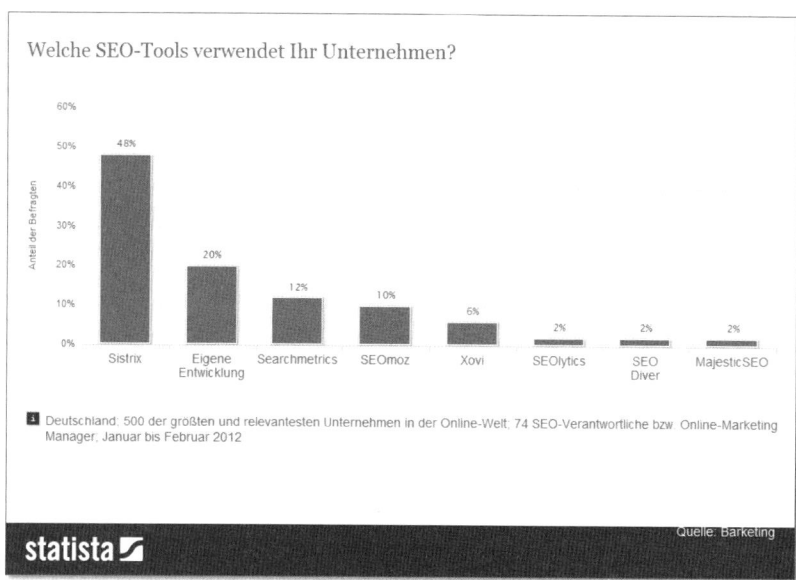

Abbildung 8.20 Quelle: Die beliebtesten SEO-Tools in Unternehmen (http://goo.gl/08w81)

Neun kostenpflichtige SEO-Tools

▶ www.sistrix.de

▶ www.searchmetrics.de

▶ www.seomoz.org

▶ www.xovi.de

▶ www.seolytics.de

▶ de.seodiver.com

▶ www.majesticseo.com

▶ www.seitwert.de

▶ www.web-information-services.de

Kapitel 9

Man kann es auch übertreiben – Black-Hat-SEO und Googles Schlussfolgerungen

Was darf man aus Sicht von Google für die Optimierung der Website tun, und was wird von Google abgestraft? Hier finden Sie Beispiele und Maß- nahmen, die Google zur Abwehr unlauterer SEO-Maßnahmen durchführt.

Mit *White-Hat-SEO* wird seriöse Suchmaschinenoptimierung beschrieben, die sich an die Regeln der Suchmaschinen hält und durch die Optimierung einzelner Faktoren versucht, bessere Ergebnisse im Ranking zu erzielen. Auch in der *Black-Hat-SEO* wird optimiert, aber nicht unbedingt im Sinne der Suchmaschinenreglements. Black-Hat-Suchmaschinenoptimierer ver- suchen, die Lücken im Regelwerk der Suchmaschinen auszunutzen, um dadurch schneller begehrte Positionen in den Ergebnissen der Suchma- schinen zu erreichen. Nicht selten bewegen sich die Black-Hat-Optimierer dabei in einer Grauzone und sehr oft sogar im illegalen Bereich, da sie oft nicht nur gegen die Regeln der Suchmaschinen verstoßen, sondern auch offizielle Gesetze und gute Sitten übertreten.

In der Anfangszeit, als sich auch White-Hat-SEO noch in den Kinderschu- hen befand, waren die Lücken der Suchmaschinen groß, und dementspre- chend viele Möglichkeiten gab es, um die Website mit einigen einfachen Adaptierungen so zu modifizieren, dass sie im Ranking schnell einen gro- ßen Satz nach vorn machte. Damals wie heute sahen Suchmaschinenbe- treiber wie Google Aktivitäten dieser Black-Hat-Optimierer jedoch nicht gerne und verdichteten entsprechend die Faktoren, aus denen sich das Ranking für Seiten ermittelt. Das bedeutet, die Hürden für Black-Hat-Opti- mierer wurden weitaus höher.

9.1   Welche Maßnahmen werden als Black-Hat-Maßnahmen bezeichnet?

Ein klassisches Beispiel von Black-Hat-SEO-Maßnahmen früherer Zeiten war das Verstecken von Keywords und anderen Texten, indem als Textfarbe dieselbe Farbe gewählt wurde wie für den Hintergrund. Für den Besucher der Seite war dieser Text somit nicht sichtbar, Crawler jedoch erkannten den Text sehr wohl und werteten die Seite als sehr relevant, da das vom Nutzer gesuchte Keyword darin in großer Anzahl vorkam.

Einen wesentlichen Faktor bei der Suchmaschinenoptimierung stellen eingehende Links dar. Wenn viele Links auf eine Website verweisen, nimmt die Suchmaschine an, dass es sich dabei wohl um eine besonders wichtige Seite handeln muss, da die Betreiber der Websites sonst wohl nicht mit Links auf diese Seite hinweisen würden. In der Regel funktioniert dies auch genauso. Gute Inhalte ziehen Aufmerksamkeit auf sich und werden schnell von anderen Besitzern von Websites verlinkt, wodurch die Inhalte im Web noch sichtbarer werden.

Bei der Black-Hat-SEO wird dieser Umstand ausgenutzt, um rasch ein hohes Ranking zu erreichen. Hierbei werden regelrechte Strategien ergriffen, um möglichst schnell eine große Anzahl an Links zu erhalten. Die jeweiligen Black-Hat-Akteure nutzen dabei enorme Netzwerke von Websites, die häufig keine natürlich entstandenen Inhalte bereithalten, sondern die lediglich Inhalte von anderen Seiten kopieren und stehlen und dann anschließend Links zu einer Zielseite erzeugen. Mithilfe von Content-Grabber-Programmen werden beliebige Inhalte von anderen Websites kopiert, teilweise auch automatisch umgewandelt und auf den eigenen Linkseiten online gestellt.

Auch werden sogenannte Bots programmiert, die auf den Websites anderer Betreiber Links erzeugen. Hierbei handelt es sich um eigens erstellte Programme, die beispielsweise Websites mit Kommentarfunktion aufspüren und dort einen beliebigen Kommentar zu Artikeln und anderen Inhalten der Seite posten. Betreiber solcher Seiten werden sicherlich schon das eine oder andere Mal solche nicht gerade individuell verfassten Kommentare erhalten haben und tun gut daran, Kommentare auf ihrer Seite nicht automatisch zuzulassen, sondern nur selbst freizugeben. Dem Kommentar angefügt ist ein Link, der zur gewünschten Zielseite führt. Diese Bots können natürlich weitaus rascher agieren, als es ein menschlicher Nutzer könnte, und spammen so mitunter Zehntausende Links innerhalb von wenigen Tagen in das Internet.

Passende Gebiete für das Spamming von Kommentarlinks und anderen Backlinks bieten sich in Foren, im Bereich von Blogs sowie auf zahlreichen Social-Bookmarking-Portalen. Eigens geschriebene Programme suchen solche Seiten auf oder besitzen bereits eine Datenbank und posten die Links wahllos in den Portalen.

Eine besonders gewiefte Strategie, um Links auf anderen Seiten unterzubringen, besteht darin, diese in kostenlosen Plug-ins und Widgets einzubinden. Immer mehr Website-Betreiber nutzen heute kostenlose CMS-Programme und andere Software aus dem Internet. Mit der kostenlosen Installation eines solchen Plug-ins wird aber nicht selten auch ein versteckter Link im Quellcode der Website integriert, der für den Ersteller des Plug-ins wiederum einen Verweis mehr im Internet darstellt. Black Hats gehen einen Schritt weiter, wenn sie mutmaßlich andere Websites hacken und auf diesen anschließend Links setzen. In vielen Fällen werden hierzu auch eigene Viren losgeschickt, die sich in den Admin-Bereich der Website einhacken und anschließend den Code verändern und Links auf der Seite einbinden.

Speziell der raschen Aneignung einer großen Anzahl von Links haben Suchmaschinen aber mittlerweile einen Riegel vorgeschoben. Denn Websites, die in allzu kurzer Zeit eine große Anzahl an Backlinks erhalten, werden von den Suchmaschinen genauer behandelt, abgestraft und im schlimmsten Fall sogar komplett aus dem Suchindex ausgeschlossen. Für die Suchmaschinen zählt hier nur eine natürliche Backlink-Entwicklung.

Ein weiteres Mittel, das in den letzten Jahren häufig verwendet wurde, aber mittlerweile relativ schnell von Google erkannt wird, sind *Doorway Pages* (dt. Brückenseiten). Hierbei handelt es sich um Internetseiten, die speziell für Suchmaschinen optimiert sind und lediglich als Weiterleitungsseite fungieren. Mit ihnen kann eine Suchmaschinenoptimierung vorgenommen werden, ohne dass die Inhalte der eigentlichen Webpräsenz verändert werden müssen.

Den Nutzern wird diese Seite meistens nicht dargestellt, und lediglich Suchmaschinen werden die Doorway Pages vorgehalten, damit diese den darauf enthaltenen Inhalt an Keywords indizieren. Doorway Pages dienen ausschließlich dem Zweck, Google einen angepassten Informationsgehalt »vorzuspielen« und auf die eigentliche Webpräsenz weiterzuleiten.

Eine Brückenseite hat folgende Merkmale:

▸ Sie bietet Suchmaschinen Schlüsselwörter an.

▸ Sie fungiert nur als Weiterleitung.

Die Seiten werden mit Schlüsselwörtern gespickt, unter denen sie bzw. die verlinkten Seiten in Suchmaschinen gefunden werden sollen. Außerdem werden Brückenseiten genutzt, um die Linkpopularität zu erhöhen und damit das Ranking in Suchmaschinen zu verbessern. Werden derartige Maßnahmen von Google festgestellt, erhalten Sie zunächst in den Webmaster-Tools einen Hinweis dazu, dass Google diese Weiterleitungen auf Ihrer Webseite entdeckt hat. Wenn Sie darauf nicht reagieren, wird Ihre Seite aus dem Suchindex ausgeschlossen.

Ein ähnliches Vorgehen wie das von Black Hats besteht im *Cloaking*. Beim Cloaking werden Suchmaschinen andere Inhalte auf der Zielwebseite angezeigt als den tatsächlichen Nutzern. Dies gelingt, da die Suchmaschinen in der Regel immer wieder dieselbe IP-Adresse oder ein bestimmtes IP-Adressennetz verwenden, um die Inhalte im Internet zu durchforsten. Die Betreiber solcher Maßnahmen prüfen also, ob es sich bei dem Besucher um eine Suchmaschine handelt, und stellen dann andere Informationen bereit. Doch in jüngerer Zeit wechseln auch Suchmaschinen ihre IP-Adresse ab und zu, um den Black Hats auf die Spur zu kommen und deren Machenschaften zu unterbinden.

Black-Hat-SEO wird von Suchmaschinen durchaus geahndet und verfolgt. Denn die Suchmaschinen möchten den Wettbewerb unter den einzelnen Website-Betreibern selbstverständlich möglichst fair halten und den Nutzern der Suchmaschinen nur tatsächlich relevante Inhalte liefern.

9.2   Wie erkennen Suchmaschinen die Maßnahmen?

Google und andere Suchmaschinen wollen weder Spam noch Black-Hat-Methoden in ihren Suchmaschinenwelten wissen und Black Hats keine Möglichkeiten geben, sich einen Vorteil zur Erlangung eines besseren Rankings durch unlautere Methoden zu verschaffen.

Aus diesem Grund beschäftigen Suchmaschinen wie Google eigene Abteilungen, die sich ausschließlich darauf konzentrieren, Black Hats aufzuspüren, die sich nicht an die Richtlinien der Suchmaschine halten. Dies geschieht einerseits durch automatische Prüfungen, andererseits aber auch manuell. Viele Mitarbeiter in diesen Abteilungen sind sogar ehemalige Black Hats oder Hacker, die genau wissen, wie diese vorgehen, und denen es dadurch auch deutlich leichter fällt, entsprechende Gegenmaßnahmen zu kreieren.

Auch die Betreiber von Suchmaschinen wissen, worauf es bei Black-Hat-SEO-Maßnahmen ankommt und wie die Drahtzieher dahinter arbeiten. Auch sonst nutzen Google und Co. verschiedene Algorithmen, mit denen die Black-Hat-Websites ausgemacht werden können. Dieses erste Schutzsystem läuft weitgehend vollautomatisch ab. Erst wenn ein Verdacht aufkommt, werden die jeweiligen verdächtigen Seiten auch manuell noch einmal geprüft. Einfacheren Methoden der Black-Hat-SEO begegnen Google und Co. schon sehr früh mit automatischen Algorithmen. Beispielsweise erkennen Suchmaschinen *Double Content* sehr schnell, das heißt Inhalte, die zweimal oder mehrmals im Internet zu finden sind. Double Content bedeutet in der Regel gestohlener oder kopierter Content und wird abgestraft. Kopierter Inhalt bietet Besuchern keinen Nutzwert, da die Informationen bereits bekannt sind.

Google und Co. möchten das Internet vielfältig halten und nicht zu einer Ansammlung ewig gleicher Inhalte verkommen lassen. Hierbei wird jedoch sehr wohl auch ausgewertet, auf welcher Seite der Inhalt bereits länger vorhanden ist, um somit den wahren Urheber nicht irrtümlich abzustrafen. Durch die Double-Content-Überprüfung wird in einem ersten Schritt verhindert, dass gestohlene Inhalte verwendet werden, um rasch Traffic zu erzeugen. Es wäre beispielsweise möglich, eine Website bestehend nur aus kopierten Wikipedia-Inhalten zu erstellen und innerhalb einer kurzen Zeit somit eine voluminöse Website mit zahlreichen Informationen darzustellen. Da alle Inhalte aber eins zu eins bereits im Internet vorhanden sind und die neue Website lediglich »doppelte Inhalte« bereitstellt, bietet die neue Internetseite keinen Nutzwert.

Ein weiterer Sicherheitsalgorithmus geht gegen *Keyword-Spamming* vor. Vor allem in der Anfangszeit der SEO war die Technik weit verbreitet, Keywords in hoher Dichte einzubauen. Damals gelangten solche Seiten sehr rasch in die oberen Bereiche der Suchergebnisse, da sie aufgrund der hohen Keyword-Anzahl, die mit dem Suchbegriff des Nutzers übereinstimmten, offensichtlich relevant für den Nutzer waren. Heute werden solche Inhalte

9

jedoch automatisch schlechter bewertet. Google etwa bevorzugt Websites mit einer Keyword-Dichte zwischen 2–5 %. Websites mit einer Keyword-Dichte jenseits dieses Prozentsatzes werden somit automatisch auf die hinteren Ränge der Suchergebnisse verwiesen.

Es gibt allerdings keinen konkreten Wert für die Keyword-Dichte. In einem YouTube-Video greift Matt Cutts das Thema auf (siehe Abbildung 9.1) und bestätigt, dass Google die bevorzugte Keyword-Dichte nicht in einem statischen Prozentsatz ausdrücken möchte.

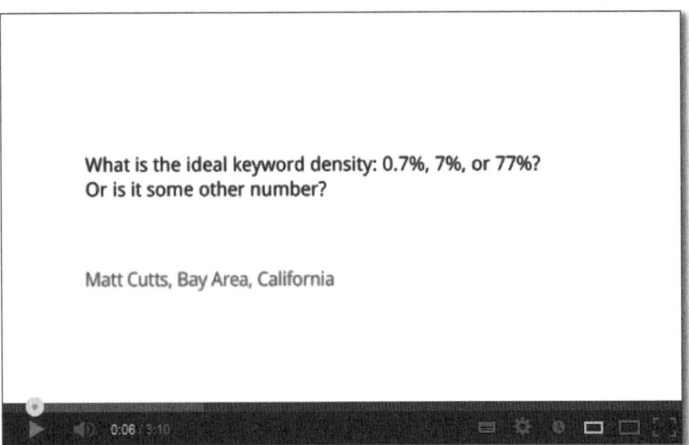

What is the ideal keyword density: 0.7%, 7%, or 77%?
Or is it some other number?

Matt Cutts, Bay Area, California

0:06 / 3:10

Abbildung 9.1 What is the ideal keyword density? – http://goo.gl/4iNJi

Auch im Bereich des *Link-Spammings* setzt Google unterschiedliche Algorithmen ein, mit denen gemessen wird, ob eine Website ein noch als natürlich zu bezeichnendes Wachstum an Backlinks aufweist oder ob sie womöglich innerhalb sehr kurzer Zeit einen übernatürlich hohen Zustrom an Links erhält. Schlagen diese Alarmsysteme an, kann eine manuelle Prüfung erfolgen. Häufig wird schnell klar, dass bei der Linksetzung immer nach demselben Schema vorgegangen wurde, sodass der Website-Betreiber als Black-Hat-SEOler identifiziert werden kann.

Eine weitere Möglichkeit, durch die Suchmaschinen auf die Aktivitäten der Black Hats aufmerksam werden, besteht darin, dass Nutzer verdächtige Seiten melden können. Bei Google ist dies etwa über die Google Webmaster-Tools möglich. Die Suchmaschinen sehen sich die beanstandeten Seiten genauer an und gehen entsprechend gegen diese vor, sofern der Verdacht begründet ist. Suchmaschinen nutzen somit eine ganze Reihe von Möglichkeiten, um gegen Black-Hat-SEO vorzugehen. Viele der Kriterien und Methoden, mit denen Black Hats aufgespürt werden können, sind nicht bekannt, und man kann daher nur mutmaßen. Die Maßnahmen verändern sich natürlich auch immer wieder, da sich auch die Methoden der Black Hats weiterentwickeln und verändern.

Gerade im Bereich des Linkaufbaus kann man nicht sagen, wie Google bestimmte Links bewertet und durch welche Algorithmen Links als Black-Hat-Links entlarvt werden. Hierzu werden in der SEO-Branche viele Spekulationen geäußert. Fakt ist, dass es viele Muster gibt, nach denen Google Links ohne große Probleme bewerten kann. Moderne Content-Management-Systeme sind im Quellcode standardisiert und bieten damit den Suchmaschinen bereits einen Hinweis auf die Art der Links, die dargestellt werden. So sind Kommentare in vielen Blog-Systemen bereits am Quellcode erkennbar (siehe Abbildung 9.2).

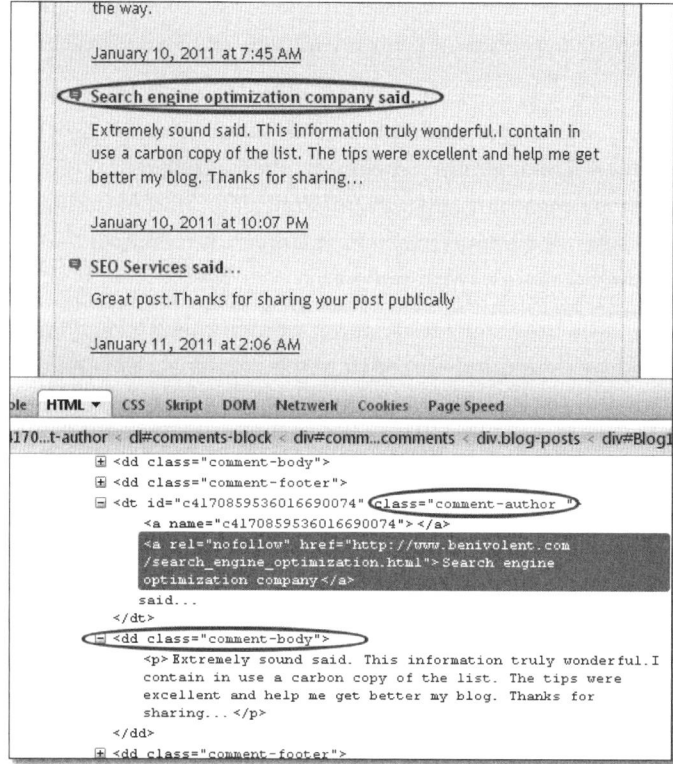

Abbildung 9.2 Quellcode-Parameter für Kommentare in einem Blog

Neben den Parametern im Quellcode, die Google zeigen, welcher Text verlinkt ist, könnte Google Links zu einer Seite auch thematisch und geografisch überprüfen.

Wie Sie mittlerweile wissen, sind die entsprechenden Keywords sehr wichtig. Anhand der Keywords können Suchmaschinen eine Website thematisch zuordnen. Links von anderen Plattformen stehen meist in einem thematischen Zusammenhang mit einer Zielseite. Erhält ein Portal massenhaft Links von nicht thematisch passenden Internetportalen, könnte das den Verdacht wecken, dass hier ein gekaufter Linkaufbau betrieben wird.

Neben der thematischen Überprüfung könnte Google Links auch nach geografischen Faktoren kontrollieren. Wenn Ihre Website auf einem Server in Deutschland gehostet wird und Ihre Inhalte komplett in Deutsch gehalten sind, könnte eine große Anzahl von Links aus China, Indien, Polen oder Russland fragwürdig erscheinen. Ebenso verhält es sich, wenn 50 Internetportale im selben Rechenzentrum gehostet werden und sich untereinander verlinken.

Die Datenbanken von Google sind voll von Websites sowie natürlichen und unnatürlichen Linkmustern. Suchmaschinenbetreiber haben ein immenses Datenvolumen, um Linkaufbau vergleichen und bewerten zu können. Es wird zukünftig immer schwieriger werden, mit Black-Hat-Maßnahmen die Suchergebnisse zu manipulieren.

Wie detailliert Links heute bereits ausgewertet werden können, zeigt Ihnen das Beispiel einer Analyse mit dem Tool auf *http://www.backlinktest.com* (siehe Abbildung 9.3). Bei dem Backlink-Check sollten Sie die Häkchen bei QUICK-CHECK und AUTO-WWW entfernen und dann die eigene oder die Website eines Mitbewerbers prüfen. In der Ergebnisansicht sehen Sie dann nicht nur die Links, sondern auch sehr detailliert die Qualität (!) der Links. Ist es ein Dofollow- oder ein Nofollow-Link, welchen PageRank hat die Seite, von der aus sie verlinkt sind? Wie ist das Ranking der Seite bei Alexa, und wie ist der Online Value Index (OVI)? Wie viele externe Links gehen insgesamt von dieser Seite ab, und wie wird die Seite verlinkt? Als Text oder als Bild? All diese Faktoren werden Ihnen in der Analyse dargestellt, und es wird Ihnen sogar eine Linkbewertung in Form einer Schulnote angezeigt.

#	Backlink URL	Quelle	PR	OVI	Alexa	Ext. Links	Quality	Ziel	Typ	Linktext	IP
1	archiv.berens.net/pages/linux.php (14)	⚙	0	0.018	3,419,834 ●	26	6	✓	T	Lastminute	81.169.153.64 ℹ
2	ausi.regger24.de	⚙	0	0.000	24,561,422 ●	19	6	✓	T	Last Minute Reisen	84.200.210.95 ℹ
3	bakida.de	⚙	1	0.017	8,194,110 ●	16	5	✓	T	Last Minute Reisen	178.218.173.4 ℹ
4	crazyevents.ch/reisen.php	⚙	0	0.206	10,861,002 ●	9	4	✓	T	Lastminute	46.165.225.202 ℹ
5	der-griechenland-katalog.de/flug.ht...	⚙	1	11.733	3,699,247 ●	10	3	✓	T	Lastminute	81.169.145.74 ℹ
6	info.holland.com/aktivitaten-hollan... (3)	📇	0	59.961	88,786 ●	189	6	✓	T	http://www.ab-in-den-urlaub....	141.138.198.118 ℹ
7	insel-reunion.de/buchen_kaufen.htm	⚙	2	1.317	3,725,219 ●	7	1	✓	T	Last Minute Reisen	81.169.145.71 ℹ
8	km22038presse.unister-gmbh.de/de/un...	⋯	0	0.000	161,437 ●	2	2	✓	T	Last-Minute-Reisen	87.118.100.148 ℹ
9	lanka.at/Reiseshop.html (4)	⚙	2	1.434	2,235,672 ●	9	2	✓	T	Last Minute Reisen	83.246.85.194 ℹ
10	last-minute-urlaub-buchen.net/lastm...	⋯	0	0.541	2,230,955 ●	7	3	✓	T	Last Minute Urlaub	85.13.143.154 ℹ
11	nachrichten.hotelreservierung.de	⚙	4	0.883	37,526 ●	28	6	✓	T	Lastminute	87.118.87.12 ℹ
12	partner.auto.de	⚙	4	0.000	24,491 ●	110	5	✓	T	Last-Minute-Reisen	87.118.87.12 ℹ
13	partner.fluege.de	⋯ ⚙	4	0.000	5,819 ●	51	3	✓	T	Last-Minute-Reisen	87.118.87.12 ℹ
14	partner.flug24.de	⚙	3	0.000	2,453,259 ●	68	6	✓	T	Last-Minute-Reisen	87.118.87.12 ℹ
15	partner.geld.de	⚙	0	0.000	64,986 ●	146	6	✓	T	Last-Minute-Reisen	87.118.87.12 ℹ
16	partner.hotelreservierung.de	⋯ ⚙	4	0.016	37,526 ●	77	4	✓	T	Last-Minute-Reisen	87.118.87.12 ℹ
17	partner.hotelreservierungen.de	⋯ ⚙	0	0.013	17,349,526 ●	43	6	✓	T	Lastminute	87.118.87.12 ℹ
18	partner.jux.de	⚙	0	0.000	1,328,436 ●	88	6	✓	T	Last-Minute-Reisen	87.118.87.12 ℹ
19	partner.kredit.de	⋯ ⚙	0	0.000	1,019,140 ●	73	6	✓	T	Last-Minute-Reisen	87.118.87.12 ℹ
20	partner.lastminute-max.de	⋯	0	0.000	- ●	66	6	✓	T	Lastminute	87.118.87.12 ℹ
21	partner.meine-reise.net	⚙	0	0.000	24,366,755 ●	29	6	✓	T	Lastminute	87.118.87.12 ℹ
22	partner.myimmo.de	⚙	3	0.000	121,181 ●	93	6	✓	T	Last-Minute-Reisen	87.118.87.12 ℹ
23	partner.news.de	⚙	5	0.000	- ●	170	6	✓	T	Last-Minute-Reisen	87.118.87.12 ℹ
24	partner.partnersuche.de	⚙	4	0.017	56,414 ●	48	3	✓	T	Last-Minute-Reisen	87.118.87.12 ℹ
25	partner.private-krankenversicherung...	⚙	4	0.000	447,371 ●	53	5	✓	T	Last-Minute-Reisen	87.118.87.12 ℹ
26	partner.reisen.de	⚙	5	0.000	14,356 ●	181	5	✓	T	Last-Minute-Reisen	87.118.87.12 ℹ
27	partner.urlaubstours.de	⚙	3	0.000	607,970 ●	37	5	✓	T	Last-Minute-Reisen	87.118.87.12 ℹ
28	partner.versicherungen.de	⚙	4	0.051	462,675 ●	96	5	✓	T	Last-Minute-Reisen	87.118.87.12 ℹ
29	partner.webmail.de	⋯ ⚙ 📇	3	0.000	95,576 ●	69	5	✓	T	Last-Minute-Reisen	87.118.87.12 ℹ

Abbildung 9.3 Backlinktest.com – Backlink-Check zur Webseite
http://www.ab-in-den-urlaub.de/lastminute

Die Linkqualität wird dabei aus vier Faktoren berechnet: PageRank, Alexa-Rank, OVI-Rank und der Anzahl der externen Links auf der Seite des Backlink-Gebers. Mit einer derartigen Analyse selbst definierter Qualitätskriterien ist es dem Portal möglich, eine Schulnote für einen Link zu definieren (siehe Abbildung 9.4). Google könnte ähnliche Verfahren mit einer Vielzahl an weiteren Kriterien definieren und so ebenfalls eine Linkqualität auswerten und auffällige Links entwerten.

Neben dem Qualitätsfaktor sehen Sie in den Spalten der Linktabelle in der Ergebnisliste auf Backlinktest.com noch den Linktext und die IP-Adresse des Links. Auch hier könnte Google anhand dieser Daten das Gesamtbild der Links zu einer Plattform bewerten. Eine zu hohe Keyword-Dichte bei den Links oder ein auffälliges Muster bei den IP-Adressen der Linkgeber könnten ebenfalls leicht gefunden werden.

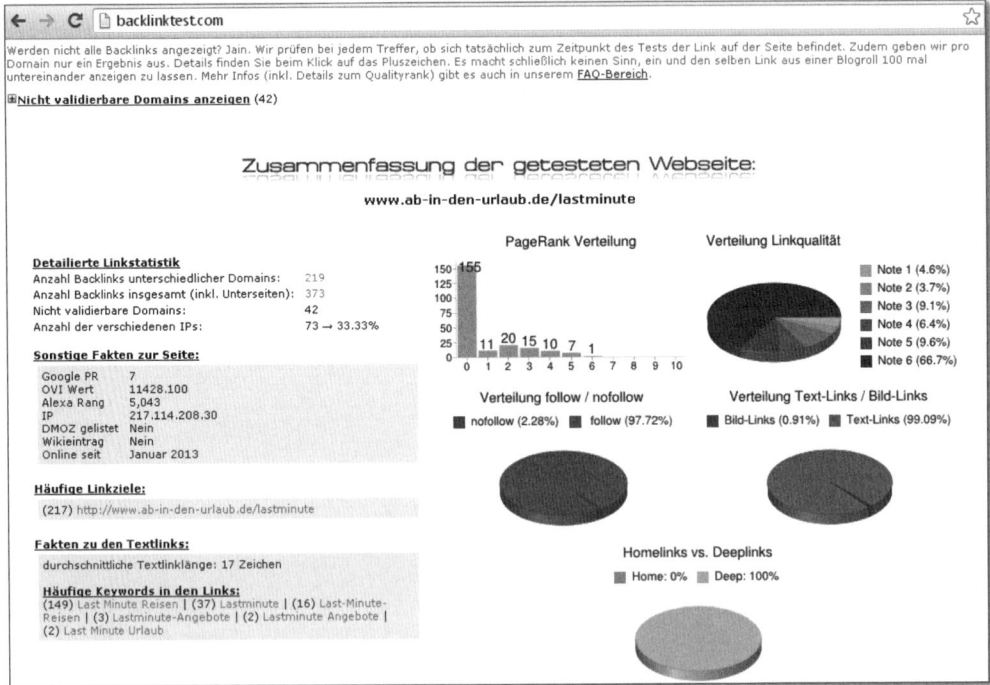

Abbildung 9.4 Backlinktest.com – Zusammenfassung des Backlink-Checks zur
Webseite http://www.ab-in-den-urlaub.de/lastminute

9.3   Was sind Gefahren und mögliche Folgen von Black-Hat-Maßnahmen?

Auf welche Art und Weise Suchmaschinen auf Spam und Black-Hat-SEO reagieren, ist unterschiedlich. In der Regel erfolgt in erster Linie eine Abmahnung des jeweiligen Website-Betreibers, wenn ein Verdacht festgestellt wurde. Das bedeutet, dass dem Black Hat noch eine Schonfrist gegeben wird, um seine SEO-Strategie zu überdenken und die Maßnahmen möglicherweise rückgängig zu machen. Sollte der Black Hat nicht reagieren und mit seinen Maßnahmen fortfahren, kann die Suchmaschine das bereits erreichte Ranking im Suchergebnis rückgängig machen bzw. verschlechtern.

Die schlimmste und letzte Stufe der Sanktionen gegen Black Hats besteht darin, die jeweiligen Webseiten komplett aus dem Suchindex zu entfernen.

In diesem Fall ist die Seite gar nicht mehr über die Suchmaschine zu finden, was so manchen Website-Besitzer in den Ruin treiben kann, da hierdurch der Besucherstrom zur Website stockt und mit ihm womöglich auch die Einkünfte. Denn oftmals handelt es sich dabei sogar um die einzigen Einnahmen der jeweiligen Unternehmer. In Zeiten, in denen immer mehr Geschäfte schließen, während der Online-Markt boomt, ist es wichtig, im Internet vertreten und vor allem sichtbar zu sein. Onlineshops generieren häufig einen Großteil ihrer Kunden über die Suchmaschine Google. Fällt diese wichtige Quelle weg, ist damit zu rechnen, dass der Traffic deutlich zurückgeht, und dieser Rückgang dann schon einmal bei 80 % oder mehr liegen kann.

Doch auch für Unternehmen, die ihre Produkte nicht direkt über ihre Website vertreiben, kann der Schaden enorm sein. Nicht nur ein Imageschaden stellt sich ein, sondern auch finanziell kann ein Rückgang bei den Verkäufen spürbar werden, wenngleich diese offline geschehen. Denn zahlreiche Kunden informieren sich zuerst im Internet auf der Website des Anbieters, recherchieren dort Produktinformationen oder suchen Standortinformationen zu Filialen, bevor sie tatsächlich in den Laden gehen und dort kaufen. Ist die Website, über die diese Recherchen stattfinden, über Google jedoch nicht auffindbar, gelangt ein großer Teil der Kunden eventuell gar nicht mehr dorthin und folglich auch nicht in die Filiale. Schlussendlich verbucht die Konkurrenz den jeweiligen Umsatz.

Besonders hart trifft dies natürlich solche Betreiber, die die Black-Hat-Maßnahmen nicht einmal selbst eingesetzt haben, sondern einem Suchmaschinenoptimierer vertraut haben, der jedoch keine seriösen Maßnahmen für die Optimierung genutzt hat. Dass es auch in der offiziellen SEO-Branche immer wieder schwarze Schafe gibt, zeigen die folgenden Beispiele.

9.4   Bekannte Beispiele von Folgen bei Black-Hat-SEO

Google schreckt vor Sanktionen auch bei großen Unternehmen nicht zurück. Das zeigte sich bereits bei einigen prominenten Beispielen:

► **BMW**

  2006 führte die Werbeagentur des Automobilherstellers BMW einige Maßnahmen durch, die nicht mit den Richtlinien von Google zu vereinbaren waren. In der Folge wurde die Website BMW.de aus dem Suchindex von Google entfernt. Erst nach heftiger Intervention von BMW bei Google und der Beseitigung der nicht konformen Maßnahmen fand die Domain zurück in die Google-Suchergebnisse.

► **J.C. Penney**

Ein ähnlicher Fall betraf das amerikanische Kaufhaus J.C. Penney. Die Shopping-Kette hatte sich durch einen Trick zahlreiche erste Plätze in den Google-Suchergebnissen sichern können. Und zwar bei erstaunlich vielen Suchbegriffen. Auffällig war, dass einige der Suchbegriffe gar nicht unbedingt etwas mit J.C. Penney gemein hatten und in keiner richtigen Relation zu dem Filialisten standen. Dennoch erschien das Warenhaus ganz oben in den natürlichen Suchergebnissen.

Durch eine Black-Hat-Maßnahme hatte es J.C. Penney geschafft, eine große Anzahl an Backlinks auf anderen Seiten zu setzen, die auf die Website der Kaufhauskette verlinkten. J.C. Penney hat dabei nicht etwa einige Links auf einigen Portalen gesetzt, sondern verschiedene Links auf über 2.000 Webseiten gestreut. Über Monate hinweg konnte J.C. Penney sich dadurch die ersten Einträge bei Hunderten von Suchbegriffen sichern. Der Umstand wurde aber natürlich in Mountain View bei Google bemerkt, und wie man sich denken kann, nicht unbedingt gutgeheißen.

J.C. Penney überholte in den Rankings nicht etwa nur andere Mitbewerber bei allgemeinen Suchbegriffen wie Kleider oder Tischgedeck. Nein, der Warenhausriese schob sich in den Suchergebnissen sogar bei Suchbegriffen, die Markenbezeichnungen darstellten, vor die Websites der jeweiligen Markenhersteller selbst. Eine Traumperformance also, wie sie sich jeder Website-Betreiber nur wünschen kann. Doch diese Performance war auf einem schwachen Fundament gebaut. Denn Google sah dies etwas anders.

Da Google den Nutzen für den Suchmaschinen-User heben und daher nur wirklich relevante Ergebnisse darstellen möchte, konnte das Spiel nicht so weitergehen. Google berichtigte die frisierten Ergebnisse wieder, und J.C. Penney musste wieder ganz unten beginnen. Mit dem SEO-Anbieter, der das Unternehmen in diesem Zeitraum betreut und die Black-Hat-Kampagne eingerichtet hatte, hat J.C. Penney von einem Tag auf den anderen alle Verträge gekündigt. Es kann davon ausgegangen werden, dass Penney viel Geld verlor, bis sich der Händler wieder in die oberen Bereiche von Google vorkämpfen konnte.

▶ **Swisslinsen**

Ein besonderer Fall von Black-Hat-SEO, der gleich mehrere andere Straf-
tatbestände nach sich ziehen dürfte, wurde vor einiger Zeit in Schweizer
SEO-Kreisen bekannt. Ein Suchmaschinenoptimierer, der damals für das
Unternehmen Swisslinsen.ch tätig war, um dessen Website nach vorn zu
bringen und ein gutes Ranking zu erzielen, ist auf eine besonders effek-
tive, wenn auch aufwendige Art und Weise vorgegangen.

Der Suchmaschinenoptimierer suchte sich die Konkurrenzunternehmen von Swisslinsen.ch heraus, die bisher immer vor Swisslinsen.ch auf
den vorderen Plätzen von Google rangierten. Anschließend fragte er die
Seiten im Web ab, die Links der Konkurrenzseiten enthielten, das heißt,
die sich positiv auf das Ranking der Konkurrenz auswirkten.

Kurzerhand griff der Black-Hat-Optimierer zur Tastatur und wagte das
Unglaubliche. Eigenmächtig gab er sich als Konkurrenzunternehmen
von Swisslinsen aus und informierte die Linkgeber darüber, dass der
Service eingestellt werden würde und diese daher doch die Links von
ihrer Website nehmen sollten. Als Ersatzlink bot er den von Swiss-
linsen.ch an.

Das Kalkül dieses Optimierers war es also, nicht nur die Backlinks zu seinem Kunden Swisslinsen.ch zu vermehren, wie es wohl viele andere
Optimierer getan hätten, sondern gleichzeitig auch die Backlinks zu
Konkurrenzseiten zu minimieren. Mittlerweile ist der Optimierer jedoch
aufgeflogen, da selbstverständlich auch die Konkurrenzunternehmen
wachsame Suchmaschinenoptimierer beschäftigen, denen die E-Mails
verdächtig erschienen.

▶ **Automobile.de**

Ein weiteres Beispiel aus Deutschland betraf die Website Automobile.de.
Der Fall brachte sogar Googles Spam-Chef Matt Cutts dazu, einen eigenen Artikel in seinem Blog dazu zu verfassen, und führte letztlich auch
dazu, dass Google die Richtlinien für nicht englischsprachige Seiten
noch restriktiver handhabe.

Das Autoportal Automobile.de betrieb sogenanntes Keyword-Stuffing
oder Keyword-Spamming. Hierbei recherchierte die Plattform alle relevanten Suchbegriffe, die von potenziellen Autokäufern verwendet werden, wenn sie nach Autos suchen. Zu vielen Automodellen besorgte sich
Automobile.de dabei unzählige Begriffe, die anschließend auf der Website integriert wurden. Allerdings nicht etwa in sinnvoll gestalteten

Texten, die dem User einen Mehrwert bieten würden und die wohl auch Google gutgeheißen hätte, sondern die Betreiber der Autoplattform stellten einfach einen Begriff nach dem anderen aneinandergereiht auf die Website.

Google fiel diese veraltete Maßnahme des Black Hats sehr schnell auf, und der Suchmaschinenbetreiber ging auch entsprechend gegen die Maßnahme vor. So wurde die Seite rasch komplett aus den Suchergebnissen entfernt und erst nach Beseitigung der unlauteren Maßnahmen wieder für die Suchergebnisse bei Google zugelassen, währenddessen die Konkurrenz sicherlich den einen oder anderen Kfz-Käufer für sich begeistern konnte. Denn wer nicht bei Google gelistet ist, der verschenkt ganz klar Punkte an die Konkurrenz.

Besonders bitter für Webmaster, die sich vom Reiz der Black-Hat-SEO verführen lassen, ist auch die Tatsache, dass Google und Co. meist nicht nur die Website abstrafen, bei denen Black-Hat-Maßnahmen festgestellt wurden, sondern den Betreiber generell im Auge behalten und mitunter auch andere seiner Seiten aus dem Index entfernen oder abstrafen.

► **efamous**

Das jüngste Beispiel betraf die Firma efamous (siehe Abbildung 9.5).

Abbildung 9.5 Matt Cutts twittert und nennt den Namen des Unternehmens.

Linknetzwerke und gekaufte Links sind Google schon seit jeher ein Dorn im Auge und die Algorithmen zur Erkennung werden immer besser. Im Februar/März 2014 hat Google mehrere Linknetzwerke in Deutschland ins Auge gefasst und abgestraft. Das Unternehmen efamous war lediglich ein Unternehmen von mehreren, allerdings wurde der Name des Unternehmens öffentlich von Matt Cutts genannt. Weitere Hintergrundinformationen dazu findet man im Exklusiv-Interview mit efamous auf der Seite *http://www.seo-day.de/google-greift-durch-efamous-abstrafung-bestaetigt.html.*

9.5   Wichtige Updates des Google-Algorithmus

Google überarbeitet die Qualitätskriterien und deren Gewichtung für den Google-Algorithmus sehr häufig mit kleineren Änderungen und Anpassungen, ohne dass dazu viel bekannt wird. Alle Änderungen zielen auf die Qualität der Suchergebnisse ab. Google möchte mit den Anpassungen den Nutzern der Suchmaschine die bestmöglichen Suchergebnisse mit der höchsten Themenrelevanz und dem gleichzeitig größten Nutzwert für den Interessenten darstellen.

2012 hat Google mehrere größere Updates durchgeführt und damit auf die Entwicklungen der Website-Betreiber reagiert. Viele Webmaster, Agenturen und Website-Optimierer haben die Ranking-Ergebnisse bei Google kontrolliert und daraus Rückschlüsse für die Optimierung gezogen. Leider wurde viel zu oft der Nutzer vergessen, und die so »optimierten« Seiten waren zwar im Google-Ranking sehr gut vertreten, aber der reale Nutzwert für die Interessenten war gering.

Google hat auf diese Art der Optimierung mit neuen Algorithmen und Maßnahmen zur Auffindung von Inhalten mit geringem Nutzwert für die Interessenten geantwortet. In den letzten Jahren gab es einige Updates, bei denen es Google nicht darauf ankam, schlechten Content bzw. SEO im Allgemeinen abzustrafen, sondern Google möchte mit den Updates qualitative Inhalte herausstellen und Themenrelevanz positiv aufwerten.

Das vorrangige Ziel von Google ist es, die Suchanfragen besser zu verstehen und dem Nutzer ein Ergebnis zu unterbreiten, das zu seinem Suchinteresse passt. Jedes Update stellt für Website-Betreiber jedoch Chance und Risiko zugleich dar. Bei früheren Updates, die sich etwa gegen Content-Farmen wendeten, verloren sogar viele top platzierte Websites gleich eine Vielzahl von Platzierungen und mussten ihre SEO-Strategie komplett neu überdenken.

9.5.1   Hummingbird-Update

Mit dem Hummingbird-Update, das heimlich still und leise im Jahr 2013 eingeführt und erst 1 Monat später der Öffentlichkeit vorgestellt wurde, hat Google seinen Google-Algorithmus in einer Art und Weise verändert, wie schon lange nicht mehr. Rund 90 % aller weltweiten Suchanfragen über Google sollen davon betroffen sein.

Was ist diesmal anders im Vergleich zu den vorherigen Updates?

Das Hummingbird-Update zielt vor allem darauf ab, der vermehrten Nutzung von Smartphones bzw. von sprachgesteuerten Suchanfragen gerecht zu werden. Smartphones werden in zunehmendem Maße für die mobile Google-Suche benutzt. Dazu hat Google selbst mit seiner Smartphone-Software Android beigetragen, auf der die Spracheingabe heute bereits zum Standard zählt. Immer mehr Smartphone-Besitzer sprechen Suchergebnisse in ihr Smartphone, anstatt sie einzutippen. Diese mitunter auch zeitsparende Suchmethode bringt es mit sich, dass auch die Suchanfragen anders aussehen als solche, die über Tastatur oder Smartphone-Bildschirm eingegeben werden.

Anstatt kurzer Eingaben wie »Mietwagen München« gestalten sich Suchanfragen heute zunehmend als vollständige Sätze. Über die Spracheingabe eines Smartphones ist es schließlich kein Problem mehr, in Sekundenschnelle auch nach »Wo finde ich einen günstigen Mietwagen in München?« zu »googeln«.

Es ist zwar bestimmt nicht das einzige Kriterium, das Google zum Hummingbird-Update bewegt hat, aber es ist ein wichtiger Trend, den das Unternehmen frühzeitig berücksichtigt. Das Hummingbird-Update ist die Reaktion von Google auf die Entwicklung im Bereich der Sprachsteuerung, und mit dem Update versucht das Unternehmen, den veränderten Suchanfragen auch mit neuen Filtermethoden zu begegnen. Dadurch kann Google noch genauere bzw. individuellere Ergebnisse für die Nutzer liefern. Google versucht nun, nicht mehr nur Stichwortanfragen mit den relevanten Suchergebnissen zu verknüpfen, sondern wagt sogar den Versuch, die Komplexität ganzer Sätze komplett zu verstehen und richtig zu deuten

Von der Suchmaschine zur Antwortmaschine

Das Hummingbird-Update hat seinen speziellen Namen nicht umsonst erhalten. Hummingbird bedeutet auf Deutsch »Kolibri«. Diese kleine Vogelart ist vor allem für die hohe Geschwindigkeit ihres Flügelschlags bekannt. Mit der Namensgebung Hummingbird soll vermittelt werden, dass Nutzer die von ihnen gesuchten Ergebnisse noch schneller erhalten als bisher. Seit dem Update listet Google nicht mehr nur Ergebnisseiten auf, auf die der Nutzer klicken kann, sondern versucht sogar, direkte Antworten zu geben. Diese werden in einer eigenen Box über den eigentlichen

Suchergebnissen angezeigt. Google entwickelt sich damit von der Suchmaschine zur Antwortmaschine.

Wer Google beispielsweise die Frage stellt: »Wie alt wurde Michael Jackson?«, der erhält die Antwort »50« darauf sowie sein Geburts- und Todes-
jahr (siehe Abbildung 9.6). Die Antwortbox selbst ist neutral gehalten,
und es gibt auch keine Möglichkeit, darauf zu klicken, um auf eine weitere
Seite zu gelangen. Zumindest vorerst.

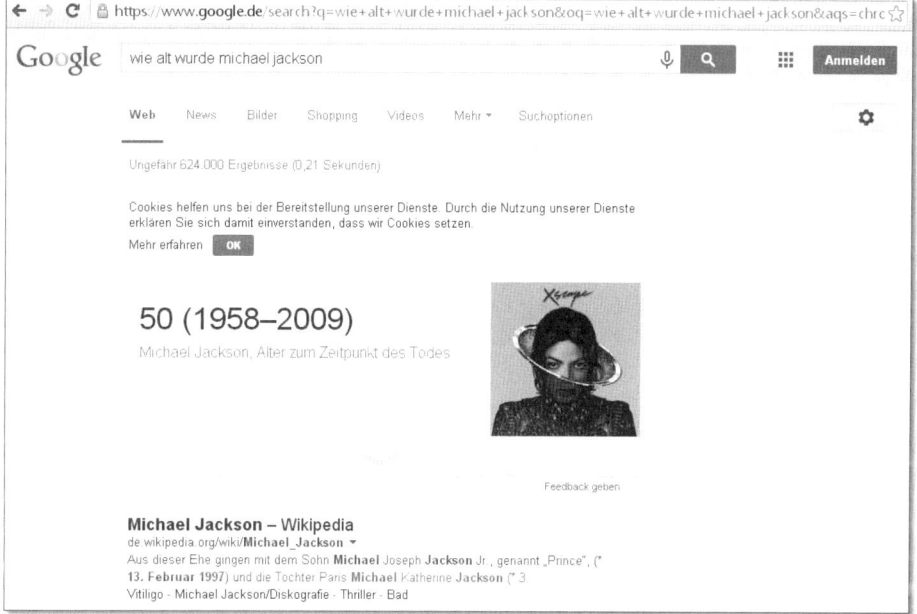

Abbildung 9.6 Darstellung des Suchergebnisses für die Suchanfrage »wie alt
wurde michael jackson«

Zwar wurde es von Seiten Google bisher nicht offiziell bestätigt, doch es ist
anzunehmen, dass das Hummingbird-Update auch mit dem Knowledge
Graph von Google verknüpft ist, um den Nutzern angereicherte und
genaue Informationen in Form von Antworten zu geben. Mitunter wird
diese Verknüpfung in der Zukunft auch noch deutlicher sichtbar.

Eine Unterhaltung mit Google?!

Intensive Google-Nutzer werden die direkten Antworten nach dem
Hummingbird-Update nett finden, aber nicht jeder wird überrascht

sein. Es ist auch noch nicht alles, was Hummingbird an Neuerungen mit sich bringt.

Wer es darauf anlegt, soll mit Google in Zukunft regelrechte Unterhaltungen führen können. Das Hummingbird-Update soll der Suchmaschine dazu verhelfen, Synonyme und semantische Zusammenhänge zwischen mehreren Suchanfragen besser zu verstehen. Nachdem eine Frage gestellt wurde und Google eine direkte Antwort gegeben hat, kann der Nutzer eine weitere Frage zum Thema stellen, kann diese dabei aber sogar neutral formulieren, sodass sie theoretisch auch für andere Themen gelten könnte. Laut Google soll die Suchmaschine die zweite Frage einfach auf die erste beziehen und damit wieder die richtige Antwort geben. Wenngleich diese Funktion vor allem in der deutschsprachigen Suche noch nicht wirklich weit verbreitet zu sein scheint und nur auf wenige Suchen angewendet werden kann, zeigt sich ganz deutlich, in welche Richtung es gehen wird. Viele sprachgesteuerte Suchanfragen werden bereits semantisch auf Kausalität geprüft.

Ein Beispiel: Wenn Sie sprachgesteuert nach einem Hotel in München mit »Wo finde ich ein Hotel in München« recherchieren (siehe Abbildung 9.7 und Abbildung 9.8) und danach eine zweite Suchanfrage mit »und ein Restaurant« starten, dann setzt Google die zweite Suchanfrage mit der ersten Suchanfrage in Verbindung und geht davon aus, dass sich Ihre Suche nach einem Restaurant ebenfalls auf München bezieht (siehe Abbildung 9.9).

Abbildung 9.7 Spracheingabe einer Suchanfrage »Wo finde ich ein Hotel in München«

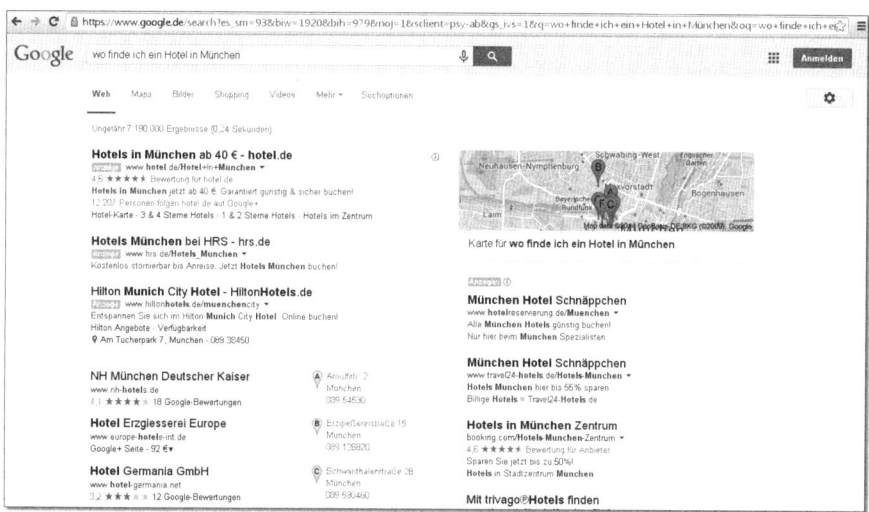

Abbildung 9.8 Ergebnisse der Suchanfrage zur Spracheingabe »Wo finde ich ein Hotel in München«

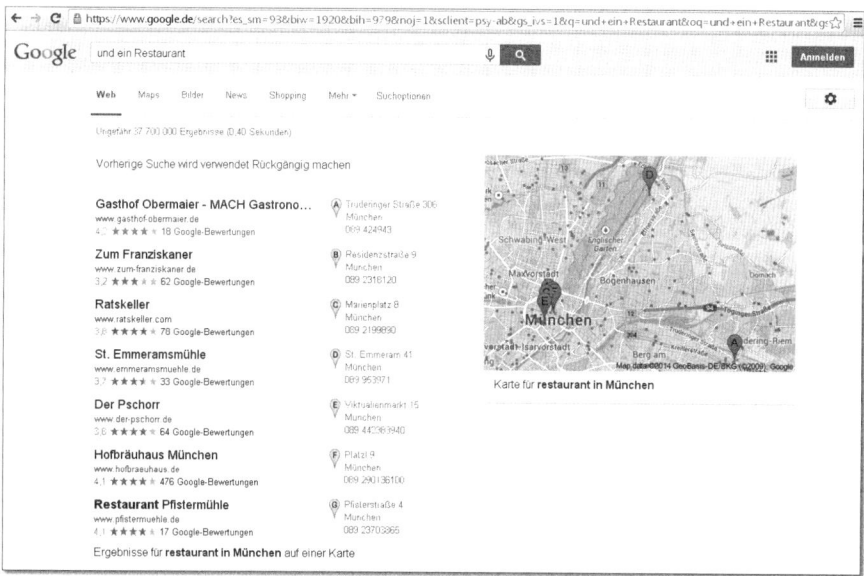

Abbildung 9.9 Suchergebnis zu einer zweiten sprachgesteuerten Suchanfrage »und ein Restaurant«

So wie in diesem Beispiel gezeigt, versucht Google mit der Suchhistorie das Verhalten des Nutzers zu analysieren und die Ergebnisse entsprechend der

Semantik der eingegebenen Suchanfragen und des Suchverhaltens anzupassen. Sie könnten beispielsweise auch fragen: »Wer war Michael Jackson«, und in einer zweiten Recherche fragen Sie: »Wie alt war er«? Auch hier erkennt Google den kausalen Zusammenhang zwischen den beiden Fragen und bietet Ihnen die korrekte Antwort.

Was bedeutet Hummingbird für SEO?

Die allerwichtigste Frage für Suchmaschinenoptimierer lautet selbstverständlich, wie auf das Hummingbird-Update reagiert werden soll und wie damit umzugehen ist. Hierzu ist zunächst noch einmal darauf hinzuweisen, dass dieses Update von Google eingeführt worden ist und einen ganzen Monat lang niemandem großartig aufgefallen war. Erst zum 15-jährigen Bestehen von Google ließ das Unternehmen anlässlich einer Feier die Bombe platzen und informierte die Internet-Gemeinschaft darüber. Der Grund dafür, warum niemand etwas bemerkt hat, ist simpel. Die bisherige Google-Suche und vorhergehende Updates waren nämlich nicht wirklich davon beeinflusst.

Genau genommen ist Hummingbird eigentlich viel weniger ein Update als die Neueinführung eines Algorithmus, der auf die Google-Nutzung mit Mobiltelefonen bzw. komplexeren Suchanfragen abgestimmt ist. Solange die Nutzer Ihr Suchverhalten noch nicht umstellen und via Tastatur lediglich »Keywords« für die Suche eintippen, wird sich auch noch nicht allzu viel verändern.

Für Website-Betreiber ist das Update deshalb aber noch lange nicht unbedeutend oder uninteressant. Denn auch ihre Besucher werden in Zukunft mehr und mehr mobile Endgeräte mit Sprachsteuerung zur Suche nach ihren Inhalten verwenden oder vielleicht auch am PC bereits die Sprachsteuerung nutzen. Eines hat sich seit der Einführung von Sprachsteuerungen bereits gezeigt, auch die Nutzer haben dazugelernt und gestalten ihre Suchanfragen heute anders als bisher. Sie fragen nicht mehr nur in Stichworten, sondern vermehrt in ganzen Sätzen. Und genau das wird bei der Suchmaschinenoptimierung in Zukunft eine größere Rolle spielen. Vor allem, wenn auch diejenigen Nutzer erreicht werden sollen, die die Sprachsteuerung ihres Smartphones für die Suche bei Google verwenden.

Gerade diese Zielgruppe dürfte nämlich auch für bestimmte Arten von Websites interessant sein. So bedeutend, wie es heute beispielsweise ist, mit seiner Geschäftsstelle bei Google Places vertreten zu sein, um bei lokalen Suchen gefunden zu werden, so wichtig könnte es auch schon bald für bestimmte Branchen sein, ihre Suche auf die veränderten Bedingungen nach dem Hummingbird-Update abzustimmen und mit den Inhalten ganz konkrete Fragestellungen zu beantworten.

Um Inhalte und Webseiten auf Hummingbird-Abfragen anzupassen, sollte die Frage gestellt werden, in welchen Situationen die Zielgruppe die Sprachsuche benutzen könnte. Häufig ist dies der Fall, wenn Personen unterwegs sind und rasch eine Information benötigen. In diesem Fall steht kein Computer oder Notebook zur Verfügung, und so wird auf das Smartphone zurückgegriffen. Nicht selten ist diese Art der Suche auch mit Ortsangaben verknüpft. Unternehmen wie Restaurants, Taxiunternehmen oder auch Copyshops sollten sich daher fragen, ob ihre potenzielle Kundschaft in Zukunft Suchanfragen wie die folgenden über die Sprachsuche absenden könnte:

▶ »Wo finde ich ein Pizza-Restaurant in meiner Nähe?«

▶ »Wie lautet die Nummer von einem Taxidienst in Koblenz?«

▶ »Wo kann man in Hamburg günstig A4-Seiten kopieren?«

Noch ist das Hummingbird-Update relativ jung, und die Erfahrungen damit sind wenige. Sicherlich wird auch Hummingbird in Zukunft noch ein- oder mehrmals überarbeitet und verbessert werden. Doch wer sich schon jetzt damit auseinandersetzt und seine Website richtig aufstellt, der könnte in Zukunft einen Wettbewerbsvorteil vor den Mitbewerbern erringen. Antworten, die geschickt in den Content eingebaut werden, könnten hierbei eine wesentliche Rolle spielen.

Sprachgesteuerte Suchanfragen entlang der Customer Journey
Nutzen Sie die Struktur-Skizze in Abbildung 3.3, und prüfen Sie, welche Fragen Ihre potenzielle Zielgruppe anstelle der heutigen Such-Keywords morgen wohl sprachgesteuert eingeben wird.

9.5.2   Panda-Update

2011 rollte Google das erste Update namens Panda aus und änderte den Suchalgorithmus dahin gehend, dass Websites, die Online-Inhalte aus anderen Plattformen kopierten und keinen eigenen Mehrwert für Nutzer boten, ihre Platzierung auf den vorderen Plätzen verloren. Stattdessen wurden Portale mit eigenen, originären Texten besser positioniert. Bereits nach kurzer Zeit zeigte das Update, wie viel Wert Google auf themenrelevante und gut aufbereitete Inhalte legt. Etliche Websites mit automatisch erstellten Inhalten und Seiten ohne Nutzwert wurden abgestraft und verloren ihre Position auf den vorderen Ergebnisseiten.

Das Panda-Update wurde seit dem ersten Roll-out regelmäßig aktualisiert, um die Qualität in den Suchergebnissen mithilfe der jeweiligen Themenrelevanz des Inhalts nachhaltig zu verbessern. Jede nachfolgende Aktualisierung des Panda-Updates wird auf die gesamten Suchergebnisse bzw. auf alle von Google indizierten Seiten angewendet. Mit den Folge-Updates werden qualitativ schlechte Websites kontinuierlich in ihrer Sichtbarkeit in den Ergebnissen herabgesetzt.

Im Jahr 2012 änderte Google mit einem der Panda-Updates die Parameter des Suchalgorithmus dahin gehend, dass nun die Aktualität von Inhalten ebenfalls zu den Qualitätsfaktoren hinzugezählt wurde (siehe Abbildung 9.10).

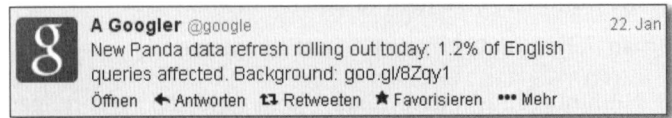

Abbildung 9.10 Tweet am 22. Januar 2013

Google wollte damit den Interessen der Nutzer nachkommen, da davon auszugehen ist, dass Menschen eher an aktuellen Informationen zu ihren Suchanfragen interessiert sind. Bis heute gibt es kontinuierliche Anpassungen, und stets werden weitere Kriterien angepasst, um die Qualität der Suchergebnisse zu verbessern.

Das bis heute letzte Panda-Update erfolgte im Mai 2014 (siehe Abbildung 9.11). Von diesem Update waren beispielsweise ebay.de, idealo.de, ndr.de und blog.de betroffen. Jedes dieser Portale erlitt einen Sichtbarkeitsverlust von mehr als 20 %.

Abbildung 9.11 Matt Cutts informierte via Twitter am 20. Mai 2014 über das Panda-Update.

Bevor der Panda kommt – fünf Tipps

▶ Bieten Sie themenrelevante, eigene Inhalte.

▶ Werbeflächen dezent halten. Google bewertet das prozentuale Verhältnis.

▶ Vermeiden Sie doppelten Content und ähnliche Inhalte auf mehreren Unterseiten.

▶ Vermeiden Sie Unterseiten mit sehr geringem Inhalt, die nur der internen Verlinkung dienen.

▶ Schreiben Sie kontinuierlich neue Beiträge, um die Aktualität Ihrer Seite zu gewährleisten.

9.5.3 Penguin-Update

Mit dem Penguin-Update ist Google erstmals gegen extrem stark suchmaschinenoptimierte Websites vorgegangen. Grundsätzlich bietet Google Tipps für Webmaster und Website-Optimierer, welche Maßnahmen man ausführen kann, um Google das Einlesen der Informationen einer Website zu erleichtern, und welche Formatierungen zudem von Google positiv gesehen werden.

Oftmals wurden die Websites aber »überoptimiert« und der Nutzwert für die Besucher hinter die Optimierung für die Suchmaschinen gestellt. Google reagierte auf diese Maßnahmen im April 2012 mit dem Penguin-Update. Vorrangig wurden zwei Themen geprüft und von Google abgestraft: Keyword-Spamming (übermäßige Verwendung von Keywords) und auffällige Linkstrukturen.

Das offizielle Statement zum Penguin-Update finden Sie im Google-Blog unter *http://goo.gl/IYeU5*.

9.5.4 Venice-Update

Das Update wurde von Google im April 2012 eingeführt. Es ist aufgrund der weiterführenden Entwicklung entstanden, im Internet immer mehr lokale Informationen abzufragen. Mehr als ein Drittel aller Suchanfragen in Deutschland hat einen regionalen bzw. lokalen Hintergrund. Zudem kann die Lokalisierung des Nutzers durch GPS in mobilen Geräten und durch die Zuordnung der IP bei stationären Geräten erfolgen.

Das Venice-Update passte den Suchalgorithmus dahin gehend an, dass diese Informationen als Kriterien gewichtet werden und somit bei einer exakt gleichen Suchanfrage ein Nutzer in Frankfurt ein anderes Ergebnis erhält als ein Nutzer, der die Anfrage in München eintippt. Das Venice-Update brachte daher in Bezug auf die Suchmaschinenoptimierung für regionale Unternehmen Änderungen mit sich.

Kapitel 10

SEO-Konzepte – Fahrplan für Ihre Suchmaschinenoptimierung

Von der Theorie zur Praxis. Damit Sie auch wissen, wie Sie die Informationen in diesem Buch anwenden können und welche Tätigkeiten Sie in den einzelnen Phasen Ihrer SEO-Kampagnen berücksichtigen sollten, zeige ich Ihnen hier die Anwendung anhand eines Beispiels.

In diesem Kapitel werde ich alles, was Sie bis jetzt gelesen und gelernt haben, an einem Beispiel mit Ihnen durchgehen. Planen Sie eine SEO-Kampagne für einen regionalen Handwerksbetrieb aus Köln. Sie sind Inhaber eines Friseursalons und beschäftigen zehn Mitarbeiter. Sie möchten zukünftig Neukunden über das Internet akquirieren und planen daher, Ihre Website zu erneuern. Zudem möchten Sie bei Google besser gefunden werden. Wie gehen Sie vor?

10.1 Projektplanung als regionaler Handwerksbetrieb

Das Projektbeispiel gilt natürlich nicht nur für den konkreten Fall eines Friseurs in Köln, sondern Sie können es auch auf Ihr Unternehmen anwenden. Der Projektablauf – Vorbereitung, Analyse, Planung, OnSite, OffSite, Controlling und Anpassung – gilt dabei als Schritt-für-Schritt-Anleitung und zeigt Ihnen, wie die einzelnen Phasen aufeinander aufbauen.

10.1.1 Vorbereitung

Zunächst ist es wichtig, eine Basis für die Analyse Ihrer Internetpräsenz zu schaffen, damit Sie auch später Veränderungen vornehmen können. Aus diesem Grund beginnen wir das Projekt mit der Installation einer Analysesoftware. Wie in Abschnitt 5.3, »Website-Statistiken – Auswertung der Zugriffe«, beschrieben, können Sie dafür Google Analytics als kostenlose Software nutzen.

Ein weiterer wichtiger Schritt für die kontinuierliche Analyse ist die Anmeldung Ihrer Website in den Google Webmaster-Tools. Dies hat den Vorteil, dass Sie dann bereits sehen können, zu welchen Keywords Sie derzeit in den Google-Suchergebnissen dargestellt werden und wie häufig Interessenten Ihre Website über die Suchergebnisse aufrufen. In Abschnitt 2.3, »Der Minimalweg – die Aufnahme in Suchmaschinen«, wurden die Schritte zur Anmeldung der Website in den Google Webmaster-Tools dargestellt.

Des Weiteren können Sie in dieser Phase die Anmeldung Ihres Unternehmens bei Google Places vorbereiten. Google Places hilft Ihnen dabei, bereits jetzt Interessenten anzusprechen, ohne dass Sie über die Optimierung Ihrer Website nachdenken müssen. Sehen Sie Ihren Google-Maps-Eintrag als zusätzlichen Informationskanal, mit dem Sie Kunden für Ihr Unternehmen werben können. Die Anleitung sowie Tipps zur Gestaltung Ihres Eintrags haben Sie ebenfalls in Abschnitt 2.3 kenngelernt.

Die Verifizierung eines Unternehmenseintrags bei Google Places erfolgt über eine PIN. Wenn Sie Ihr Unternehmen neu anmelden und Google noch keine Informationen zu Ihrem Betrieb hat, wird Ihnen die PIN per Postkarte zugesendet. Dies kann erfahrungsgemäß bis zu 3 Wochen dauern. Aus diesem Grund ist es ein weiterer Vorteil, wenn Sie Ihr Unternehmen bei Google Places relativ zeitnah anmelden.

Nachdem Sie die Basis für die spätere Auswertung gelegt und Ihre Website mit einer Analysesoftware ausgestattet haben und mit den Webmaster-Tools bereits Daten sammeln, können Sie zur weiteren Vorbereitung schreiten. Beginnen Sie mit der Planung Ihrer Internetseite und Ihren Zielen. Um sich erst einmal einen Überblick zu verschaffen, sollten Sie sich darüber klar werden, was Sie mit Ihrer Internetseite erreichen und wen Sie damit ansprechen möchten. Definieren Sie Ihre Ziele im Hinblick auf Ihren Online-Auftritt. Die Informationen aus Abschnitt 3.1, »Ziele der Website und Zielgruppen definieren«, helfen Ihnen dabei.

Versuchen Sie in einem ersten Schritt, zehn Ziele für den Kölner Friseur in unserem Beispiel zu definieren. Die Definition könnte wie folgt aussehen:

1. Ich möchte mit meinem Internetauftritt die Besucher über unsere Leistungen und die Qualifizierung der Mitarbeiter informieren.

2. Wir haben bereits viele Auszeichnungen gewonnen. Das ist ein wichtiges Qualitätskriterium, das die Interessenten und Kunden kennen sollten. Ich möchte unsere Auszeichnungen und Wettbewerbe darstellen.

3. Die Aus- und Weiterbildung wird bei uns großgeschrieben, jedes Jahr investieren wir in die Weiterbildung unserer Mitarbeiter. Wir sind kein »Billig-Friseur«, der Besucher sollte das sehen.

4. Die Kunden sollen sich über aktuelle Trends und News zu unserem Unternehmen informieren können.

5. In einer Bildergalerie möchte ich den Besuchern mit Vorher-Nachher-Shootings zeigen, wie eine Typveränderung wirken kann.

6. Ich möchte die Besucher über Preise und die Anfahrt informieren.

7. Ich möchte den Salon und das Team darstellen.

8. Ich möchte mit meinem Internetportal potenzielle Neukunden überzeugen und zu einer Kontaktaufnahme bewegen.

9. Die Website soll bei Google dargestellt werden, wenn jemand nach »Friseursalon Köln« oder »Friseur Köln« sucht.

10. Die Website soll nicht flippig wirken, sondern seriös und sachlich. Der Interessent soll die Möglichkeit der sofortigen Kontaktaufnahme haben.

Eine Planung der Ziele sollte allerdings nicht nur die reine Zielsetzung enthalten, sondern auch die Zielgruppe definieren. Diese könnte im Beispiel wie folgt lauten:

1. Ich möchte Personen ansprechen, die auf ein gepflegtes Äußeres Wert legen und denen Qualität wichtiger ist als ein niedriger Preis.

2. Ich möchte eine niveauvolle Klientel ansprechen, die sich unsere Dienste leisten kann und den Mehrwert unserer Qualität gerne bezahlt.

Entlang der *Customer Journey* können Sie die von Ihnen gesetzten Ziele mit den Interessen Ihrer Zielgruppe abgleichen und die Maßnahmen planen. Betrachten Sie Ihre Zielgruppe und deren Interessen, wie in Abschnitt 3.2, »Die Website aus Sicht eines Besuchers«, beschrieben, aus Sicht des Nutzers. Danach definieren Sie eine gemeinsame Basis für den Mehrwert beider Seiten:

Phase 1: *Awareness* – das Bewusstsein für das Produkt/den Salon wecken

▶ Ich möchte das Bewusstsein für unseren Friseursalon wecken. Unsere Zielgruppe sucht nach Qualität, nicht nach günstigen Preisen. Dementsprechend sollten auf der Website unsere Auszeichnungen und Preise zu sehen sein, und wir sollten kontinuierlich über neue Erfolge berichten.

▶ Das Design der Internetpräsenz muss den hohen Qualitätsstandard unseres Unternehmens reflektieren.

▶ Bei Google suchen die Interessenten vielleicht nach »bester Friseur in Köln« oder nach ähnlichen Begriffen.

Phase 2: *Favorability* – das Interesse für das Produkt/den Salon verstärken

▶ Wenn der Interessent sich über unser Unternehmen informiert, soll er mit den Vorher-Nachher-Shootings von unserer Leistung überzeugt werden. Das stärkt sein Interesse. Die Bildergalerie mit den Fotos unserer Modelle wird den Interessenten die Qualität nochmals darstellen.

▶ Mit weiterführenden Informationen zu unserem Ausbildungskonzept und der ständigen Weiterbildung werden die Qualität und die Professionalität des Unternehmens herausgestellt. Das soll zusätzlich das Interesse wecken und hilft dem Kunden bei der Entscheidungsfindung.

Phase 3: *Consideration* – der Interessent erwägt, Kunde zu werden

▶ Mit natürlichen Fotos unserer Mitarbeiter und der Präsentation der jeweiligen Qualifikation sprechen wir die Interessenten persönlich und authentisch an. Wir bieten auf der Website die Möglichkeit des Direktkontakts mit dem Mitarbeiter seiner Wahl. Dadurch kann der Interessent sich nochmals informieren, und es findet eine erste Kontaktaufnahme statt.

Phase 4: *Intent to Purchase* – die Kaufabsicht wird konkret

▶ Um den Interessenten zu überzeugen, »locken« wir mit einer Aktion. Wenn er jetzt anruft und einen Termin vereinbart, erhält er ein kostenloses Produkt.

▶ Wenn er nach seinem Erstbesuch nicht zufrieden ist, erhält er 100 % erstattet.

Phase 5: *Conversion* – es wird ein Termin vereinbart

▶ Damit der Interessent zum Kunden werden kann, muss die Telefonnummer auf jeder Seite sofort ersichtlich sein. Zudem sollte es ein Kontaktformular geben, in dem er seinen Wunschtermin eintragen kann. Eine weitere Möglichkeit wäre ein Rückrufformular.

Nachdem Sie für Ihr Unternehmen diese Definition formuliert haben, haben Sie bereits konkrete Vorstellungen des Informationsgehalts für Ihre Internetseite. Sie kennen jetzt Ihre Unternehmensziele, und Sie wissen, wie Sie Ihre potenzielle Zielgruppe ansprechen möchten. Als weitere Vorbereitung sollten Sie nun die technischen Voraussetzungen Ihrer Internetpräsenz prüfen.

Technische Voraussetzungen, die sich aus den Zielen ergeben, sind beispielsweise die Darstellung der Bildergalerie. Sollen die Bilder in einer Slideshow bzw. in einer Diashow dargestellt werden, oder werden die Bilder einfach im Fließtext nebeneinander dargestellt? Für die unterschiedlichen Methoden gibt es bestimmte technische Voraussetzungen, die mit dem Programmierer besprochen werden sollten. Genauso sieht es mit der Information zu aktuellen Trends aus. Damit ich als Friseur meine Website später mit aktuellen Trends ausstatten kann, sollte die Homepage auf Basis eines Content-Management-Systems realisiert werden. Dies erleichtert später die redaktionelle Pflege der Internetpräsenz.

Für die Pflege der Internetpräsenz stellt sich die Frage, inwieweit Sie auf die HTML-Formatierung zur Suchmaschinenoptimierung Einfluss nehmen. Können Sie die Überschriften mit <h1>, <h2> etc. definieren, und können Sie für die Unterseiten Ihrer Internetpräsenz die Meta-Daten Title und Description individuell anpassen? Auch die Anpassung der aussagekräftigen URLs ist ein weiteres technisches Kriterium zur Gestaltung einer suchmaschinenoptimierten Website. Es gibt eine Reihe weiterer Maßnahmen. In Kapitel 3, »Mehrwert für Besucher – eine Website dient nicht dem Selbstzweck«, finden Sie detaillierte Informationen zur Strukturierung einer Website und zum Mehrwert für Ihre Besucher, auf die Sie Ihre Internetpräsenz hin prüfen sollten. Die technischen Anforderungen können Sie in Kapitel 6, »Phase 2: SEO – Onsite«, nachlesen.

Nachdem Sie Ihre Website technisch gecheckt und die Voraussetzungen für die Erstellung einer suchmaschinenoptimierten Website geschaffen haben, können Sie zur nächsten Phase schreiten.

10.1.2   Analyse

Ihre Ziele stehen fest, und Sie erhalten bereits erste Informationen über Google Analytics und die Webmaster-Tools. Beginnen Sie nun, wie in Kapitel 5, »Phase 1: Die SEO-Analyse – Vorsicht, Suchtgefahr«, beschrieben, mit der SEO-Analyse. Welche Keywords werden von der Zielgruppe genutzt, und wie wird Ihre Internetseite eventuell derzeit schon gefunden?

Rufen Sie den Keyword-Planer auf (siehe Abbildung 10.1), und starten Sie eine erste Suchanfrage mit den Keywords »Friseur Köln« und »Friseursalon Köln«.

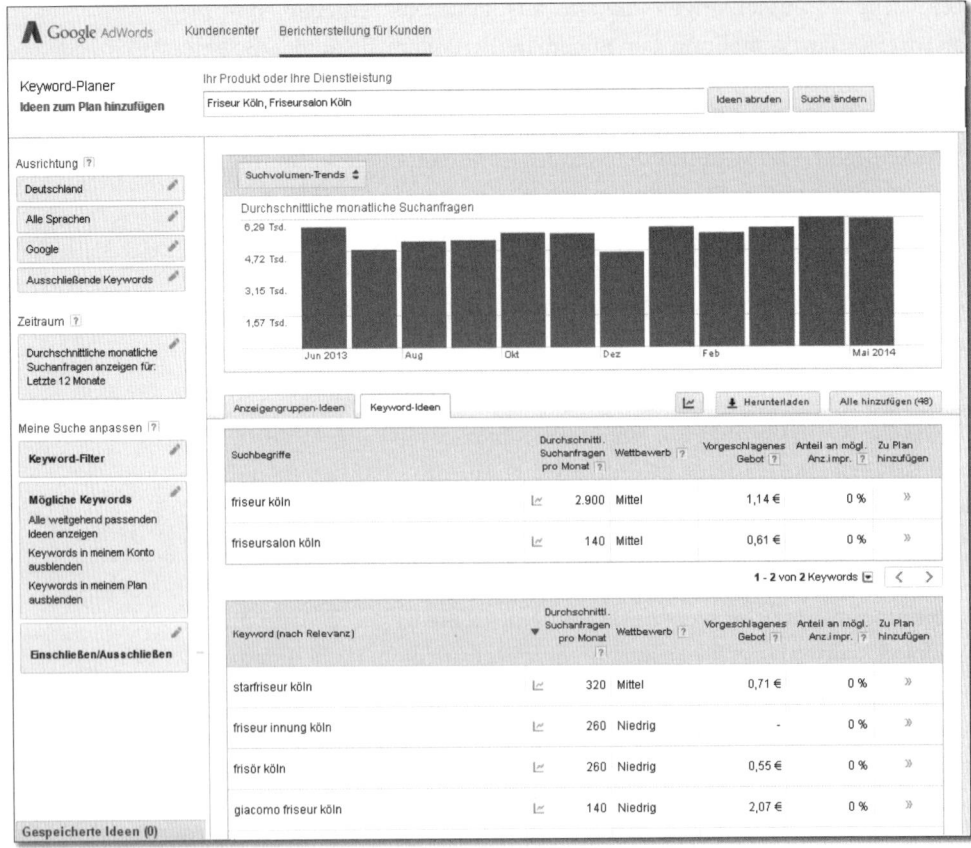

Abbildung 10.1 Keyword Planer– Suche nach »Friseur Köln«

Sie sehen, dass die beiden Begriffe frequentiert werden. »Friseur Köln« wird dabei wesentlich häufiger gesucht.

Weiter unten in der Liste sehen Sie allerdings nicht nur die Begriffe, die Sie eingegeben haben, sondern Sie sehen auch ähnliche Suchanfragen, die Ihnen Google vorschlägt (siehe Abbildung 10.2). Zu den Keywords gehören zum Beispiel »top friseure Köln«, »starfriseur köln« und »beste friseure in köln«. Des Weiteren finden Sie auch die Suchanfrage »friseur köln innenstadt«.

Diese Suchanfragen entsprechen der Zielgruppe, die Sie mit Ihrem Unternehmen ansprechen möchten, bzw. die Suchanfrage »friseur Köln innenstadt« entspricht Ihrer geografischen Position und ist daher ebenfalls für

Sie interessant. Sie möchten Personen ansprechen, die nicht preissensibel sind, sondern Wert auf Qualität legen. Diese Personen suchen daher nicht mit Keywords wie »billiger Friseur Köln« oder »Friseur Köln günstig«.

Übernehmen Sie aus den Vorschlägen die für Ihre Zielgruppe passenden Begriffe, und starten Sie die Suche im Keyword Planer erneut. So erhalten Sie von Google weitere Begriffe, die dann noch gezielter zu den von Ihnen eingegebenen Suchanfragen passen.

Wie Sie in Abbildung 10.2 sehen, ist die Wettbewerbssituation zu den Keywords hoch, mit denen Sie Ihre Zielgruppe konkret ansprechen können. Der Keyword Planer ist ein Bestandteil von Google AdWords. Der dargestellte Wettbewerbswert bezieht sich daher auf die Anzeigenschaltung und bietet noch keine Information zur Wettbewerbssituation in Bezug auf die Suchmaschinenoptimierung.

Keyword (nach Relevanz)		Durchschnittl. Suchanfragen pro Monat ?	Wettbewerb ?	Vorgeschlagenes Gebot ?	Anteil an mögl. Anz.impr. ?	Zu Plan hinzufügen
starfriseur köln	⌁	320	Mittel	0,71 €	0 %	»
friseur innung köln	⌁	260	Niedrig	-	0 %	»
frisör köln	⌁	260	Niedrig	0,55 €	0 %	»
giacomo friseur köln	⌁	140	Niedrig	2,07 €	0 %	»
twins friseur köln	⌁	140	Niedrig	5,05 €	0 %	»
haarverdichtung köln	⌁	110	Hoch	2,20 €	0 %	»
promi friseur köln	⌁	110	Hoch	1,04 €	0 %	»
friseur fuhrmann köln	⌁	90	Niedrig	-	0 %	»
beste friseure köln	⌁	90	Hoch	0,83 €	0 %	»
top friseure köln	⌁	90	Hoch	0,59 €	0 %	»
roc friseur köln	⌁	70	Niedrig	-	0 %	»

Abbildung 10.2 Weitere Begriffe zum Themenbereich »Friseur Köln«

Prüfen Sie zu jedem Keyword die Suchergebnisseiten bei Google, und finden Sie heraus, mit welchen Unternehmen Sie sich im Wettbewerb um die Google-Rankings befinden. Schauen Sie sich die Websites der jeweiligen

Unternehmen an. Prüfen Sie auch, auf welchen Plätzen Ihre eigene Website sich befindet. Weitere Informationen für die Kontrolle der Suchergebnisseiten erhalten Sie in Abschnitt 5.4, »Google-SERPS – Seite für Seite Input für Ihre SEO«.

Neben den Begriffen zur Berufsgattung könnten Interessenten auch nach Dienstleistungen, Themen oder nach Friseurprodukten oder deren Hersteller suchen. Bedenken Sie daher, dass Sie auch solche Keywords prüfen sollten (siehe die Beispiele in Abbildung 10.3). Beispiele für solche Suchanfragen sind »Haarverlängerung Köln«, »Haarverlängerung Preise Köln«, »Haarverdichtung Köln« oder auch »Brautfrisur Köln«.

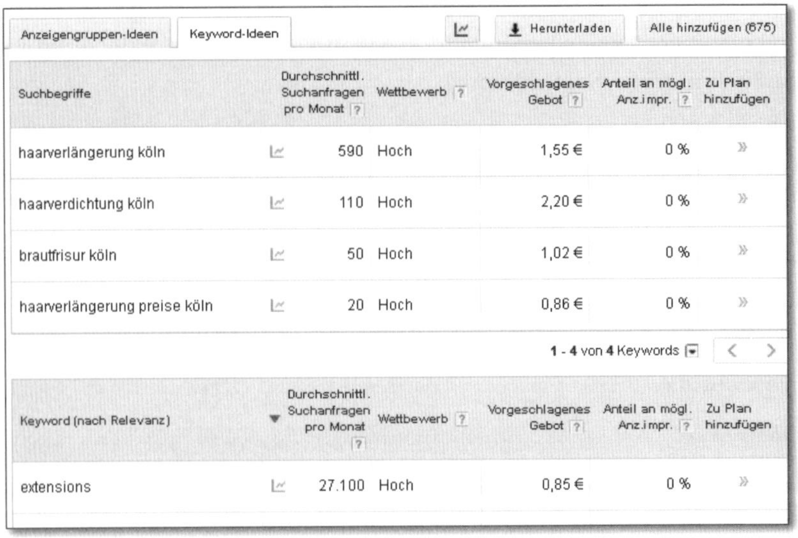

Anzeigengruppen-Ideen	Keyword-Ideen					Herunterladen	Alle hinzufügen (675)
Suchbegriffe			Durchschnittl. Suchanfragen pro Monat ?	Wettbewerb ?	Vorgeschlagenes Gebot ?	Anteil an mögl. Anz.impr. ?	Zu Plan hinzufügen
haarverlängerung köln			590	Hoch	1,55 €	0 %	»
haarverdichtung köln			110	Hoch	2,20 €	0 %	»
brautfrisur köln			50	Hoch	1,02 €	0 %	»
haarverlängerung preise köln			20	Hoch	0,86 €	0 %	»
					1 - 4 von 4 Keywords	<	>
Keyword (nach Relevanz)			Durchschnittl. Suchanfragen pro Monat ?	Wettbewerb ?	Vorgeschlagenes Gebot ?	Anteil an mögl. Anz.impr. ?	Zu Plan hinzufügen
extensions			27.100	Hoch	0,85 €	0 %	»

Abbildung 10.3 Weitere Keyword-Vorschläge

Bisher haben wir alle Keywords in Verbindung mit dem Städtenamen geprüft. Wir möchten aber ebenso regionale Interessenten finden, die vielleicht ohne die Angabe des Städtenamens nach einem Friseur oder nach einer Haarverlängerung in ihrer Nähe suchen. Der Keyword Planer hilft uns hier weiter, da wir mit diesem Tool die monatlichen Suchanfragen regional ermitteln können. Wir können prüfen, wie viele Suchanfragen am Standort Köln beispielsweise nach »haarverlängerung« oder »hair extension« eingegeben werden. Leider können wir lediglich die Anfragen in den vorgegebenen Gebieten prüfen. Ein konkreter Radius zu einem bestimmten Ort lässt sich nicht vorgeben.

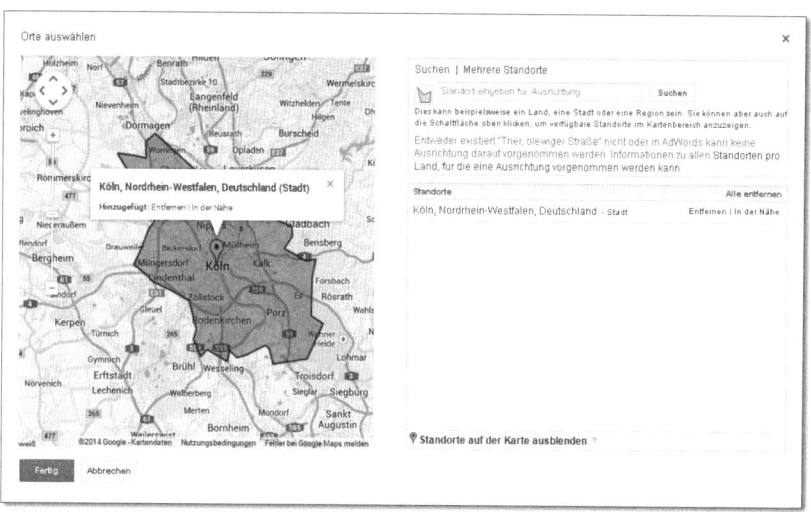

Abbildung 10.4 Suchanfragen zu vorgegebenen Standort abfragen

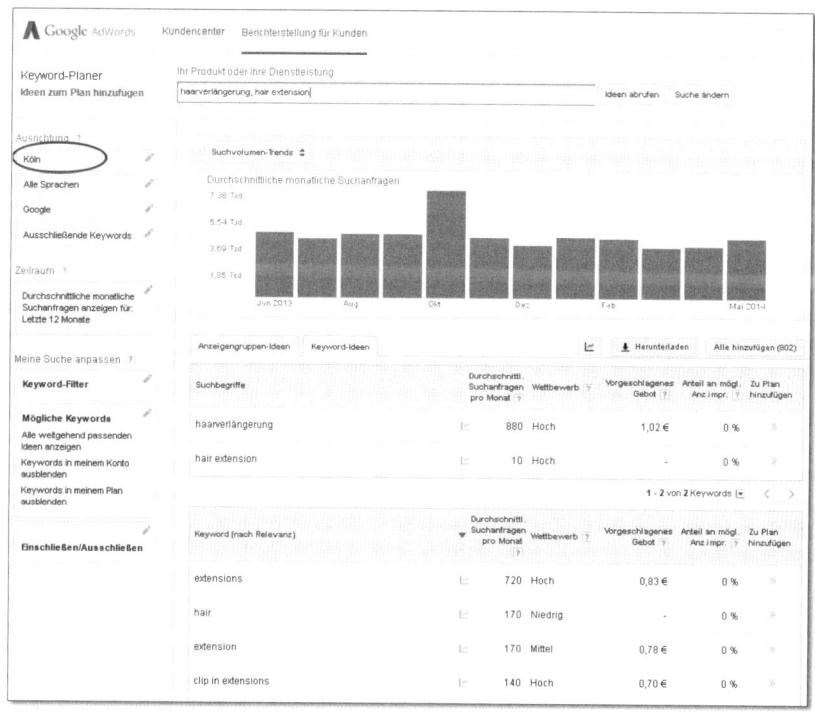

Abbildung 10.5 Regional begrenzte Recherche nach den Keywords
»haarverlängerung« und »Hair extension«

Ebenso können wir die Keywords mit Google Trends ermitteln. Rufen Sie dazu die Seite *www.google.de/trends* auf (siehe Abbildung 10.6). Tippen Sie beispielsweise das Keyword »Haarverlängerung« ein, und klicken Sie auf ERKUNDEN.

In der Ergebnisansicht können Sie in der linken Spalte weitere Parameter für die Ansicht einstellen. Wählen Sie hier als Region DEUTSCHLAND – NORDRHEIN-WESTFALEN aus. Im Bereich REGIONALES INTERESSE (siehe Abbildung 10.7) können Sie die Ansicht von KARTE auf LISTE abändern. Sie sehen dann das Verhältnis des jeweiligen Suchvolumens im Vergleich zum Höchstwert.

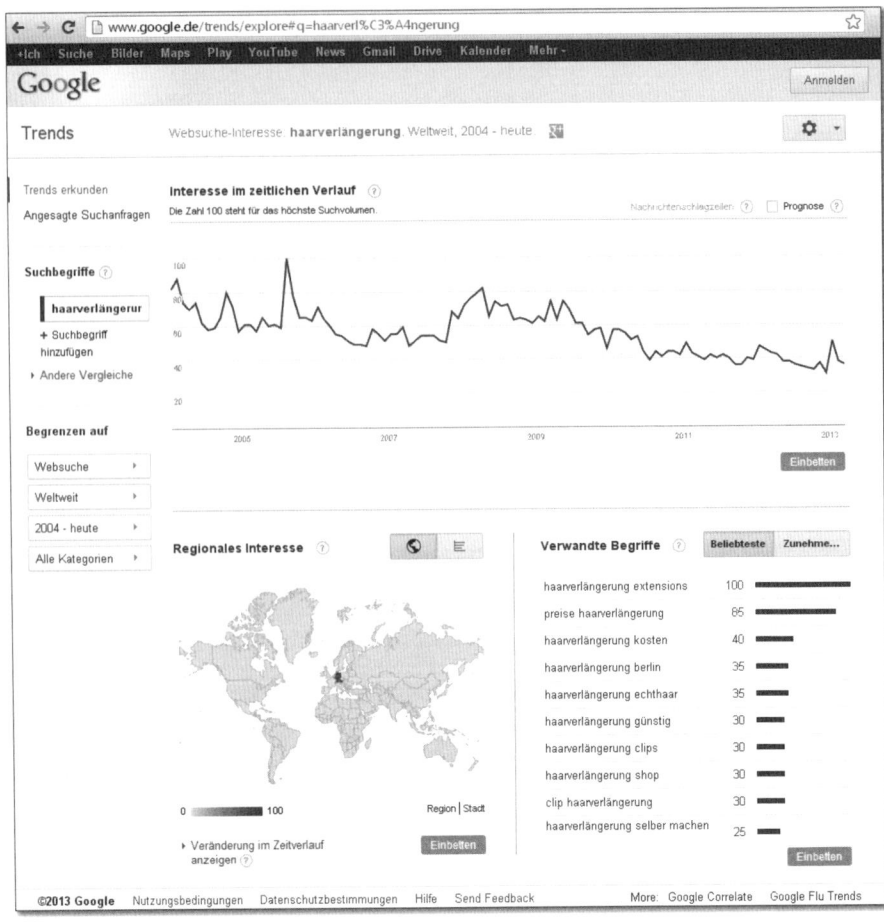

Abbildung 10.6 Anpassung der Google-Trends-Analyse für das Keyword »Haarverlängerung«

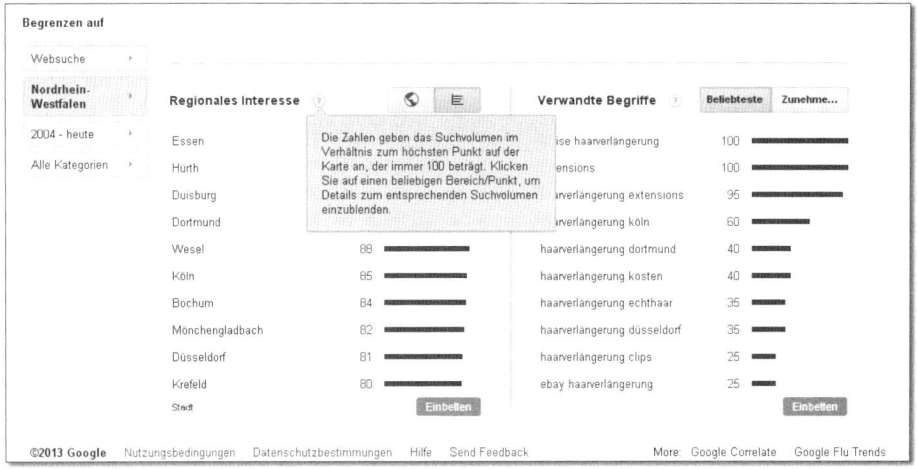

Abbildung 10.7 Passen Sie die Ansicht an, damit Ihnen die einzelnen Städte angezeigt werden.

Mit Google Trends können Sie eine regionale Auswertung der Keyword-Zugriffe durchführen, aber wie die Zugriffe in einem bestimmten Wirkungs-kreis bzw. in Ihrem Einzugsgebiet aussehen, können Sie mit einer realen Recherche in Google AdWords herausfinden. Google AdWords eignet sich als ideale Ergänzung, wenn Sie die richtigen Keywords für Ihre Website fin-den möchten. Weitere Informationen zu Google AdWords erhalten Sie in Kapitel 11, »Google AdWords – kein Gegensatz, sondern ideale Ergänzung«.

Bevor wir aber eine AdWords-Kampagne durchführen, sollten Sie sich die Informationen Ihrer eigenen Website-Statistik anschauen. Welche Key-words bringen Ihnen bereits Besucher, und wie viele Besucher kommen derzeit überhaupt durch Anfragen via Google? Abschnitt 5.3, »Website-Sta-tistiken – Auswertung der Zugriffe«, bietet Ihnen weiterführende Informa-tionen. Werten Sie die Reports aus, und lassen Sie die Ergebnisse in Ihre SEO-Analyse einfließen.

Beginnen Sie jetzt noch nicht mit größeren Veränderungen. Die SEO-Ana-lyse soll Ihnen lediglich dazu dienen, die Kampagne vorzubereiten und Sie umfassend über die Maßnahmen zu informieren. Ermitteln Sie erst einmal das Potenzial der Änderungen, und wägen Sie die Kosten-Nutzen-Faktoren ab. Änderungen, die Sie ohne großen Aufwand durchführen und mit denen Sie bereits gravierende Fehler korrigieren können, sollten Sie natürlich ausführen.

Eine derartige Änderung wäre beispielsweise, wenn Sie auf Ihrer Internetseite überall »Frisör« anstelle von »Friseur« geschrieben hätten. Diese Änderung wäre keine große Sache und könnte mit wenig Aufwand schnell realisiert werden. Bevor Sie aber mit der Onsite-Optimierung beginnen und Ihre Website inhaltlich anpassen, sollten Sie mit Google AdWords das reale Suchvolumen für Ihren Wirkungskreis prüfen.

Führen Sie, wie in Kapitel 5, »Phase 1: Die SEO-Analyse – Vorsicht, Suchtgefahr«, beschrieben, eine Keyword-Analyse durch, und ergänzen Sie das Ergebnis mit einer AdWords-Kampagne. Während der Kampagne können Sie nicht nur die Keywords kontrollieren, sondern Sie erhalten zusätzlich auch Informationen dazu, welche Inhalte die Interessenten aufrufen und welche Themen für die Besucher wichtig sind. Richten Sie daher, wie in Abschnitt 11.5, »AdWords-Kampagnen mit Google Analytics auswerten«, beschrieben, eine ergänzende Adwords-Kampagne ein, um das Suchvolumen der Keywords herauszufinden. Bei der Erstellung der Kampagne sollten Sie darauf achten, dass Sie den Wirkungskreis Ihrer Anzeigen korrekt definieren. Das Angebot eines Friseurs ist auf eine bestimmte Region begrenzt, und daher sollte die Werbung auch nur in diesem Einzugsgebiet erscheinen. In Google AdWords können Sie im Bereich der Kampagneneinstellungen das Zielgebiet festlegen und eingrenzen.

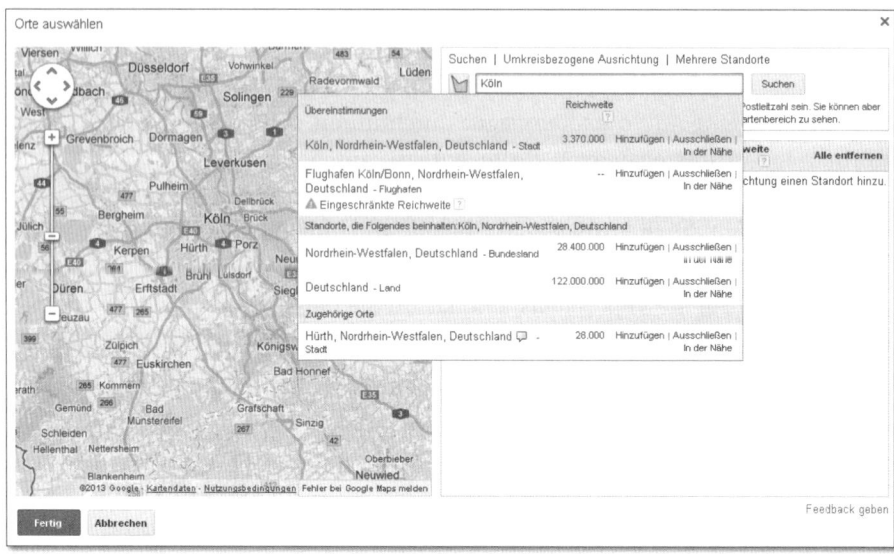

Abbildung 10.8 Zielregion festlegen

Neben der Eingabe der Stadt, wie in Abbildung 10.8 dargestellt, können Sie über den Punkt ERWEITERTE SUCHE das Zielgebiet noch konkreter einschränken und damit die Suchanfragen noch besser lokalisieren (siehe Abbildung 10.9).

Für die Keyword-Analyse mit AdWords brauchen Sie kein großes Budget. Erfahrungsgemäß sind 100,– bis 200,– Euro vollkommen ausreichend, um Informationen zu sammeln und die von Ihnen ausgewählten Keywords zu prüfen. Der Clou bei der Sache: Das Geld bzw. die AdWords-Kampagne ist nicht nur für Ihre Suchmaschinenoptimierung gut, sondern sie bringt Ihnen bereits reale Interessenten und damit potenzielle Kunden auf Ihre Website. Die AdWords-Kampagne sollte 2 bis 4 Wochen laufen. Nach dieser Phase kennen Sie die realen Zugriffsdaten zu den Keywords und sollten in der Lage sein, aufgrund der Informationen die inhaltliche Gestaltung der Internetsite zu planen.

Abbildung 10.9 Konfiguration des Zielgebiets für die Anzeigenschaltung

10.1.3 Planung

Das Friseur-Projekt wächst. Die Website wird mit einer Analysesoftware erfasst. Sie haben die Internetseite in den Webmaster-Tools eingetragen, und die Google-Places-PIN ist mittlerweile ebenfalls bestätigt. Sie sind sich über die Webseitenziele im Klaren, kennen Ihre Zielgruppe und wissen, was diese von Ihnen erwartet, und Sie haben die richtigen Keywords gefunden. Wie geht es nun weiter?

Als Erstes brauchen Sie jetzt noch einmal Papier und Bleistift, um die SEO-Ziele zu definieren, wie in Abschnitt 4.1, »SEO-Zieldefinitionen«, beschrieben wurde. Was erwarten Sie von einer SEO-Kampagne? Die Antworten für unseren Friseur könnten wie folgt lauten:

▶ Ich möchte in Google besser gefunden werden.

▶ Ich möchte bei den ausgewählten Keywords bei Google auf der ersten Seite erscheinen.

▶ Ich möchte meine Zielgruppe ansprechen.

▶ Ich möchte mehr Besucher auf meiner Website haben.

▶ Ich möchte über das Internet Neukunden generieren.

▶ Ich möchte in Google über den Suchergebnissen eines bestimmten Mitbewerbers stehen.

Die Bestimmung der SEO-Ziele ist sehr wichtig, um den Erfolg der Kampagne anhand einer vorgegebenen Zieldefinition kontrollieren zu können. Ohne Zielsetzung können Sie nicht, wie in Abschnitt 4.2, »SEO-Kriterien – Konzepte definieren«, beschrieben, ein Konzept zur Planung der Maßnahmen erstellen. Wenn Sie sich über Ihre SEO-Ziele nicht im Klaren sind, können Sie auch nicht festlegen, welche Schritte Sie ausführen sollten.

Für den Friseur aus Köln haben die Vorbereitung und die Planung der Kampagne wichtige Erkenntnisse gebracht. Sowohl die Website-Ziele als auch die SEO-Ziele sind festgelegt. Zielgruppe und Ansprache der Besucher wurden ebenfalls definiert, und die Maßnahmenplanung für die Onsite- und die Offsite-Optimierung können Sie mit den Informationen aus Abschnitt 4.4, »Onsite-Arbeitsplanung – ein gesunder Mix mit Eigenleistung«, und Abschnitt 4.5, »Offsite-Arbeitsplanung – Linkaufbau nur mit Fachkompetenz«, vorbereiten und planen. Schauen Sie sich die Ziele des Projekts in diesem Kapitel an, und gehen Sie erneut die Informationen durch, die Sie als Friseur in Köln den Besuchern Ihrer Homepage in jeder Phase der Customer Journey bereitstellen möchten. Aus diesen Informationen ergeben sich bereits mögliche Inhalte für die Website des Friseurs.

In erster Linie sollen die Qualität und die Fachkompetenz dargestellt werden. Es sollen weniger preissensible als vielmehr qualitätsbewusste Interessenten über Suchmaschinenanfragen generiert werden. Damit der Friseur zukünftig besser gefunden wird und auch eine breitere Streuung erreicht, sollten auf der Website kontinuierlich News und Berichte eingestellt werden.

Suchmaschinen lieben Content, und zusätzliche redaktionelle Inhalte helfen auch dem internen Linkaufbau. Wenn Sie die Website des Friseurs ohne einen News-Bereich planen, werden Sie relativ schnell eine feste Anzahl an Seiten definieren, und diese werden statisch verharren. Die Informationen auf dem Portal werden sich im Laufe der Zeit nur geringfügig ändern. Wo bleibt dann der Anreiz für Suchmaschinen und Besucher, die Website kontinuierlich wieder aufzurufen? Mit redaktionellen und themenrelevanten Informationen bauen Sie langfristig eine Internetsite zu einem voluminösen Internetportal aus. Als regionaler Handwerksbetrieb können Sie die Dienstleistungen Ihres Unternehmens auf zehn Seiten ausführlich beschreiben, und Ihre Seite wird sich dann nicht mehr vergrößern.

Durch die Präsentation von zwei bis drei kleinen News-Artikeln pro Woche zum eigenen Unternehmen, zu neuen Trends und Produkten und zu innovativen Techniken können Sie die Website innerhalb einiger Monate zu einer Internetpräsenz mit 100 Seiten qualitativem Content ausbauen und Ihre Kunden und potenziellen Interessenten informieren. Wenn Sie zu den News-Artikeln auch noch einen Facebook-»Gefällt mir«-Button und einen »Google+1«-Button hinzufügen, werden Ihre Inhalte automatisch verbreitet, und Sie erhalten zusätzliche Links, ohne etwas dafür tun zu müssen.

10.1.4   Onsite

Wenn Sie das Konzept ausgearbeitet haben und die Maßnahmen konkret geplant sind, beginnt, wie in Kapitel 6, »Phase 2: SEO – Onsite«, beschrieben, die Onsite-Optimierung.

Bevor die Inhalte und grafischen Elemente der Website überarbeitet werden, beginnen Sie mit den technischen Anpassungen. Können die Überschriften und die Meta-Daten zu jeder Seite manuell definiert werden? Können sprechende URLs verwendet werden, und ist es möglich, Landingpages zu erstellen? Für die Ausarbeitung der technischen Grundlagen helfen Ihnen die Informationen aus Abschnitt 6.1, »Grundlagen – Arbeiten an der Basis«.

Für die Website des Friseurs (wie auch für jede andere Internetseite) gelten die Mindestanforderungen an ein Content-Management-System. Für jede einzelne Seite der Website sollten URL, Title und Description frei definiert werden können, damit Sie jede Landingpage mit den entsprechenden Keywords versehen können. Die Inhalte müssen diese Keywords enthalten. Themenrelevanter Content ist der wichtigste Onsite-Faktor. Wie Sie den Inhalt gestalten sollten, können Sie in Abschnitt 6.2, »Themenrelevanter Content ist der wichtigste Onsite-Faktor!«, nachlesen.

Die Besucher Ihrer Website suchen allerdings nicht nach »qualitätsbewusster Friseur in Köln« oder »niveauvoller Friseur Köln«, sondern nach »guter Friseur Köln«, »bester Friseur Köln« oder nach »top Friseur Köln«. Auch hier kommt es Ihnen zugute, wenn Sie mit einem News-Bereich die Themen von Zeit zu Zeit erneut aufgreifen und die Keywords in die News einfügen. Die Schlagwörter sollten Sie dann mit einer jeweiligen Zielseite verlinken. So können Sie die interne Linkstruktur Ihrer Website auf einfache Art und Weise ausbauen.

Auf den einzelnen Webseiten bzw. in den News-Berichten sollten Überschriften (<h1>, <h2> etc.) und Texte angepasst werden. Sätze wie »Wir zählen zu den besten Friseuren in Köln« oder »unsere Auszeichnungen belegen, dass wir einer der Top-Friseure in Köln sind« erhöhen die Wahrscheinlichkeit, dass Google Ihre Website zu diesen Suchanfragen auf den vorderen Plätzen darstellt. Weitere Keywords könnten beispielsweise »Starfriseur Köln« oder »Promi Friseur Köln« sein. Ein derartiges Thema kann man auf unterschiedliche Weise in seine Website integrieren. Wenn Sie prominente Kunden haben, könnten Sie sich als Promi-Friseur darstellen, aber auch wenn Sie sich nicht als Promi-Friseur darstellen möchten oder können, ist es möglich, das Thema auf Ihrer Webseite zu integrieren.

Sie könnten dann eine Landingpage erstellen und dort einen Inhalt zum Thema integrieren. Mögliche Informationen sind beispielsweise »Sind wir Ihr Starfriseur in Köln?« oder »Warum wir uns nicht als Promi-Friseur in Köln bezeichnen«. Die Begründung und die Darstellung Ihres Unternehmens können bei jeder Überschrift positiv und beeindruckend sein. Der Inhalt ist ausschlaggebend, und da sind Ihrer Argumentation keine Grenzen gesetzt.

Bedenken Sie auch, dass Ihnen Landingpages zu bestimmten Themen zusätzliche Besucher bringen können. So könnten Sie für die Homepage des Friseurs Landingpages zu den Themen »Haarverlängerung bei Ihrem Friseur in Köln«, »Haarverdichtung bei Ihrem Friseur in Köln« und »Brautfrisuren bei Ihrem Friseur in Köln« einsetzen. Die Landingpages sollten optisch ansprechend für die »menschlichen Besucher« dargestellt werden. Inhaltlich sollten die Seiten aber genügend Text enthalten, damit Suchmaschinen die Informationen indizieren und die Themenrelevanz der Landingpages erkennen können. Die drei wichtigsten Elemente, die Suchmaschinen dabei helfen, eine Webseite bzw. eine Landingpage zu thematisieren, sind die URL, der Title und die Meta-Description. Eine Landingpage zum Keyword *Haarverlängerung in Köln* (siehe Abbildung 10.10) sollte daher in diesen drei Elementen die Begriffe enthalten.

Neben dem wichtigsten Keyword sollten Sie weitere ähnliche Begriffe und weitere Keywords auf einer Landingpage bereitstellen. Auch wenn die Interessenten beispielsweise nach einer »Haarverlängerung in Köln« suchen, könnten andere Keywords ausschlaggebend sein. Eine Haarverlängerung kann nach unterschiedlichen Methoden erfolgen. Die Methoden sollten daher ebenfalls enthalten sein. Zudem könnten Personen ganz gezielt nach Ultraschall- oder nach Echthaar-Haarverlängerung suchen. Diese Begriffe sollten dann ebenfalls auf der Landingpage enthalten sein. Die Struktur Ihrer Landingpage könnte beispielsweise wie in Abbildung 10.11 aussehen.

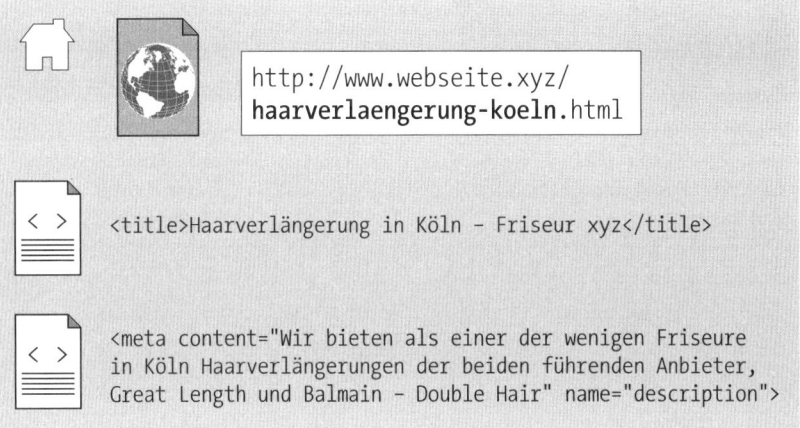

Abbildung 10.10 Beispiele für URL, Title und Description

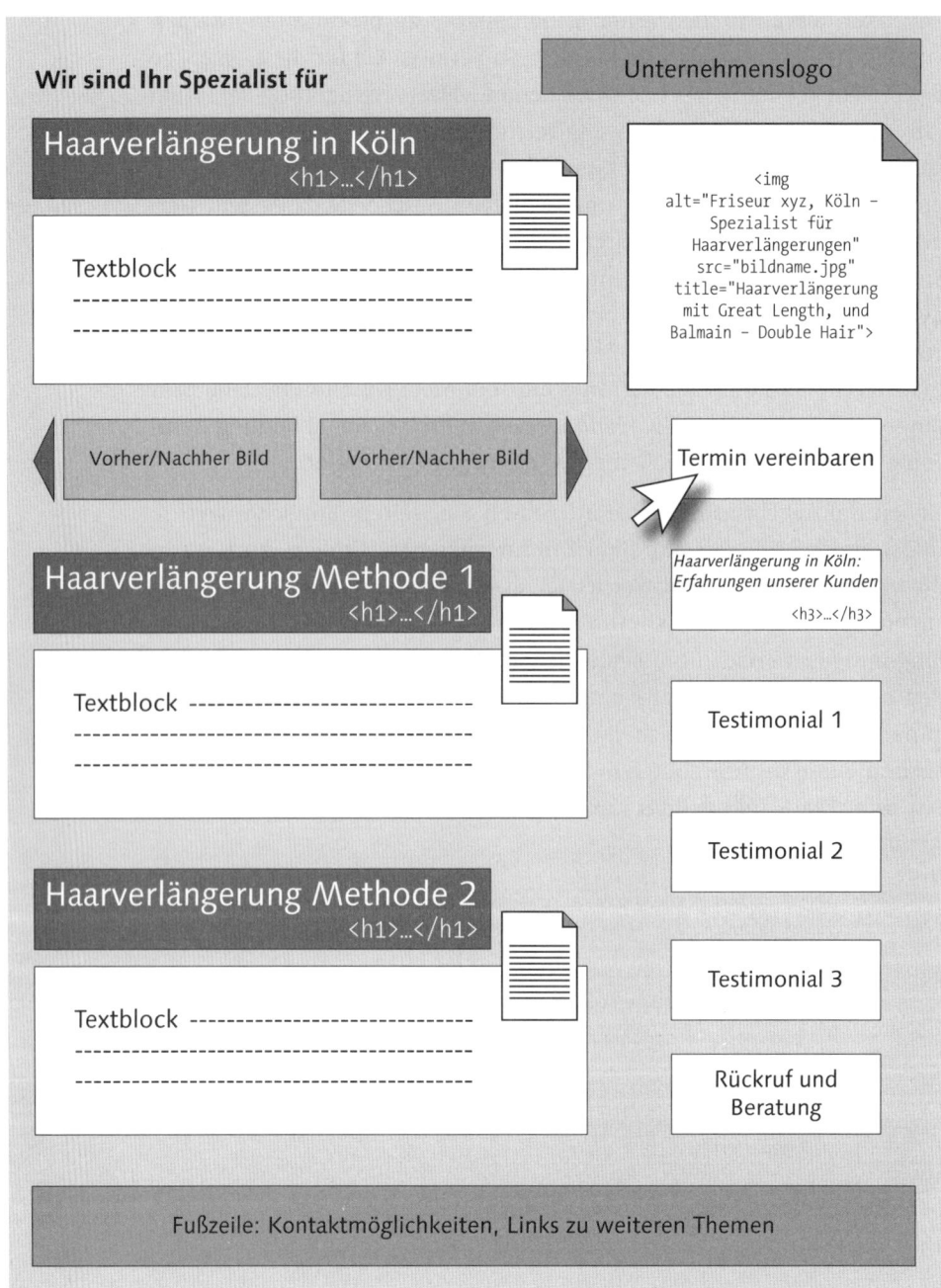

Abbildung 10.11 Beispielhafte Struktur für eine Landingpage

Das Beispiel in Abbildung 10.11 zeigt Ihnen einen strukturellen Aufbau einer Landingpage zum Thema »Haarverlängerung in Köln«. Das Keyword wird sowohl in der H1-Überschrift als auch in weiteren H2- und H3-Überschriften verwendet. Es werden mehrere Textblöcke integriert, die Suchmaschinen die thematische Indizierung erleichtern sollen. Grafische Elemente wie das Bild im rechten Bereich und die Vorher-Nachher-Bilder lockern das Design auf und bringen den Besucher dazu, auf der Website zu verweilen. Die Textböcke im unteren Bereich bieten zusätzlichen Mehrwert, und die Erfahrungsberichte bzw. Testimonials schaffen weiteres Vertrauen. Im rechten Bereich werden dem Besucher zudem sofortige Kontaktmöglichkeiten angeboten.

Strukturell sind die wichtigsten Elemente für die Landingpage enthalten. Die grafische Ausarbeitung ist dabei allerdings sehr wichtig, um dem Besucher ein harmonisches Gesamtbild zu bieten, das ihn anspricht. Versteifen Sie sich daher nie auf ein strukturelles Konzept, sondern schauen Sie sich immer das Gesamtergebnis an. Jede Unterseite, die ein Thema behandelt, zu dem potenzielle Kunden bei Google eine Suchanfrage stellen könnten, bzw. jede Unterseite, die potenzielle Suchanfragen beantworten könnte, sollten Sie als Landingpage optimieren. Prüfen Sie die Inhalte der jeweiligen Seite mit Ranks.nl oder vergleichbaren Programmen, und Sie werden sehen, ob Ihre Texte das entsprechende Keyword herausstellen.

In Abbildung 10.12 sehen Sie ein Beispiel für den Text der Landingpage »Haarverlängerung Köln«. In einem Projekt sollten Sie allerdings nicht nur den Text, sondern auch die fertige Landingpage kontrollieren, da auf der Webseite nachher nicht nur der Text, sondern alle weiteren Informationen wie Bildbeschreibungen (Alt, Title), Links etc. ebenfalls in die Informationsbewertung aufgenommen werden.

Nachdem Sie nun, wie in Abschnitt 6.3, »Die suchmaschinenoptimierte Website«, beschrieben, die einzelnen Seiten inhaltlich angepasst haben und die Landingpages angelegt und geprüft sind, müssen Sie die Website noch einmal abschließend bezüglich der internen Verlinkung bearbeiten. Mit internen Links können Sie Suchmaschinen und Besucher durch Ihre Website führen. Während der Besucher lediglich den Link als solchen wahrnehmen muss, benötigt eine Suchmaschine eine textliche Information dazu, was Sie mit dem Link verknüpfen.

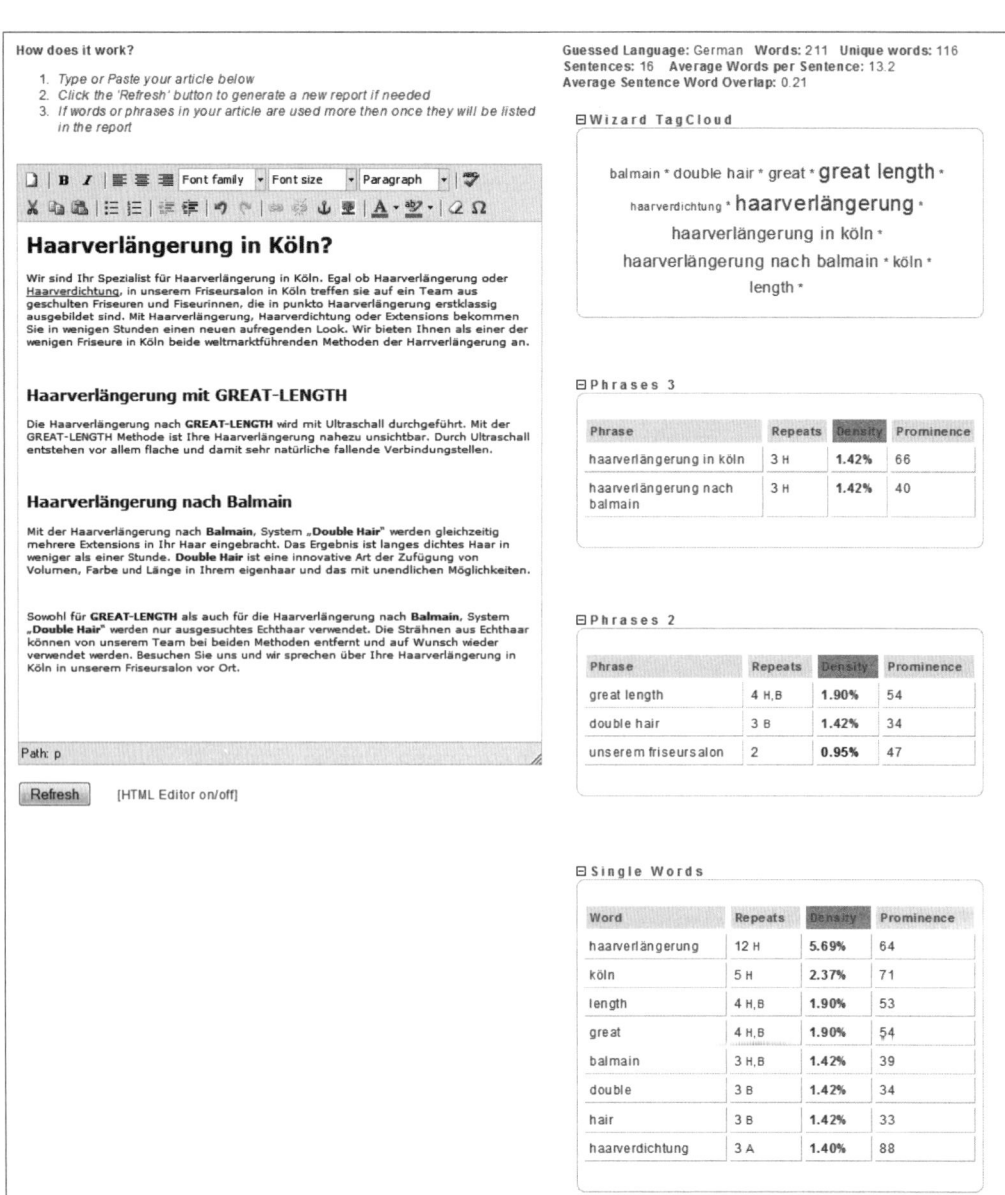

Abbildung 10.12 Ranks.nl mit Beispieltext für »Haarverlängerung Köln«

Sie könnten mit einer Grafik auf Ihre Landingpage zum Thema »Haarverlängerung« verlinken. Für einen Besucher Ihrer Seite wäre das leicht verständlich. Für eine Suchmaschine muss dieses Bild bzw. der Link aber zwingend mit den Informationen »Haarverlängerung Köln« verknüpft werden, damit bereits beim Aufruf des Links eine Verbindung zwischen Linktext und Zielseite hergestellt werden kann.

Wenn Sie die interne Verlinkung angepasst haben, sollten Sie die gesamte Website noch ein letztes Mal bezüglich des Page Speeds überprüfen. Wenn Sie beispielsweise auf einzelnen Unterseiten zu viele große Bilder mit hoher Auflösung eingesetzt haben, könnte die Ladezeit darunter leiden. Google misst die Ladezeit und bezieht diese ebenfalls in die Faktoren zur Berechnung der Suchergebnisse mit ein. Eine schnelle Ladezeit sollte daher gewährleistet werden. Auch zu den Themen interne Verlinkung und Page Speed finden Sie weitere Informationen in Abschnitt 6.3.

Die letzten Onsite-Maßnahmen, die Sie ausführen, beziehen sich auf die Prüfung der Dateien *robots.txt* und *sitemap.xml*. In diesem Fall sollen mit der Datei *robots.txt* allerdings keine Inhalte aus der Indizierung ausgeschlossen werden. Sie können die Datei dazu verwenden, Suchmaschinen den Hinweis zu geben, wo sie Ihre Sitemap finden. Die Kontrolle ist recht einfach und dauert lediglich wenige Minuten. Die Datei befindet sich direkt auf der Hauptebene einer Internetpräsenz und sollte über *www.Domainname.xyz/robots.txt* abrufbar sein.

In der Datei sollte der Pfad zur Sitemap stehen. Kontrollieren Sie den Pfad, indem Sie die Datei aufrufen. Die Sitemap sollte eine Auflistung Ihrer Unterseiten enthalten und somit jede Landingpage mit vollständiger URL darstellen. Wenn die Dateien korrekt integriert sind und auch Ihre Sitemap die richtigen Informationen enthält, sind Ihre Onsite-Maßnahmen fürs Erste abgeschlossen.

Als letzten Schritt sollten Sie Ihre Sitemap in den Google Webmaster-Tools anmelden, falls dies noch nicht geschehen ist. Wenn Sie die Sitemap bereits angemeldet haben, sollten Sie nach Abschluss aller Arbeiten die Sitemap über die Webmaster-Tools erneut an Google senden (siehe Abbildung 10.13). Google prüft die Einträge von Zeit zu Zeit automatisch, aber über die manuelle Bestätigung werden die neuen Inhalte schneller indiziert.

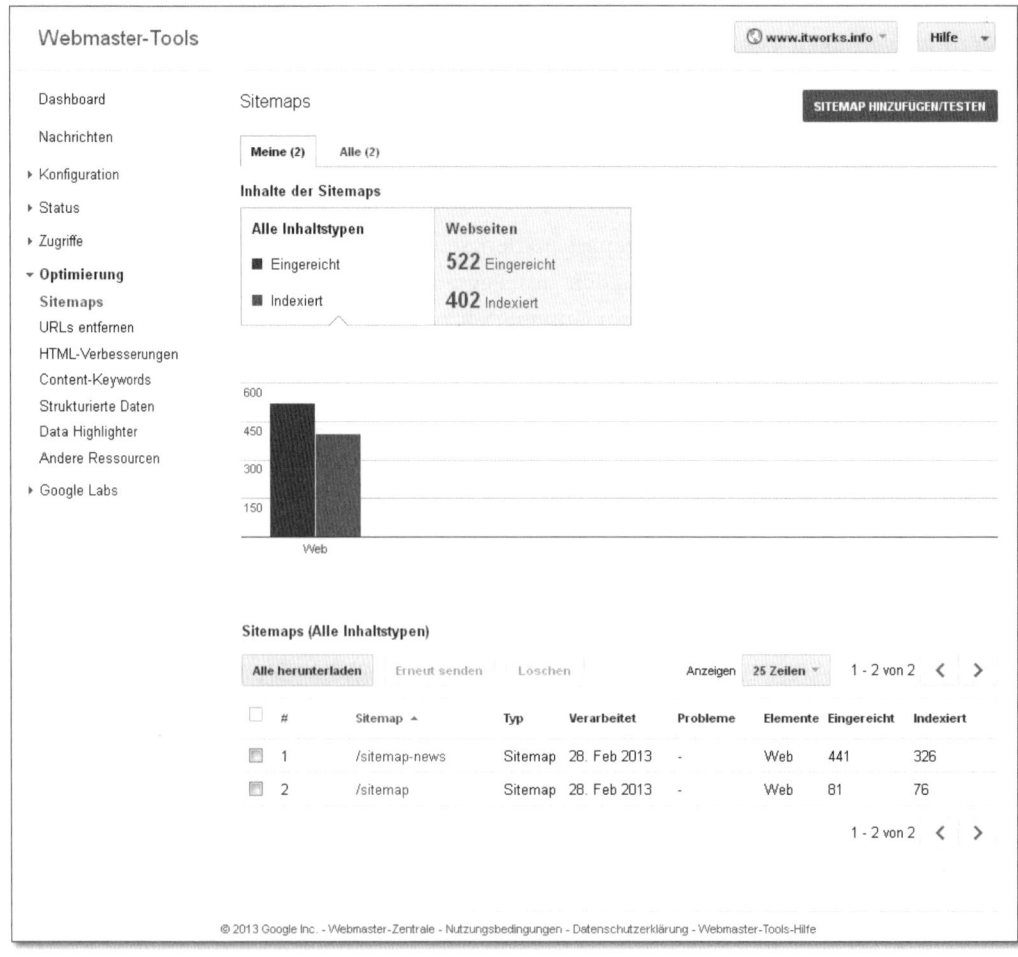

Abbildung 10.13 Google Webmaster-Tools – Sitemap erneut senden

10.1.5 Offsite

Die Website ist bereit, die neuen Interessenten angemessen zu empfangen und zu informieren. Jetzt müssen Sie *nur noch* für die richtigen Besucher sorgen.

Nachdem die Onsite-Maßnahmen abgeschlossen sind, beginnen Sie mit dem Linkaufbau für das Internetportal. Kapitel 7, »Phase 3: SEO – Offsite«, hilft Ihnen bei der Vorbereitung. Ein Linkaufbau erfolgt nicht nach einem bestimmten Schema, sondern muss für jede Website individuell konzipiert werden. In einem ersten Schritt sollte man daher prüfen, welche Links relativ einfach aufgebaut werden können (siehe Abschnitt 7.1, »Analyse, Strategie und Planung«). Allgemeingültig für jede Website ist die Eintragung bei DMOZ. Beginnen Sie daher mit diesem Link. Weitere Informationen dazu finden Sie auch in Abschnitt 7.2.5, »DMOZ – ein wichtiger Link«.

Als Friseur hat man eventuell Kooperationen mit Hochzeitsagenturen oder Fotografen. Hier kann man für einen Link anfragen. Wenden Sie sich also an Kooperationspartner, die eventuell auf Ihre Website verlinken können. Vielleicht gibt es auch das eine oder andere Sponsoring bei Vereinen? Vereins-Websites sind ebenfalls potenzielle Linkquellen für allgemeine Links.

Zu den Spezialthemen wie »Haarverlängerung« etc. kann man bei den Herstellern nachfragen, ob die eigene Website verlinkt wird. Meistens bieten die Unternehmen eine Liste der Friseure, bei denen ihre Produkte zu kaufen sind. Hier sollte die Webadresse geprüft werden. Gegebenenfalls kann auch auf die Unterseite zum jeweiligen Thema verlinkt werden. Prüfen Sie zuerst im direkten Umfeld, wer für Ihren Linkaufbau interessant sein könnte: Lieferanten, Hersteller, Kooperationspartner, Kunden etc.

Abschnitt 7.2.4, »Einträge in Branchenbücher/Website-Kataloge«, hilft Ihnen bei einem weiteren Bereich des Linkaufbaus. Schauen Sie sich die Suchergebnisse zu Ihren Keywords an, und kontrollieren Sie, welche Branchenbücher und weiteren Portale sich in den Ergebnislisten darstellen.

Prüfen Sie bei Google beispielsweise die Suchanfrage »Friseur Köln« (siehe Abbildung 10.14). Die ersten drei organischen Suchergebnisse zeigen Ihnen gleich drei potenzielle Internetseiten für Ihren Linkaufbau.

Über diese Art der Recherche werden Sie viele allgemeine Links generieren können. Oftmals finden sich in den Ergebnislisten auch Blogs oder Foren, in denen sich Menschen über irgendeinen Bezug zum Thema austauschen. Suchen Sie beispielsweise nach »Haarverlängerung Erfahrungen«, finden Sie etliche Seiten, auf denen Sie Kommentare und Fachbeiträge veröffentlichen können. Mit diesen Blog-Kommentaren und Beiträgen in Fachforen können Sie ebenfalls weitere allgemeine Links für die Friseur-Homepage aufbauen.

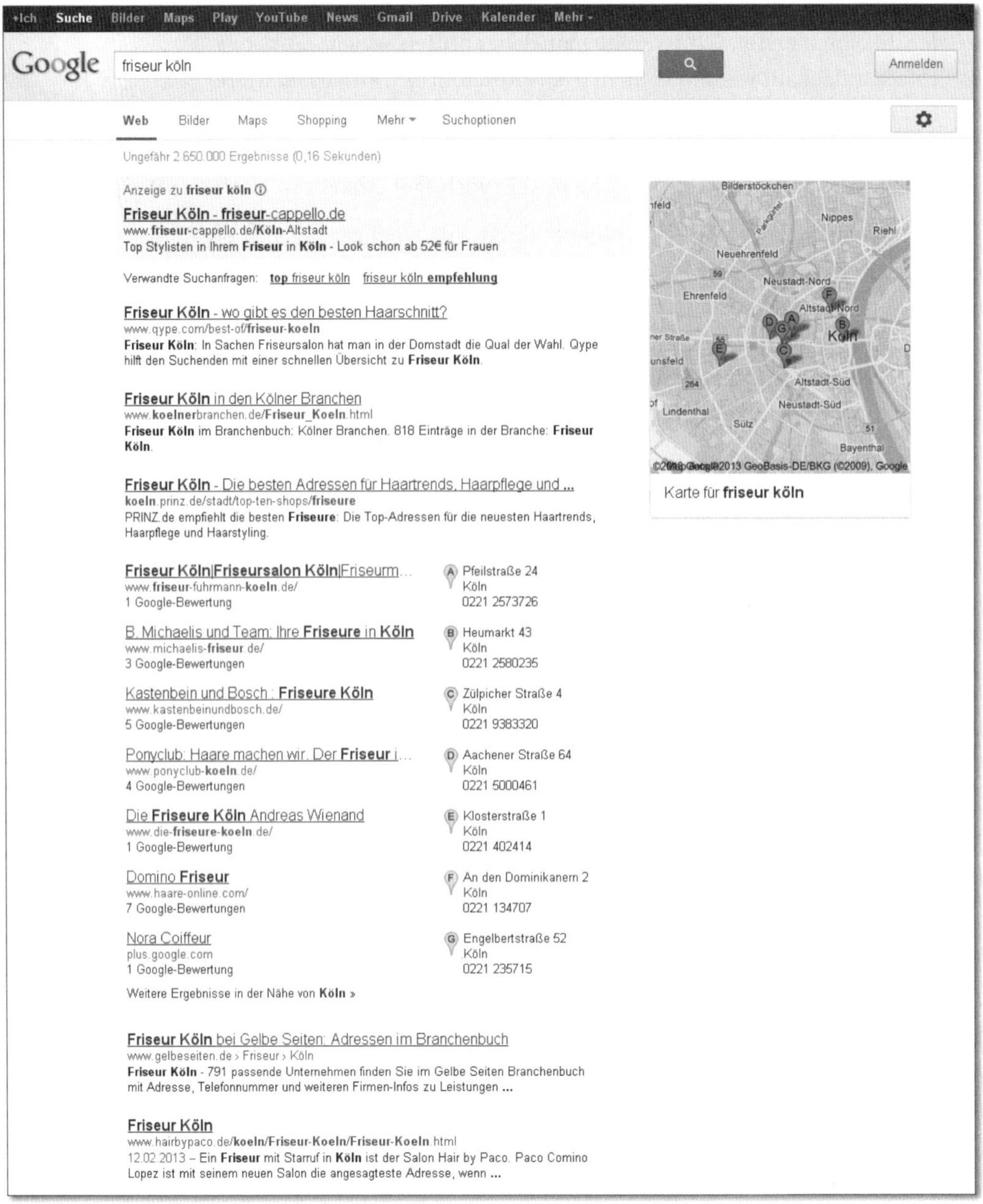

Abbildung 10.14 Organische Suchergebnisse zu »Friseur Köln«

Neben den allgemeinen Suchergebnisseiten können Sie Google und andere SEO-Tools natürlich auch dazu nutzen, um sich über die Links Ihrer Mitbewerber zu informieren. Suchen Sie bei Google nach den Keywords, zu denen Sie ebenfalls in den Suchergebnissen erscheinen möchten, und notieren Sie sich die Domain-Namen Ihrer Mitbewerber. In einem zweiten Schritt suchen Sie dann bei Google mit dem Befehl »Link:www.webseiten-name.xyz« nach den Seiten, die auf die Websites der Mitbewerber verlinken. Hier finden Sie weitere Linkquellen, die Sie eventuell auch für sich nutzen können. Noch mehr Links zu den Portalen Ihrer Mitbewerber erhalten Sie mit Backlink-Tools. Nutzen Sie zur Analyse auch die Informationen in Abschnitt 8.3.1, »Wettbewerberanalyse«.

Unser Friseur aus Köln hat bereits viele Auszeichnungen gewonnen. Hier eignen sich Pressemitteilungen sehr gut, um die Fachkompetenz darzustellen und gleichzeitig allgemeine Links für die Internetseite zu sammeln. Sehen Sie sich dazu die Informationen in Abschnitt 7.5, »Online-PR und News-Artikel – tue Gutes und rede darüber«, an. Neben der Online-PR mit den Auszeichnungen lohnt es sich auch, Fachartikel in Branchenportalen oder auf einer Innungsseite zu veröffentlichen und auch dort mit einem Link zu werben. Diese Möglichkeiten sollten Sie ebenfalls prüfen.

Ein weiteres großes und interessantes Feld für den Linkaufbau sind soziale Netzwerke wie Facebook, Twitter oder Xing. Auch hier können Sie kostenlose Links generieren und Ihre Website bekannt machen. Sie können natürlich auf jeder Plattform eine eigene Präsenz für Ihr Unternehmen erstellen, aber für den einfachen Linkaufbau ist das nicht notwendig. Hier können Ihnen auch Ihre Mitarbeiter und gute Kunden als Multiplikatoren dienen, die auf Ihre Internetseite hinweisen und diese empfehlen. In Abschnitt 7.7, »Social Media zur Offpage-Optimierung«, finden Sie detaillierte Informationen zum Linkaufbau mit Web 2.0.

Ähnlich wie die Social-Media-Plattformen bieten Ihnen auch Bewertungsportale eine weitere Basis für Ihren Linkaufbau. Es gibt Bewertungsportale für die unterschiedlichsten Branchen. Ein Beispiel für unseren Friseur aus Köln ist das Empfehlungsportal Yelp.de (siehe Abbildung 10.15). Auch hier können Sie auf das Unternehmen aufmerksam machen und einen Link zur Website setzen.

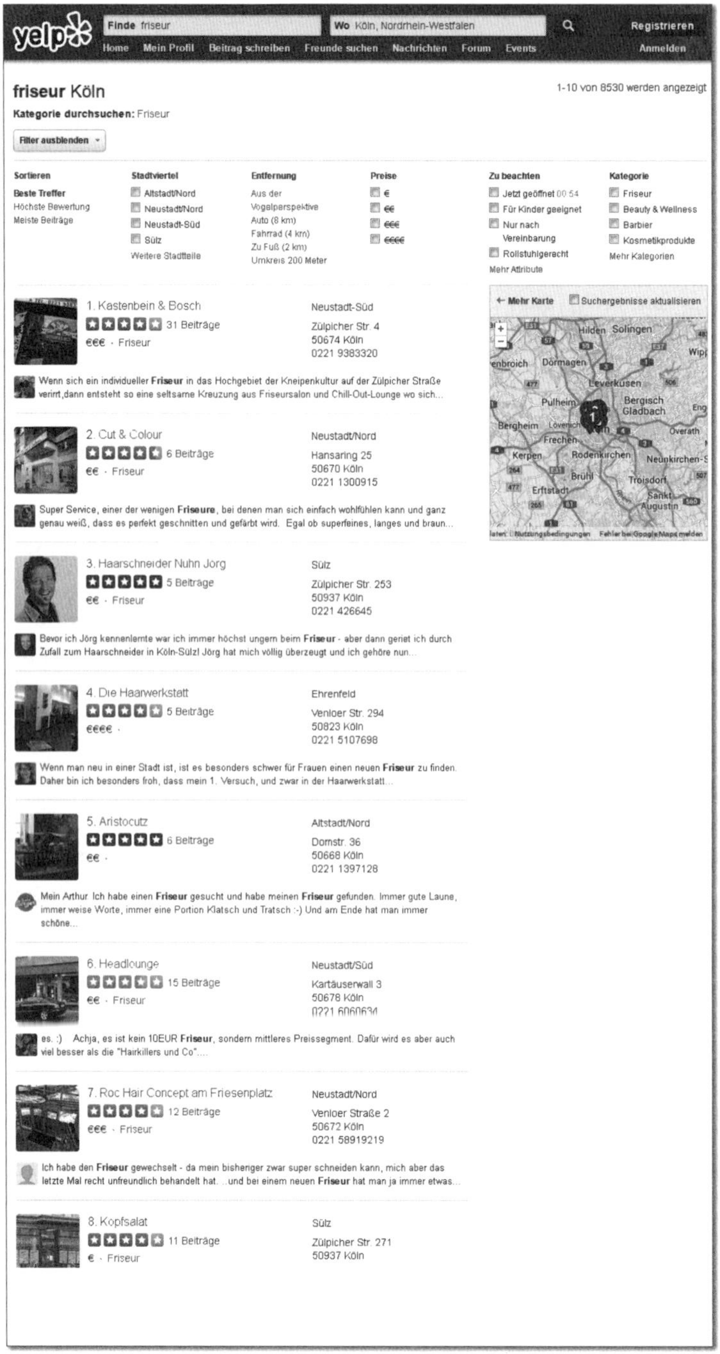

Abbildung 10.15 Yelp.de – Suche nach Friseur in Köln

Mit den genannten Methoden sollten Sie bereits eine breite Basis an allgemeinen Links zu Ihrer Internetpräsenz aufbauen können. Bauen Sie mit
den Maßnahmen mindestens über 3 Monate kontinuierlich Ihre Linkstruktur aus, und prüfen Sie die Entwicklung. Erst wenn Sie einen Grundstock an
allgemeinen Links haben, sollten Sie mit einem gezielten Linkaufbau
beginnen, damit das Gesamtverhältnis Ihrer Links natürlich wirkt.

Mit Google Alerts können Sie sich über neue Artikel zu Ihren bevorzugten
Themen informieren lassen (siehe Abbildung 10.16). Für den Friseur wäre
es sinnvoll, Google-News-Benachrichtigungen zu den Keywords einzustel-
len, zu denen er gefunden werden möchte. So wird er automatisch darüber
informiert, wenn Google neue Inhalte indiziert, die für das entsprechende
Keyword relevant sind. So können potenziell neue Linkquellen schnell
gefunden werden.

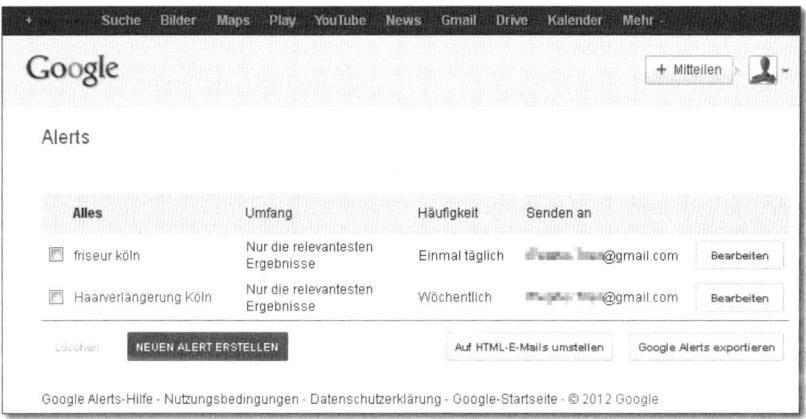

Abbildung 10.16 Google Alerts – passende Keywords zu »Friseur Köln«

10.1.6 Controlling und Anpassung

Bereits während der Offsite-Maßnahmen sollten Sie mit dem Controlling
Ihrer SEO-Kampagne beginnen. Suchen Sie sich aus dem Angebot der SEO-
Tools konkrete Produkte heraus, mit denen Sie kontinuierlich arbeiten und
die Entwicklung überwachen werden. Lesen Sie zum Thema Controlling
und Anpassung auch die Informationen in Kapitel 8, »Phase 4: Der Kreis
schließt sich – Controlling und Anpassung«.

Wichtige Werte im Bereich Offsite, die Sie überwachen sollten, sind die
Anzahl Ihrer Backlinks und die Google-Rankings zu den entsprechenden

Keywords. Diese beiden Werte geben Ihnen erste Bewertungskriterien, mit denen Sie einen leichten Einstieg in die Suchmaschinenoptimierung erhalten können. Bei einem regionalen Handwerksbetrieb wie dem Friseur aus Köln sollten Sie bei der Besucheranalyse auf die Gesamtzahl der Besucher und die Absprungrate achten. Weitere Kriterien sind die geografischen Zugriffsdaten und die Zugriffsart.

In erster Linie interessieren die Veränderungen im Bereich der Zugriffe über Suchmaschinen. Es sollen Menschen aus der Region angesprochen werden. Daher ist es wichtig, woher die neuen Besucher kommen, die Ihre Seite aufrufen. Nutzen Sie für Ihre Arbeit die Informationen in Abschnitt 8.1, »Website- und Besucheranalyse«.

Die Schritte zur Auswertung und zur kontinuierlichen Bewertung der Offsite-Maßnahmen können ähnlich wie die Onsite-Maßnahmen nach einem festen Schema erfolgen. An dieser Stelle entscheidet sich allerdings, ob Sie die richtigen Schlüsse aus Ihrer Analyse ziehen. Die Ausarbeitung eines »Fahrplans« für Ihre SEO-Kampagne ist wesentlich umfangreicher als der Aufbau von allgemeinen Links. Welche Maßnahmen müssen Sie also für die Website des Friseurs durchführen?

Die Tätigkeiten, die Sie langfristig planen sollten, sind abhängig von der Gesamtsituation, die Sie vorfinden, und werden auch dadurch beeinflusst, wie der Wettbewerb um die entsprechenden Keywords bereits ausschaut. Aus diesem Grund ist es auch wichtig, die Mitbewerber kontinuierlich zu überwachen. Die Überwachung dient aber auch gleichzeitig Ihrem Linkaufbau, da Sie durch die Kontrolle auch die Linkquellen Ihrer Mitbewerber finden und diese eventuell für Ihren eigenen Linkaufbau nutzen können.

Schauen Sie sich Ihre eigene Entwicklung im Vergleich zu den Werten Ihrer Mitbewerber an. Wie viele Links haben Sie nach 1 Monat für Ihre eigene Website gesammelt, und wie viele Links haben Ihre Mitbewerber gesammelt? Noch wichtiger als die reine Anzahl der Links ist die Qualität der Links. Leider können Sie die Qualität nur bedingt überprüfen, aber Sie können mit den SEO-Tools auch die Seiten der Linkgeber kontrollieren und erfahren dadurch eventuell, ob ein Link mehr oder weniger Gewichtung für die Linkpopularität einer Website bringt. Ein erster Hinweis dazu kann Ihnen das Nofollow-Attribut bei einem Link geben.

Vergleichen Sie auch die Veränderungen bei den Google-Suchergebnissen zwischen Ihrer eigenen Site und den Sites Ihrer Mitbewerber. Haben Sie das

Ranking Ihrer Website verbessert? Gibt es eventuell zusätzliche Begriffe, zu denen Ihre Website auf einmal Zugriffe erhält? Sie sollten auf jeden Fall mit den Webmaster-Tools kontrollieren, ob Google vielleicht eine höhere Anzahl an Webseiten indiziert hat und ob Ihre Seiten häufiger in den Google-Suchergebnissen angezeigt werden.

Ab diesem Moment beginnen Sie mit dem Kreislauf der Suchmaschinenoptimierung, wie ich ihn in Abschnitt 8.2, »SEO-Kampagnen als ständiger Prozess«, beschrieben habe. Nun beginnt ein wiederkehrender Prozess aus Controlling, Analyse, Planung und Anpassung bzw. Erweiterung Ihrer Maßnahmen. Das Wichtigste in diesem Kreislauf sind erfahrungsgemäß nicht die einzelnen Maßnahmen und deren Wirkung, sondern der gesunde Menschenverstand, der die Ergebnisse auswertet und die darauf aufbauenden Maßnahmen plant.

10

Die Umsetzung der einfachen Maßnahmen, wie zum Beispiel Blog-Kommentare schreiben, Links in sozialen Netzwerken platzieren und Pressetexte veröffentlichen, bedarf lediglich eines technischen Verständnisses der jeweiligen Internetplattform, aber die Einschätzung des Gesamtkonstrukts der SEO-Kampagne und die Ausarbeitung neuer Maßnahmen benötigen fachliches Know-how.

10.2   Der Gesamtplan – wie viel Zeit muss sein?

Sie haben jetzt in Abschnitt 10.1 die einzelnen Maßnahmen anhand eines Beispiels kennengelernt. In diesem Abschnitt vermittle ich Ihnen anhand von Auflistungen den zeitlichen Ansatz der einzelnen Phasen.

10.2.1 Vorbereitung

Für die Vorbereitung sollten Sie 1 Woche einplanen. Das ist ein Mittelwert, den ich Ihnen aus meiner Projekterfahrung nennen kann. Der Zeitansatz kann allerdings stark variieren und hängt von Ihrer Ausgangssituation ab. Wenn Sie beispielsweise bereits ein CMS nutzen und den Umgang mit diesem System gewohnt sind, können Sie wesentlich schneller die technischen Voraussetzungen einschätzen, als wenn Sie derzeit nur eine statische Internetseite betreiben und bisher noch nie Inhalte aktualisiert haben.

Zu den Tätigkeiten der Vorbereitung gehören:

▶ Installation von Google Analytics

▶ Anmeldung bei den Webmaster-Tools

▶ Anmeldung bei Google Places

Für die Google-Dienste benötigen Sie inklusive der Erstellung des Google-Kontos lediglich eine Stunde, wenn Sie wissen, wie der Analytics-Code in die Webseite zu integrieren ist.

Zeitansatz: 1 Stunde
Bearbeiter: Webmaster

▶ Planung: Was möchten Sie mit Ihrer Website erreichen?

▶ Ziele definieren

▶ Zielgruppe definieren

Für diese Punkte sollten Sie sich etwas mehr Zeit lassen und auch andere Personen in Ihre Entscheidungsfindung mit einbeziehen. Fragen Sie Kunden, Mitarbeiter und Geschäftspartner nach ihrer Meinung.

▶ Customer Journey erarbeiten

▶ gesetzte Ziele mit den Interessen der Zielgruppe abgleichen

Die Ziele, die Zielgruppen und die Ausarbeitung der Customer Journey sind die Basis für Ihre Key-Performance-Indikatoren und der Schlüssel zur erfolgreichen Website-Gestaltung. Hierfür sollten Sie genügend Zeit einplanen. Gönnen Sie sich ruhig mehrere Tage, um über das Gesamtkonzept nachzudenken und es mit anderen Personen zu besprechen.

Zeitansatz: 5–7 Tage
Bearbeiter: Website-Betreiber

▶ technische Voraussetzungen der Internetpräsenz prüfen

Die Kontrolle der Website-Technik erfolgt in Absprache mit Ihrem Webmaster. Müssen gravierende Änderungen vor der Kampagne umgesetzt werden, vergehen schnell einige Tage. Wenn Sie bereits auf ein modernes CMS setzen, sind viele Funktionalitäten standardmäßig bereits vorhanden.

Zeitansatz: 1–5 Tage
Bearbeiter: Website-Betreiber, SEOler, Webmaster

Die gesamte Vorbereitung erfordert einen Zeitansatz von ungefähr 1–2 Wochen.

Ihr Baustein zum Erfolg

Für die Vorbereitungsphase sollten Sie insgesamt 1 bis 2 Wochen einplanen. Teilweise können Tätigkeiten parallel laufen. Während Sie noch über die Customer Journey nachdenken und die Interessen der Zielgruppe einfließen lassen, kann der Webmaster beispielsweise Anpassungen an der Homepage vornehmen. Die Vorbereitung ist ein wichtiger Baustein, auf dem alle weiteren Maßnahmen aufbauen, lassen Sie sich daher Zeit.

10.2.2 Analyse

Die Analyse ist eine wichtige Phase Ihrer SEO-Arbeit. Planen Sie daher ausreichend Zeit ein, und beantworten Sie sich die folgende Frage:

▶ Welche Keywords werden von der Zielgruppe genutzt?

Keywords sind das A und O. Für eine ausgiebige Keyword-Analyse benötigen Sie mindestens 1 bis 2 Tage. Befragen Sie auch hier Freunde, Geschäftspartner und Kunden, welche Begriffe ihnen wichtig erscheinen, und prüfen Sie sie dann erneut.

Zeitansatz: 2–3 Tage
Bearbeiter: Website-Betreiber, SEOler

▶ eigenes Ranking kontrollieren
▶ Mitbewerber und Wettbewerbsdichte prüfen

Wenn Sie die Keywords gewählt haben, können Sie mit einer entsprechenden Software Ihre Positionen in den Google-Suchergebnisseiten abfragen. Die Analyse dauert je nach Software nur wenige Minuten. Wichtig ist die Auswertung und Schlussfolgerung aus den dargestellten Rankings.

Zeitansatz: 1–2 Tage
Bearbeiter: Website-Betreiber, SEOler

▶ mit AdWords das reale Suchvolumen für den Wirkungskreis prüfen

Um mit Google AdWords das reale Suchvolumen zu den Keywords zu prüfen, sollten Sie die Kampagne mindestens 4 Wochen, um wirklich aussagekräftige Ergebnisse zu erhalten, sogar 6 bis 8 Wochen laufen lassen.

Zeitansatz: 4–8 Wochen
Bearbeiter: SEOler, externe Agentur

Zeitansatz für die Analyse: 4–8 Wochen

Die Keyword-Findung mit Google AdWords ist Marktforschung für Ihre spätere Suchmaschinenoptimierung, und es ist keine vergeudete Zeit. Bereits während Sie via Google AdWords die passenden Keywords finden, generieren Sie Webseitenbesuche und potenzielle Kundenkontakte.

10.2.3 Planung

Mithilfe der Planung erstellen Sie einen Leitfaden für Ihre Kampagne:

▶ SEO-Ziele definieren

Die Planung der SEO-Ziele basiert auf Ihren Website-Zielen und der Zielgruppenansprache. Die SEO-Ziele vervollständigen Ihre Bestrebungen im Bereich des Online-Marketings und bieten den Ausgangspunkt für einen Leitfaden der Onsite- und Offsite-Maßnahmen.

Zeitansatz: 1–2 Tage
Bearbeiter: Website-Betreiber, SEOler

▶ Maßnahmenplanung für die Onsite-Optimierung

▶ Landingpages ausarbeiten

▶ Planung der Offsite-Maßnahmen

Zur Planung der späteren Maßnahmen gehört auch die Kontrolle der Durchführbarkeit. Für die Veränderungen, die Sie onsite durchführen möchten, bedarf es mehrerer Gespräche mit Ihrem Webmaster bzw. dem Programmierer. Die Offsite-Maßnahmen müssen nicht nur bedacht werden, sondern man muss auch die Durchführbarkeit des Linkaufbaus kontrollieren. Es genügt beispielsweise nicht, Online-PR als Maßnahme zu berücksichtigen, sondern man sollte auch bereits bedenken, wer die Pressemitteilungen verfasst und auf welchen Portalen die Mitteilungen veröffentlicht werden.

Zeitansatz: 2–6 Tage
Bearbeiter: Webmaster, SEOler

Der gesamte Zeitansatz für die Planung nimmt demnach ca. 1 Woche in Anspruch. In der Planungsphase erarbeiten Sie die ersten Ansätze für Ihre späteren Onsite- und Offsite-Maßnahmen. Ein ungefährer Zeitplan des Linkaufbaus und der weiteren Tätigkeiten gehört zum Grundstock. Im späteren Verlauf werden Sie im Zuge Ihres Controllings bestimmt Anpassungen vornehmen, aber für die ersten Schritte legen Sie hier die Vorgehensweise fest.

10.2.4 Onsite

In dieser Phase beginnt die Optimierung. Gehen Sie strukturiert vor, und befolgen Sie Ihren Leitfaden:

► technische Anpassungen

Die wirklich schwerwiegenden technischen Anpassungen, die auch zeitintensiv sind, sollten Sie bereits in der Vorbereitung definiert und eingegrenzt haben. In dieser Phase beziehen sich die technischen Anpassungen schon eher auf Details, die Sie während der Analyse und Planung herausgestellt haben.

Zeitansatz: 2–3 Tage
Bearbeiter: Webmaster

► Inhalte und grafische Elemente der Website überarbeiten

Der Inhalt ist Ihr wichtigstes Instrument für die Kundenbindung und die Neukundengewinnung. Die Texte sollten auf die Zielgruppe abgestimmt sein. Es kann durchaus Unterseiten geben, die Sie nicht verändern müssen, aber auf jeden Fall sollten Sie die Landingpages und Themenseiten in Bezug auf den Nutzwert für die Interessenten anpassen.

Die Maßnahmen der Onsite-Optimierung dienen zwar vorrangig der Suchmaschinenoptimierung, aber es kommt häufig vor, dass die Besucher durch ansprechendere Inhalte länger auf der Website verweilen und sich ausführlicher informieren.

Zeigen Sie Ihre Änderungen einer ausgewählten Testgruppe, und fragen Sie nach Anregungen zur besseren Zielgruppenansprache.

Zeitansatz: 2 Wochen
Bearbeiter: Website-Betreiber, Webmaster, SEOler

▶ interne Verlinkung

▶ Ladezeit

▶ Sitemap

Wenn Sie die Inhalte überarbeitet haben, bauen Sie die interne Linkstruktur aus, und verknüpfen Sie Ihre Unterseiten miteinander. Setzen Sie auch auf Ihrer Startseite Direktlinks zu Webseiten, die wichtig, aber im Menü nicht unmittelbar aufrufbar sind. Danach kontrollieren Sie noch einmal die Ladezeiten Ihrer Webseiten. Jede wichtige Seite Ihrer Internetpräsenz sollte ohne störende Wartezeit abrufbar sein. Wenn Sie die Onsite-Anpassung beendet haben, melden Sie die XML-Sitemap erneut bei Google zur Indizierung an.

Zeitansatz: 1–2 Tage
Bearbeiter: Webmaster

Der Zeitansatz für die gesamten Onsite-Maßnahmen betragen ungefähr 2 Wochen. Mit den Onsite-Maßnahmen bereiten Sie das Portal nicht nur zur Suchmaschinenoptimierung auf, sondern auch, um die Besucher und potenziellen Interessenten über Ihr Unternehmen und Ihre Dienstleistungen zu informieren. Sie erhalten keine zweite Chance für den ersten Eindruck, und der entsteht bei den Webseitenbesuchern bekanntlich in einer sehr kurzen Zeitspanne.

10.2.5 Offsite

Nachdem Sie die Onsite-Maßnahmen durchgeführt haben, beginnen Sie mit den externen Prozessen. Einige Schritte brauchen Sie lediglich einmal auszuführen, andere hingegen werden kontinuierlich über Monate wiederholt:

▶ DMOZ, Branchenkataloge

▶ Links bei Kooperationspartnern (Lieferanten, Hersteller, Kooperationspartner, Kunden etc.)

▶ Social Bookmarks, Blog-Kommentare

▶ Suchergebnisse prüfen

▶ Mitbewerber prüfen

▶ soziale Netzwerke

▶ Bewertungsportale

▶ Google Alerts

Der gesamte Linkaufbau richtet sich nach Ihren SEO-Zielen. Einen allgemeinen Zeitansatz kann man hier nicht nennen, da sich die Dauer daran ausrichtet, wie nah Sie Ihren Zielen sind. Generell sollte man als ersten Zeitansatz eine Spanne von 6 Monaten ansetzen, in der aber bereits monatlich ein Controlling der Maßnahmen stattfindet. Die einzelnen Bausteine sollten dabei gemischt genutzt werden, damit ein möglichst natürlicher Linkaufbau dargestellt wird. Planen Sie beispielsweise alle 1 bis 2 Wochen eine Pressemitteilung ein. Nutzen Sie 2 Tage in der Woche, um Blog-Kommentare, Social Bookmarks und Foreneinträge zu schreiben.

Der Aufbau von Links über Portale, die Sie in den Suchergebnissen finden, kann ebenso in bestimmten Intervallen erfolgen. Die Nutzung von sozialen Netzwerken für den Linkaufbau beansprucht eher mehr Zeit, wobei es hier nicht nur um das Einstellen von Links geht, sondern generell auch um die ständige Präsenz, um einen möglichen Dialog über die geteilten Inhalte moderieren zu können. Das Gleiche gilt auch für Bewertungsportale. Auch hier sollten Sie die Internetportale im Auge behalten und mehrmals wöchentlich nachkontrollieren, was über Sie geschrieben wird. Wobei dies natürlich bereits in den Bereich des Controllings fällt.

Zeitansatz: 6 Monate
Bearbeiter: SEOler

Zeitansatz für die Offsite-Maßnahmen: 3–6 Monate

Es wird oft behauptet, der Linkaufbau sei die Königsklasse der Suchmaschinenoptimierung. Dem kann ich nicht ganz beipflichten. Die Gratwanderung zwischen natürlichem und zu schnellem bzw. zu auffälligem Linkaufbau ist die Königsklasse. Ein langsamer und natürlicher Linkaufbau bringt Ihnen zwar erst langfristig Ergebnisse, aber so sammeln Sie wichtige Erfahrungen und lernen, die Maßnahmen und die Resultate einzuschätzen.

In dieser Form kann jeder Linkaufbau betreiben, ohne Gefahr zu laufen, dass Google einen abstraft. Mit wenigen Links pro Woche können Sie ebenso die Basis für eine spätere »größere Linkaufbau-Kampagne« bilden.

Bauen Sie anfänglich allgemeine Links zu Ihrer Startseite auf. Setzen Sie nicht von Anfang an auf Deeplinks, und nutzen Sie nicht nur Keywords als Linktext. Gerade in der Anfangszeit wirkt es wesentlich natürlicher, wenn der Linktext aus Ihrem Domain-Namen oder Ihrer Unternehmensbezeichnung besteht.

10.2.6 Controlling

Controlling begleitet Sie während Ihrer gesamten Kampagne:

- Besucheranalyse
  - Gesamtzahl der Besucher
  - Absprungrate
  - geografische Zugriffsdaten
  - Zugriffsart
- Backlinks
- Google-Ranking
- Mitbewerber-Ranking

Die Phase Ihrer Controlling-Maßnahmen beginnt bereits am ersten Tag Ihrer SEO-Kampagne, und zwar ganz automatisch durch Ihre eigene Neugier (keine Angst, das ist ganz normal!).

Bereits nach wenigen Tagen wird es Sie interessieren, wie sich die Besucherzahlen entwickeln und ob es bereits Änderungen gibt. Wenn Sie neue Links setzen, werden Sie auch wissen wollen, ob Backlink-Tools und Google diese Links bemerken und zählen. Die Neugier wird Sie antreiben und Ihnen auch täglich dabei helfen, sich neue Ideen für Ihre Kampagnen einfallen zu lassen. Wenn Sie anhand der Ergebnisse sehen, welche Maßnahmen wirken und welche wohl eher keine Auswirkung haben, können Sie im weiteren Verlauf Ihre Maßnahmen an Ihren eigenen Erfahrungen ausrichten und weiterentwickeln. So entsteht ein kontinuierlicher Prozess zwischen Maßnahmenplanung, Ausführung und Controlling/Analyse. Controlling wird zu Ihrem ständigen Begleiter und zum ausdauerndsten Prozess Ihrer Suchmaschinenoptimierung.

> **Zeitansatz für das Controlling: 3–6 Monate**
> **(über die gesamte Laufzeit Ihrer SEO-Kampagne)**
> Controlling ist die wahre Königsklasse der Suchmaschinenoptimierung. Die Arbeitsschritte, die Sie aus Ihren eigenen Erfahrungswerten in Verbindung mit aktuellen Informationen aus der Branche herausarbeiten, stellen langfristig die Qualität Ihrer Arbeit dar. Ein beständiger Ansatz mit nachhaltiger Kontinuität zwischen Anpassung und Controlling sind Hauptfaktoren für Ihren Erfolg. Nach dem Spiel ist vor dem Spiel!

10.2.7 Maßnahmen abstimmen, schneller zu Ergebnissen kommen

Wenn Sie sich nun die Zeitansätze für die einzelnen Phasen anschauen, werden Sie schnell feststellen, dass Suchmaschinenoptimierung kein »Hobby« für zwischendurch ist und Sie langfristig Zeit investieren müssen.

Der dargestellte Zeitplan liegt bei 9 Monaten Gesamtzeit für Ihre Suchmaschinenoptimierung. Dieser Zeitansatz gilt als Durchschnittswert für kleine bis mittlere Projekte. Auch für die Website des Friseurs in Köln ist es ein realistischer Wert, wobei man davon ausgehen kann, dass bei einem derartigen Thema etliche Marktbegleiter bereits SEO-Maßnahmen ausführen. Die Kampagne muss daher unter Umständen 12 Monate oder sogar noch länger in einem größeren Umfang betrieben werden, um gute Platzierungen in den Suchergebnissen bei Google zu erhalten und diese auch langfristig zu sichern.

Sie können allerdings auch einige Maßnahmen der Vorbereitung, Analyse, Planung und der Onsite-Optimierung parallel bzw. zeitlich überlappend durchführen. Dadurch sparen Sie in der Vorbereitung eventuell einige Wochen. Grundsätzlich sollten Sie für die ersten vier Phasen 2 bis 3 Monate einplanen. Ein guter Zeitansatz für die Offsite-Maßnahmen und das entsprechende Controlling liegt bei 6 Monaten. Das ist ausreichend Zeit, um einen natürlichen Linkaufbau darzustellen und nicht überhastet Tausende von Links innerhalb kurzer Zeit zu generieren.

Nach 6 Monaten Offsite-Maßnahmen ziehen Sie ein Resümee und prüfen, wie sich Ihre Platzierungen verändert haben und ob Sie Ihre Ziele verwirklichen konnten. Sie werden feststellen, welche Maßnahmen Ihnen bereits geholfen haben und welche Schritte Sie eventuell in einer weiteren Kampagne weglassen werden. Je besser Sie selbst Ihre erste SEO-Kampagne auswerten, desto mehr persönliche Erfahrung und Wissen werden Sie sich aneignen. Der Aufbau von Erfahrungen ist ein wichtiger Baustein für eine langfristig positive Maßnahmenplanung. Gerade im Bereich der Suchmaschinenoptimierung ändern sich die Kriterien sehr schnell.

Wenn Sie verstehen, wie die derzeitigen Anforderungen einzuschätzen sind und sich über Veränderungen frühzeitig informieren, können Sie Ihre Website erfolgreich für die Kundengewinnung platzieren und bei Google und Co. auf den vorderen Plätzen gastieren. Auf lange Sicht ist es dabei nicht von Bedeutung, ob Sie selbst oder ein Dritter die Maßnahmen ausführt. Wichtig ist nur, dass Sie die Maßnahmen und die Wirkung verstehen und ein kontinuierliches Controlling durchführen, um die Schritte zu lenken.

9 Monate als Richtwert für Ihre SEO-Kampagne

3 Monate von der Vorbereitung bis zur Anpassung Ihrer Internetpräsenz bieten Ihnen ausreichend Zeit, um Ihre Website zielgerichtet und themenrelevant mit Blick auf den Nutzwert für Ihre Besucher inhaltlich anzupassen.

6 Monate für Ihre Online-Reputation mit einem weitgefassten und abwechslungsreichen Linkaufbau bieten Ihnen eine Basis für die Besuchergenerierung und eine verbesserte Indizierung Ihrer Website.

Die Dauer der Kampagne richtet sich allerdings nicht nach einem Zeitansatz, sondern nach Ihren Ergebnissen. Sind die Ergebnisse frühzeitig erreicht, sollten Sie dennoch einige Maßnahmen weiter ausführen, um die erreichten Ergebnisse zu festigen. Sind Ihre Ziele noch nicht erreicht, sollten Sie die Kampagne verlängern und mit der Zeit über weitere Maßnahmen wie Linkbaits oder auch andere Methoden nachdenken.

Kapitel 11

Google AdWords – kein Gegensatz, sondern ideale Ergänzung

Mit einer bezahlten Anzeigenschaltung durch Google AdWords können Sie eine sehr gute Vorarbeit für Ihre SEO-Kampagne leisten. Nutzen Sie SEA-Maßnahmen, um SEO zu ergänzen und somit ein ganzheitliches Suchmaschinenmarketing abzubilden.

Was tun, wenn die Top-Rankings ausbleiben? Unter dem Begriff *Search Engine Advertising* (SEA) versteht man die bezahlte Werbeeinblendung von Anzeigen auf den Suchergebnisseiten bei Google und anderen Suchmaschinen. Der Online-Dienst für die bezahlten Werbeanzeigen bei Google heißt Google AdWords.

In diesem Kapitel erkläre ich Ihnen die Grundlagen zur Nutzung von Google AdWords und in welchem Zusammenhang Sie AdWords für Ihre SEO-Kampagnen einsetzen sollten. Die Nutzung von Google AdWords ist sehr umfangreich. Ich werde Ihnen das Basiswissen vermitteln, wie Sie mit AdWords starten und Ihr AdWords-Konto mit Google Analytics verbinden können. Die Verknüpfung von Google AdWords und Google Analytics hat für Sie den Vorteil, dass Sie die Ergebnisse Ihrer AdWords-Maßnahmen sehr detailliert kontrollieren und auswerten können.

AdWords umfasst wesentlich mehr, als ich Ihnen hier vermitteln werde. Die Informationen reichen allerdings aus, um das AdWords-Programm für Ihre Suchmaschinenoptimierung einzusetzen und damit erfolgreich bei Google Werbetextanzeigen zu kreieren, die Sie auf den Suchergebnisseiten bei Google und dem Partnernetz darstellen können (siehe Abbildung 11.1).

Sie werden Google AdWords für die Analysephase Ihrer Suchmaschinenoptimierung einsetzen und mit der bezahlten Anzeigenschaltung wichtige Erkenntnisse für SEO erlangen.

Abbildung 11.1 Darstellung von Google-AdWords-Anzeigen

11.1   SEM vs. SEO – was ist sinnvoll?

SEM und SEO sind keine Gegensätze. Die Maßnahmen können aufeinander abgestimmt als ideale Ergänzung ein ganzheitliches Suchmaschinenmarketing darstellen. In Abschnitt 11.2, »Marktforschung mit Google AdWords«, werde ich Ihnen SEM als Mittel zur Marktforschung im Sinn der Keyword-Analyse vorstellen, allerdings gibt es viele weitere Szenarien, bei denen der Einsatz von SEM-Maßnahmen sinnvoll sein kann.

Dort, wo Sie mit Suchmaschinenoptimierung nicht die Top-Positionen erreichen können, kann die Platzierung von Werbeanzeigen sinnvoll sein, um dennoch die Suchanfragen der Interessenten abgreifen zu können. Gerade wenn Sie eine relativ junge Website betreiben oder jetzt erst mit der Suchmaschinenoptimierung beginnen, werden Sie nicht viele organische Ergebnisse haben; damit Sie dennoch bereits Traffic erhalten, bietet sich die Schaltung von Werbeanzeigen bei Google an.

Oftmals stellen Internetnutzer Suchanfragen, die nicht unbedingt zu dem Inhalt Ihrer Internetseite passen oder Ihrem Ziel entsprechen. Dennoch gehören die Nutzer zu Ihrer Zielgruppe, und eine Anzeigenschaltung kann sinnvoll sein. Ein Beispiel dafür sind Personen, die nach Erfahrungsberichten zu Kontaktlinsen suchen. Als Shopbetreiber für Kontaktlinsen entsprechen diese Suchanfragen dem Interesse Ihrer Zielgruppe. Auch wenn Sie auf Ihrer Seite keine Erfahrungsberichte von Nutzern darstellen, wird diese Suchanfrage nur von potenziellen Kunden für Ihre Produkte eingegeben, und es könnte für Sie von Interesse sein, diese Nutzer auf Ihre Website zu ziehen.

Ein weiteres Einsatzgebiet können saisonal bedingte Suchanfragen und Feiertage sein. Es wird beispielsweise für ein Hotel sehr schwierig sein, die

Arrangements zum Valentinstag oder die Buchung für Weihnachtsfeiern via Suchmaschinenoptimierung zu fördern und zur richtigen Zeit bei Google in den Top-Suchergebnissen dargestellt zu werden. Leichter ist es, für diese Events und saisonalen Anfragen Werbeanzeigen zu buchen und diese für Ihre Zielregion im vordefinierten Zeitfenster zu schalten.

So konnten wir beispielsweise Ende 2009 einem Hotel/Restaurant mit einer Adwords-Kampagne dazu verhelfen, dass alle Veranstaltungssäle des Hauses restlos ausgebucht waren. Mit einer Kampagne zum Thema »Weihnachtsfeier – feiern Sie Weihnachten mal anders« wurde die Landingpage eines Hotels beworben, auf der entsprechende Arrangement angefragt und gebucht werden konnten. Über die AdWords-Kampagne wurden 3.750 Besucher für die Website geworben. Die Kampagne wird seitdem jedes Jahr wiederholt.

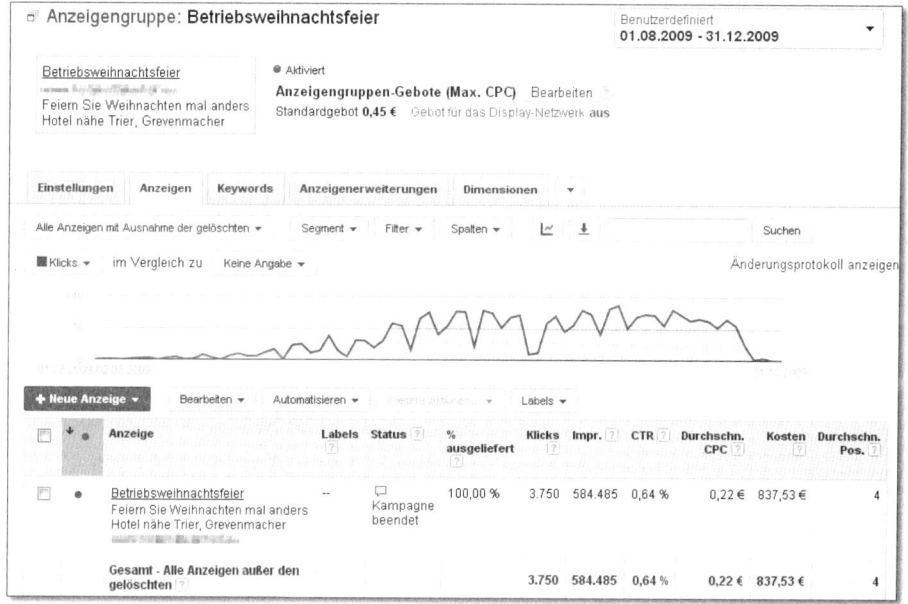

Abbildung 11.2 AdWords-Kampagne für Weihnachtsfeiern im Hotel

Wie Sie in Abbildung 11.2 sehen, war der Klickpreis für die Kampagne sehr gering. Die Anzeige wurde sowohl im Suchnetzwerk als auch im Displaynetzwerk geschaltet. Neben dem Effekt, dass die Kampagne über 3.750 Besucher auf die Webseite brachte, konnten durch die hohe Anzahl an Impressionen wesentlich mehr Personen angesprochen werden.

Auch wenn die Werbeanzeige nicht jedes Mal angeklickt wird, werden viele Anzeigen dennoch wahrgenommen, und die Interessenten prägen sich die Werbung bzw. den Inhalt ein und rufen die Webseite zu einem späteren Zeitpunkt auf. Was für Weihnachtsfeiern gilt, findet auch für Feiertage wie Muttertag, Halloween oder Karneval Zuspruch. Zahlreiche Anbieter von Blumen, Schmuck und anderen potenziellen Geschenken möchten in den Tagen vor den Feiertagen noch den einen oder anderen Verkauf erzielen. In vielen Branchen sind Feiertage Umsatzschwerpunkte. Entsprechend wird auch in Marketing investiert.

Wie stark Online-Marketing mit Google AdWords wirkt, zeigt sich an den Unternehmen, die vorzugsweise mit AdWords werben. Weltweit investieren Unternehmen jährlich etwa 40 Milliarden Euro in Suchmaschinenmarketing mit Google AdWords. In Deutschland ist Amazon der größte Werbekunde des Suchmaschinenkonzerns Google. Amazon investiert mehr als jedes andere Unternehmen in Deutschland in Google AdWords als Werbemittel.

Speziell für Online-Händler, die rein auf den Verkauf über das Internet setzen, ist es selbstverständlich, auch Kunden im Internet zu werben. Google AdWords ist dabei ein optimales Mittel, um Neukunden zu gewinnen und auch bestehende Kunden neu zu aktivieren. Durch die vernetzten Möglichkeiten von Google und des Google-Werbenetzwerkes ist Amazon sogar in der Lage, Kunden im Internet zu verfolgen und ihnen bestimmte Werbeinhalte mehrmals an unterschiedlichen Plätzen im Web zu präsentieren (Retargeting).

Amazon führt die Liste der Werbekunden in Deutschland, die auf Google AdWords setzen, unangefochten an. Dahinter folgen andere Händler bzw. Plattformen wie Otto oder eBay. Stark vertreten ist neben der Händlerbranche auch die Reisebranche, die urlaubsreife Kunden über Google AdWords lockt. Im Marketingmix spielt Google Adwords eine immer wichtigere Rolle. Das Werbe-Tool lässt sich besonders schnell und einfach für bestimmte Anlässe, wie zum Beispiel Muttertag, adaptieren und einstellen. Somit kann auch noch sehr kurzfristig eine Werbekampagne zu Feiertagen geschaltet werden, was im Printbereich sowie in Funk und Fernsehen aufgrund der längeren Vorlaufzeiten oft nicht möglich ist. Zahlreiche Kunden suchen speziell kurz vor den Feiertagen noch nach entsprechenden Angeboten. Um auch diese Kurzentschlossenen zu erreichen, kann eine Adwords-Anzeige zum Feiertagsthema innerhalb von wenigen Minuten aufgesetzt und auch direkt gestartet werden.

Adwords eignet sich dabei nicht nur für Online-Versandshops als Werbemittel, sondern ebenso gut für Geschäfte mit einem fixen Standort. Die Anzeigenschaltung lässt sich regional beschränken und erreicht somit die Zielgruppe sehr konkret. Theoretisch kann durch Anzeigenschaltung via Google die ganze Welt erreicht werden. Doch für viele Unternehmer wäre das nicht zielführend. Sie möchten die Zielgruppe in ihrer Region im Internet ansprechen, um Besucher und Kunden in ihr Ladenlokal zu locken.

Bei der Nutzung von Google Adwords für regionale Anzeigen sind zwei Strategien besonders zielführend. Zum einen ist es möglich, durch Regional Targeting die Region einzuschränken, in der die Anzeigen geschaltet werden. Google erkennt anhand der IP-Adresse der Nutzer, wo sich diese gerade befinden. Zum anderen erweist es sich als Erfolg versprechend, neben den allgemeinen Keywords auch Keywords mit Ortsangaben einzugeben. So wird das Keyword »Friseur« beispielsweise um den Zusatz »in Mainz« ergänzt. Dadurch erreicht die Anzeige noch besser die Kunden, die gezielt nach solchen Angeboten im Raum Mainz suchen bzw. in der gewählten Region, in der Sie Ihre Kunden ansprechen möchten.

Ein weiteres Einsatzgebiet kann die Darstellung von Werbeanzeigen bei der Erweiterung des Onlineshop-Angebots sein. Wenn Sie neue Markenprodukte oder Artikelkategorien in Ihren Shop aufnehmen, wird es eine Zeit dauern, bis Sie auch organische Suchanfragen zu den neuen Produkten erhalten. Damit Sie dennoch bereits Umsatz mit Ihren neuen Angeboten generieren können, kann Google AdWords hier ebenfalls eine ergänzende Maßnahme sein.

11.2 Marktforschung mit Google AdWords

Google AdWords bietet Ihnen eine ideale Basis, um die potenziellen Keywords, die Sie für Ihre Zielgruppe als wichtig erachten, zu prüfen und die realen Suchanfragen für einen Zeitraum von einigen Wochen zu analysieren.

Wie ich bei der SEO-Analyse in Abschnitt 5.1, »Das Wichtigste zuerst: Keywords«, dargestellt habe, ist es wesentlich, die Internetpräsenz auf die Keywords auszurichten, die Ihre Zielgruppe nutzt, um nach Ihren Produkten und Dienstleistungen zu suchen. Wie finden Sie aber heraus, ob die Keywords, die Sie ausgesucht haben, auch wirklich die richtigen sind? Nach meiner persönlichen Erfahrung gibt es kein besseres Marktforschungsinstrument, um die richtigen Schlüsselwörter der Zielgruppe zu finden und das reale Potenzial zu prüfen, als eine ausgiebige Google-AdWords-Kampagne.

Prüfen Sie entlang der Customer Journey, welche Kaufzyklen Ihre Zielgruppe durchläuft, und bauen Sie sich für jede einzelne Phase einen Grundstock an Keywords auf. Nutzen Sie den Google Keyword Planer, um die Begriffe zu prüfen und weitere Schlüsselwörter zu finden, die von Ihrer Zielgruppe ebenfalls stark frequentiert werden. Es ist für Sie natürlich elementar wichtig, ob Sie mit den Keywords auch wirklich den gewünschten Erfolg erzielen können. Wie häufig werden diese Begriffe bei Google gesucht, und welche Ergebnisse erzielen Sie mit den Besuchern, die über die geschalteten Begriffe auf Ihre Website gelangen?

Google AdWords kann Ihnen helfen, das reale Such- und Klickvolumen für Ihre Keywords zu kontrollieren, bevor Sie mit der inhaltlichen Überarbeitung Ihrer Internetpräsenz beginnen. Hierzu richten Sie eine Google-AdWords-Kampagne ein und werden für einen Zeitraum von 4 Wochen (gerne auch länger) Google-AdWords-Werbeanzeigen für die von Ihnen definierten Begriffe schalten.

Sie verknüpfen das Google-AdWords-Konto mit Google Analytics und sehen so, wie viele Personen bei Google nach Ihren Schlüsselwörtern gesucht und Ihre Werbeanzeige angeklickt haben. Im weiteren Verlauf sehen Sie dann in Ihrer Analytics-Website-Statistik, wie sich der Nutzer auf Ihrer Website bewegt und ob er die dargestellten Informationen als zielführend empfunden hat oder ob die Absprungrate zu den Begriffen höher liegt als der durchschnittliche Wert aller Besucher. In Abschnitt 11.5, »AdWords-Kampagnen mit Google Analytics auswerten«, erfahren Sie, wie Sie Google AdWords mit Ihrem Analytics-Konto verbinden.

Anhand der gesammelten Informationen können Sie analysieren, welche Keywords Ihre Zielgruppe nutzt und welche Informationen Ihrer Internetseite von den Besuchern bevorzugt aufgerufen werden. In einer ersten Analyse geht es hauptsächlich darum, festzustellen, welche Begriffe von den Interessenten am häufigsten bei Google recherchiert werden. Dazu ist nicht nur die reine Anzahl der Klicks von Interesse, sondern ebenso die Anzahl der Impressionen Ihrer Werbeanzeige.

Für ein Hotel kann es beispielsweise wichtig sein zu wissen, wie viele Interessenten monatlich bei Google nach einem Hotel in der Region suchen und welche Begriffe dafür verwendet werden. Abbildung 11.3 zeigt Ihnen dazu ein kleines Beispiel für ein Hotel an der Mosel. Hier werden nur wenige Begriffe abgefragt, aber bereits hier lässt sich erkennen, wie wichtig es ist, unterschiedliche Keywords zu testen.

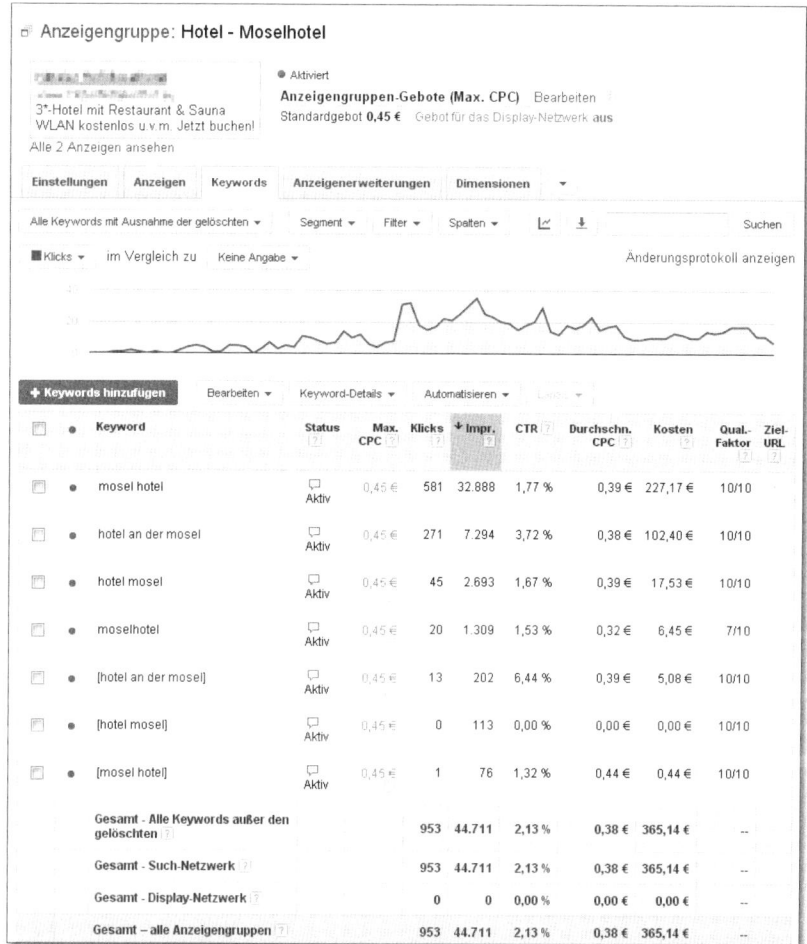

Abbildung 11.3 Google-AdWords-Statistik für Begriffe zur Suchanfrage »Hotel Mosel«

Die meisten Suchanfragen gibt es zu »mosel hotel«, aber die Suchanfragen zu »Hotel an der Mosel« bieten die beste Click-Through-Rate. Einen großen Unterschied gibt es zwischen den Suchanfragen zu »mosel hotel« und »hotel mosel«, was man vielleicht so nicht erwartet hätte, wenn man diese Keywords lediglich im Keyword Planer auf die Anzahl der Suchanfragen hin geprüft hätte.

In Abbildung 11.4 sehen Sie die ermittelten monatlichen Suchanfragen aus dem Keyword-Planer. Die Suchanfragen für »mosel hotel« und »hotel mosel« fallen anders aus, als man gedacht hätte. Hätte man die Keywords nach dem External Keyword Tool ausgesucht, wäre »Hotel Mosel« der Begriff mit den meisten Suchanfragen gewesen. Die Auswertung der realen Suchanfragen mit Google AdWords zeigt allerdings ein anderes Ergebnis.

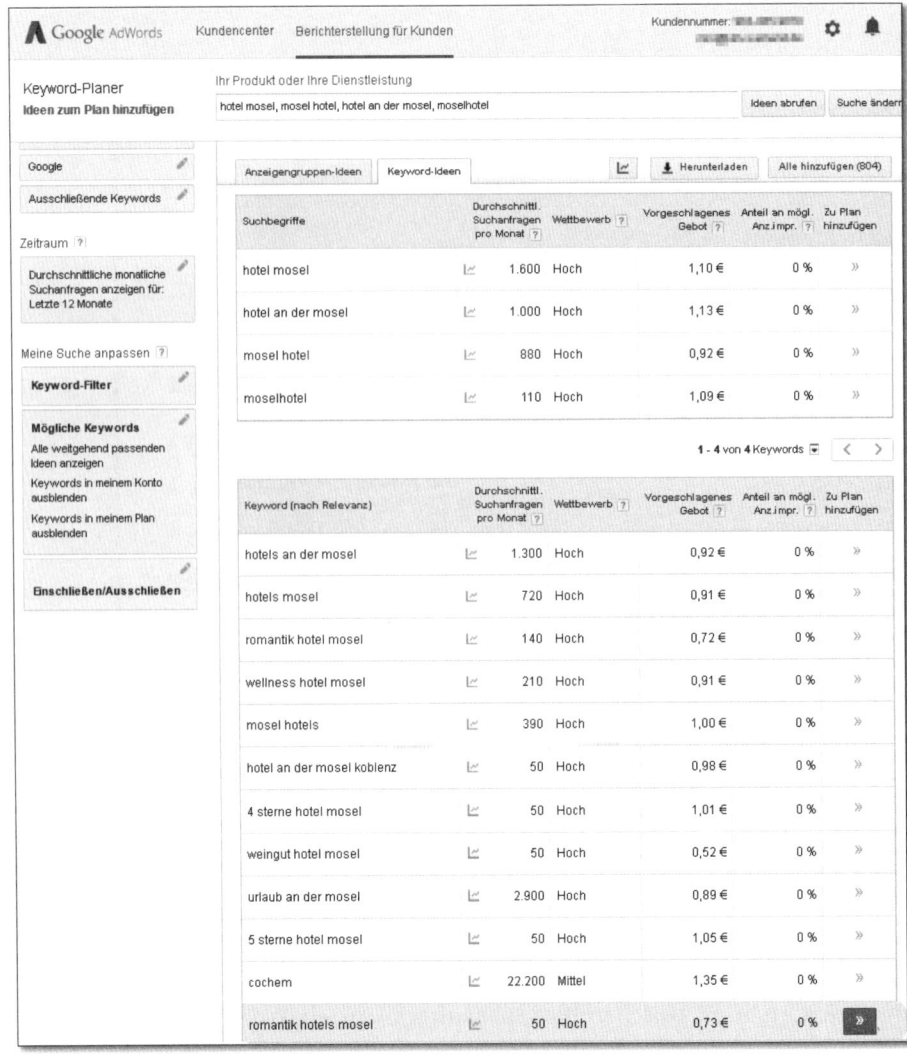

Abbildung 11.4 Suchvolumen laut Google Keyword-Planer

Ein weiteres Kriterium zur Überprüfung der Keywords ist das Nutzerverhalten der Besucher, die über die unterschiedlichen Suchanfragen zur Homepage gelangt sind. Welche weiteren Unterseiten Ihrer Internetpräsenz ruft der Besucher auf, und wie lange verweilt er dort? Welchen Informationsbedarf haben die Nutzer, und welche Keywords bringen potenzielle Anfragen oder vielleicht sogar schon Käufe (Conversions)? Diese Daten geben Ihnen wichtige Informationen zur Anpassung Ihrer Internetpräsenz.

Bei der Auswahl der Keywords achtet man häufig lediglich auf die Zugriffszahlen im Keyword-Planer und vergisst dabei die Zielgruppenbetrachtung. Aus diesem Grund werden allgemeine Keywords sehr gerne von den Werbetreibenden gebucht, da eine große Anzahl an potenziellen Kunden Monat für Monat danach sucht und diese Suchwörter die jeweiligen Produkte oder Dienstleistungen gut beschreiben. »Urlaub Mosel« ist solch ein allgemeingültiger Begriff. Für diesen Begriff gibt es ein hohes Suchaufkommen. Daraus ergibt sich aber auch eine große Konkurrenz bei den Werbeanzeigen und bei der Suchmaschinenoptimierung. Setzen viele Anbieter auf gleiche Keywords bei AdWords bzw. bei der SEO, wird die Anzeige einerseits hohe Klickkosten produzieren, andererseits wird es aber schwierig sein, später mit SEO-Maßnahmen die Webseite in den organischen Suchergebnissen zu platzieren.

Hier lohnt es sich, die Zielgruppe zu konkretisieren und Keywords zu testen, die zwar eine kleinere Zielgruppe ansprechen, dafür aber wahrscheinlich eine höhere Conversion-Rate bieten. Die Verwendung solcher Nischen-Keywords kann sich somit für Werbetreibende lohnen, da damit eine mitunter völlig neue Käuferschicht erreicht werden kann.

11.3   Die erste AdWords-Kampagne

Das Erstellen eines AdWords-Kontos und der ersten Kampagne ist sehr einfach. Alles, was Sie dafür benötigen, ist ein bereits vorhandenes Google-Konto. Wenn Sie noch kein Google-Konto haben, erstellen Sie mit der Registrierung bei Google AdWords automatisch ein Google-Konto.

Da viele Produkte von Google häufig überarbeitet werden, und auch Google AdWords in den letzten Jahren bereits häufiger angepasst wurde, verweise ich im weiteren Verlauf des Kapitels via QR-Code auf die Videoanleitungen im YouTube-Channel von Google Deutschland. Mit den Anleitungen können Sie das Konto erstellen und die erste Kampagne ausführen.

Google AdWords ist die Haupteinnahmequelle des Unternehmens, daher bietet Google auch sehr viele aktuelle Informationen und Services rund um das Werbeprogramm Google AdWords an. Unter anderem betreibt Google auf der Plattform YouTube einen eigenen Channel, der sich nur mit dem Thema Google AdWords befasst. Der Channel heißt *AdWords Onlineseminare* und ist über die Webadresse *http://www.youtube.com/user/adwordsseminare* aufrufbar. Hier finden Sie wirklich alle Themen, von der ersten Kampagne bis hin zur ROI- und Conversion-Optimierung. Dementsprechend bietet der Channel auch eine Online-Seminarreihe zum Thema »So fangen Sie an«.

Für den bestmöglichen Einstieg in Google AdWords mit der aktuellen Oberfläche und den aktuellen Funktionen empfehle ich Ihnen, sich diese Seminarreihe anzuschauen. Das Seminar besteht aus fünf einzelnen Videos und hat eine Gesamtlänge von eineinhalb Stunden. Das erste Video handelt von der Erstellung des AdWords-Kontos und der ersten Kampagne (siehe Abbildung 11.5). Es dauert ca. 18 Minuten. Das Seminar bietet Ihnen den idealen Einstieg in die weiterführenden Informationen in diesem Kapitel.

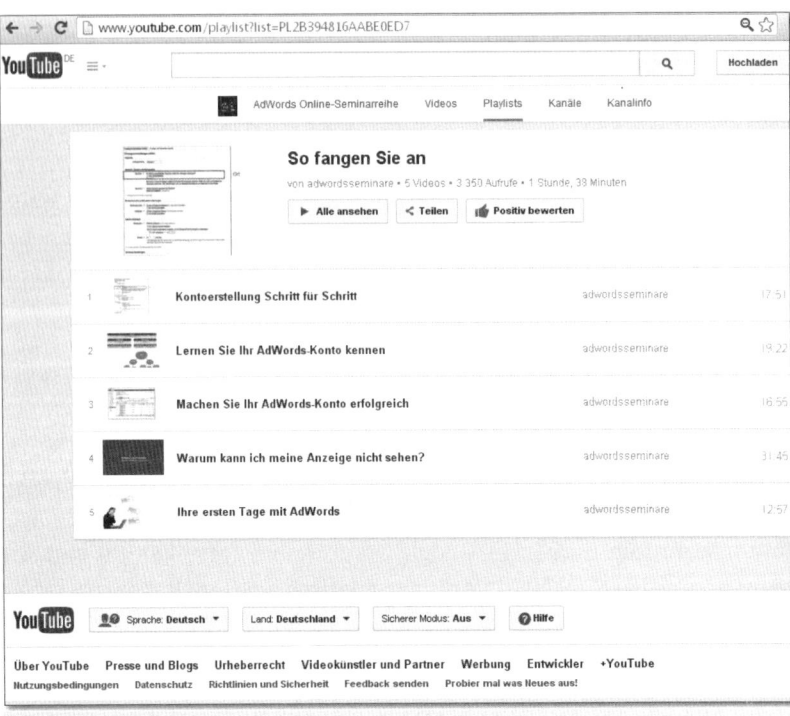

Abbildung 11.5 Hier finden Sie die YouTube-Playlist für Ihr Google-AdWords-Seminar »So fangen Sie an«: http://goo.gl/cQuGM

Kostenlose Gutscheine für Ihre erste AdWords-Kampagne

Derzeit bietet Google Unternehmen kostenlose Gutscheine für die Erstellung der ersten Google-AdWords-Kampagne an. Ein Portal, auf dem Sie Gutscheine erhalten und sich über die aktuellen Gutscheinbedingungen informieren können, ist *http://www.adwords-starthilfe.de.*

Für die Keyword-Analyse Ihrer SEO-Kampagne empfehle ich, in Google AdWords lediglich mit einer einzigen Kampagne zu starten. Auf der Kampagnenebene legen Sie die allgemeinen Einstellungen für Ihre Anzeigenschaltung fest: Tagesbudget, Sprache, geografische Ausrichtung sowie Start- und Enddatum.

Wählen Sie als Kampagnentyp NUR SUCH-WERBENETZWERK. Wenn Sie Google AdWords für die Keyword-Analyse einsetzen möchten, interessieren Sie sich lediglich für die Suchanfragen, die Interessenten auf Google-Such-Websites oder im Google-Suchnetzwerk eingeben werden. Das Google-Suchnetzwerk (siehe Abbildung 11.6) besteht zusätzlich zu den Google-Such-Websites aus Google Shopping, Google Maps, Google Bilder und Google Groups sowie aus Websites, die eine Partnerschaft mit Google eingegangen sind, zum Beispiel AOL.

Abbildung 11.6 Kampagneneinstellungen in einer neuen Adwords-Kampagne

Nachdem Sie den Kampagnentyp definiert haben, sollten Sie in den weiteren Einstellungen die Region festlegen, in der Ihre Anzeigen geschaltet werden sollen (siehe Abbildung 11.7). Gerade für Unternehmen wie Handwerksbetriebe oder auch Firmen mit regionalem Verkauf ist dies eine wichtige Option, um das reale Suchvolumen in der eigenen Region herauszufinden.

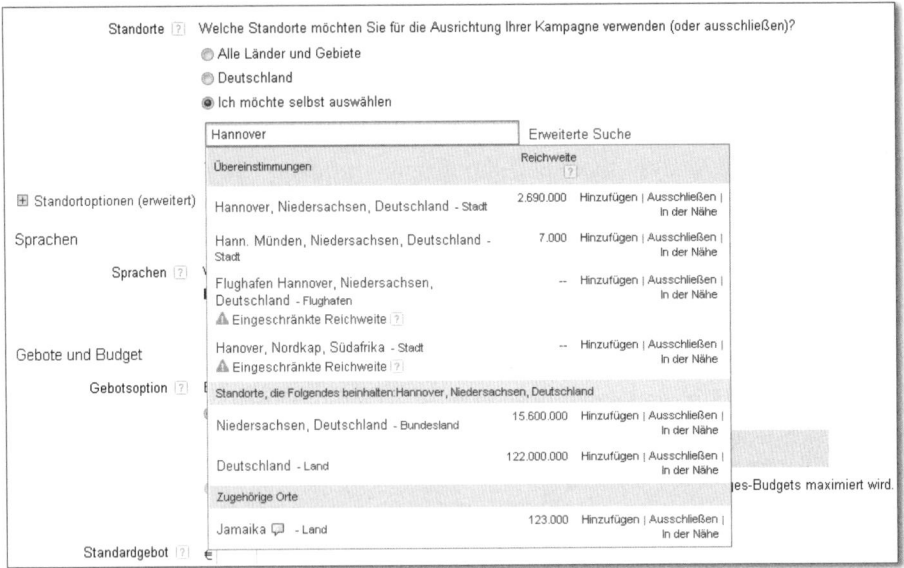

Abbildung 11.7 AdWords-Kampagneneinstellungen – Zielregion

Neben der Auswahl des Standortes durch die Eingabe eines Städtenamens können Sie auch mit einem Klick auf ERWEITERTE SUCHE die Auswahl der Zielregion auf einen Umkreis ausweiten. Beispielsweise können Sie dadurch festlegen, dass Ihre Anzeigen im Umkreis von 50 Kilometern um Hannover geschaltet werden sollen.

Weitere Punkt, die Sie in den Kampagneneinstellungen Ihrer ersten Kampagne definieren, sind das Tagesbudget und das Standardgebot für Ihre Klickpreise. Mit dem Standardgebot oder Anzeigengruppengebot können Sie ein maximales CPC-Gebot (Cost-per-Click) für Ihre erste Anzeigengruppe festlegen (siehe Abbildung 11.8).

Die abschließenden Kampagneneinstellungen beziehen sich auf die Erweiterung Ihrer Anzeigen um zusätzliche Unternehmensinformationen. Wenn Sie Google AdWords langfristig als ergänzende Maßnahme zu Ihrer Suchmaschinenoptimierung nutzen möchten, empfehle ich Ihnen, die Anzeigenerweiterungen auf jeden Fall zu verwenden. Mit den Erweiterungen können Sie den Nutzwert und den Informationsgehalt für potenzielle Interessenten erhöhen. Wenn Sie Ihre Kampagne allerdings lediglich für die Keyword-Analyse verwenden, ist die Anzeigenerweiterung nebensächlich. In erster Linie geht es dann darum, das Suchvolumen zu definieren, und das erreichen Sie nicht anhand der Anzahl der Klicks auf Ihre AdWords-Anzeigen, sondern anhand der Anzahl Ihrer Impressionen.

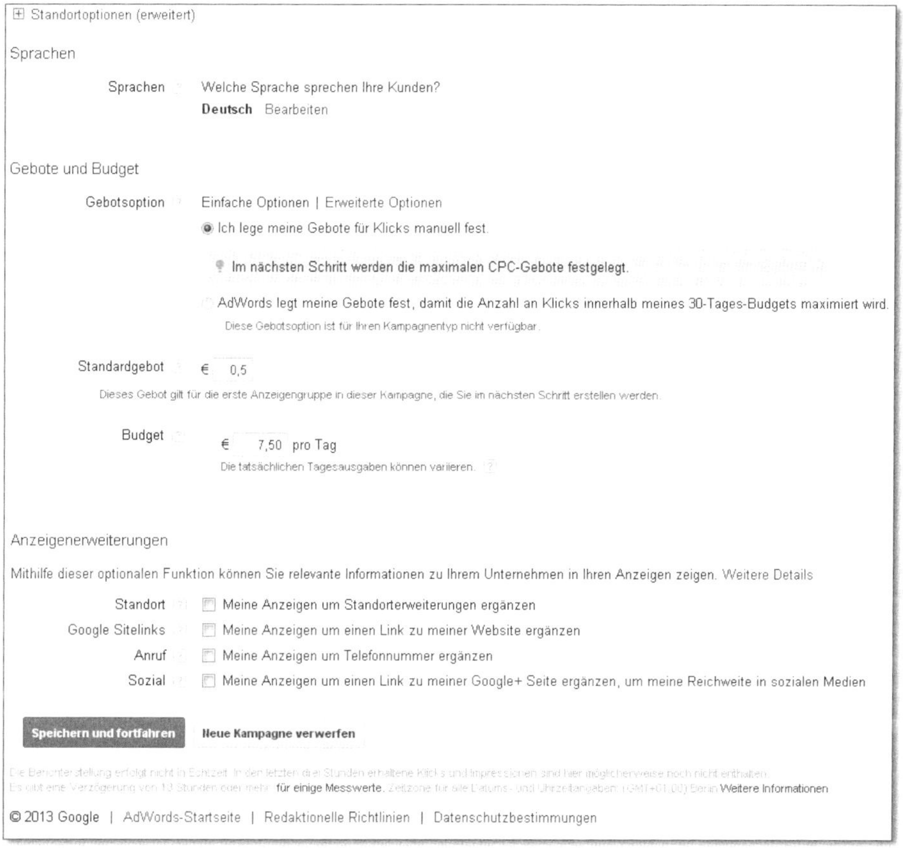

Abbildung 11.8 AdWords-Kampagneneinstellungen – Budget und Anzeigenerweiterung

Wenn Sie die Einstellungen bestätigen und Ihre erste Kampagne weiter einrichten, gelangen Sie zur Konfiguration der ersten Anzeigengruppe und zur Gestaltung Ihrer ersten Werbeanzeige. Gestalten Sie die Werbeanzeige aussagekräftig und interessant. Auch zu diesem Thema finden Sie in der YouTube-Reihe des Channels *AdWords Onlineseminare* aussagekräftige Videos, die Ihnen bei der Gestaltung helfen (siehe Abbildung 11.9). Den QR-Code sowie die URL finden Sie in Abbildung 11.5.

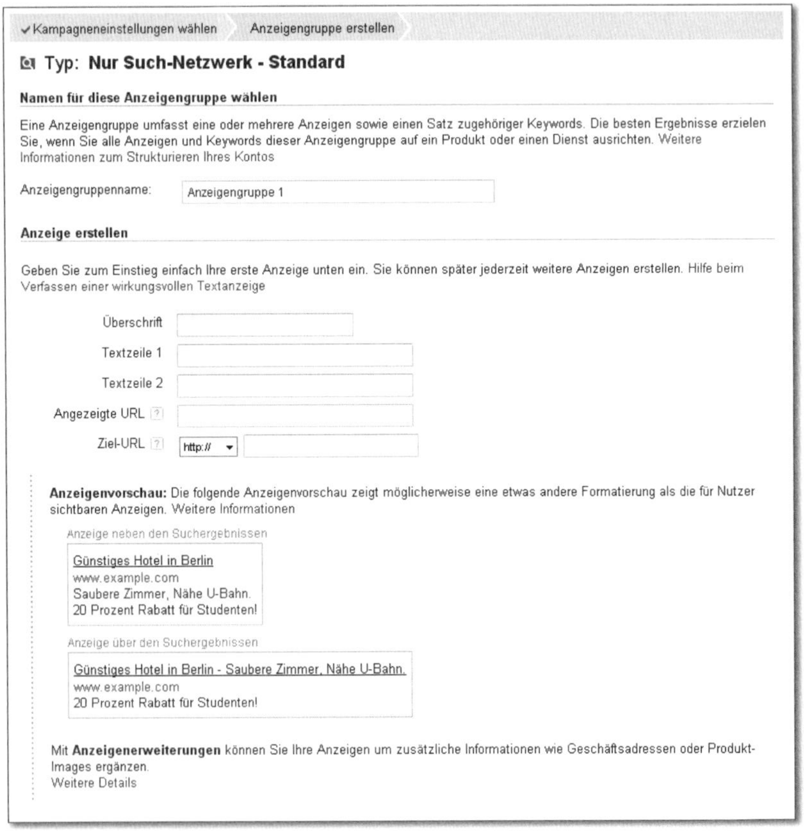

Abbildung 11.9 Konfiguration der Anzeigengruppe und der ersten Anzeige

Die Einstellungen der Anzeigengruppe schließen Sie dann mit der Eingabe Ihrer Keywords und der Bestätigung des von Ihnen angegebenen Standardgebots ab.

Nachdem Sie die erste Kampagne inklusive Anzeigengruppe vollständig eingerichtet haben, kann Ihre Anzeigenschaltung bald erfolgen (siehe Abbildung 11.10). Damit Sie allerdings eine bestmögliche Auswertung durchführen können, sollten Sie Ihr AdWords-Konto mit Google Analytics verknüpfen. Die Informationen dazu erhalten Sie in Abschnitt 11.5, »AdWords-Kampagnen mit Google Analytics auswerten«.

Setzen Sie die Kampagne daher aus, bis die beiden Konten verknüpft sind. Rufen Sie die KAMPAGNENEINSTELLUNGEN auf, und klicken Sie im oberen Bereich auf AKTIVIERT. Sie können dann den Status auf PAUSIEREN abändern.

Abbildung 11.10 AdWords-Kampagneneinstellungen

11.4   Der Qualitätsfaktor – Onsite-SEO nützt SEM-Kampagnen

Ein wichtiges Kriterium für die Schaltung Ihrer AdWords-Anzeigen ist der Qualitätsfaktor. Ein höherer Qualitätsfaktor führt in der Regel zu niedrigeren Kosten und einer besseren Anzeigenposition. Der Qualitätsfaktor drückt die Relevanz aus, die Google Ihren Keywords in Bezug auf Ihre Anzeigengruppe und die Suchanfragen von Usern beimisst.

In die Berechnung des Qualitätsfaktors fließen zahlreiche Aspekte Ihres AdWords-Kontos ein, unter anderem gehört der Inhalt der Zielseite, die Sie mit der AdWords-Anzeige aufrufen, zu den ausschlaggebenden Faktoren (siehe Abbildung 11.11).

Abbildung 11.11 Google-AdWords-Hilfe zum Thema Qualitätsfaktor (http://goo.gl/LaoUZ)

Da Google die Zielseite auswertet, kann eine Onsite-Optimierung auch einen positiven Einfluss auf die Klickpreise Ihrer AdWords-Kampagne haben. Somit sind Ihre Maßnahmen zur Suchmaschinenoptimierung förderlich für einen guten Qualitätsfaktor Ihrer AdWords-Kampagnen.

Wenn Sie langfristig mit AdWords werben möchten, sollten Sie die Inhalte Ihrer Website und die Anzeigengestaltung sowie die Auswahl der Keywords aufeinander abstimmen. Nur wenn die Informationskette für den Interessenten schlüssig ist und er bereits bei der Darstellung der Werbeanzeige in den Suchergebnissen einen Zusammenhang zwischen der Eingabe seiner Suchanfrage und der Darstellung der Anzeige erkennt, wird er die Werbung anklicken. Entspricht der Inhalt der Zielseite dann auch den Erwartungen aus der Ansprache in der Werbeanzeige, wird er den Informationsgehalt der Zielseite als zu seiner Suchanfrage passend ansehen und auf der Website verweilen.

In den Google-Richtlinien finden Sie konkrete Forderungen, wie die Zielseite der AdWords-Kampagne umgesetzt werden sollten:

1. Es muss ein klarer Bezug zu Keyword und Anzeige bestehen.
2. Die Seite muss relevante und originelle Inhalte bieten (Unique Content).
3. Die Landingpage sollte keine störenden Elemente wie Pop-ups beinhalten.

Weitere Informationen zur Gestaltung der Landingpage und zu den Kriterien des Qualitätsfaktors finden Sie in der AdWords-Hilfe. Den Link und den QR-Code finden Sie in Abbildung 11.11 in diesem Abschnitt.

11.5   AdWords-Kampagnen mit Google Analytics auswerten

Für die Nutzung von Google AdWords als Marktforschungsinstrument und die Analyse der richtigen Keywords ist es wichtig, dass Sie nicht nur die Messwerte Ihres Google-AdWords-Kontos heranziehen. Google AdWords bietet Ihnen die Sicht auf die Suchergebnisse. Wie oft wurde eine Ihrer Anzeigen in den Suchergebnissen dargestellt, welche Keywords haben die Nutzer eingegeben, und wie viele Interessenten haben Ihre Anzeige angeklickt? Das sind die Daten, die Ihnen Google AdWords darstellt.

Google Analytics bietet Ihnen aber auch die Nachverfolgung dieser Handlungen. Wie haben sich die Besucher Ihrer Internetseite verhalten, aus welcher Region kamen die Interessenten, und welche Hardware haben sie genutzt? War es ein mobiler Besucher, oder hat der Interessent vor einem stationären PC gesessen? Wie lange ist er auf Ihrem Online-Angebot geblieben, und welche weiterführenden Informationen hat er abgerufen? Diese Daten erhalten Sie, wenn Sie Ihr Google-AdWords-Konto mit Google Analytics verbinden.

Eine weitere wichtige Erkenntnis brachte uns Ende 2010 ein Auftrag, bei dem sich unser Einsatz bereits bezahlt machte, bevor wir überhaupt angefangen hatten. Ein Hotel hatte eine Google-Kampagne zum Thema Hochzeitslocation aufgesetzt und bewarb diese mit einem hohen Budget, da sich der Inhaber von potenziellen Hochzeitsevents einen enormen Ertrag versprach. Die Kampagne sah auf den ersten Blick auch sehr gut aus. Das Hotel erhielt pro Monat 1.000 Klicks auf die Anzeigen der AdWords-Kampagne, aber es kamen fast keine Kontaktanfragen per E-Mail, und es meldeten sich auch telefonisch aufgrund der Anzeigenschaltung kaum Personen für ein Hochzeitsevent. Das Hotel erhielt zwar Buchungen, aber für die Mitarbeiter und den Chef des Hotels war nicht nachvollziehbar, ob eine Buchung aufgrund der AdWords-Kampagne erfolgte. Der Hotelier setzte keine Analysesoftware ein und konnte nicht auswerten, wie die Zugriffe auf der Website ausfielen. Er sammelte lediglich das Feedback seiner Gäste, und solange über die Internetseite Buchungen erfolgten, war für ihn alles in Ordnung. Neben der AdWords-Kampagne für Hochzeitsveranstaltungen hatte das Hotel einige weitere AdWords-Kampagnen geschaltet. Der Inhaber des Hotels kannte die Erfolgsquoten der anderen Kampagnen und konnte die Werte vergleichen. Bei dieser Kampagne war er sich daher sicher, dass etwas nicht stimmen konnte.

Als erste Maßnahme installierten wir daher Google Analytics und verknüpften das Analytics-Konto mit dem AdWords-Konto des Unternehmens. Bereits nach 3 Tagen war klar ersichtlich, was nicht stimmen konnte. Google AdWords meldete zwar Klicks, aber laut Analytics waren viel weniger Besucher zur entsprechenden Kampagne auf der Website angekommen. Aufgrund der Daten schauten wir uns das AdWords-Konto genauer an, und der Fehler war schnell gefunden.

In den Anzeigen, die der Hotelier gestaltet hatte, war ein fehlerhafter Link eingebaut und alle Interessenten, die seine Werbeanzeige aufgerufen hatten, erhielten lediglich eine Fehlermeldung, dass die Seite, die sie aufrufen wollten, nicht vorhanden war. So wurden innerhalb von 12 Monaten 1.500,– Euro an Klickkosten produziert, aber die meisten Interessenten zum Thema »Hochzeitsevent« landeten im Nirwana.

Nach wenigen Sekunden war der Fehler behoben, und ab dann lief die Kampagne ordnungsgemäß. Sie sehen, nicht nur die reine Schaltung der Anzeigen ist wichtig, sondern auch die Kontrolle und Analyse des Besucherstroms ist ein wichtiger Bestandteil einer Online-Marketing-Kampagne.

Wie verbinden Sie also die beiden Konten miteinander?

1. Melden Sie sich unter *https://adwords.google.de* an Ihrem AdWords-Konto an.

2. Wählen Sie im Menü TOOLS UND ANALYSEN die Option GOOGLE ANALYTICS aus (siehe Abbildung 11.12).

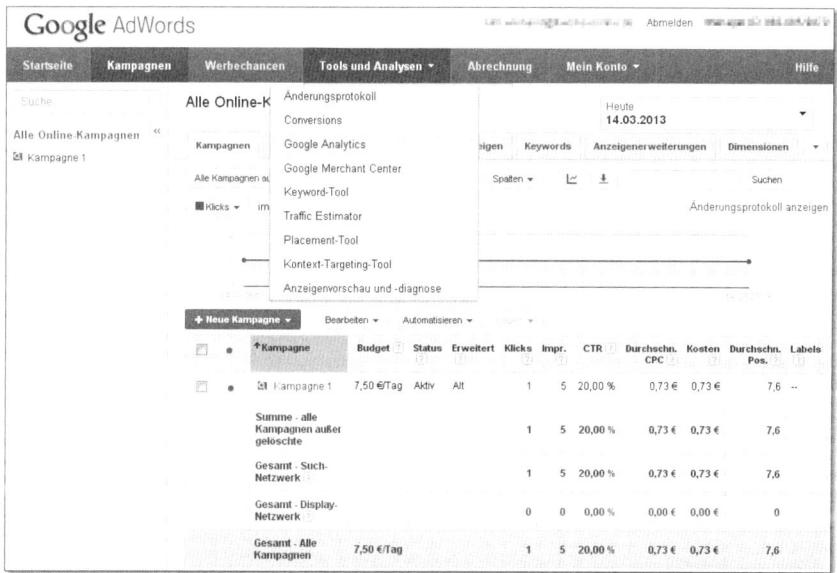

Abbildung 11.12 Schritt 2

3. Klicken Sie auf VERWALTUNG (siehe Abbildung 11.13).

Abbildung 11.13 Schritt 3

4. Klicken Sie auf den Namen des Kontos, das Sie verknüpfen möchten (siehe Abbildung 11.14).

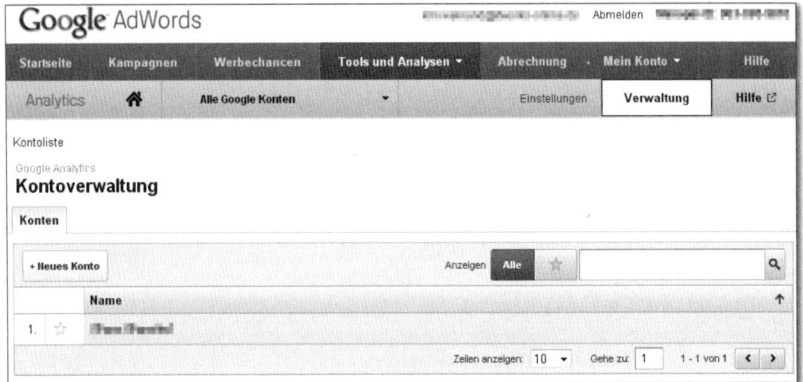

Abbildung 11.14 Schritt 4

5. Klicken Sie auf DATENQUELLEN (siehe Abbildung 11.15).

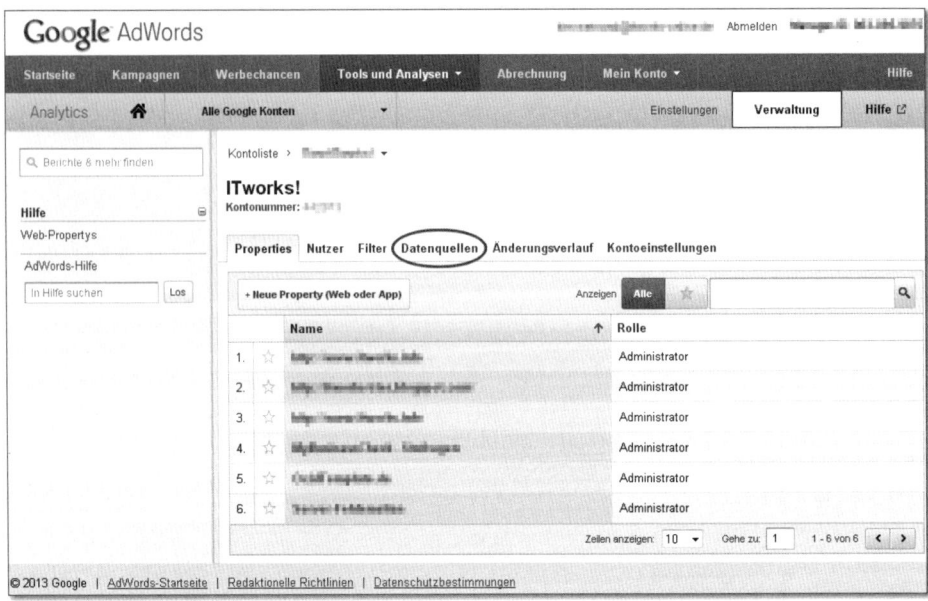

Abbildung 11.15 Schritt 5

6. Klicken Sie auf KONTO VERKNÜPFEN (siehe Abbildung 11.16).

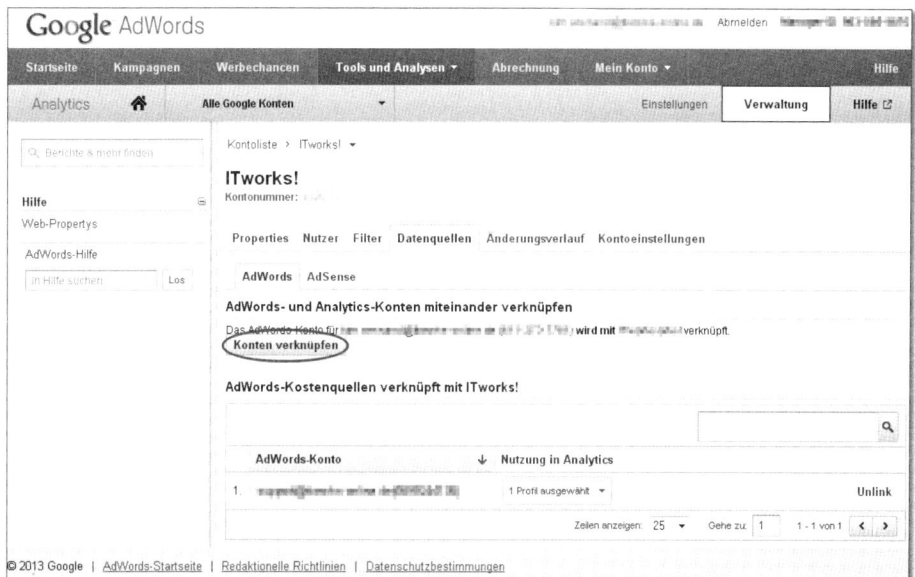

Abbildung 11.16 Schritt 6

7. Wählen Sie aus, welche Google-Analytics-Profile mit AdWords verknüpft werden sollen (siehe Abbildung 11.17).

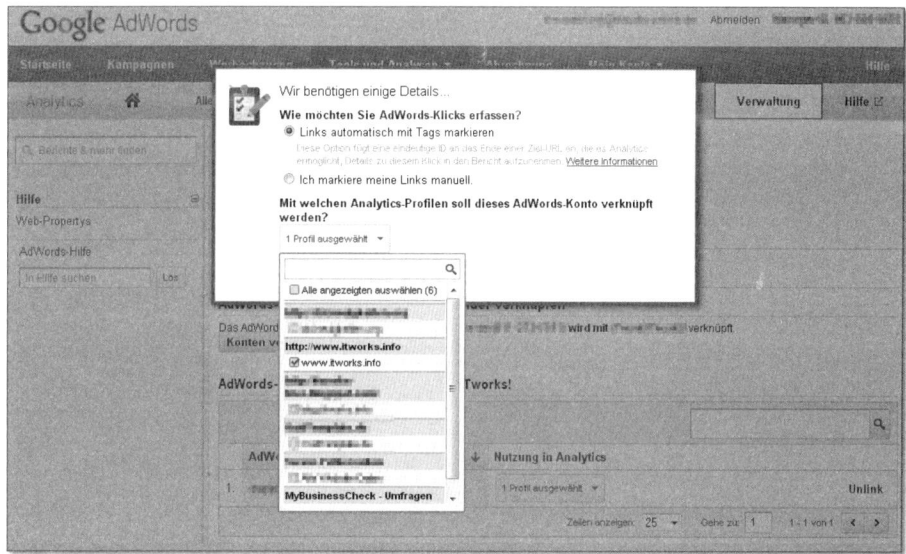

Abbildung 11.17 Schritt 7

8. Klicken Sie auf WEITER (siehe Abbildung 11.18).

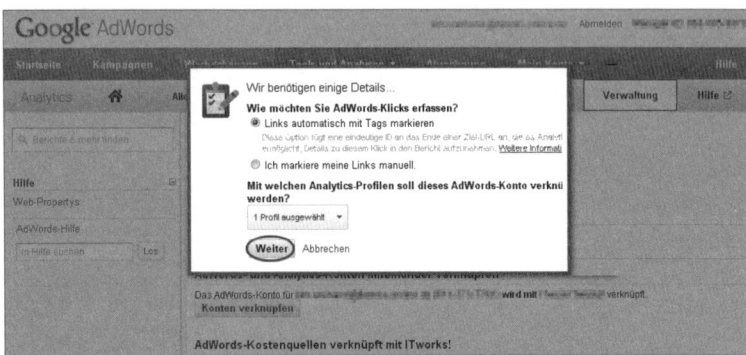

Abbildung 11.18 Schritt 8 – Sie haben es geschafft!

Mit diesen acht Schritten haben Sie die beiden Konten miteinander verknüpft. Bei der Verbindung von AdWords-Konten und Analytics-Konten stellen sich immer wieder Fragen. Google bietet hierfür in der AdWords-Community einen eigenen FAQ-Bereich (siehe Abbildung 11.19).

Abbildung 11.19 AdWords-Community – FAQ-Bereich zur Verknüpfung von AdWords und Analytics (http://goo.gl/XBIxP)

Auch hier möchte ich nicht nur die einzelnen Schritte darstellen, die derzeit aktuell sind. Es ist mir viel wichtiger, dass Sie immer noch die richtige Beschreibung finden, auch wenn Google die Methoden zur Verknüpfung verändert. Daher verweise ich an dieser Stelle wieder auf die Anleitung in der Google-AdWords-Hilfe (siehe Abbildung 11.20).

Abbildung 11.20 AdWords-Hilfe – Google Analytics und AdWords verknüpfen (http://goo.gl/zhH56)

Nutzen Sie die Anleitung und den FAQ-Bereich in der AdWords-Community, um Ihre Dienste zu verknüpfen. Dies ist ein wichtiger Schritt für Ihre Keyword-Analyse. Nachdem Sie die Konten miteinander verknüpft haben, können Sie über Google AdWords Ihr Analytics-Konto aufrufen. Wählen Sie dazu den Menüpunkt TOOLS UND ANALYSEN, und klicken Sie auf GOOGLE ANALYTICS (siehe Abbildung 11.21). In Ihrem Analytics-Konto können Sie die Adwords-Klicks über den Menüpunkt WERBUNG aufrufen und sich die Berichte genau anschauen (siehe Abbildung 11.22).

Klicken Sie auf WERBUNG und dann auf die Unterpunkte ADWORDS und KAMPAGNE (siehe Abbildung 11.23). Sie erhalten die Übersicht über Ihre Besucher, die Sie mit den AdWords-Werbeanzeigen generieren konnten.

Sie können jetzt mit den dargestellten Informationen auswerten, wie viele neue Besucher Sie erreichen konnten und wie sich diese Nutzer auf Ihrer

Internetseite »bewegt« haben. Welche Keywords haben die Personen ein-gegeben, auf welche Seite wurden sie verwiesen, und welche weiteren Sei-ten haben sie noch aufgerufen?

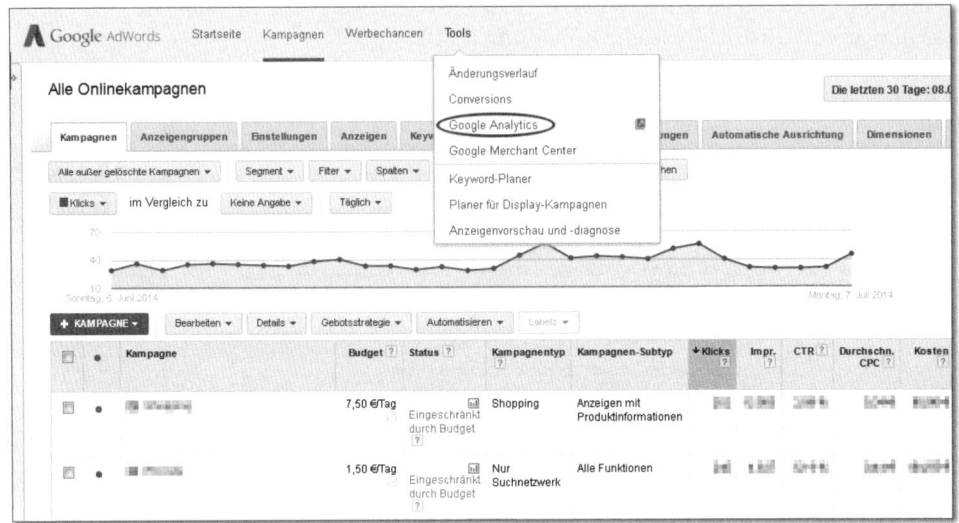

Abbildung 11.21 Aufruf von Google Analytics im AdWords-Konto

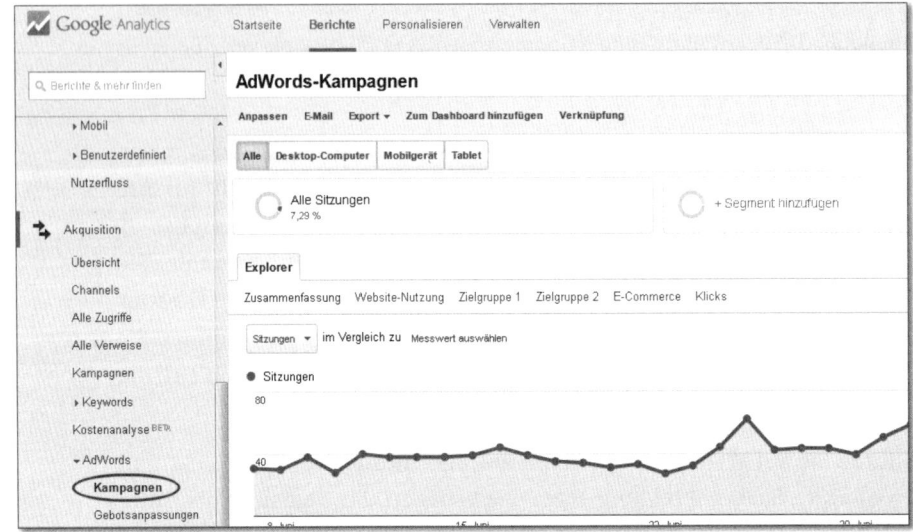

Abbildung 11.22 Die AdWords-Informationen finden Sie links unter dem Menü-punkt »Akquisition«.

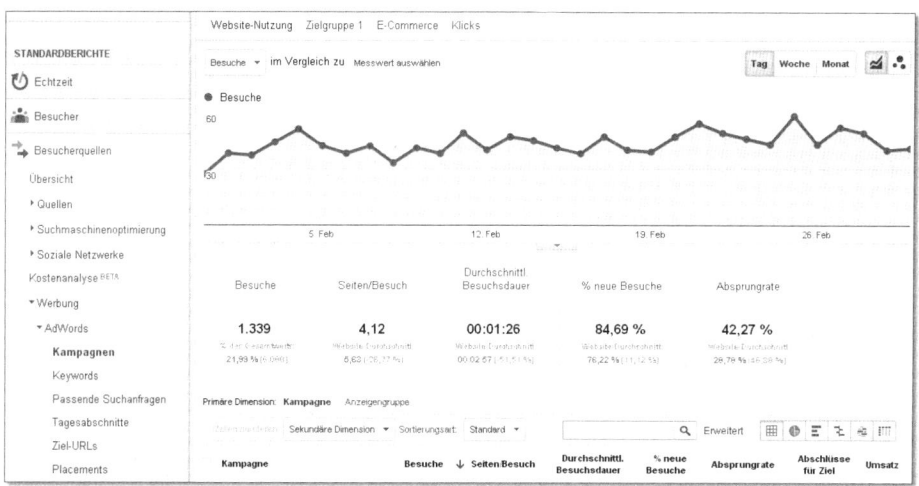

Abbildung 11.23 Beispiel eines Analytics-Berichts zu einer AdWords-Kampagne

In Verbindung mit den Informationen, die Sie im AdWords-Konto sammeln können, erhalten Sie eine ideale Basis für die Auswahl der richtigen Keywords.

11.5.1   Suchvolumen für Keywords bestimmen

Zuallererst interessiert Sie natürlich, ob ein Keyword überhaupt stark frequentiert wird und ob es Ihnen auch später bei einer SEO-Kampagne Traffic bringen kann. In diesem Zusammenhang interessiert nicht die Anzahl der Klicks oder die Besucher, die Ihnen in Google Analytics dargestellt werden, sondern für diese Auswertung benötigen Sie die Anzahl der Impressionen, wie häufig Ihre Anzeige zu dem entsprechenden Keyword angezeigt wurde.

Die Anzahl der Besucher bzw. die Anzahl der Klicks zu einem Suchbegriff gibt Ihnen an, wie häufig sich der Interessent konkret für Ihre Werbeanzeige entschieden hat. Wenn Sie aber lediglich wissen möchten, ob das Keyword für Ihre Suchmaschinenoptimierung interessant ist, dann ist das Gesamtvolumen der Anfragen bzw. der Impressionen ausschlaggebend.

In Abbildung 11.24 sehen Sie ein Beispiel für die Überprüfung der Suchfrequenz. Während die Klickzahlen für die AdWords-Kampagne relativ gering sind, könnte eine Suchmaschinenoptimierung dennoch sinnvoll sein. Die Suchanfrage zu »Mosel Hotel« wurde 32.880-mal eingegeben. Auch wenn die AdWords-Anzeige lediglich 581-mal angeklickt wurde.

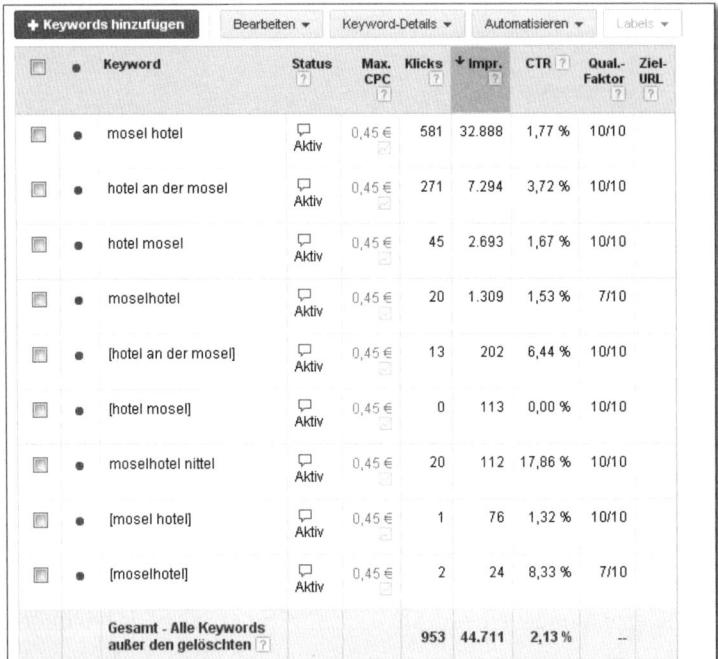

Abbildung 11.24 Darstellung des Reiters »Keyword« einer AdWords-Kampagne (einige Spalten sind ausgeblendet)

11.5.2 Gestaltung des Suchergebniseintrags

Eine weitere Hilfestellung für Ihre Suchmaschinenoptimierung erhalten Sie, wenn Sie sich in Google AdWords anschauen, welche Werbeanzeigen häufiger angeklickt wurden. Wenn Sie pro Landingpage bzw. pro Themenseite eine Anzeigengruppe erstellen, können Sie später auswerten, welche Werbeanzeige besser auf die Zielgruppe zutrifft.

Sie sollten für Ihre Anzeigengruppen daher stets mehrere Werbeanzeigen erstellen. Google berechnet mit Algorithmen, welche Werbeanzeige zu einer Suchanfrage am ehesten Klicks generieren kann. Wenn Sie lediglich eine Werbeanzeige pro Anzeigengruppe erstellen, schöpfen Sie die Mittel der Analyse nur für das Suchpotenzial aus, aber Sie können Google AdWords für mehr nutzen.

Wenn Sie unterschiedliche Werbeanzeigen erstellen, können Sie daraus ableiten, was Google als wichtig ansieht und welche Inhalte auch für die

Interessenten ausschlaggebend waren, um die Anzeige anzuklicken. Die daraus resultierenden Ergebnisse können Sie nutzen, um Ihr organisches Suchergebnis mit der Gestaltung des Title-Tags und der Meta-Description anzupassen.

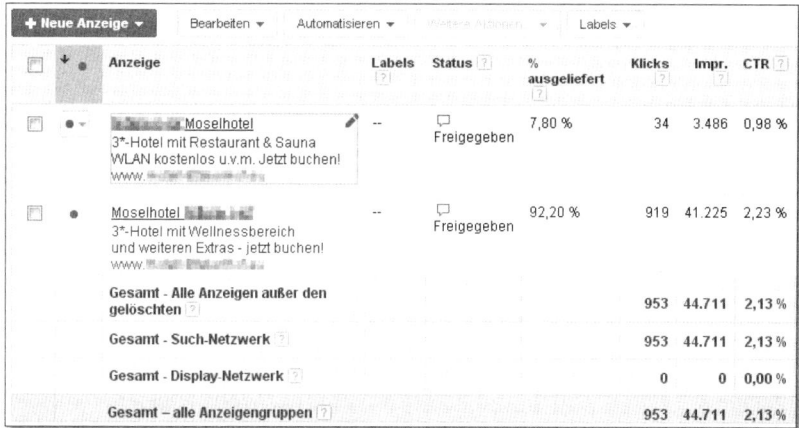

Abbildung 11.25 Darstellung des Reiters »Anzeige« einer AdWords-Kampagne (einige Spalten sind ausgeblendet)

In AdWords können Sie Ihre Anzeigen unter der Reiterkartei ANZEIGE analysieren. In Abbildung 11.25 sehen Sie ein Beispiel. Die Spalte AUSGELIEFERT und die Anzahl der Impressionen zeigen Ihnen dabei, welche Anzeigen von Google bevorzugt dargestellt wurden. Die Anzahl der Klicks und die Click-Through-Rate zeigen Ihnen, welche Anzeigen die Interessenten am meisten angesprochen haben.

Die Click-Through-Rate gibt Ihnen Aufschluss darüber, wie Sie Ihre Meta-Description und den Title einer Seite anpassen sollten, um Ihr organisches Suchergebnis ähnlich relevant wie die AdWords-Anzeigen mit hoher Click-Through-Rate zu gestalten.

11.5.3   Ergebnisse für die Onsite-Optimierung

Weitere Informationen, die Sie für Ihre SEO-Kampagne benötigen, können Sie in Analytics ableiten. Die Berichte bieten Ihnen Daten zum Nutzerverhalten auf Ihrer Homepage. Die Auswertung dient also weniger dazu, die Ergebnisansicht bei Google zu beeinflussen, als vielmehr dazu, die inhaltliche Darstellung Ihrer Informationen auf der Homepage anzupassen.

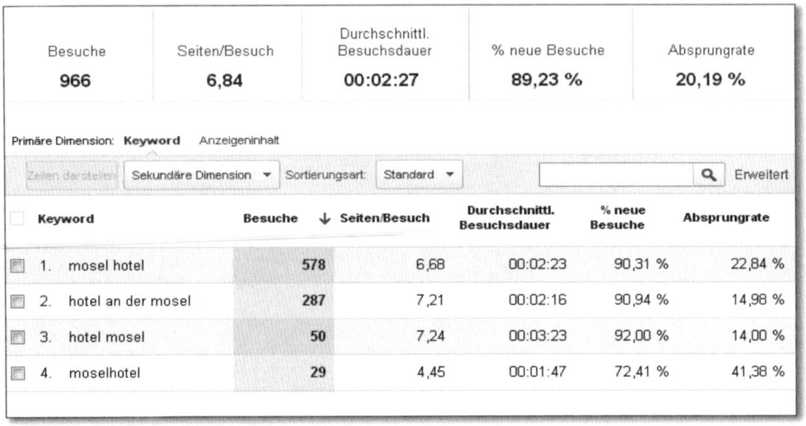

Besuche	Seiten/Besuch	Durchschnittl. Besuchsdauer	% neue Besuche	Absprungrate
966	6,84	00:02:27	89,23 %	20,19 %

Primäre Dimension: **Keyword**   Anzeigeninhalt

Zeilen darstellen | Sekundäre Dimension ▼ | Sortierungsart: Standard ▼ | 🔍 Erweitert

	Keyword	Besuche ↓	Seiten/Besuch	Durchschnittl. Besuchsdauer	% neue Besuche	Absprungrate
1.	mosel hotel	578	6,68	00:02:23	90,31 %	22,84 %
2.	hotel an der mosel	287	7,21	00:02:16	90,94 %	14,98 %
3.	hotel mosel	50	7,24	00:03:23	92,00 %	14,00 %
4.	moselhotel	29	4,45	00:01:47	72,41 %	41,38 %

Abbildung 11.26 Google Analytics – Darstellung der AdWords-Zugriffe

In Google Analytics können Sie sehen, wie viele Besucher Ihre AdWords-Anzeige angeklickt haben und daraufhin auf Ihre Website geleitet wurden (siehe Abbildung 11.26). Der wichtigste Wert ist für Sie dabei die Absprungrate.

Konnten die Interessenten auf dem Weg zu Ihrer Homepage die Zusammenhänge nachvollziehen? Für den Interessenten stellt sich die Reise zu Ihrer Homepage wie folgt dar: Er tippt bei Google eine Suchanfrage ein, sieht Ihre Werbeanzeige und findet die Anzeige zu seiner Suchanfrage passend. Er klickt die Anzeige an und landet auf Ihrer Zielseite. Jetzt entscheidet sich, ob er den Inhalt auch als zielführend für seine Suche ansieht. Ist dies nicht der Fall, wird er Ihre Website wieder verlassen, und wenn das bei vielen Interessenten so ist, werden Sie eine hohe Absprungrate für ein Keyword erhalten.

Eine hohe Absprungrate kann viele Gründe haben. Besucher können die Website als Reaktion auf die grafische Gestaltung oder wegen Nutzungsproblemen bereits auf der Einstiegsseite wieder verlassen. Vorrangig wird aber Ihr dargestellter Inhalt der Grund sein, warum die Nutzer die Seite nicht als zielführend empfinden. Über Ihre AdWords-Werbeanzeigen erhalten Sie somit nicht nur einen Überblick, welche Keywords für Sie wichtig sind, sondern Sie erhalten zudem bereits erste Informationen dazu, welche Seiten Sie inhaltlich überarbeiten sollten.

Ab wann eine Absprungrate als »hoch« angesehen wird, kann man nicht allgemein pauschalisieren. Auch hier ist das Ergebnis stark branchen- und themenabhängig (siehe Abbildung 11.27).

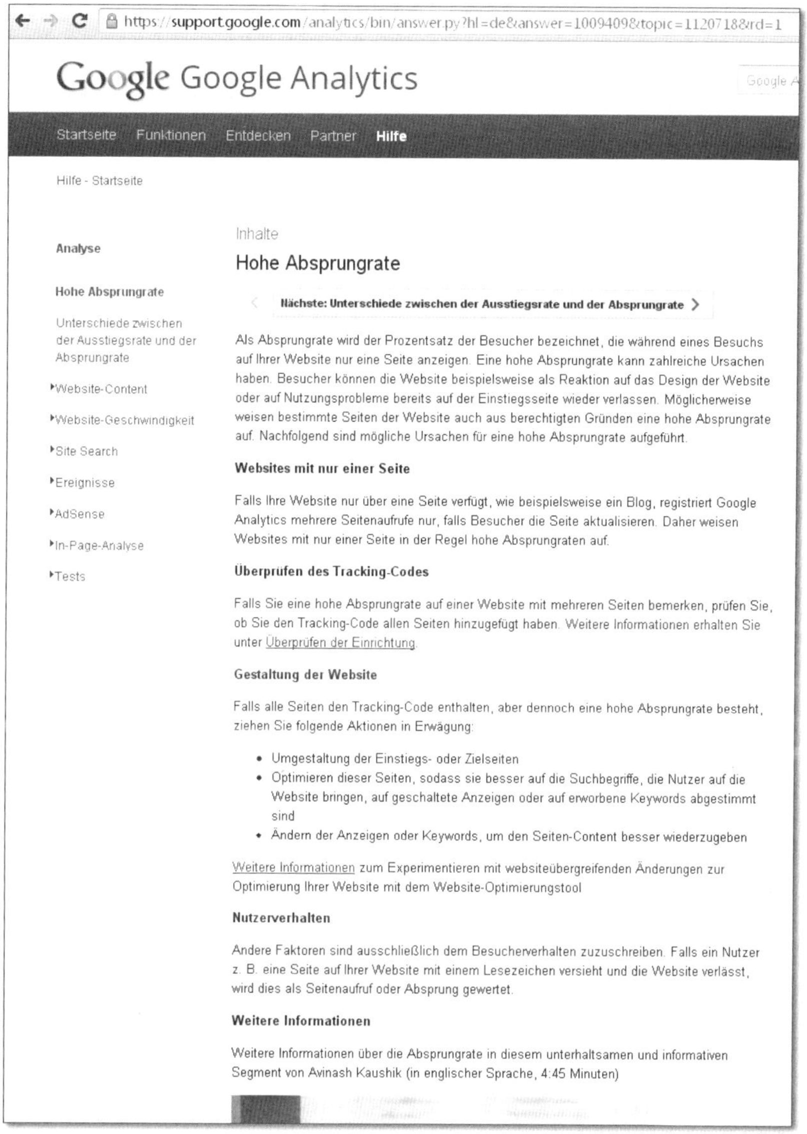

← → C 🔒 https://support.google.com/analytics/bin/answer.py?hl=de&answer=1009409&topic=1120718&rd=1

Google Google Analytics

Startseite Funktionen Entdecken Partner **Hilfe**

Hilfe - Startseite

Analyse

Hohe Absprungrate

Unterschiede zwischen der Ausstiegsrate und der Absprungrate

▶Website-Content

▶Website-Geschwindigkeit

▶Site Search

▶Ereignisse

▶AdSense

▶In-Page-Analyse

▶Tests

Inhalte

Hohe Absprungrate

‹ **Nächste: Unterschiede zwischen der Ausstiegsrate und der Absprungrate** ›

Als Absprungrate wird der Prozentsatz der Besucher bezeichnet, die während eines Besuchs auf Ihrer Website nur eine Seite anzeigen. Eine hohe Absprungrate kann zahlreiche Ursachen haben. Besucher können die Website beispielsweise als Reaktion auf das Design der Website oder auf Nutzungsprobleme bereits auf der Einstiegsseite wieder verlassen. Möglicherweise weisen bestimmte Seiten der Website auch aus berechtigten Gründen eine hohe Absprungrate auf. Nachfolgend sind mögliche Ursachen für eine hohe Absprungrate aufgeführt.

Websites mit nur einer Seite

Falls Ihre Website nur über eine Seite verfügt, wie beispielsweise ein Blog, registriert Google Analytics mehrere Seitenaufrufe nur, falls Besucher die Seite aktualisieren. Daher weisen Websites mit nur einer Seite in der Regel hohe Absprungraten auf.

Überprüfen des Tracking-Codes

Falls Sie eine hohe Absprungrate auf einer Website mit mehreren Seiten bemerken, prüfen Sie, ob Sie den Tracking-Code allen Seiten hinzugefügt haben. Weitere Informationen erhalten Sie unter Überprüfen der Einrichtung.

Gestaltung der Website

Falls alle Seiten den Tracking-Code enthalten, aber dennoch eine hohe Absprungrate besteht, ziehen Sie folgende Aktionen in Erwägung:

- Umgestaltung der Einstiegs- oder Zielseiten
- Optimieren dieser Seiten, sodass sie besser auf die Suchbegriffe, die Nutzer auf die Website bringen, auf geschaltete Anzeigen oder auf erworbene Keywords abgestimmt sind
- Ändern der Anzeigen oder Keywords, um den Seiten-Content besser wiederzugeben

Weitere Informationen zum Experimentieren mit websiteübergreifenden Änderungen zur Optimierung Ihrer Website mit dem Website-Optimierungstool

Nutzerverhalten

Andere Faktoren sind ausschließlich dem Besucherverhalten zuzuschreiben. Falls ein Nutzer z. B. eine Seite auf Ihrer Website mit einem Lesezeichen versieht und die Website verlässt, wird dies als Seitenaufruf oder Absprung gewertet.

Weitere Informationen

Weitere Informationen über die Absprungrate in diesem unterhaltsamen und informativen Segment von Avinash Kaushik (in englischer Sprache, 4:45 Minuten)

Abbildung 11.27 Google-Analytics-Hilfe – hohe Absprungrate
(Quelle: http://goo.gl/240CG)

Kapitel 12
Was bringt die Zukunft?

Nichts entwickelt und verändert sich so schnell wie das Internet. SEO ist ein ständiger Prozess. Sie sollten sich deswegen über die Trends von morgen schon heute informieren und die Entwicklung beobachten. Nicht nur jetzt, sondern auch morgen.

Nichts ist so beständig wie der Wandel, und so müssen Sie sich auch jederzeit Gedanken darüber machen, wie sich die Suchmaschinenoptimierung in den nächsten Jahren wohl verändern wird. Google bietet zahlreiche Hinweise, welche Maßnahmen wohl langfristig Bestand haben werden und was die Zukunft bringt.

12.1   Rich Snippets für SEO

Mitte 2011 haben Google, Yahoo! und Bing eine gemeinsame Initiative gestartet. Es geht den Suchmaschinenbetreibern dabei um die bessere semantische Aufbereitung von Website-Inhalten. Die Unternehmen vereinbarten ein Schema, mit dem Inhalte auf Internetportalen mit Markups versehen werden können. Durch die Markups können Suchmaschinen den Inhalt klassifizieren. Das Schema bzw. die Initiative und die bis jetzt angebotenen Markups finden Sie unter *schema.org*.

Eine Website kann sogenannte *Rich Snippets* enthalten. Die Markups stellen bei der Suchmaschinenoptimierung ein mächtiges Werkzeug dar. Mit Rich Snippets werden Auszüge bezeichnet, die bei Google als zusätzlich informierender Ausschnitt angezeigt werden, wenn eine Suchabfrage ausgeführt wird. Ein Snippet für ein Restaurant könnte zum Beispiel die Durchschnittsbewertung und den Preisbereich anzeigen.

Rich Snippets können seit einigen Jahren im HTML-Code einer Website gezielt definiert werden. Wie sie sehen, sind Rich Snippets also kein neues Thema, dennoch wird es in Zukunft mehr und mehr Einfluss auf die Aufbereitung der Website-Inhalte erhalten.

Bis zu der gemeinsamen Initiative der Suchmaschinenanbieter hatten alle eigene Initiativen verfolgt. Durch die Vereinheitlichung werden Rich Snippets in Zukunft eine wesentliche Rolle zur Optimierung der Website-Inhalte übernehmen.

Durch das enorme Wachstum an neuen Inhalten im Internet können Suchmaschinen die Informationen nur durch ständig zunehmende Rechenleistung analysieren. Daten, die mittels Rich Snippets bereits strukturiert werden, können von den Suchmaschinen schneller indiziert und verarbeitet werden. Über die Snippets lässt sich bestimmen, welche Inhalte den potenziellen Kunden als Ausschnitte schon in den Suchergebnissen angezeigt werden.

Die Ausschnitte in den Suchergebnissen erleichtern es den Nutzern, sich ein Bild von der jeweiligen Website und vom Informationsgehalt zu machen und zu entscheiden, ob sie die gesuchten Inhalte dort finden werden oder nicht (siehe Abbildung 12.1).

Abbildung 12.1 Darstellung von Erfahrungsberichten als Rich-Snippet-Element in den Suchergebnissen zur Abfrage »Restaurant München«

Mit der geschickten Integration von Rich Snippets lassen sich hilfreiche zusätzliche Informationen in die Ausschnitte in den Suchergebnissen einpflegen. Beispielsweise lässt sich damit definieren, dass auch News-

Artikel aus der Website als Schnipsel oder aber Produktbeschreibungen oder Termine als bereichernde Information angehängt werden sollen (siehe Abbildung 12.2).

Der Vorteil liegt ganz klar bei den Website-Betreibern, die Rich Snippets verwenden. Denn wenn in den Suchergebnissen für einen Suchbegriff ein Ergebnis mit Zusatzinformationen erscheint und eines ohne, liegt es fast auf der Hand, dass wahrscheinlich eher dasjenige angeklickt wird, das auch eine weitere Produktbeschreibung, eine News-Information oder auch Tournee-daten oder andere Termine bereithält.

Abbildung 12.2 Webmaster-Tools-Informationen zu Rich Snippets
(http://goo.gl/WYDNy)

Auch die Darstellung von Sterne-Bewertungen durch Kunden bzw. Nutzer ist eine häufig genutzte Variante, um Rich Snippets sinnvoll einzusetzen. Es ist derzeit eine der verbreitetsten Arten von Rich Snippets. Neben den Bewertungen werden in Onlineshops auch immer häufiger die Produkte als Rich Snippet formatiert.

Damit bei der Einbindung der Rich-Snippet-Elemente auch keine Fehler unterlaufen, stellt Google das Google Rich Snippet Testing Tool zur Verfügung (siehe Abbildung 12.3), mit dem man sich eine Vorschau seiner Ergebnisausschnitte ansehen und dadurch die jeweiligen Ergebnisse schon einmal vorab überprüfen kann.

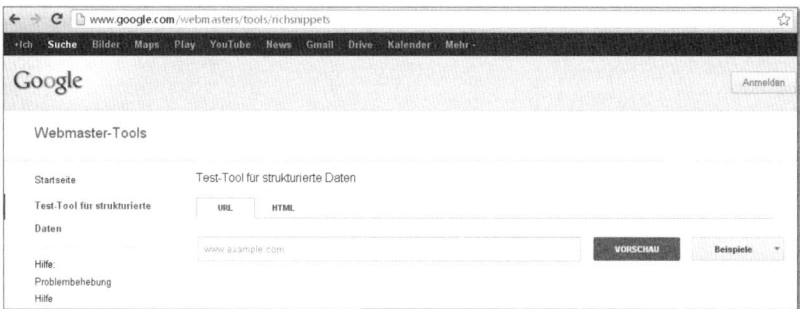

Abbildung 12.3 Google Rich Snippet Testing Tool (Quelle: www.google.com/webmasters/tools/richsnippets)

Die Integration von Rich Snippets wird wahrscheinlich in naher Zukunft eine stärkere Gewichtung in den Bewertungskriterien der Suchmaschinen erfahren, gleichgültig, ob als direktes oder indirektes Kriterium. Auf der einen Seite erleichtern die Snippets die semantische Informationsverarbeitung für die Indizierung, auf der anderen Seite bieten Bewertungen und Empfehlungen den Anreiz, zusätzliche Informationen in den Suchergebnissen darzustellen. Wie dem auch sei, auf jeden Fall bieten Rich Snippets einen Mehrwert für Ihre Suchmaschinenoptimierung.

Ein Beispiel für weitere strukturierte Daten sind Rich Snippets zur Übermittlung von Events. Wenn Sie Veranstaltungen auf Ihrer Website darstellen, dann sollten Sie diese ebenfalls als strukturierte Elemente bereitstellen. Google kann die Informationen zu den Veranstaltungen einlesen und wird diese dann in den Suchergebnissen präsentieren (siehe Abbildung 12.4).

München Veranstaltungen - Eventim
www.**event**im.de/Tickets.html?doc=city&fun=ortsliste&ortId... ▾
Tickets für Konzerte, Veranstaltungen & **Events** in **München** bekommen Sie bei
eventim.de! Bestellen sie einfach & sicher Karten für live **Events** in **München** ...

Mi., 9. Juli	Tame Impala	München
Fr., 18. Juli	Milow	München
Fr., 18. Juli	Milow	München

Abbildung 12.4 Events in den Suchergebnissen

12.2   Sprachsteuerung

Immer mehr Suchanfragen werden von unterwegs gesendet. Obwohl die Sprachsteuerung heute bereits weit verbreitet ist, so denke ich, darf sie dennoch nicht bei den Trends fehlen. Bereits in der 1. Auflage des Buches hatte ich die Sprachsteuerung als Trend dargestellt. Im gleichen Jahr integrierte Google in seinen Browser Chrome die Spracheingabe und schaffte so einen wichtigen Schritt für die Nutzung der weltgrößten Suchmaschine via Spracheingabe von PC, Notebook und mobilen Geräten. Die Sprachsteuerung wird sich in den nächsten Jahren weiter entwickeln. Viele Anbieter investieren in die Sprachsteuerung, um von den derzeitigen Eingabegeräten wegzukommen.

Abbildung 12.5 YouTube-Video »Sprachbedienung von Google«
(http://goo.gl/rmL39)

Die einfache Bedienung via Sprache ohne die Benutzung der Hände beschleunigt die Abläufe und gibt dem Nutzer die Möglichkeit, selbst in alltäglichen Situationen mit dem Internet verbunden zu sein und Menübefehle ausführen zu können. Auch das Hummingbird-Update (siehe Abschnitt 9.5.1, »Hummingbird-Update«) weist darauf hin, dass Google diesem Thema eine starke Gewichtung zuspricht.

Ein Beispiel für die Einsatzgebiete zeigt Google Deutschland im YouTube-Video »Sprachbedienung von Google« (siehe Abbildung 12.5).

Eine äußerst spannende Entwicklung stellt *Augmented Reality* dar. Sie wird in der Zukunft sicherlich noch für viele Veränderungen sorgen und besitzt wohl auch das Potenzial, die Funktionsweisen des Internets und die Interaktion von Nutzern mit dem Internet zu revolutionieren.

Augmented Reality bedeutet übersetzt »erweiterte Realität« und bezieht sich auf die Wahrnehmung unseres Umfeldes als digitaler Raum. Augmented Reality ist kein neumodisches Thema. Die ersten Veröffentlichungen und futuristischen Gedanken dazu gab es bereits vor mehr als 15 Jahren. 3-D-Visualisierungen sind heute keine futuristischen Ideen mehr, da die Bandbreiten zur Datenübertragung und die technischen Ressourcen, die zur Verwirklichung benötigt werden, heute gegeben sind.

BMW hat bereits vor mehr als 6 Jahren in einem YouTube-Video (siehe Abbildung 12.6) gezeigt, für welche Einsatzzwecke man sich im Unternehmen den Einsatz von Augmented Reality vorstellen könnte. Das Video zeigt einen Kfz-Mechaniker bei der Arbeit. Mit einer Brille wird dem Mechaniker gezeigt, welche Arbeiten er an dem Motor durchführen muss, um eine Arbeitsanweisung auszuführen. Das Video zeigt, wie weit man damals bereits war und welche Möglichkeiten man sich von der neuen Technologie erhoffte.

Auch das schwedische Möbelhaus IKEA zeigte in seinem Möbelkatalog 2013, welche Möglichkeiten Augmented Reality bietet, um Kunden weitere Informationen zu den Angeboten darzustellen (siehe Abbildung 12.7). Der gedruckte Katalog wird mit einem Smartphone gescannt, und die Seiten werden durch die Kamera im Gerät zu einer virtuellen »erweiterten Realität«.

Augmented Reality wird nicht nur die Suche im Internet verändern, sondern dieser Bereich wird auch Einfluss auf unser generelles Verhalten im Alltag haben. In naher Zukunft werden Sie Ihr Smartphone als digitale Schnittstelle zu einer »erweiterten Realität« nutzen.

Abbildung 12.6 YouTube-Video – Augmented Reality bei BMW
(Quelle: http://goo.gl/5bHXH)

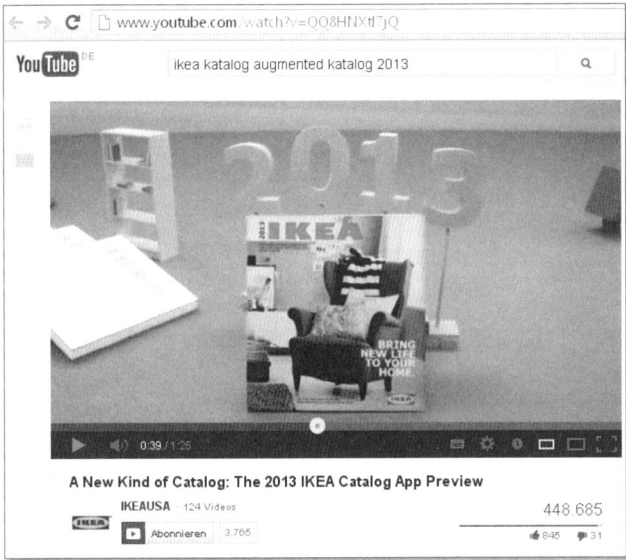

Abbildung 12.7 Augmented Reality mit dem IKEA-Katalog 2013
(Quelle: http://goo.gl/ejyxqn)

12

403

Die Suchmaschinenoptimierung wird sich stark verändern. Suche im Internet heißt zukünftig nicht mehr, dass ein Nutzer vor einem Bildschirm sitzt und einige Wörter in ein Suchfeld eintippt. Augmented Reality öffnet ein Tor in eine ganz neue Welt der Informationsgestaltung und der Möglichkeiten, Interessenten zu gewinnen. Gerade die Suche nach lokalen Informationen im Umfeld um den eigenen Standort, an dem man sich gerade befindet, wird sich mit Augmented Reality verändern.

Welche Möglichkeiten es zukünftig geben wird, zeigte im Juni 2014 ein Unternehmen, das mit seiner Innovation viele Unternehmen der IT und TK-Branche überraschte. Amazon stellte sein erstes eigenes Smartphone »Fire Phone« vor (siehe Abbildung 12.8), und wenn es nach Amazon geht, dann brauchen die Nutzer zukünftig auch nicht mehr nach Produkten zu »googeln«. Das Smartphone soll fotografierte Objekte sofort erkennen und dem Nutzer zeigen, ob er es bei Amazon kaufen kann. Das Gleiche gilt für Songs, die über das Mikrofon aufgenommen werden.

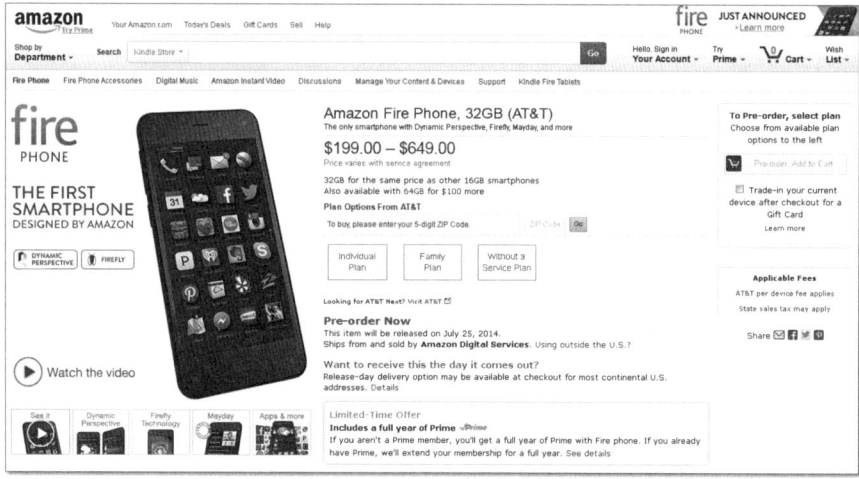

Abbildung 12.8 Amazon »Fire Phone«

Man kann nur mutmaßen, was das für SEO bedeutet, aber die zukünftigen Maßnahmen werden sich nicht mehr darauf beschränken, bei den Suchergebnissen auf den Seiten einer Suchmaschine dargestellt zu werden.

Die lokale Suche findet (irgendwann in der Zukunft) in Ihrem realen Umfeld statt, in dem Sie sich gerade befinden. Wenn Sie in Köln sind und Informationen zum Wetter benötigen, tippen Sie bei Google »Wetter Köln« ein. Mit Augmented Reality werden Sie die Kamera Ihres Smartphones auf den

Himmel ausrichten, und automatisch werden Ihnen dann Daten zum aktuellen Wetter und zur Regenwahrscheinlichkeit dargestellt. Wenn Sie heute als Tourist in einer fremden Stadt ein historisches Gebäude sehen und Informationen dazu haben möchten, googeln Sie danach. Zukünftig werden Sie in diesem Fall Ihr Handy auf das Gebäude richten, mit der Kamera in Ihrem Mobiltelefon wird das Gebäude erfasst, und die Informationen werden Ihnen automatisch dargestellt. Wenn Sie Ihr Handy auf ein Hotel richten, wird Ihnen im Display vielleicht der Name des Hotels angezeigt, wie viele Zimmer aktuell noch frei und wie die Bewertungen für dieses Hotel sind. Zu weiteren Einsatzgebieten und Schnittstellen für Augmented Reality kommen wir noch in Abschnitt 12.6, »Zukunftstrend SoLoMo«.

12.3   Ist Google+ für die Suchmaschinenoptimierung wichtig?

Obwohl das soziale Netzwerk Google+ dem Erzrivalen Facebook in puncto Mitgliederzahl und vor allem in puncto Aktivität deutlich hinterherhinkt, hat die Plattform überdurchschnittlich viel Einfluss auf die Suchergebnisse der Suchmaschine Google.

Google hat in den letzten Jahren die enorme Verbreitung seiner Dienste dazu genutzt, die Nutzerzahlen von Google+ zu steigern, ohne dass die User den Nutzen des sozialen Netzwerkes in den Vordergrund gestellt hatten. Ende 2013 zählte Google+ 1,15 Milliarden Nutzer.

Wie hat Google dieses enorme Wachstum erreicht? Das Unternehmen hat diverse Dienste mit der Erstellung des Google-Accounts verknüpft. Bei der Erstellung eines Google-Accounts wird standardmäßig ein Google+-Profil angelegt. Auf jedem Smartphone, auf dem das Betriebssystem Android genutzt wird, benötigt man einen Google-Account, um Apps vom Google Play Store nutzen zu können. So wird vermutlich für jeden Nutzer, der auf seinem Smartphone auch gerne Apps aus dem Google Play Store nutzen möchte, automatisch ein Google+-Profil erstellt. Auch der Dienst Picasa wurde auf das soziale Netzwerk zugeschnitten, und man kann den Dienst heute mit einem Google-Account nutzen. Wenn man auf Google+ Fotos hinzufügt, dann sind diese Fotos auch in den Picasa-Webalben verfügbar.

YouTube ist die zweitgrößte Suchmaschine der Welt. Damit Sie Teil der YouTube-Community werden können, benötigen Sie ebenfalls einen Google-Account, und wenn Sie einen Kommentar zu einem Video schreiben möchten, dann werden Sie ebenfalls aufgefordert, sich mit Ihrem Google-Account anzumelden.

In jedem Fall erfahren Beiträge und Inhalte, die mit Google+ gelikt werden, eine bessere Bewertung in den Suchergebnissen. Auch Unternehmen, die eine Unternehmensseite bei Google+ anlegen, können dafür mit einem besseren Ranking rechnen. Darüber hinaus werden Postings, die man in Google+ vornimmt, direkt in die Suchergebnisse bei Google eingebaut.

Je mehr Google+ in die Online-Marketing-Aktivitäten eines Unternehmens bzw. einer Website integriert wird, desto höher ist die Chance, dass dies auch durch eine bessere Auffindbarkeit bei Google honoriert wird. So können auf der Website Google+-Buttons eingefügt werden, aber es lassen sich auch ebenso Beiträge als Google+-Autor über das Unternehmen schreiben.

Ein wichtiger Aspekt der zunehmenden Integration von Google+ in die normalen Suchergebnisse ist, dass die Suche dadurch ein gutes Stück sozialer wird. Von vielen Seiten wird allerdings auch bereits bemängelt, dass dadurch der Reichtum des Internets wiederum verloren geht. Denn der Suchmaschinenriese integriert bereits heute Beiträge und Profile aus Google+ in die Suchergebnisse. Inhalte aus dem Internet, die von Freunden im Netzwerk auf Google+ geteilt wurden, können auch für einen selbst interessant sein, so zumindest die Meinung von Google. Daher erhalten solche Inhalte in den Google-Suchergebnissen auch einen prominenteren Platz als andere Ergebnisse ohne Google+-Bewertung von Freunden. Um einen möglichst großen Impact bei Google+ zu erzielen, sollten daher alle Möglichkeiten genutzt werden, um es Freunden im Google+-Netzwerk sowie anderen Personen, wie etwa den Besuchern der eigenen Website, möglichst einfach zu machen, Beiträgen ein »+1« zu geben, womit das Pendant zum Facebook-Like beschrieben wird.

Den größten Impact auf Google+ kann man aber wohl vor allem damit erreichen, dass man nicht nur selbst Inhalte bei Google+ teilt, sondern dafür sorgt, dass auch andere Nutzer in dem sozialen Netzwerk die Inhalte teilen, die man ihnen zur Verfügung stellt. Daher ist es beispielsweise wichtig, auf der Website, aber auch auf YouTube und anderen Kanälen Inhalte bereitzustellen, die einen Wert für andere darstellen und daher oft geteilt werden. Somit erhält man zahlreiche Erwähnungen bei Google+, was wiederum zu einem besseren Ranking führt, aber mit Sicherheit über weitere Social Signals auch viele in Facebook, Twitter und Co.

Das bedeutet, dass auf allen Seiten und Beiträgen einer Website beispielsweise die Möglichkeit gegeben sein sollte, die Inhalte leicht auf Google+ zu teilen bzw. Beiträgen ein »+1« zu geben. Auch in Google+ tut man sicherlich gut daran, sich einen entsprechend großen Freundeskreis aufzubauen und

regelmäßig aktiv zu sein bzw. Inhalte zu teilen. Gerade jetzt in der »Anfangs-
phase« von Google+ kann dies förderlich sein, da die Aktivitätszeiten von
Google+-Nutzern aktuell noch zu wünschen übrig lassen. Eines Ihrer Ziele
sollte sein, Ihre Inhalte über das soziale Netzwerk zu verteilen und eventuell
weitere Links durch das »Sharen« Ihrer Informationen zu erhalten.

Seit September 2012 werden Google+-Meldungen bei hoher Relevanz auch
in Google News dargestellt. Somit können Sie durch Ihre Aktivität in
Google+ weitere Suchergebnisse bei Google darstellen und zusätzliche
Interessenten anziehen. Auf der Seite Gpluscharts.de finden Sie die Top 20
der deutschsprachigen Google+-Nutzer (siehe Abbildung 12.9).

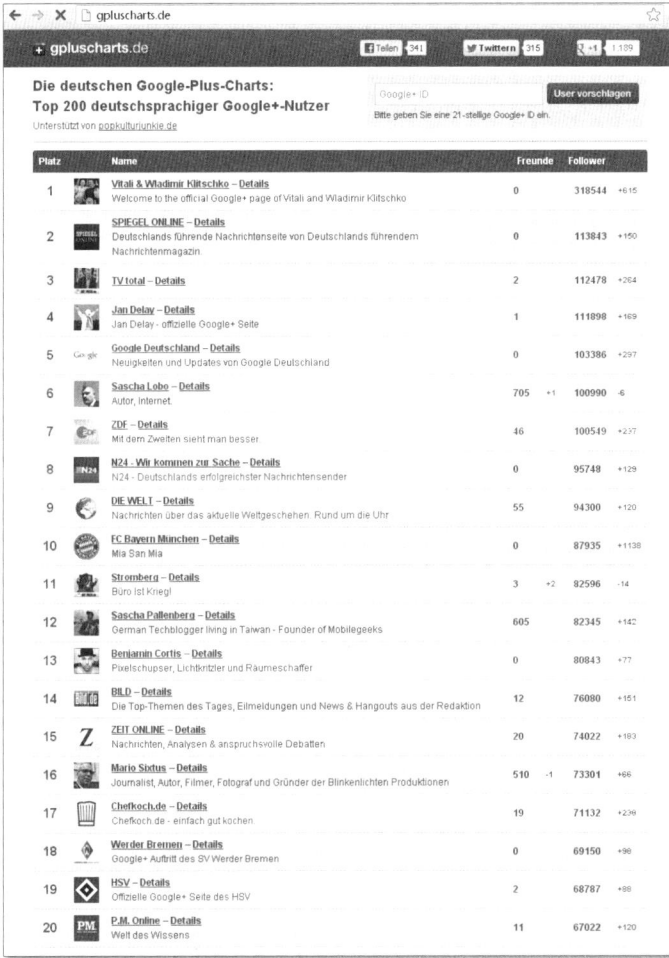

Abbildung 12.9 Gpluscharts.de

12.4   Mobile Suchanfragen und Google Mobile

Der Bitkom e. V. (Bundesverband Informationswirtschaft, Telekommunikation und neue Medien e. V.) hat auf seiner Website unter *http://www.bitkom.org/de/markt_statistik/64026_65235.aspx* die Eurostat-Statistik »Mobile Internetnutzung« veröffentlicht. Gut jeder Dritte zwischen 16 und 74 Jahren (35 %) ging hierzulande 2013 mit dem Handy oder Smartphone online (siehe Abbildung 12.10).

Antreiber der mobilen Internetnutzung sind die sozialen Netzwerke und die immer günstiger werdenden Endgeräte. Die Mobilfunktarife sinken, und die Geschwindigkeit der Internetverbindung nimmt auch im mobilen Bereich immer mehr zu. Inzwischen werden die sozialen Netzwerke von über 55 % der Deutschen genutzt. In der Altersgruppe der 14–29-Jährigen liegt die Nutzung viel höher, was auch darauf schließen lässt, wie sich dieser Bereich zukünftig weiterentwickeln wird.

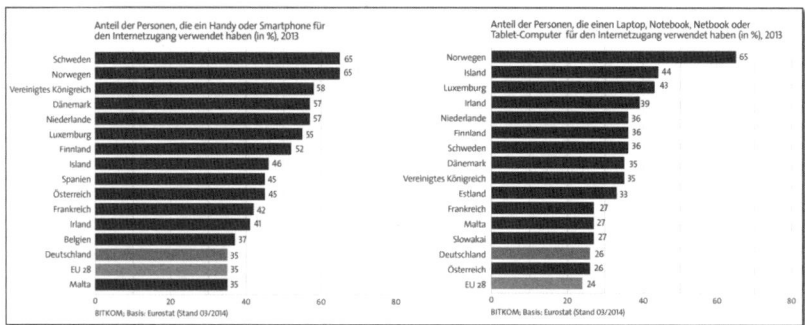

Abbildung 12.10 Mobile Internetnutzung in Europa 2013

Jede dritte mobile Suchanfrage bezieht sich auf Informationen zu regionalen Unternehmen. *Mobile Marketing*, *Location-based Services* und *SoLoMo* (Social Local Mobile) sind neue Trendbegriffe im Bereich des Online-Marketings. Gerade die Location-based Services sind für regionale Unternehmen ein sehr interessanter Marketingbereich. Mit Location-based Services können Unternehmen ortsbezogene lokale Anwendungen potenziellen Interessenten im richtigen Moment zustellen und somit eine ideale Zielgruppenansprache erreichen. Google hat auf diesen Trend schon vor längerer Zeit reagiert und bietet Ihnen unter der Adresse *http://www.google.de/ads/mobile/* detaillierte Informationen zur Anzeigengestaltung von Google AdWords für mobile Geräte (siehe Abbildung 12.11).

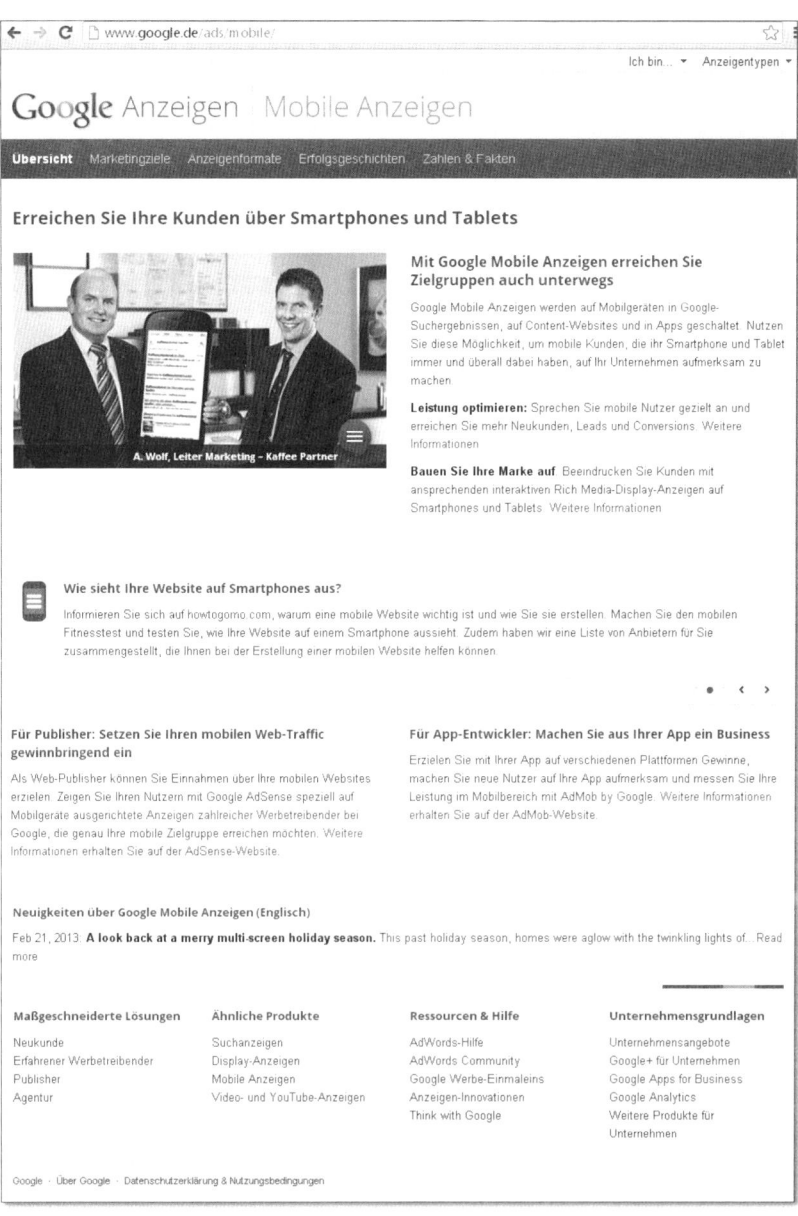

Abbildung 12.11 Google Mobile (Quelle: http://www.google.de/ads/mobile/)

In Zukunft wird die mobile Nutzung des Internets zunehmen und die stationäre Nutzung von einem Computer im Verhältnis zur mobilen Nutzung stark abnehmen. Für das Thema SEO ergeben sich daraus ebenfalls Veränderungen. Sie werden zukünftig Ihre Tätigkeiten noch mehr auf mobile Nutzer ausrichten müssen. Die Darstellung Ihrer Internetpräsenz sollte auf mobilen Endgeräten möglich und vor allem funktional sein.

Mindestens genau so wichtig wie die korrekte Darstellung auf mobilen Geräten ist die Auffindbarkeit zu den Suchanfragen, die über mobile Geräte eingegeben werden. Das im September 2013 von Google eingeführte Hummingbird-Update (siehe Abschnitt 9.5.1, »Hummingbird-Update«) ist die logische Folge der vermehrten Nutzung der Suchmaschine über Smartphones bzw. per Sprachsteuerung. In Mountain View hat man erkannt, dass sich die Art und Weise, wie Menschen mithilfe ihrer Smartphones nach Informationen suchen, deutlich von der Suche am Computer unterscheidet.

Situationen, in denen ein Kunde in einen Onlineshop gelangt und dort sofort Produkte bestellt, haben Seltenheitswert. Der Regelfall sieht grundsätzlich anders aus. Wer sich über Produkte im Internet informiert, vor allem dann, wenn es sich um größere Investitionen ab mehreren hundert Euro handelt, nutzt dafür alle auffindbaren Quellen und begibt sich auf eine Reise, die ihn von Shops über Meinungs- und Bewertungsportale hin zu Foren und von dort womöglich auch zu Second-Hand-Marktplätzen und Preisvergleichsplattformen führt, um sich schlussendlich für einen Anbieter zu entscheiden und dort zu bestellen. Dieser Prozess nimmt oft mehrere Stunden, manchmal sogar Tage oder Wochen in Anspruch (siehe Abschnitt 2.2.1, »Wer sucht wie nach Ihren Produkten und Dienstleistungen?«, zur Customer-Journey).

Google versucht die Suchanfragen entsprechend des Prozesses zu verstehen und herauszufinden, ob eine Recherche informationsorientiert oder transaktionsorientiert ist. Für Betreiber von Webseiten und Shops, die Produkte über das Internet verkaufen möchten, ist es wesentlich, in jeder dieser Phasen präsent zu sein und die richtigen Impulse zu setzen, um die potenzielle Kundschaft in die nächste Phase zu begleiten. Doch wie lässt sich dies bewerkstelligen? Da Google komplette Sätze in den Suchanfragen zukünftig ganzheitlich verstehen will, gilt es, die Suchmaschine mit entsprechendem Antwort-Content zu füttern.

In den Phasen der Customer Journey stellen sich die Interessenten unterschiedliche Fragen. Je weiter Sie in der Customer-Journey voranschreiten, desto gezielter werden die Suchanfragen. Der Content Ihrer Seite sollte nicht nur die Produktbeschreibung enthalten, sondern auch die Fragestellungen der Nutzer beantworten.

12.4.1 Wie kann ich die Trends erkennen?

Als Unterstützung, um die passenden Suchanfragen zu finden und frühzeitig zu erkennen, wie sich die Suchzugriffe auf Ihre Internetseite verändern, können Sie den Suchanfragen-Bericht in den Google Webmaster-Tools auswerten. Laden Sei den Bericht als CSV-Datei herunter, und richten Sie in Excel ein entsprechendes Datenblatt ein. Setzen Sie einen Filter, und sondern Sie die Suchanfragen jeweils nach den Fragewörtern wer, wie, was, wo, warum aus. Bestenfalls finden Sie bereits etliche Fragen, die Interessenten bei Google angegeben haben und zu denen Ihre Website in den Suchergebnissen angezeigt wurde.

Jetzt können Sie kontrollieren, an welcher Position Ihr Suchergebnis durchschnittlich dargestellt wurde und wie häufig die einzelnen Suchanfragen bereits abgefragt werden.

12.5   Social Search

Die Suche nach Inhalten im Internet wird sozialer. Das zeigen vor allem die letzten Entwicklungen der Suchmaschine Google und die immer engere Verknüpfung mit der Social-Media-Plattform Google+. Immer häufiger nutzen Menschen soziale Netzwerke wie Facebook, Twitter und Google+ zur Verbreitung von Inhalten. Inhalte, die von Nutzern empfohlen werden, mit denen man über ein soziales Netzwerk befreundet ist, werden außerdem lieber angeklickt, da man dem Empfehlenden vertraut und außerdem oft auch einfach wissen möchte, wofür sich derjenige interessiert.

Suchmaschinen, allen voran Google, versuchen seit geraumer Zeit, diese Empfehlungen aus sozialen Netzwerken auch in die Suchmaschinensuche zu integrieren. Die sogenannte Social Search wird damit im Internet immer wichtiger. Wenn Nutzer, die auch in sozialen Netzwerken aktiv sind, zu Inhalten in Suchmaschinen recherchieren, kann es somit sein, dass hierbei Inhalte vorangestellt werden, die bereits von befreundeten Nutzern für gut befunden und von diesen geteilt oder gar erstellt wurden.

Besonders deutlich wird dies bei der Suchmaschine Google, die bereits seit längerer Zeit Bewertungen des sozialen Netzwerkes Google+ einbindet.

Sucht man beispielsweise nach bestimmten Informationen und hat ein befreundeter Google+-Nutzer diese Informationen bereits in der Vergangenheit gesucht und womöglich auch gut bewertet, erscheint neben dem

Eintrag in den Suchergebnissen auch das Google+-Profil des jeweiligen Nutzers sowie sein Name (siehe Abbildung 12.12).

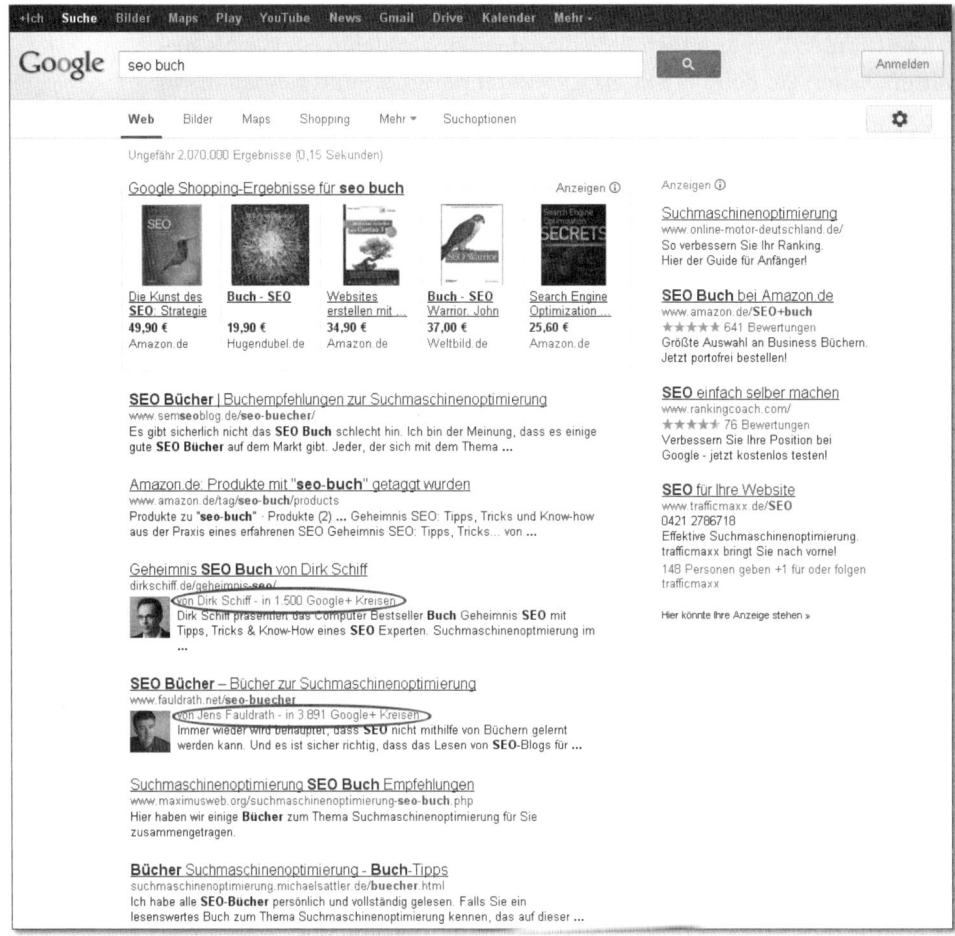

Abbildung 12.12 Suchergebnis zur Suche »SEO Buch«

Doch nicht nur die Ergebnisse aus Google+ fließen in die Zusammenstellung der Suchergebnisse mit ein. Auch die Erwähnungen von Inhalten in anderen sozialen Netzwerken wie Facebook oder Twitter sind entscheidend für das Ranking von Inhalten in Suchmaschinen. Wenngleich nicht so offensichtlich wie die Google+-Bewertungen beeinflussen auch Teilungen und Erwähnungen, sogenannte Social Signals, in Facebook und Twitter die Suchergebnisse bei Google und Co. Je öfter eine Website, ein YouTube-Video, ein Blog-Artikel oder ein anderer Inhalt in diesen sozialen Netzwerken geteilt wird, desto eher kann von Suchmaschinen angenommen werden, dass es sich hierbei um Inhalte handelt, die als wichtig zu erachten und für eine große Nutzeranzahl von Interesse sind.

Social Signals sind daher bereits heute ein weiterer Faktor, der zur Ermittlung des Rankings beiträgt. Es ist stark anzunehmen, dass die Verflechtung zwischen Suchergebnissen und sozialen Netzwerken in Zukunft noch stärker sichtbar werden wird, zumal die Konkurrenz zwischen Facebook und Google zunimmt und Google etwa versucht, das Facebook-Potenzial zu nutzen, um möglichst relevanten Content für die Suchmaschinenergebnisse zu finden.

12.6   Zukunftstrend SoLoMo

Hinter *SoLoMo* verbergen sich die drei Schlagwörter Social, Local, Mobile. Der Begriff steht für die immer enger vernetzte Gestaltung und Verschmelzung der unterschiedlichen Techniken und Dienste aus sozialen Netzwerken, lokalen Informationen und den mobilen Technologien, mit denen die Daten abgerufen werden. Der Trend bildet damit die menschliche Handlung ab. In den letzten Jahren hat sich das Internet von einem rein informationsbasierten Netz zur Darstellung von Daten zu einem interaktiven Netzwerk gewandelt. Aus einem Monolog wurde ein Dialog, und Menschen, Unternehmen und Anwendungen begannen zu interagieren.

SoLoMo ist die logische Weiterentwicklung dieses Trends. Mit den technischen Mitteln, die uns im Zuge der »Smartphone-Revolution« und der mobilen Dienste zur Verfügung stehen, können wir jederzeit auf eine erweiterte Realität und damit auf Augmented-Reality-Dienste zurückgreifen und diese auch mit unseren sozialen Netzwerken verknüpfen.

Google geht sogar noch einen Schritt weiter und möchte Ihr Smartphone gegen eine Brille austauschen. *Google Glasses* ist eine neue Innovation von Google, bei der Informationen in das Glas einer Brille eingeblendet werden sollen. Die abgebildeten Informationen werden aus dem Internet gewonnen. Erstmals vorgestellt wurde die Brille von Google im April 2012 in einem Video (siehe Abbildung 12.13). Später wurde die Brille bei der Entwicklerkonferenz Google I/O präsentiert. Vorerst kommen nur US-Entwickler in den Genuss, die Google Glasses für den Stückpreis von 1.500 US-Dollar kaufen können. Laut Google-Chef Sergey Brin sei eine Serienproduktion der Brille gegebenenfalls aber sogar noch in 2014 möglich.

Abbildung 12.13 YouTube-Video »Project Glass: One day …«
(Quelle: http://goo.gl/Ak6Ik)

Die Brille wird durch leichte Kopfbewegungen und Gesprochenes bedient, aber auch die Bewegung der Augen wird aufgenommen und gedeutet. Der Nutzer, der die Brille trägt, kann sich somit nicht nur Informationen wie die aktuellen Wetterdaten anzeigen lassen, sondern auch Menübefehle ausführen. So lassen sich etwa E-Mails freihändig über die Brille lesen und versenden. Durch ein integriertes GPS-Modul erkennt Google Glasses sogar, wo man sich gerade befindet, und zeigt über Google Maps den kürzesten Weg zum Ziel. Damit wird es nahezu unmöglich sein, sich noch zu verirren. Selbstverständlich lassen sich dank der GPS-Funktion auch schnell und einfach Status-Updates in sozialen Netzwerken posten.

Google Glasses hilft somit, die Realität mit der Welt des Internets zu verknüpfen und macht in vielen Situationen den Blick auf Desktop-PC und Notebook, aber auch Smartphones überflüssig. Allerdings wird lediglich der Blick auf das Gerät überflüssig. Die Brille selbst wird über eine App auf dem Smartphone konfiguriert, und die dargestellten Informationen werden von dem entsprechenden Gerät an die Brille gesendet.

Am 17. Juni 2014 hat der Bitkom eine Pressemitteilung veröffentlicht, laut der sich 22 Millionen Deutsche vorstellen könnten, eine derartige Datenbrille zu nutzen (Quelle: *http://www.bitkom.org/de/presse/8477_79629.aspx*).

Entscheidend wird sicherlich sein, wie praktikabel die Brille tatsächlich ist, auf welche Art und Weise die Internetverbindung zustande kommt, wie genau die Bilder in der Brille dargestellt werden und wie genau die Bewegung der Augen gemessen werden können, sowie die Frage, wie lange der Akku hält.

In der Zwischenzeit sind auch andere Hersteller auf den Zug aufgesprungen und haben ähnliche Brillen herausgebracht. Bisher mangelt es dabei allerdings meist noch an den entsprechenden Anwendungen, die für die Brillen erst entwickelt werden müssten. Als Entwicklungsplattform könnte aber wie auch schon im Bereich der Smartphones Googles Android-System fungieren.

Mercedes Benz möchte die »erweiterte Realität« ebenfalls in Fahrzeuge integrieren und bietet auch bereits im YouTube-Channel des Unternehmens sehr interessante Einblicke (siehe Abbildung 12.14). Auch hier zeigt sich das Spektrum der Kombination von SoLoMo.

Abbildung 12.14 YouTube-Video des Channels von Mercedes-Benz TV
(Quelle: http://goo.gl/5VvR4)

Social Local Mobile ist nicht nur ein Hype, sondern, wie Sie anhand der Videos sehen werden, ein reales Forschungsfeld, das wir später ganz selbstverständlich in unseren Alltag einfließen lassen werden. Es wird die Art ersetzen, wie wir das Internet heute nutzen, und damit auch das Tätigkeitsfeld des Suchmaschinenmarketings stark verändern.

Das Suchmaschinenmarketing und ganz speziell der Bereich SEO werden sich nicht mehr auf die reine Darstellung auf einer Suchergebnisseite beschränken. Die Suchmaschine von morgen stellt sich nicht mehr nur auf einer Webseite dar, sondern auch in Ihrer realen Welt. Es erwartet uns alle eine spannende, neue »erweiterte Realität«.

Anhang
Relevante Weblogs und Websites

SEO ist ein sehr schnelllebiges Themenfeld. Damit Sie ständig auf dem neuesten Stand bleiben können, müssen Sie sich kontinuierlich über die Entwicklung informieren. Im folgenden Kapitel finden Sie wichtige Informationsquellen für Ihre Arbeit.

Die Algorithmen, die Google nutzt, um die Suchergebnisseiten zu den eingegebenen Suchanfragen zu erstellen, werden ständig überarbeitet. So können die Kriterien, die heute als fester Bestandteil einer Suchmaschinenoptimierung zu Ihrer Kampagne gehören, morgen veraltet sein und Ihnen im schlimmsten Fall eine Verschlechterung bringen. Aus diesem Grund sollten Sie über die Entwicklung stets auf dem Laufenden sein, damit Sie zu jedem Zeitpunkt über die Trends informiert sind.

Informieren Sie sich auch in Zukunft kontinuierlich über die Updates, die Google ins Auge fasst. Lesen Sie in Blogs und Online-Magazinen, was Experten dazu anraten. Blogger berichten häufig über aktuelle Trends und führen sogar Erfahrungsberichte aus eigenen Tests an. Gerade diese fundierten Einschätzungen können für Ihre SEO-Tätigkeiten sehr wertvoll sein. Sie erfahren immer zeitnah, wann und welche Neuerungen es gibt. Somit sind Sie in der Lage, Ihre Internetpräsenz immer optimal anzupassen. Achten Sie aber darauf, dass diese Empfehlungen aus vertrauenswürdigen Quellen stammen.

Zu Beginn des Jahres 2012 gaben in einer Umfrage unter SEO-Verantwortlichen und Online-Marketing-Managern 70,2 % der befragten Unternehmen an, dass sie das Blog »Internet World Business« (*http://www.internetworld.de*) als Informationsquelle zur Suchmaschinenoptimierung nutzen (siehe Abbildung A.1).

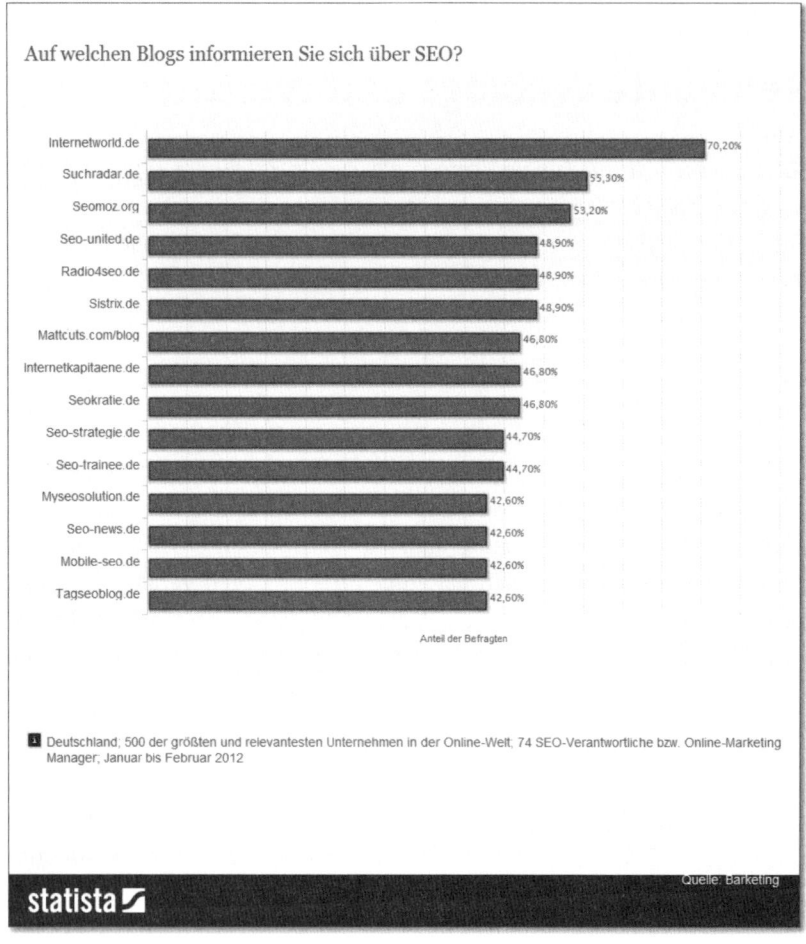

Abbildung A.1 Ergebnisse einer Umfrage unter SEO-Verantwortlichen zu den genutzten SEO-Blogs (Quelle: http://de.statista.com/statistik/daten/studie/222974/umfrage/meistgenutzte-blogs-zur-thema-seo/)

Blogs und weitere interessante Quellen zu SEO, Online-Marketing und Webtrends

▶ Internet World Business – *http://www.internetworld.de*
▶ Seomoz – *http://www.seomoz.org*
▶ Seo-united.de
▶ Radio4seo.de
▶ Sistrix.de

- Mattcutts.com/blog
- Internetkapitaene.de
- Seokratie.de
- Seo-trainee.de
- Myseosolution.de
- Seo-news.de
- Mobile-seo.de
- Tagseoblog.de
- Suchradar – *http://www.suchradar.de*
- Google Full Value of Search – *http://www.full-value-of-search.de*
- Google Inside AdWords Blog – *http://adwords-de.blogspot.de*
- Google Webmaster-Zentrale – *http://googlewebmastercentral-de.blogspot.de*
- AGOF – Arbeitsgemeinschaft Online Forschung e.V. – *http://www.agof.de*
- Bundesverband Informationswirtschaft, Telekommunikation und neue Medien e.V. (BITKOM) – *http://www.bitkom.org*

Index

- Grundlagen, Funktionsweisen und strategische Planung

- Onpage- und Offpage- Optimierung für Google und Co.

- Erfolgsmessung, Web Analytics und Controlling

Sebastian Erlhofer

Suchmaschinen-Optimierung

Das umfassende Handbuch

Das Handbuch zur Suchmaschinen-Optimierung von Sebastian Erlhofer gilt in Fachkreisen zu Recht als das deutschsprachige Standardwerk. Es bietet Einsteigern und Fortgeschrittenen fundierte Informationen zu allen wichtigen Bereichen der Suchmaschinen-Optimierung. Verständlich werden alle relevanten Begriffe und Konzepte erklärt und erläutert. Neben ausführlichen Details zur Planung und Erfolgsmessung einer strategischen Suchmaschinen-Optimierung reicht das Spektrum von der Keyword-Recherche, der wichtigen Onpage-Optimierung Ihrer Website über erfolgreiche Methoden des Linkbuildings bis hin zu Ranktracking, Monitoring und Controlling.

915 Seiten, gebunden, 39,90 Euro
ISBN 978-3-8362-2882-4
7. Auflage 2014
www.galileo-press.de/3611

Galileo Press

Eric Kubitz

Suchmaschinen-Optimierung

Schritt für Schritt zum Top-Ranking

Lernen Sie direkt am Bildschirm die Tools und Techniken der modernen Suchmaschinen-Optimierung anzuwenden. SEO-Experte Eric Kubitz zeigt Ihnen, wie Sie eine Keyword-Recherche durchführen und Linkaufbau betreiben, um das Ranking Ihrer Webseite zu verbessern.

DVD, Windows, Mac und Linux,
7 Stunden Spielzeit, 39,90 Euro
ISBN 978-3-8362-2779-7
erschienen März 2014
www.galileo-press.de/3547

Markus Vollmert, Heike Lück

Google Analytics

Das umfassende Handbuch

Lernen Sie mit diesem Buch, wie Sie die vielfältigen Funktionen von Google Analytics professionell einsetzen können. Von der Konzeption und Strukturierung des Webanalyse-Systems bis zur optimalen Implementierung und Monitoring aller Online-Aktivitäten. Damit können Sie aussagekräftige Berichte generieren, um Ihre Website und Ihre Online-Marketing-Aktivitäten zu optimieren.

679 Seiten, gebunden, 39,90 Euro
ISBN 978-3-8362-2731-5
erschienen April 2014
www.galileo-press.de/3520

Das gesamte Buchprogramm: www.galileo-press.de